CSIA 中国软件行业协会 China Software Industry Association 职业技术认定指定教材

ACAA中国数字艺术教育联盟 职业教育标准教材

网页设计与制作

——Adobe Dreamweaver CS5

Wangye Sheji yu Zhizuo

——Adobe Dreamweaver CS5

（第2版）

胡　海　赵育山　乔奇臻　主编

高等教育出版社·北京
HIGHER EDUCATION PRESS　BEIJING

内容提要

本书是中国软件行业协会职业技术认定课程指定教材，是中国数字艺术教育联盟（ACAA）职业教育标准教材。

本书以培养初步的网页设计与制作能力为宗旨，以案例的形式深入浅出地讲解了网页制作软件 Dreamweaver CS5 的各项功能以及应用技巧。全书分为 13 章，内容包括 Dreamweaver CS5 基础知识、构建本地站点、制作第一个网页、在网页中添加多媒体元素、使用表格布局页面、在网页中设置链接、制作表单页面、页面设计的高级技巧——层叠样式表、使用框架布局页面、制作动态效果页面、使用模板和库设计页面、使用插件丰富页面效果、网站的测试与上传。每章都通过精心设计的案例融合多个知识点，帮助读者巩固对知识点的掌握，使读者通过案例掌握使用 Dreamweaver CS5 制作网页的基础技能，并融会贯通。

本书配套学习卡资源，使用本书封底所赠的学习卡，登录 http: //sve.hep.com.cn，可获得书中涉及的案例素材，也可以登录 http: //portal.acaa.cn/book.php 下载。

本书由 ACAA 组织资深专家编写，语言通俗易懂，并配以图示讲解，融入了编者多年的设计和应用经验。本书适合作为职业院校相关专业的教材，是中央广播电视大学相关课程指定教材，也适合作为各类培训班的培训用书或自学使用。

图书在版编目（CIP）数据

网页设计与制作：Adobe Dreamweaver CS5/ 胡海，赵育山，乔奇臻主编．—2 版．—北京：高等教育出版社，2011.6
ISBN 978-7-04-031899-9

Ⅰ.①网… Ⅱ.①胡…②赵…③乔… Ⅲ.①网页制作工具，Adobe Dreamweaver CS5－中等专业学校－教材 Ⅳ.①TP393.092

中国版本图书馆 CIP 数据核字（2011）第 083657 号

策划编辑 李 波　　责任编辑 郭福生　　封面设计 张申申
版式设计 王 莹　　责任校对 刘 莉　　责任印制 张泽业

出版发行 高等教育出版社
社 址 北京市西城区德外大街 4 号
邮政编码 100120
印 刷 北京丰源印刷厂
开 本 787×1092 1/16
印 张 18
字 数 440 000
购书热线 010-58581118
咨询电话 400-810-0598
网 址 http://www.hep.edu.cn
http://www.hep.com.cn
网上订购 http://www.landraco.com
http://www.landraco.com.cn
版 次 2007 年 1 月第 1 版
2011 年 6 月第 2 版
印 次 2011 年 6 月第 1 次印刷
定 价 28.90 元

物 料 号 31899-00

第2版前言

随着 Internet 的发展与普及，Internet 已成为人们工作和生活中不可或缺的一部分，而网页成为许多人获取信息的主要渠道，各行各业对网页设计人才的需求与日俱增。Dreamweaver 是集网页制作和网站管理于一身的可视化开发工具，利用它可以轻而易举地制作出跨平台的内容丰富的网页。

为了培养专业的网页设计人才，更好地配合软件产业的规范化，顺利开展软件人才技术认定工作，中国软件行业协会（CSIA）成立了专门从事教育与培训相关工作的教育与培训委员会（ETC），并与同行业专家建立了软件人才技术认证体系。

为了指导参加技术认定的人员进行认证考试准备，中国软件行业协会教育与培训委员会组织设置了针对各个软件人才岗位技术认证的职业技术认证课程，并编写了与本系列课程配套的指定学习教材。本书是系列认证教材之一，是与 CSIA 网页制作员证书考试配套的认证课程教材。

全书分为 13 章，系统地讲解了网页制作的基本方法与技巧，内容包括 Dreamweaver CS5 基础知识、构建本地站点、制作第一个网页、在网页中添加多媒体元素、使用表格布局页面、在网页中设置链接、制作表单页面、页面设计的高级技巧——层叠样式表、使用框架布局页面、制作动态效果页面、使用模板和库设计页面、使用插件丰富页面效果、网站的测试与上传。每章都通过精心设计的案例融合多个知识点，帮助读者巩固对知识点的掌握，使读者通过案例掌握使用 Dreamweaver 制作网页的基本技能，并融会贯通。

本书第 1 版自出版以来，受到了读者的广泛好评。与此同时，为了适应网页设计技术与应用需求的发展形势，Dreamweaver 也经历了 3 次版本升级，目前的最新版本为 Dreamweaver CS5。为了更好地反映这种变化，对第 1 版进行了认真的修订。在第 2 版中，除了反映 Dreamweaver CS5 的新特性以外，重新设计了所有案例，进一步提升了案例的参考价值。

本书由业内经验丰富的专业设计师、著名培训机构的资深培训师精心策划，倾力编写。本书从基本知识讲起，结合网站设计案例以及编者在网页设计领域的丰富经验，介绍了网页设计与制作的技巧。本书面向 Dreamweaver CS5 的初、中级用户，采用由浅入深、循序渐进的讲述方法，在内容编写上充分考虑到初学者的实际阅读需求，通过大量实用的操作步骤描述和有代表性的、实用的案例，让读者直观、迅速地了解 Dreamweaver CS5 的主要功能。本书在讲解中随时穿插编者多年的实践经验与技巧，结合实例以详细图示的方式来阐述概念，在深入介绍操作方法的同时，还剖析了幕后的源代码。希望无论是从事专业设计的人士，还是对网页设计感兴趣的读者，都能够从本书中汲取经验和技巧。

本书配套学习卡资源，使用本书封底所赠的学习卡，登录 http://sve.hep.com.cn，可获得书中涉及的案例素材，也可以登录 http://portal.acaa.cn/book.php 下载。

本书语言通俗、易懂，案例典型、实用，并配以大量的图示讲解，可作为职业院校相关专业的教材，同时也是中央广播电视大学相关课程指定教材。本书同样适合自学者使用，也可作为各类网页设计培训班教材，特别适用于有意学习网页设计的初学者参考。

本书由胡海、赵育山和乔奇臻编写，在编写过程中，得到了许多朋友的支持，他们为本书提供了图片、素材等资料；北京联合大学信息学院的高级工程师张玉祥在百忙之中对书稿进行了审阅，并提出了许多宝贵的意见和建议，在此一并表示衷心的感谢。

在本书的编写过程中，虽精心准备，尽量考虑周全，但由于学识水平所限，书中难免存在疏漏或不妥之处，敬请专家、同行与读者批评指正。

读者意见反馈信箱：zz_dzyj@pub.hep.com。

编者

2011年1月

第1版前言

为了更好地配合软件产业的规范化以及软件基础人才准入制度的标准化、规范化，顺利开展软件人才技术认定工作，中国软件行业协会（CSIA）在积极执行政府委托的“双软认定”（软件企业认定和软件产品认定）工作的同时，成立了专门从事教育与培训相关工作的教育与培训委员会（ETC），并与同行业专家建立了软件人才技术认证体系。

为了指导参加技术认定的人员进行认证考试准备，中国软件行业协会教育与培训委员会组织设置了针对各个软件人才岗位技术认定的职业技术认定课程，并编写了本系列与课程配套的指定学习教材。本系列教材涉及平面设计、多媒体制作、办公应用、网页制作、网络管理共5个岗位方向，目前共计11本图书。

本书是系列认证教材之一，是与CSIA网页制作员证书考试配套的认证课程教材。全书分为13个课程单元，讲解网页制作的基本技术，内容包括：Dreamweaver 8基础知识、本地站点的构建、制作简单的图文混排页面、制作多媒体页面、使用表格排版网页、制作网站链接、制作表单页面、使用样式表制作高级页面、建设框架网站、制作动态效果页面、使用模板和库制作网站、使用插件丰富页面效果、网站维护和上传等。每个课程单元都是以精心设计的案例为主线，将多个相关的知识点有机地组织起来进行讲解，并在每一个知识点中都设计了“举一反三”的提示，以帮助读者加深对知识点的掌握，并做到融会贯通。使读者在学习的过程中掌握Dreamweaver 8在网页制作中的基础流程和技巧。

本书由业内经验丰富的专业设计师、著名培训机构的资深培训师精心策划，倾力编著。本书从基本技术知识讲起，结合网站案例以及编者在网页设计领域的丰富经验，介绍了网页设计与制作的技巧。本书面向Dreamweaver 8的初、中级用户，采用由浅入深、循序渐进的讲述方法，在内容编写上充分考虑到初学者的实际阅读需求，通过大量实用的操作指导和有代表性的实例，让读者直观、迅速地了解Dreamweaver 8的主要功能。本书在讲解中随时穿插作者多年的实践经验与技巧，结合实例以详细图示的方式来阐述概念，在深入介绍操作方法的同时，还剖析了幕后的源代码。希望无论是从事专业设计的人士，还是对网页设计感兴趣的读者，都能够从本书中汲取经验和技巧。

本书由Zero（艺博）和张明真编写，在编写过程中，得到了许多朋友的支持，为本书提供了图片、素材等资料，在此表示衷心的感谢。

本书语言通俗易懂，并配以大量的图示讲解，可作为各类职业院校相关专业课程教材，同时也是中央广播电视大学计算机网络专业指定教材。本书同样适合自学者使用，同时也可作为各类电脑美术培训班教材，特别适用于向往学习网页编辑和网站制作的初学者，也可供从事电脑美术设计的人员参考。

由于时间仓促，本书不可避免地存在不足之处，甚至由于学识水平所限，虽竭智尽力，仍难免谬误，敬请专家、同行批评指正。

编者

2006年10月

目　录

Dreamweaver CS5 基础知识

Dreamweaver CS5

第 1 章

本章总览

本章介绍 Dreamweaver CS5 软件以及 Dreamweaver CS5 的窗口界面，主要包括以下内容：

- Dreamweaver CS5 的总体了解
- Dreamweaver CS5 的标题栏
- Dreamweaver CS5 的菜单栏
- Dreamweaver CS5 的快捷工具栏
- Dreamweaver CS5 的网页编辑区
- Dreamweaver CS5 的“属性”面板
- Dreamweaver CS5 的浮动面板

1.1 Dreamweaver CS5 简介

Dreamweaver 最初是由美国著名的多媒体软件开发商 Macromedia 推出的一个“所见即所得”的可视化网站开发工具，无论在国外还是在国内，它都是备受专业 Web 开发人士推崇的软件。Dreamweaver 和同样是 Macromedia 公司出品的另外两个软件 Flash、Fireworks，被称为网页设计“三剑客”，成为行业人员首选的网页设计工具。

2005 年，Macromedia 公司被 Adobe 收购，其软件的版本号也逐步和 Adobe 系列软件统一（Adobe 收购 Macromedia 时，当时的系列软件版本刚好是 CS2，例如 Photoshop CS2），在 Adobe 继续推出 Dreamweaver 新版本时，就从 CS3 开始，一直到目前最新的 CS5。

Dreamweaver 不仅仅是优秀的“所见即所得”的编辑软件，同时也兼顾 HTML 源代码编辑，可以让用户方便地在两种模式之间切换。Dreamweaver 作为一款优秀的网页设计软件，不仅具有同类软件的所有功能，而且还有自身的许多出色的设计理念，如行为、时间轴和资源等，可以让用户无需手写代码，就能轻松地创建各种动态效果。Dreamweaver 强大的自定义及扩展功能，允许用户自定义对象、命令、菜单及快捷键等，从而大大提高工作效率。另外，支持跨浏览器的动态 HTML 和层叠样式表（CSS）也是 Dreamweaver 的一大特点，所以使用 Dreamweaver 制作的网页无需担心浏览器的兼容性问题。

Dreamweaver CS5 是目前 Dreamweaver 的最新版本（图 1-1-1），它除了具有以前版本的功能外，更增加了对新技术的支持，例如，增加了对 WordPress 等主流的内容管理系统框架的创建和测试，以可视方式显示详细的 CSS 框模型，增加 PHP 自定义类代码提示等，通过扩展包可以全面支持 HTML 5，这些新增功能使 Dreamweaver 在网页设计领域继续保持领先的地位。

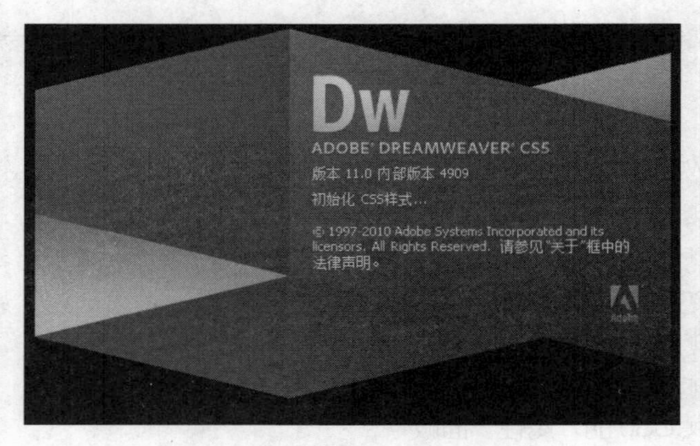

图 1-1-1

Dreamweaver 易学、易用，只要掌握了初步的知识，即使初学者也可以制作出精致的网页，而无需学习大量的专业知识。下面将带领大家一起走进 Dreamweaver 的世界。

1.2 Dreamweaver CS5 的工作环境

安装好 Dreamweaver CS5 后，可以通过单击“开始”→“所有程序”→“Adobe Master Collection CS5”→“Adobe Dreamweaver CS5”来启动 Dreamweaver。

第一次启动 Dreamweaver 时，会打开一个工作区设置窗口，让用户选择是在“设计器”还是“编码器”下进行工作。默认选择“设计器”，如图 1-2-1 所示。

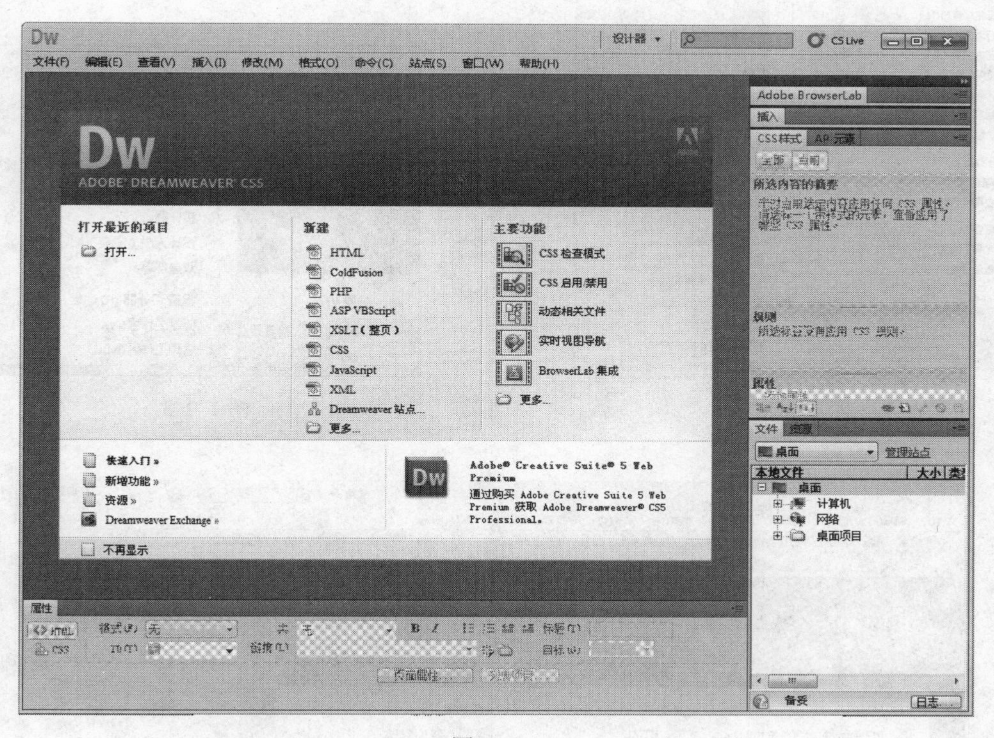

图 1-2-1

当然，用户也可以选择“编码器”进入编码器的工作界面。两种工作区布局主要面对设计者和开发者，主要区别是所显示的面板以及面板之间的排列有所不同。在 Dreamweaver CS5 中，除了这两种工作区布局外，还有“应用程序开发人员”、“经典”、“双重屏幕”等布局可以选择以及自定义工作区，让用户有更自由的工作区模式。

如果想切换到另外一种工作区布局，可以在菜单栏选择“窗口”→“工作区布局”命令进行设置，如图 1-2-2 所示。也可以直接通过工作区上方的“设计器”菜单进行切换，如图 1-2-3 所示。

其中“经典”布局保留了以往版本 Dreamweaver 的工作区布局，将快捷工具栏也显示在工作区，在进行网页制作时非常方便。在本章以后的介绍中，主要采用“经典”模式工作区布局，如图 1-2-4 所示。

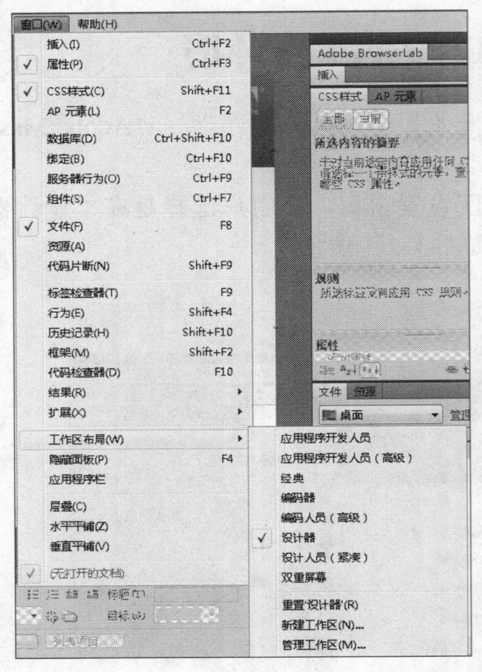

图 1-2-2

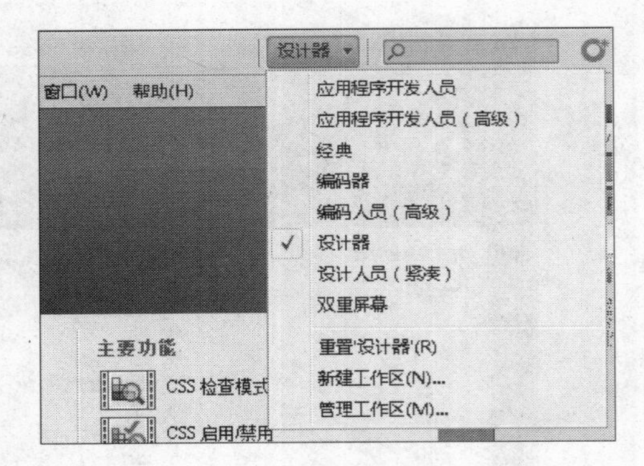

图 1-2-3

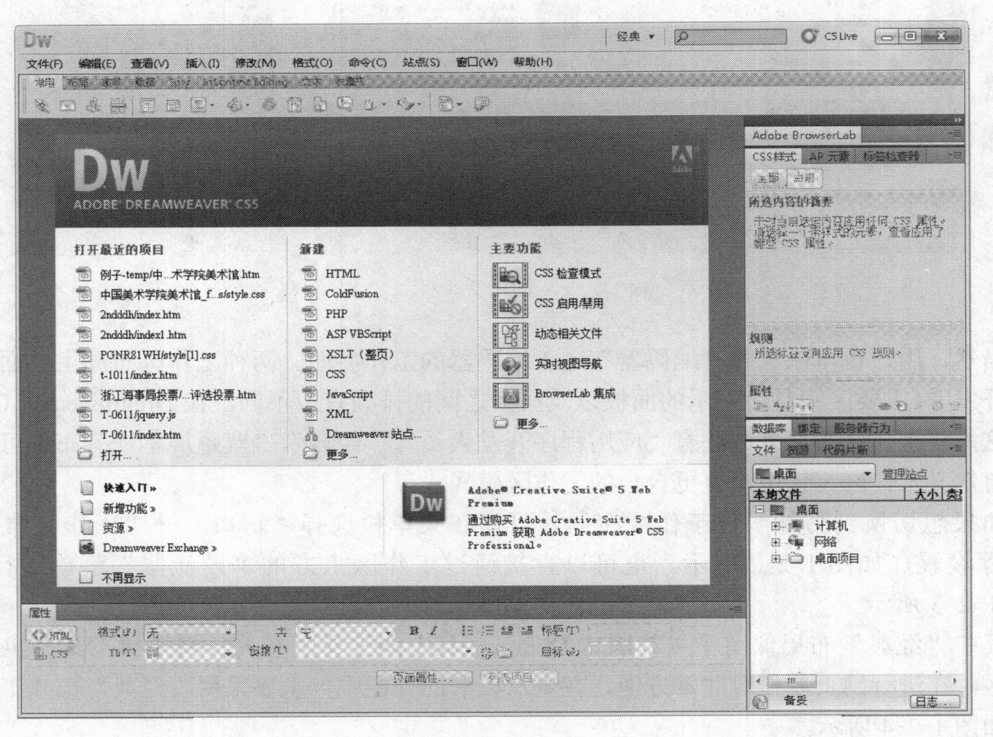

图 1-2-4

1.2.1 Dreamweaver CS5 的标题栏和菜单栏

1．标题栏

Dreamweaver CS5 的标题栏位于工作区的顶端，主要有软件的标识按钮、工作区布局选择菜单、搜索框、CS Live 服务菜单以及窗口控制按钮（最小化、最大化和关闭按钮）。和其他 Windows 应用软件一样，通过拖动标题栏，可以移动整个工作区在屏幕上的位置。通过最小化、最大化和关闭按钮，可以将窗口最小化、最大化或关闭。工作区布局选择菜单在前面已经介绍过。通过搜索框可以在 Adobe 社区帮助库中搜索一些常见问题。CS Live 是一种在线服务，主要用于将网页在不同的浏览器下进行测试。Dreamweaver CS5 的标题栏如图 1-2-5 所示。

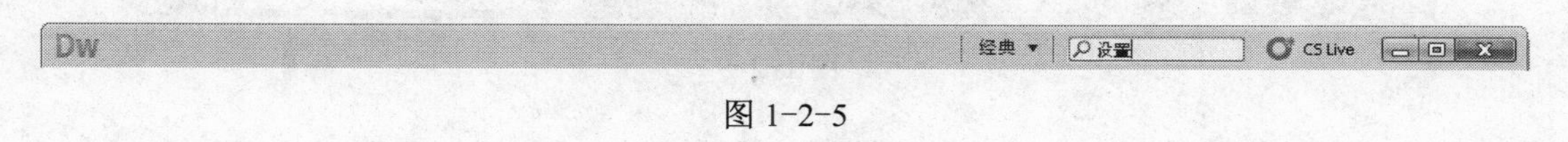

图 1-2-5

2．菜单栏

Dreamweaver CS5 的菜单栏共有 10 个菜单，即“文件”、“编辑”、“查看”、“插入”、“修改”、“格式”、“命令”、“站点”、“窗口”和“帮助”，如图 1-2-6 所示。

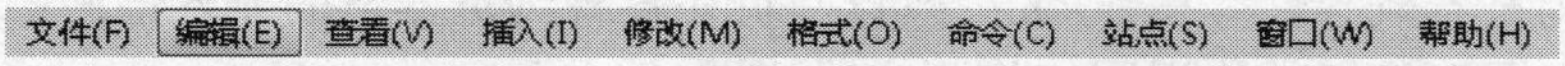

文件(F) 编辑(E) 查看(V) 插入(I) 修改(M) 格式(O) 命令(C) 站点(S) 窗口(W) 帮助(H)

图 1-2-6

1.2.2 Dreamweaver CS5 的快捷工具栏

快捷工具栏指的是在菜单栏下面的三排按钮，其中“插入”快捷工具栏已经在窗口中显示。在菜单栏上选择“查看”→“工具栏”，选中“文档”和“标准”菜单项，完整的快捷工具栏就显示出来，如图 1-2-7 所示。

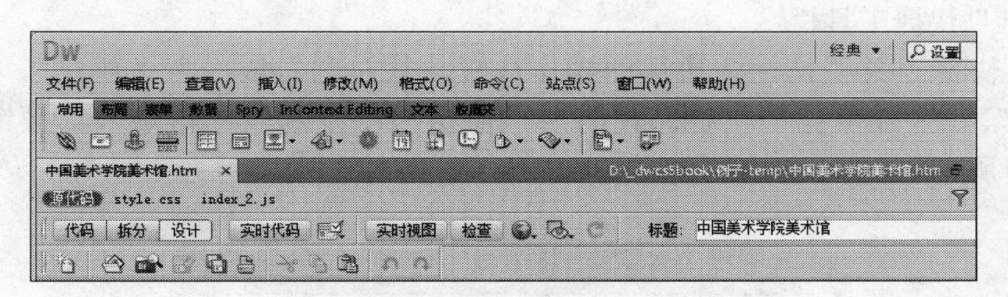

图 1-2-7

下面分别介绍“插入”、“文档”、“标准”快捷工具栏。

1．“插入”快捷工具栏

菜单栏的下面就是“插入”快捷工具栏，其中提供了 8 类对象控制工具，分别是“常用”、“布局”、“表单”、“数据”、“Spry”、“InContext Editing”、“文本”和“收藏夹”，如图 1-2-8 所示。

图 1-2-8

注意：

用户的“插入”快捷工具栏有可能与图 1-2-8 所示有所不同，这是因为安装了一些插件后，会显示该插件的图标。这会在后面的章节中详细介绍。

2.“文档”快捷工具栏

“文档”快捷工具栏如图 1-2-9 所示，从左到右的按钮功能介绍如下。

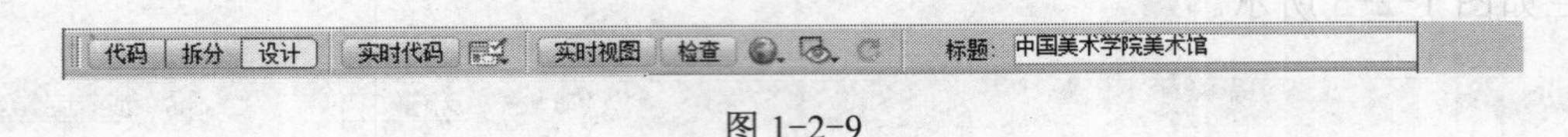

图 1-2-9

- “代码”按钮：显示 HTML 源代码视图。
- “拆分”按钮：同时显示 HTML 源代码和设计视图。
- “设计”按钮：是系统默认设置，只显示设计视图。
- “实时代码”按钮：在代码视图中显示实时视图源。
- “检查浏览器兼容性”按钮：检查网页在各种浏览器下的兼容性问题。
- “实时视图”按钮：将视图切换到实时视图。
- “检查”按钮：打开或关闭检查模式。
- “在浏览器中预览 / 调试”按钮：通过指定的浏览器预览网页文档。当文档中存在脚本错误时，查找错误。
- “可视化助理”按钮：允许使用不同的可视化助理来设计页面。
- “刷新设计视图”按钮：对设计视图进行刷新显示。
- “标题”文本框：在网页浏览器上显示的文档标题。

3.“标准”快捷工具栏

“标准”快捷工具栏是一些通用的操作按钮，从左到右依次为“新建”、“打开”、“浏览”、“保存”、“全部保存”、“打印代码”、“剪切”、“复制”、“粘贴”、“撤销”、“重做”，如图 1-2-10 所示。

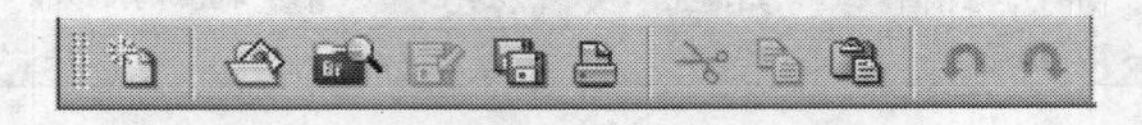

图 1-2-10

1.2.3 网页编辑区

快捷工具栏下面的区域就是网页编辑区。在 Dreamweaver CS5 启动后，首先显示一个“起始页”，如图 1-2-11 所示。其中包括“打开最近的项目”、“新建”、“主要功能”三个比较方便使用的功能，下面还有一些帮助性的内容，用户若有兴趣可以自行查阅。在“起始页”底部有一个“不再显示”复选框，如果不想显示这个“起始页”的话，也可以选中此项，使它隐藏。

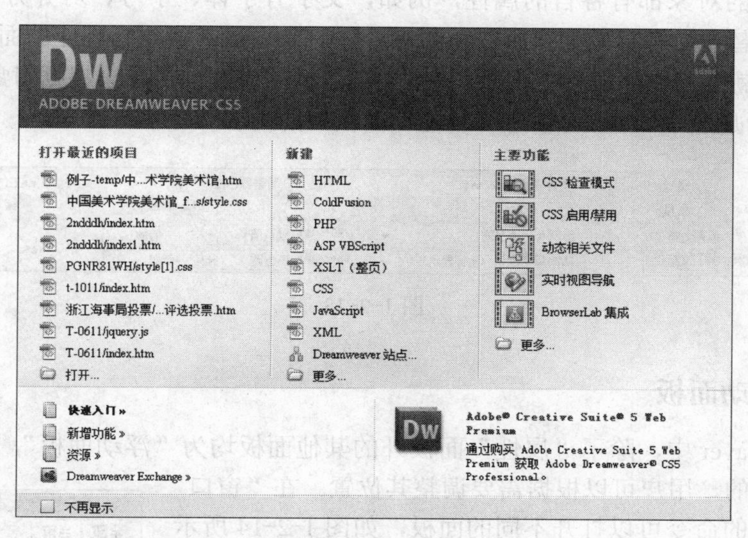

图 1-2-11

如果正在编辑网页文件，在网页编辑区内就会出现网页的内容，用户可以在网页编辑区中进行输入文字、插入表格和编辑图片等操作，如图 1-2-12 所示。

图 1-2-12

1.2.4 “属性”面板

网页设计中的对象都有各自的属性，例如，文字有字体、字号、对齐方式等属性，图像有大小、链接、替换文字等属性。所以在添加各种对象之后，就要有相应的面板对网页中的对象进行设置。这就要用到“属性”面板。“属性”面板的设置项目，会根据对象的不同而变化，如图 1-2-13 所示是选中 Flash 对象时“属性”面板上的内容。

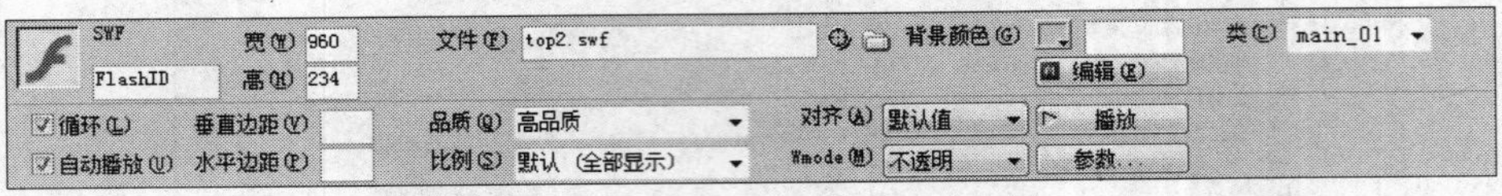

图 1-2-13

1.2.5 浮动面板

在 Dreamweaver 中，除了“属性”面板外的其他面板均为“浮动面板”，这主要是因为这些面板都是浮动的，用户可以根据需要调整其位置。在“窗口”菜单中单击不同的命令可以打开不同的面板，如图 1-2-14 所示的“CSS 样式”面板、“服务器行为”面板等。

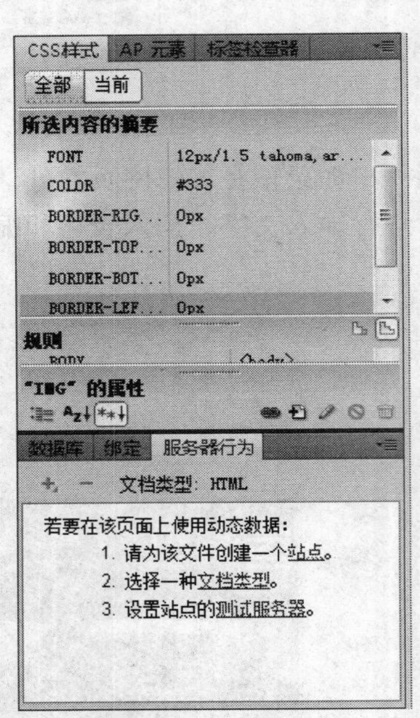

图 1-2-14

提示：

Dreamweaver 的浮动面板既可以停靠在窗口边上，也可以拖动出来。当用鼠标按住某个面板的标题后，就可以将这个面板从停靠位置拖动出来。同样，把浮动出来的面板拖动到靠近主窗口某个边缘时，面板会自动停靠下来。

浮动面板的标题栏右方，有一个折叠按钮，可以折叠和扩展面板，当需要使用面板时，可以扩展开来，在面板中进行对象属性的设置，不使用时，可以单击将它折叠起来，可以腾出更大的工作空间。

当需要更大的编辑工作区时，可以按 F4 键，将所有的面板都隐藏起来。再按一下 F4 键，之前隐藏的面板又会在原来的位置上出现。这个操作对应的菜单项是“窗口”→“显示面板（隐藏面板）”。

Dreamweaver CS5 的基本工作界面就到此基本介绍完了，相信读者对该应用软件有了一个初步的认识，而具体的应用将会在后面的章节进行讲解。

本章小结

回顾学习要点

1. Dreamweaver CS5 的主要功能是什么？

2．Dreamweaver CS5 的标题栏会显示哪些信息？

3．“插入”快捷工具栏提供了对哪些对象的控制？

4．在网页编辑区中，可以进行哪些操作？

5．设置对象属性需要使用 Dreamweaver 的何种面板？

6．在哪个菜单中，单击不同的命令可以打开不同的面板？

学习要点参考

1．Dreamweaver CS5 提供了强大的可视化网页编辑功能。

2．标题栏会显示网页标题、所在位置及文件名称等。

3．“插入”快捷工具栏所提供的对象控制工具分别是“常用”、“布局”、“表单”、“数据”、“Spry”、“InContext Editing”、“文本”、“收藏夹”。

4．可以在网页编辑区中进行输入文字、插入表格和编辑图片等操作。

5．设置对象属性使用 Dreamweaver CS5 的“属性”面板。

6．在“窗口”菜单中，单击不同的命令可以打开不同的面板。

习题

安装好 Dreamweaver CS5 后，熟悉其操作界面，尤其是快捷工具栏、网页编辑区和“属性”面板的基本操作。

构建本地站点 Dreamweaver CS5 第2章

本章总览

本章介绍如何使用 Dreamweaver CS5 构建本地站点，主要包括以下内容：

- 使用向导创建站点的方法
- 使用高级模式设置本地站点
- 建立站点文件和文件夹结构
- 管理本地站点

2.1 创建站点

一般来说，一个单独的 HTML 页面称为网页，而由一组网页互相链接而形成的一个主题网页的集合称为站点。在一个站点中，所有的网页和元素都放在同一个目录下，网页与网页之间、网页与元素之间有一个相对位置的关联。在 Dreamweaver 中，可以很好地管理一个站点内的所有元素。

要制作一个能被公众浏览的站点，首先需要在本地磁盘上制作这个站点，然后把这个站点上传到 Internet 的 Web 服务器上。放置在本地磁盘上的站点称为本地站点，位于 Internet 中 Web 服务器上的站点称为远程站点。Dreamweaver CS5 提供了对本地站点和远程站点的强大管理功能。

在 Dreamweaver CS5 中可以有效地建立并管理多个站点。如果已经制作完成了网页，如图 2-1-1 所示，并将网页都放在一个目录下，就可以利用 Dreamweaver CS5 把这个网页目录设置成一个站点。

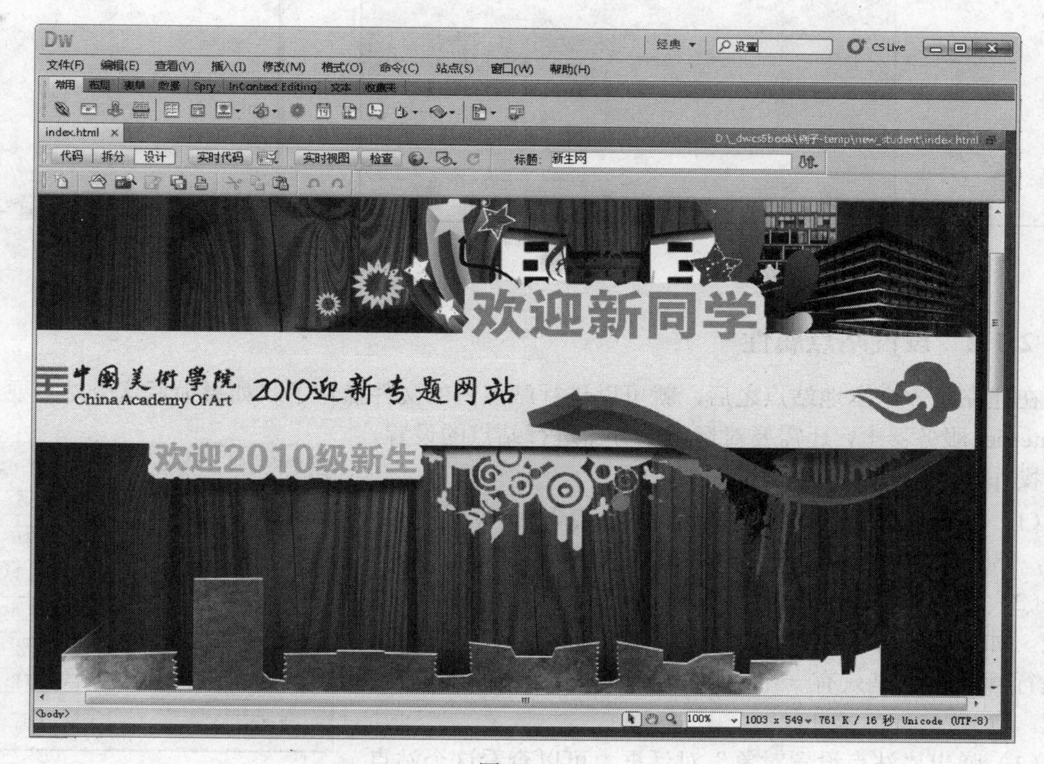

图 2-1-1

2.1.1 创建本地站点

（1）在 Dreamweaver CS5 中，在菜单栏上选择“站点”→“新建站点”命令。

（2）弹出“站点设置对象”对话框，在“站点名称”文本框中，输入站点的名称，这里输入“2010 迎新专题网站”，在“本地站点文件夹”文本框中，输入网页所在的路径，如图 2-1-2 所示。

（3）单击“保存”按钮，一个站点就建立完成了。建立好的站点可以在“文件”面板中显示出来，如图 2-1-3 所示。

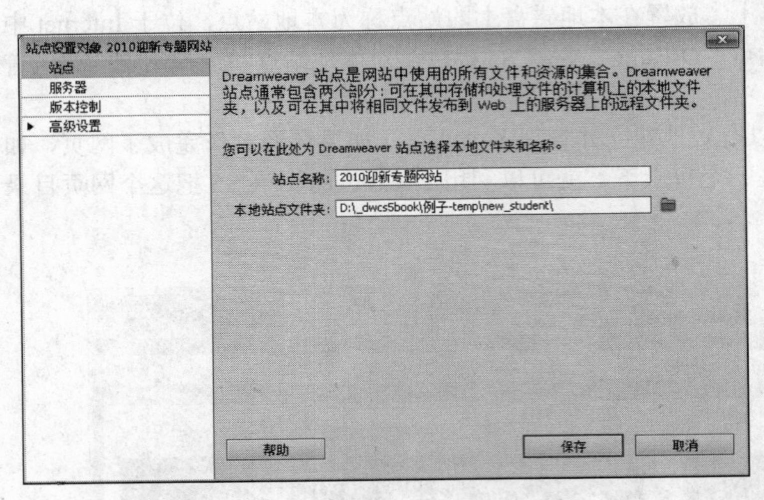

图 2-1-2

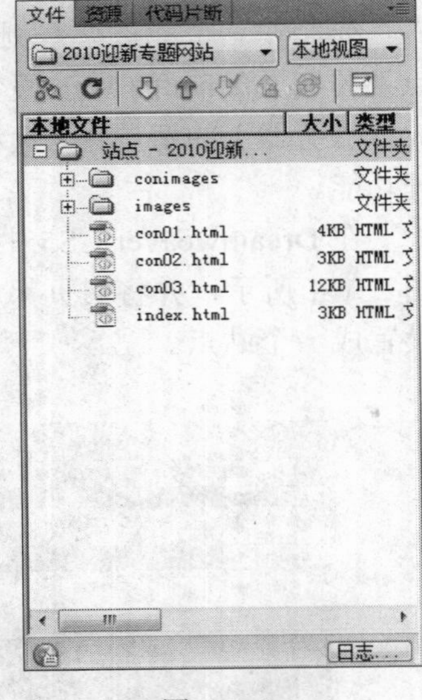

图 2-1-3

2.1.2　设置站点属性

在建立了一个本地站点之后，就可以进行站点内的文件操作了。如果最后这个站点要上传到 Internet 服务器上，还需要对远程服务器进行站点的设置。这个操作在“管理站点”对话框中进行。

（1）在 Dreamweaver CS5 中，执行“站点”→“管理站点”命令，弹出如图 2-1-4 所示的“管理站点”对话框。

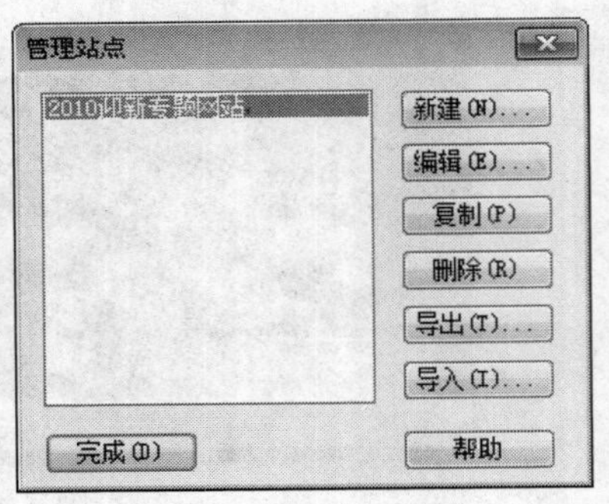

图 2-1-4

（2）在“管理站点”对话框中，可以看到刚才建立的站点。如果有多个站点，通过鼠标单击可以选择不同的站点进行管理。这里只有一个站点，直接单击右边的“编辑”按钮。

（3）弹出“站点设置对象”对话框，可以查看这个站点已经设置的信息。

（4）单击对话框左侧的“服务器”选项，可以对远程服务器进行设置，如图 2-1-5 所示。

（5）单击“+”号按钮，弹出服务器的设置对话框，如图 2-1-6 所示，可以增加一台远程服务器。

（6）首先对“基本”选项卡中的参数进行设置。如果有一台远程服务器，通常可通过 FTP 的方式将本地的文件上传到服务器上，但需要从服务器管理员获得 FTP 服务器的 IP 地址、端口号、用户名和密码。根目录和 Web URL 通常是在服务器上设置，这里不需要设置。

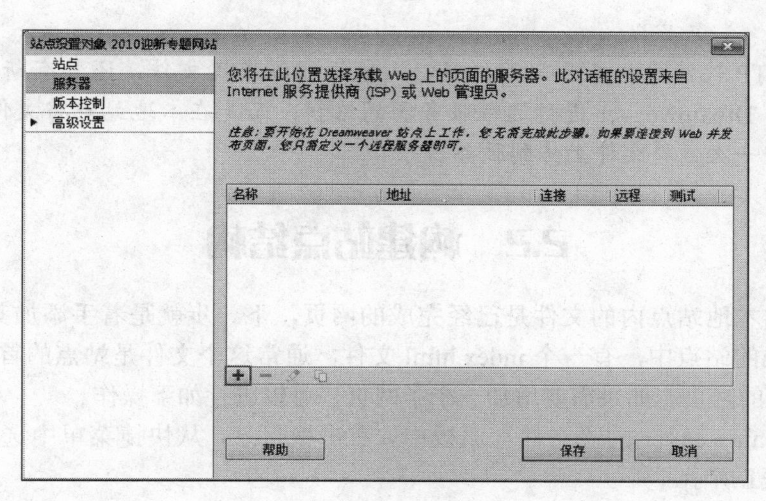

图 2-1-5

（7）如果想通过 Dreamweaver CS5 来维护站点，还需要对远程服务器的高级属性进行设置。单击打开“高级”选项卡，如图 2-1-7 所示。在默认情况下，“维护同步信息”复选框被选中，这样 Dreamweaver 可以知道服务器站点和本地站点的同步情况。如果站点大部分信息都已经上传到服务器上，可以勾选中“保存时自动将文件上传到服务器”复选框，这样本地修改了网页文件，会自动更新到服务器。“启用文件取出功能”选项主要用于多个人更新同一个站点的情况，如果选中此复选框，可以保证一个人取出后，别人不能再对这个文件进行写入操作，一直到这个人把文件更新完毕后，才可以进行操作，避免相互覆盖的情况。

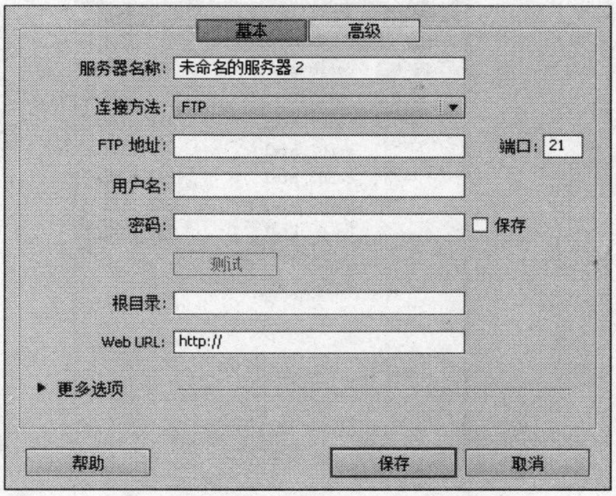

图 2-1-6

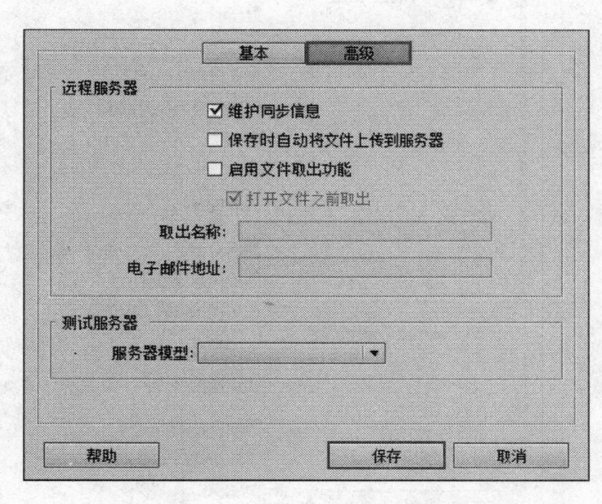

图 2-1-7

（8）设置完毕后，可以通过 Dreamweaver CS5 在更新本地站点的同时，对远程服务器进行站点的维护和更新。

提示：

由于目前FTP软件更加专业，不仅可以浏览远程服务器文件，还具有断点续传等功能，所以通常不使用Dreamweaver进行远程服务器的维护，而是在本地站点将文件制作完成，然后通过FTP软件一次性将文件上传到服务器。

2.2 构建站点结构

刚刚建立的本地站点内的文件是已经完成的网页，下一步就是着手添加其他文件和文件夹。在已经完成的站点中，有一个index.html文件，通常这个文件是站点的首页，由它开始，链接到其他更多的网页。如果需要增加一个子网页，可以进行如下操作。

（1）在Dreamweaver的“文件”面板中，右击根目录，从快捷菜单中选择“新建文件”命令，如图2-2-1所示。

（2）将新文件命名为“con04.html”，如图2-2-2所示。

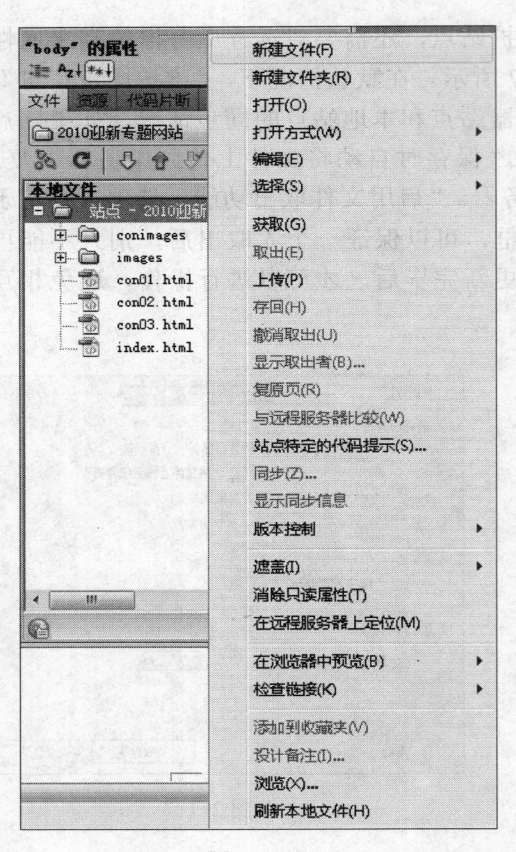

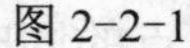
图2-2-1

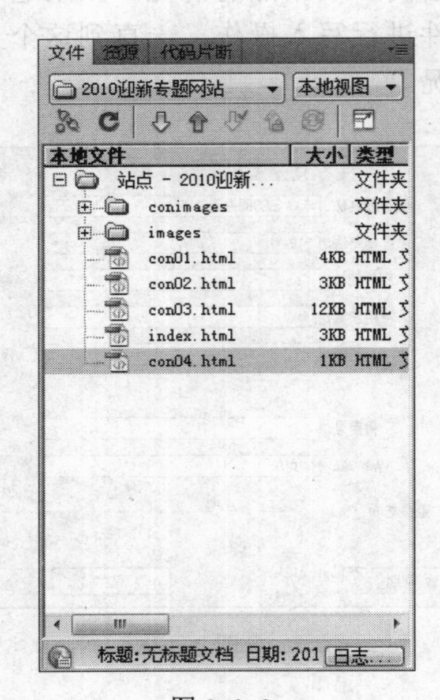

图2-2-2

随着站点规模的扩大，还需要根据栏目的多少建立文件夹。建立文件夹的过程实际上就是构建站点结构的过程。很多情况下，文件夹代表站点的子栏目，每个子栏目都要有自己对应的文件夹。创建文件夹的目的是为了管理方便，所以建立文件夹时也应该以此为原则。

（3）在“文件”面板中右击根目录，从其快捷菜单中选择“新建文件夹”命令，如图 2-2-3 所示。

（4）将新文件夹命名为“others”，如图 2-2-4 所示。

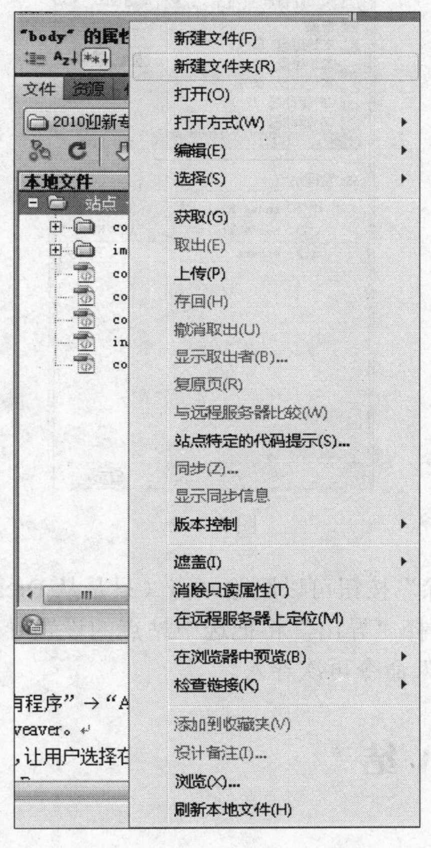

图 2-2-3

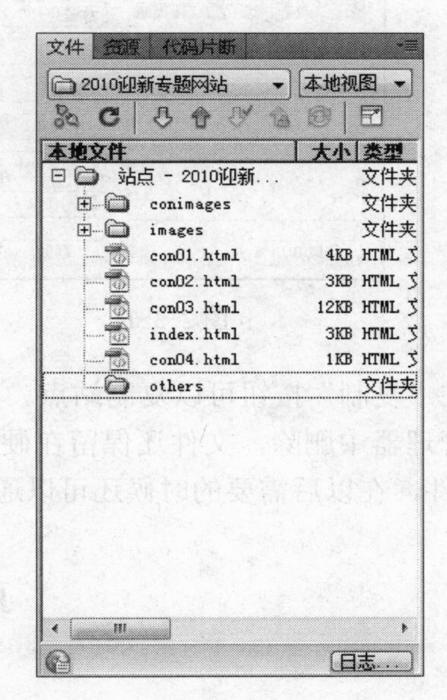

图 2-2-4

站点的栏目结构搭建好后，就可以分别制作各个栏目的页面了。具体制作网页的内容会在后面的章节中讲到。当所有栏目的网页都制作完成后，整个站点的内容才算是基本完成。

2.3 管理本地站点

通常，站点管理员需要对多个站点进行管理，这就需要专门的工具来完成站点的切换、添加、删除等操作。选择“站点”→“管理站点”命令，可以打开“管理站点”面板，如图 2-3-1 所示。

用 Dreamweaver CS5 编辑网页或进行站点管理时，每次只能操作一个站点。在图 2-3-1 中选中要切换到的站点，单击“完成”按钮，这样在“管理站点”面板中就会显示所选择的站点。

另外，也可以在“文件”面板左边的下拉列表框中选择某个已创建的站点，如图 2-3-2 所示，就可以切换到这个站点进行操作。

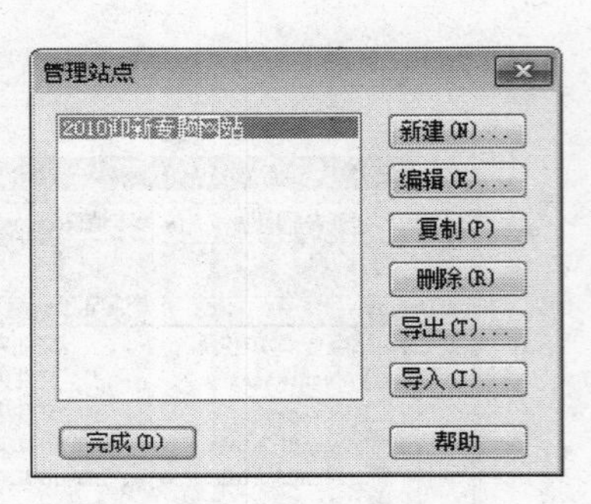

图 2-3-1

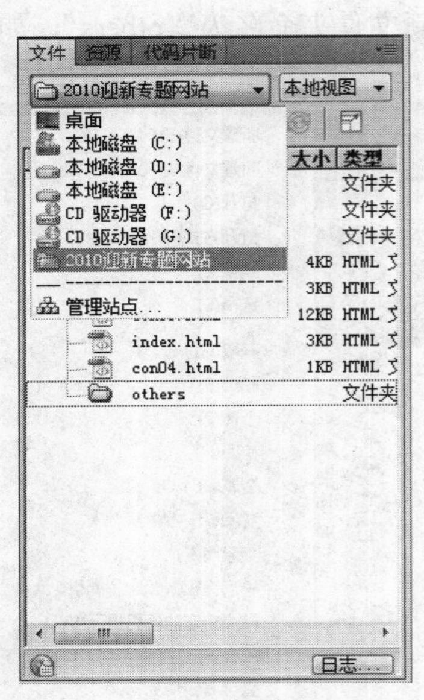

图 2-3-2

通过“复制”按钮可以复制站点。单击“删除”按钮可以删除站点（只是从 Dreamweaver 的站点管理器中删除，文件还保留在硬盘中）。选择“导出”将把选中站点的设置导出为一个 XML 文件，在以后需要的时候还可以通过“导入”命令再次导入。

本章小结

回顾学习要点

1. 如何完成站点的搭建？
2. 站点建设完成后，如何进一步设置站点？
3. Dreamweaver CS5 中默认首页的文件名是什么？
4. 对多个站点进行管理可通过什么面板进行？

学习要点参考

1. 通过菜单“站点”→“新建站点”命令来进行网站搭建。
2. 站点建立后，可以通过“管理站点”对话框中的“编辑”按钮进一步设置站点。
3. Dreamweaver CS5 默认的首页文件名是 index.html。
4. 对多个站点进行管理通过“文件”面板进行。

习题

创建一个名为“我的个人主页”的站点，要求包括以下栏目：“个人介绍”、“我的动态”、“兴趣爱好”、“我的作品”、“联系方式”，要求有首页，为每个栏目建立一个目录，栏目页面放在子目录内。

制作第一个网页

Dreamweaver CS5

第3章

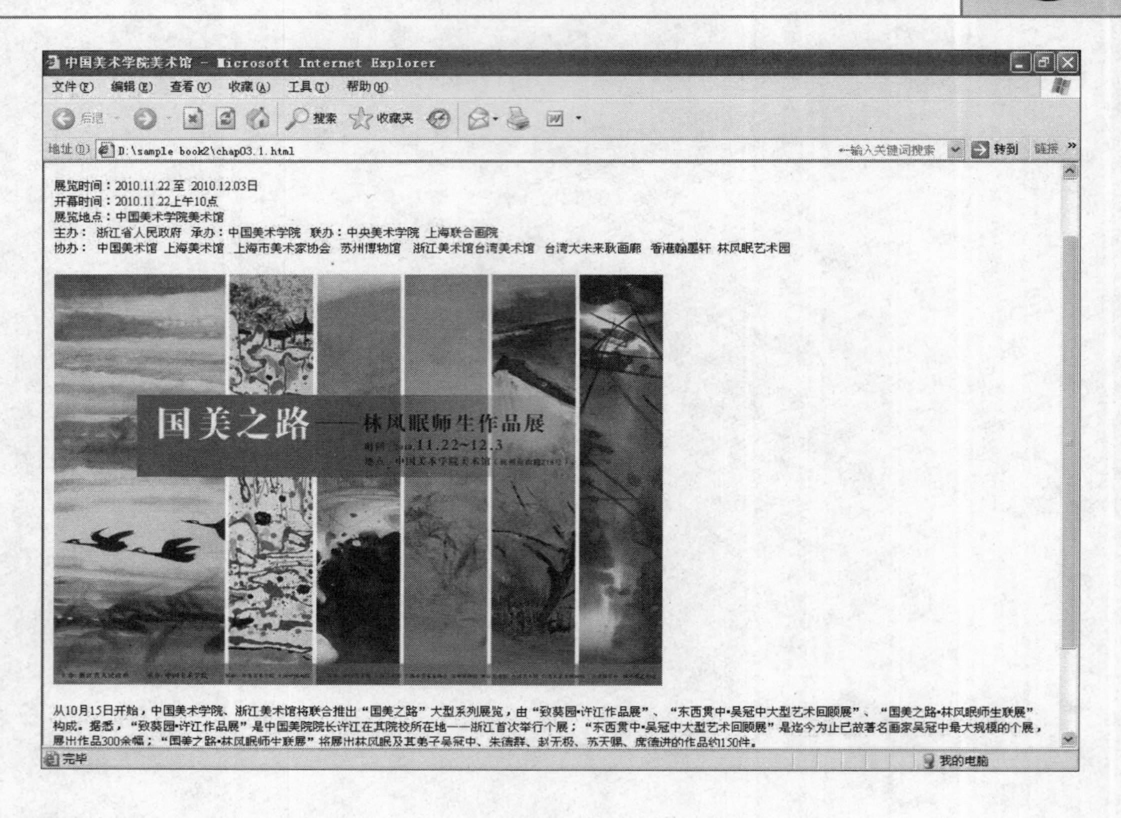

本章总览

本章将介绍如何使用 Dreamweaver CS5 制作图文混排页面，主要包括以下内容：

- 设置页面的头内容
- 设置整体页面属性
- 制作普通文字页面
- 在页面中加入图像，制作图文混排页面
- 制作鼠标经过图像的交互效果
- 制作导航条

3.1 设置头内容

头内容的设置属于页面总体设定的范畴，虽然一般不能在网页上直接看到效果，但从功能上来讲是制作页面必不可少的步骤。头内容为网页添加必要的信息，帮助用户了解网页的功能。

头内容在浏览器中是不可见的，但却携带网页的重要信息，如关键字、描述文字等，还可以实现一些重要的功能，如自动刷新等。

在“设计视图”下从菜单栏上选择“查看”→“文件头内容”命令，会在快捷工具栏下方显示头内容工具栏，如图 3-1-1 所示。

图 3-1-1

单击头内容工具栏上的第一个图标，打开“属性”面板，查看该头元素的属性，如图 3-1-2 所示。

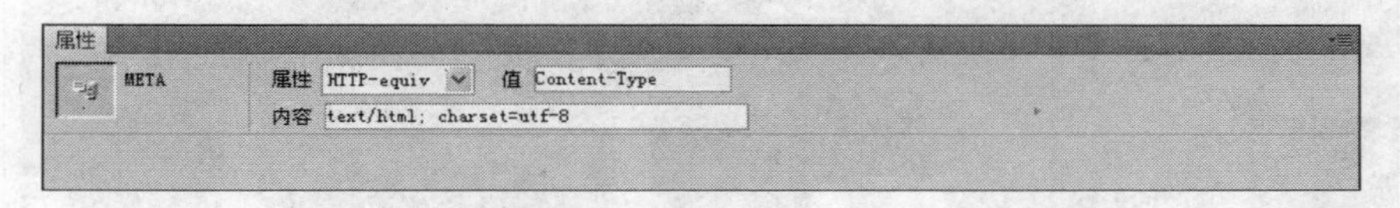

图 3-1-2

“属性”面板用于设置网页解码的信息。将“属性”选项设置为 HTTP-equiv。HTTP-equiv 属性用于指定 META 语句的性质或绑定 HTTP 的相应元素。它与其他属性配合使用，可指定主页所用字符集或通知浏览器自动刷新（重新加载）内容等。换言之，该属性规定 META 语句其他属性的含义。“值”选项和“内容”选项告知网页所使用的是 HTML 语言，应该设为 GB2312 字符集，即简体中文。这样不论哪种浏览器，也不论是中文版还是英文版，不必对浏览器进行任何语言的设置，浏览器显示该网页时都会自动寻找合适的字符集，从而解决语言不同导致的网页不能正确显示的问题。

下面打开“中国美术学院美术馆 .htm”页面，开始编辑头内容。

3.1.1 设置标题

网页标题可以是中文、英文或符号，显示在浏览器的标题栏中。当网页被加入收藏夹时，网页标题作为网页的名称出现在收藏夹中。

（1）要编辑网页的标题，可以直接在设计视图上方的“标题”文本框中进行输入或更改，这里输入“中国美术学院美术馆 展览 资讯 互动 交流”，如图 3-1-3 所示。

图 3-1-3

（2）设置网页标题后，在头内容工具栏上会显示标题的相关信息。通过“属性”面板也可以随时修改标题的内容，如图 3-1-4 所示。

图 3-1-4

（3）按快捷键 F12，预览页面，可以看到标题显示在标题栏上，如图 3-1-5 所示。

图 3-1-5

3.1.2 设置关键字

关键字用来协助网络上的搜索引擎寻找网页。网络的访问者大多数情况下是由搜索引擎引导来的，所以一定要选好关键字。

（1）在菜单栏上单击“插入”→“HTML”子菜单，该子菜单中显示可以插入的对象类型，选择“文件头标签”，弹出如图 3-1-6 所示的子菜单，其中列出的便是可插入的头内容。

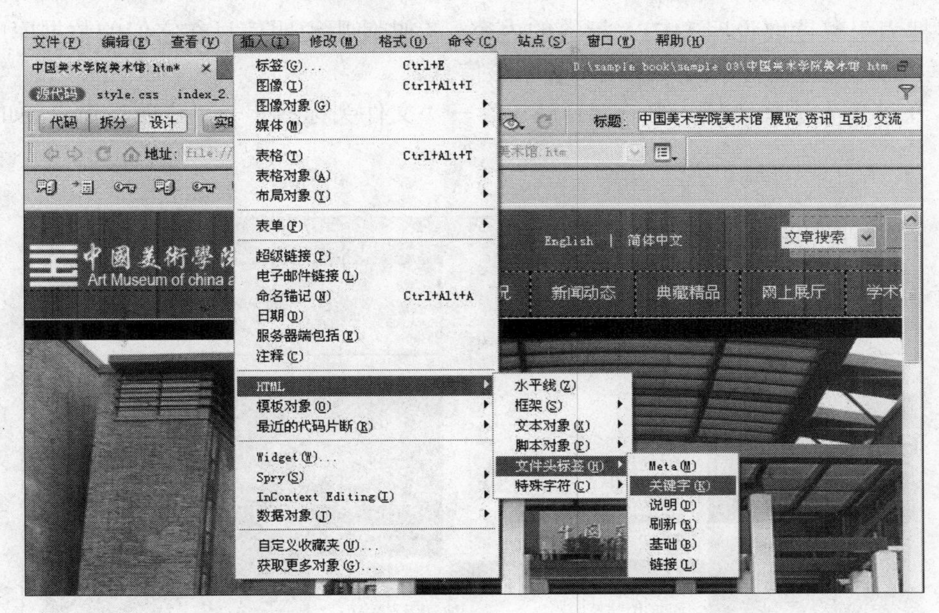

图 3-1-6

（2）选择“关键字”命令，弹出“关键字”对话框，填入关键字即可。需要注意的是，大多数搜索引擎检索时都会限制关键字的数量，若关键字过多，该网页会在检索中被忽略。所以关键字的输入不宜过多，应切中要害。另外，关键字之间用逗号或顿号分隔，如图 3-1-7 所示。

图 3-1-7

（3）设置关键字后，在头内容工具栏上会显示关键字的相关图标，通过“属性”面板可以随时修改关键字的内容，如图 3-1-8 所示。

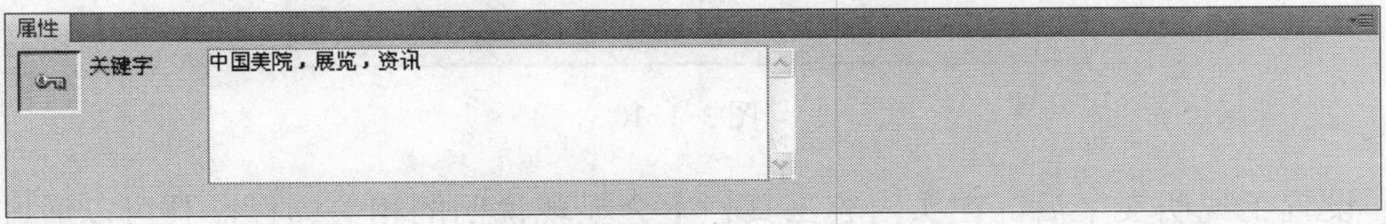

属性	
关键字	中国美院，展览，资讯

图 3-1-8

3.1.3 设置说明

许多搜索引擎读取说明 META 标签的内容。有些使用说明信息在它们的数据库中将页面编入索引，而有些还在搜索结果页面中显示该信息。

（1）在菜单上选择“插入”→“HTML”→“文件头标签”→“说明”命令，如图 3-1-9 所示。

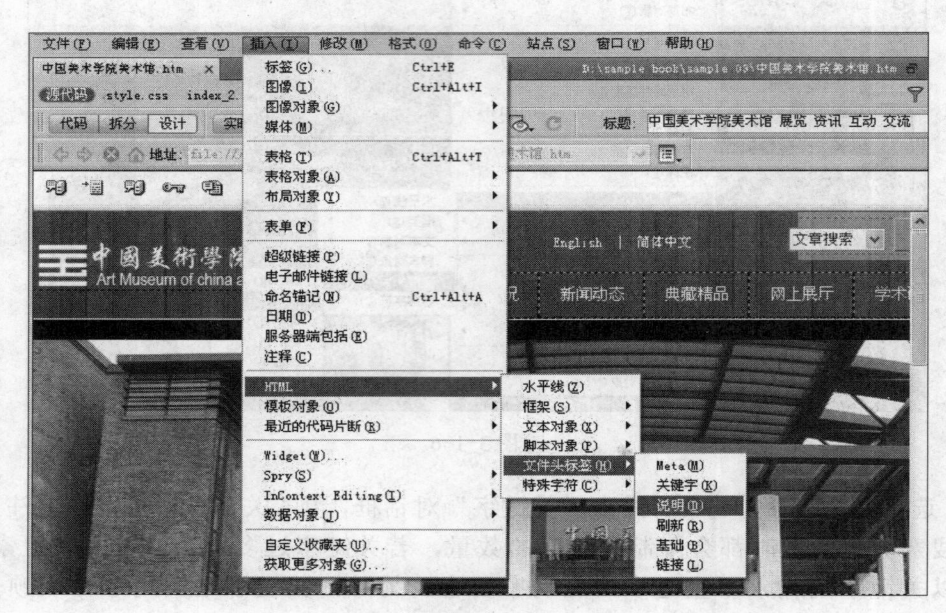

图 3-1-9

（2）在弹出的“说明”对话框中输入当前网页的说明文字。说明文字可供搜索引擎寻找网页，可存储在搜索引擎的服务器中，在浏览者搜索时随时调用，还可以在搜索到网页时作为检索结果反馈给浏览者。搜索引擎同样限制说明文字的字数，所以内容尽量简明扼要，如图 3-1-10 所示。

图 3-1-10

（3）设置了说明文字后，在头内容工具栏上会显现说明的相关图标，且可以通过“属性”面板随时修改说明的内容，如图 3-1-11 所示。

图 3-1-11

3.1.4 设置刷新

刷新主要适用于两种情况：一种情况是网页地址发生变化，可以在原地址的网页上使用刷新功能，规定在若干秒之后让浏览器自动跳转到新的网页地址；另一种情况是网页经常更新，可以让浏览器在若干秒后自动刷新网页。

（1）在菜单栏上选择“插入”→“HTML”→“文件头标签”→“刷新”命令，如图 3-1-12 所示。

（2）在弹出的“刷新”对话框中，在“延迟”文本框中填入一个数值，这是页面延迟的间隔时间。经过这个间隔时间后，页面即可刷新或转到另一个页面。“操作”选项有两个：“转到 URL”和“刷新此文档”。若选择“转到 URL”选项，表示经过一段时间后转到另一个网页页面；在右侧的文本框里填入要转到的页面地址，或单击“浏览”按钮，通过弹出的“选择文件”对话框直接选择。若选择“刷新此文档”选项，则网页经过一段时间后自动刷新。例如，若希望首页停留 3 s 后自动跳转到中国美术学院的网站，则可以在“延迟”文本框中输入 3，在“操作”选项中选择“转到 URL”单选按钮，然后输入中国美术学院的网址“http://www.chinaacademyofart.com”，如图 3-1-13 所示。

（3）设置刷新后，在头内容工具栏上会显现刷新的相关图标，且可以通过“属性”面板随时修改刷新的设置，如图 3-1-14 所示。

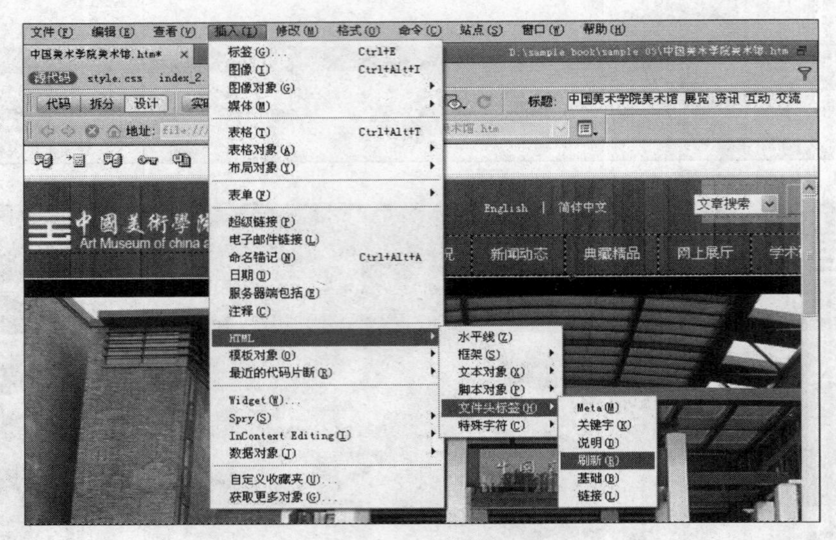

图 3-1-12

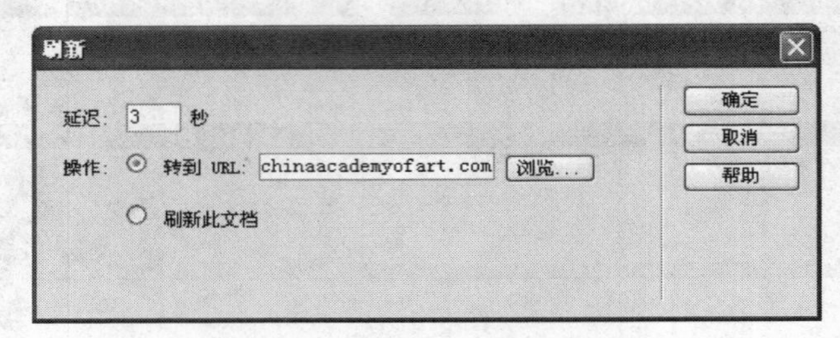

图 3-1-13

图 3-1-14

（4）按快捷键 F12，预览页面，等待 3 s 后，可以看到刷新的效果，页面自动跳转到了中国美术学院的网站，如图 3-1-15 所示。

（a）刷新前

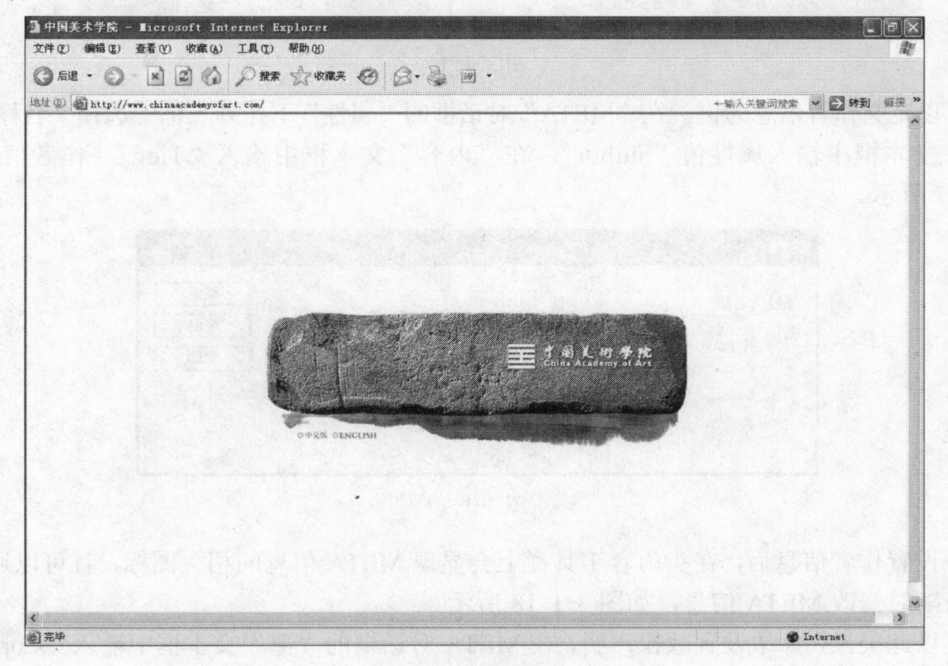

（b）刷新后

图 3-1-15

3.1.5 设置其他元信息

Meta 标记记录当前网页的基本信息，如编码、作者、版权等，也可以用来给服务器提供信息，如网页终止的时间、刷新的间隔等。

（1）在菜单栏上选择“插入”→“HTML”→“文件头标签”→“Meta”命令，如图 3-1-16 所示。

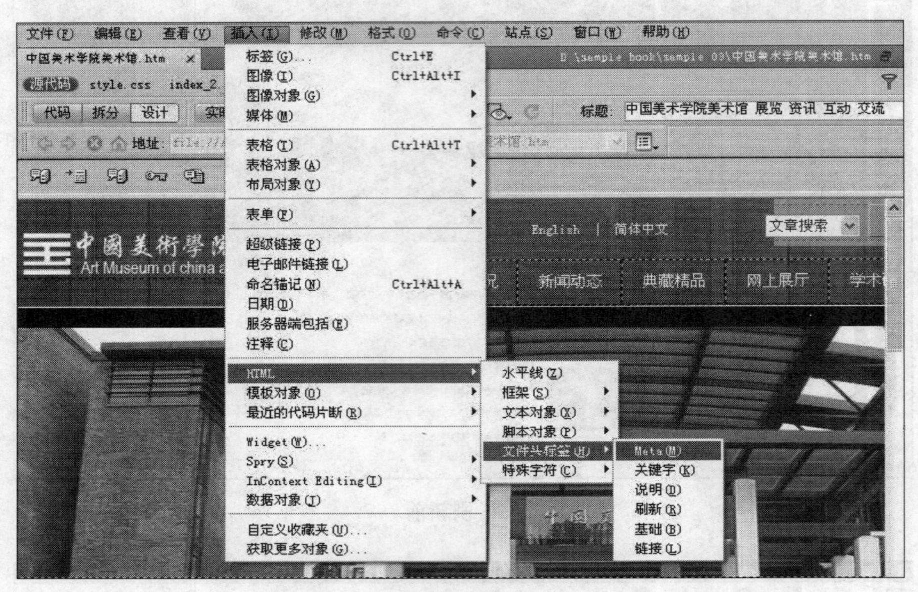

图 3-1-16

（2）以定义作者信息为例。在“META”对话框的“属性”下拉列表框中选择“名称”属性，在“值”文本框中输入属性值“author”，在“内容”文本框中输入“Ting”（作者信息），如图 3-1-17 所示。

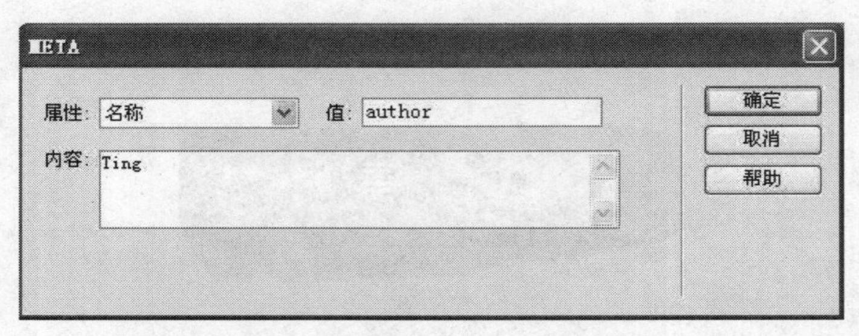

图 3-1-17

（3）设置作者信息后，在头内容工具栏上会显现 META 信息的相关图标，且可以通过“属性”面板随时修改 META 信息，如图 3-1-18 所示。

（4）以此类推，如果设置版权声明，在 META 对话框的“值”文本框中输入“Copyright”，在“内容”文本框中填入版权声明；如果希望设置网页编辑器的说明，在“值”文本框中填入“Editor”，在“内容”文本框中输入所用的网页编辑器。

图 3-1-18

3.2 设置页面属性

打开首页页面，在“设计”视图下，选择“修改”→“页面属性”，打开“页面属性”对话框，如图 3-2-1 所示，页面属性的设置包括图中所示的几个方面。

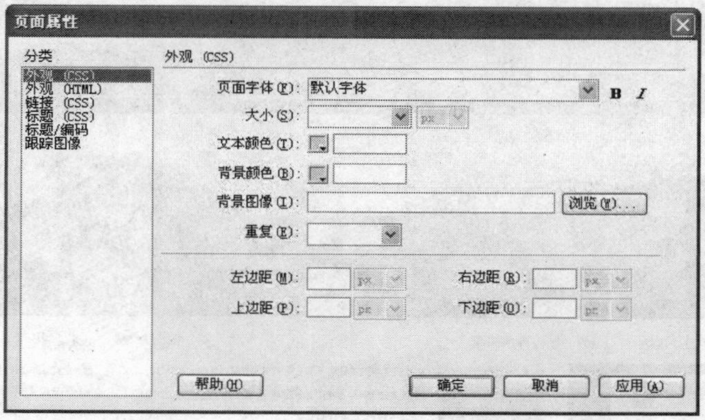

图 3-2-1

3.2.1 设置外观

Dreamweaver CS5 将页面属性设置分为多种类别，其中“外观”选项包含页面的一些基本属性。

（1）在“页面字体”下拉列表框中，可以定义页面中文本的默认字体，这里选择“tahoma，arial，宋体，sans-serif”；在“大小”文本框中可以定义页面中文本的默认字号，这里设置为12 px；在“文本颜色”文本框中可以设置网页文本的颜色，这里设置为 #333。

（2）在“背景颜色”文本框中可以设置网页的背景颜色，本例不做设置。

（3）在“背景图像”文本框中可以输入网页背景图像的路径，给网页添加背景图像，这里设置为“中国美术学院美术馆 _files/top_01.jpg”。在“重复”下拉列表框中设置背景图像的平铺方式，这里设置为“repeat-x”。

（4）分别设置页面的左边距、右边距、上边距以及下边距，可以直接输入数字。页边距用于设置页面元素同页面边缘的间距，这里都设置为 0，单位为像素（px），如图 3-2-2 所示。

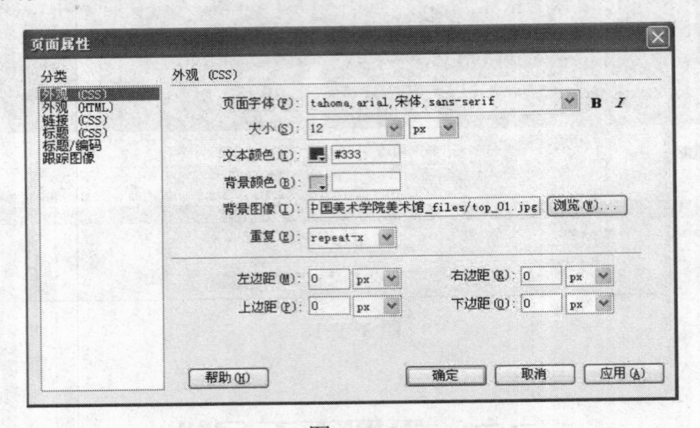

图 3-2-2

（5）单击“确定”按钮，按快捷键 F12 预览页面，页面的设置效果如图 3-2-3 所示。

图 3-2-3

3.2.2 设置链接

“链接”选项中是一些与页面链接效果有关的属性。从“页面属性”对话框左边的“分类”列表框中选择“链接”选项，即可设置链接属性，如图 3-2-4 所示。

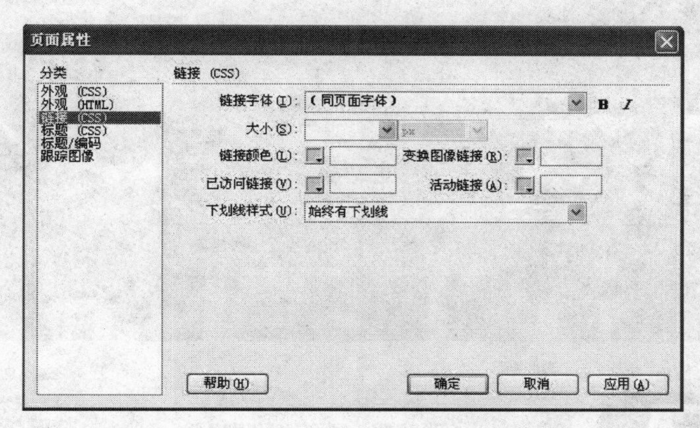

图 3-2-4

（1）在“链接字体”下拉列表框中选择一种字体，作为页面超链接文本在默认状态下的字体。在“大小”下拉列表框中选择文本的大小或直接输入一个数值，定义超链接文本的字体大小。这两项和页面文字的字体字号相同，因此这里不做设置。

（2）在“链接颜色”下拉列表中选择一种颜色，定义超链接文本默认状态下的字体颜色，这里设置为 #333。在“变换图像链接”下拉列表中选择一种颜色，作为鼠标放在链接上时文本的颜色，这里设置为 #f60。在“已访问链接”下拉列表中可定义访问过的链接的颜色，这里不做设置。在“活动链接”下拉列表中定义活动链接的颜色，这里不做设置。

（3）在“下划线样式”下拉列表框中可选择链接的下划线样式，这里为默认的“始终有下划线”。整个设置的情况如图 3-2-5 所示。

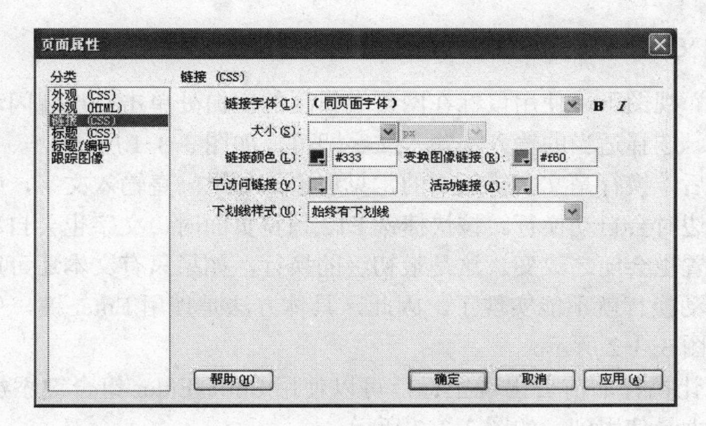

图 3-2-5

（4）单击“确定”按钮后，按快捷键 F12 预览页面，页面的链接设置效果如图 3-2-6 所示。

图 3-2-6

3.3 制作简单的文本页面

文本是页面中不可缺少的内容，文本的格式可以充分体现文档所要表达的重点。例如，在页面中设置一些段落的格式以及丰富的字体，让文本达到赏心悦目的效果。

3.3.1 普通文本网页

（1）在“设计”视图下，使用鼠标在网页编辑区的空白处单击，出现闪动的光标，标识输入文字的起始位置。选择适当的输入法输入文字即可，如图 3-3-1 所示。

（2）输入文字后，换行是文字排版中的常见现象。如果一直输入文字，中间不停顿，文字到编辑窗口的另一边时会自动换行。按快捷键 F12 预览页面时，文字也会自动换行，当浏览器缩放时，换行的位置也会随之改变。这是最初级的换行，如果只有文本还可以，但如果加上图像、表格之后，自动换行就不能实现了。因此，具体方法是使用 Enter 键，生成的段落前后都会有一行空白，如图 3-3-2 所示。

（3）如果不想让换行的前后出现空行，可以使用 Shift+Enter 组合键添加换行符。此种换行方式会在网页中大量使用到，如图 3-3-3 所示。

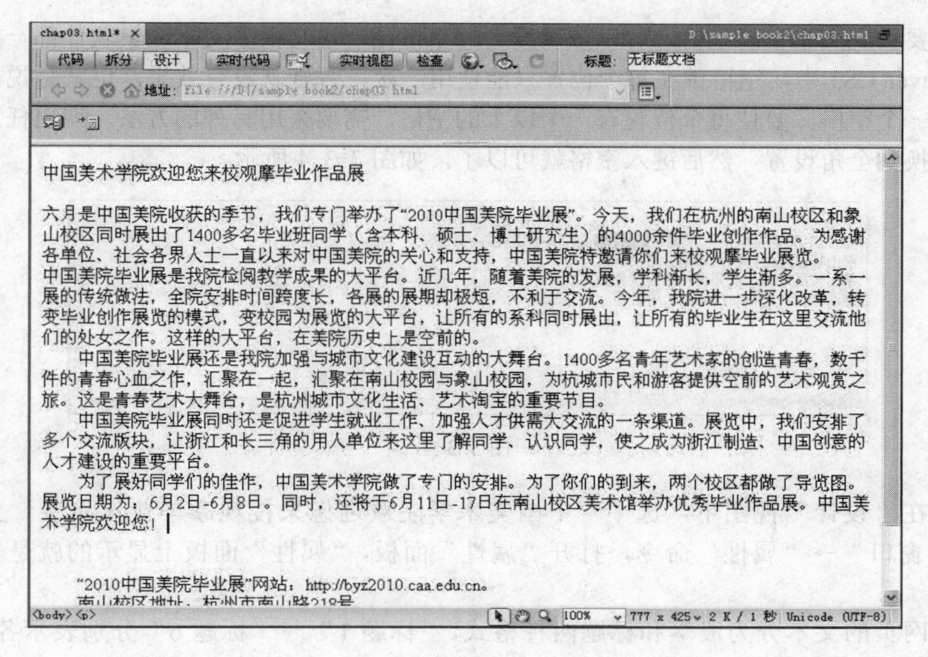

图 3-3-1

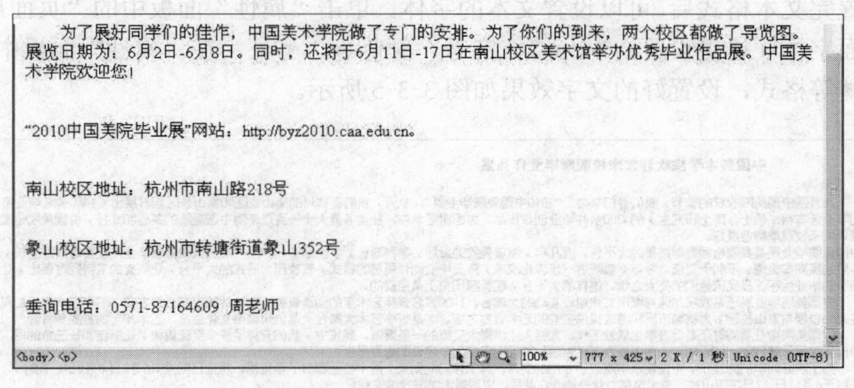

图 3-3-2

为了展好同学们的佳作，中国美术学院做了专门的安排。为了你们的到来，两个校区都做了导览图。展览日期为：6月2日-6月8日。同时，还将于6月11日-17日在南山校区美术馆举办优秀毕业作品展。中国美术学院欢迎您！

“2010中国美院毕业展”网站：http://byz2010.caa.edu.cn。
南山校区地址：杭州市南山路218号
象山校区地址：杭州市转塘街道象山352号
垂询电话：0571-87164609 周老师

<body> <p> 100% 777 x 425 2 K / 1 秒 Unicode (UTF-8)

图 3-3-3

（4）要实现文本中的空格，可以按键盘上的空格键，这与很多文本编辑软件都一样。但在 Dreamweaver CS5 中，空格键在每个位置只能使用一次，否则就没有效果，也就是说，每个位置只能有一个空格。要使每个位置有一个以上的空格，需要采用另外的方法。调出任意一种输入法，切换到全角设置，然后键入空格就可以了，如图 3-3-4 所示。

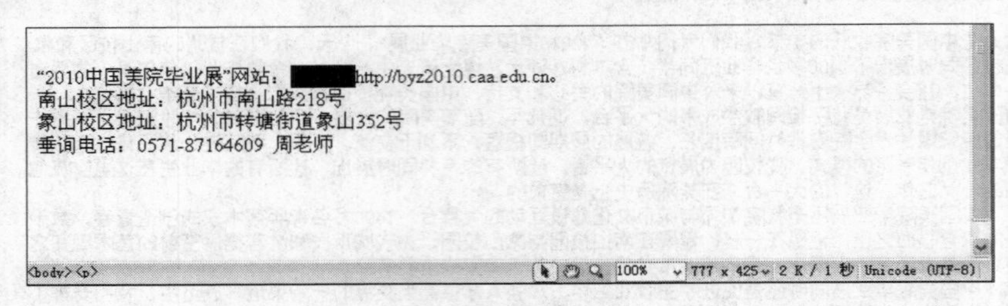

图 3-3-4

（5）在“设计”视图下，选中“中国美术学院欢迎您来校观摩毕业作品展”文字，然后选择“窗口”→“属性”命令，打开“属性”面板，“属性”面板上显示的就是当前文字的属性。

（6）网页的文本分为段落和标题两种格式。“标题 1”～“标题 6”分别表示各级标题，应用于网页的标题部分。其所对应的字体由大到小，同时文字全部加粗。这里设置为“标题 3”。

（7）设置完文本格式后，可以设置文本的字体。单击“属性”面板中的“页面属性”按钮，可以设置页面字体（这里设置为 12 px）、字号、颜色等。另外，在“属性”面板中可以直接定义加粗、斜体等格式，设置好的文字效果如图 3-3-5 所示。

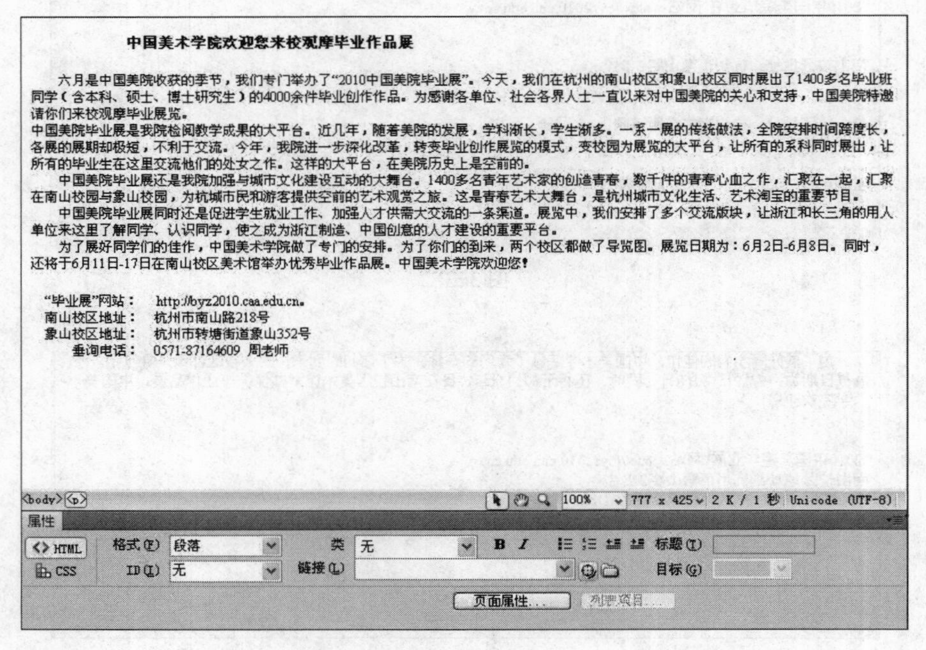

图 3-3-5

3.3.2 插入特殊字符

（1）要向网页中插入特殊字符，如版权符号，需要将光标插入到版权文字“Copyright2010”的位置，如图 3-3-6 所示。

图 3-3-6

（2）在菜单栏上选择“插入”→“HTML”→“特殊字符”→“版权”命令，如图 3-3-7 所示。

图 3-3-7

（3）选择所需的字符“版权”，单击将其插入到光标所在的位置即可，如图 3-3-8 所示。

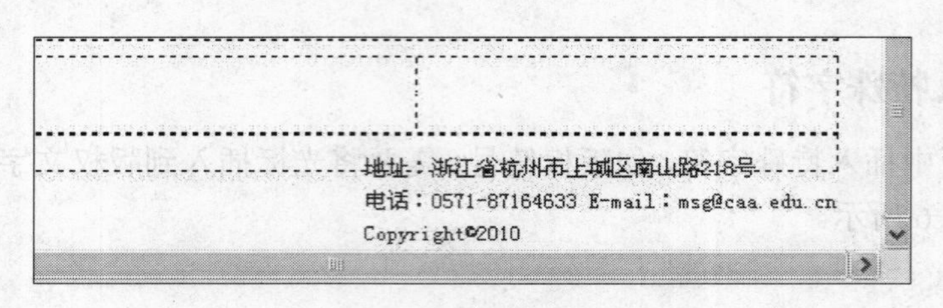

图 3-3-8

（4）如果需要插入更多的特殊字符，可在子菜单中选择“其他字符”命令，弹出“插入其他字符”对话框，选择要插入的字符即可，如图 3-3-9 所示。

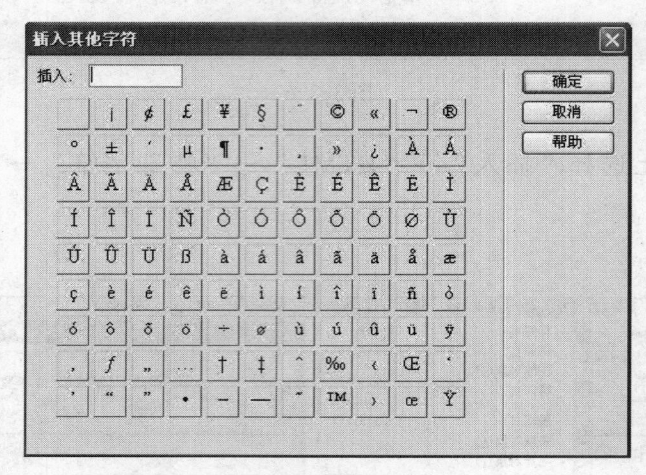

图 3-3-9

3.3.3 插入水平线

水平线在排版过程中起到分隔文本的作用。在页面上，可通过一条或多条水平线以可视方式分隔文本和对象。

（1）将光标定位在“中国美术学院院长办公室”文字的前面，在菜单栏上选择“插入”→“HTML”→“水平线”命令，如图 3-3-10 所示。

（2）网页中插入了水平线。选中这条水平线，可以通过“属性”面板对这条水平线的属性进行设置，如图 3-3-11 所示。

（3）在“水平线”下的文本框中可输入这条水平线的 ID（一般都不填）。“宽”文本框用来设置该水平线的宽度，可输入数值；其右侧的下拉列表框用来设置宽度的单位，有“像素”和“%”两个选项。“高”文本框用来设置该水平线的高度，可填入数值，单位是像素，这里设置为 1 像素。“对齐”下拉列表框用来设置水平线的对齐方式，选择“默认”选项。清空“阴影”前面的复选框，使水平线不出现阴影效果。

（4）为了给水平线设定颜色，由于“属性”面板没有这一设定，可以直接在“代码”视图中输入代码，如图 3-3-12 所示。

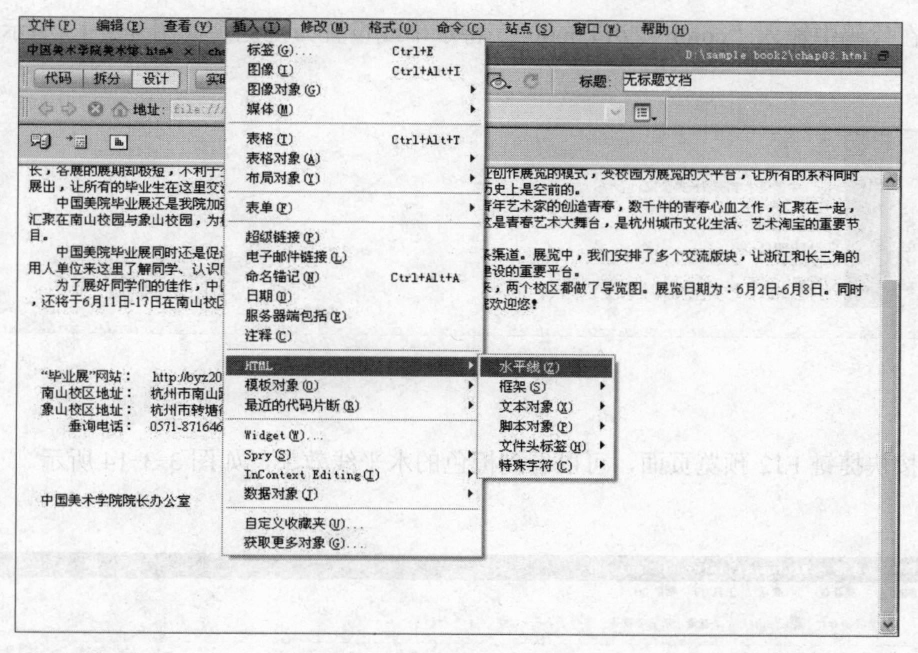

图 3-3-10

中国美术学院院长办公室

<body><hr> 100% 777 x 425 2 K / 1 秒 Unicode (UTF-8)

属性

水平线 宽(W) 像素 对齐(A) 默认 类(C) 无

高(H) 阴影(S)

图 3-3-11

图 3-3-12

（5）在代码中输入“color = "#FF6600"”将水平线设置为橙色，如图 3-3-13 所示。

```
29  <p>   </p>
30  <p>  </p>
31  <hr noshade="noshade" color="#FF6600" />
32  <p>   中国美术学院院长办公室<br />
33  </p>
34  <p> </p>
35  <p> </p>
36  </body>
37  </html>
38
```

图 3-3-13

（6）按快捷键 F12 预览页面，可以看到橙色的水平线效果，如图 3-3-14 所示。

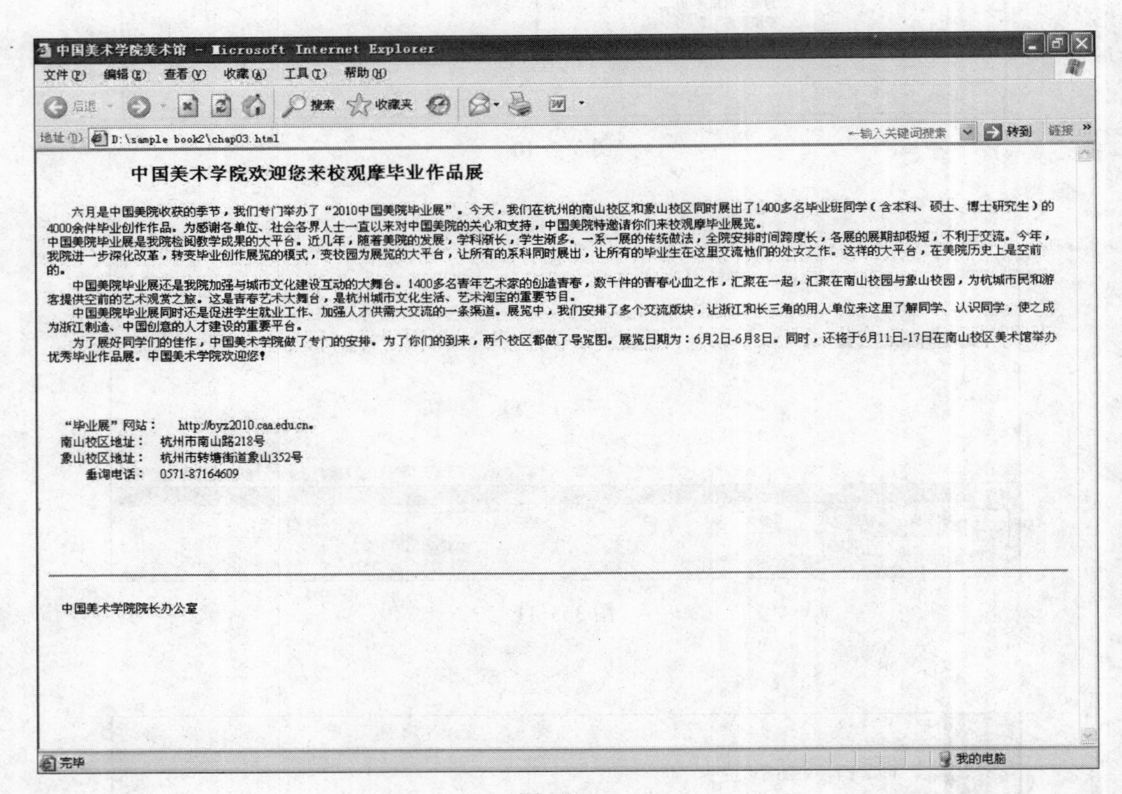

图 3-3-14

3.3.4 插入时间

对网页进行更新后，一般都要加上更新日期。在菜单栏上选择“插入”→“日期”命令，选择日期的显示格式，即可向网页中加入当前的日期。而且，通过设置，每次保存网页时都能自动更新该日期。

（1）将光标定位在“中国美术学院院长办公室”文字的后面。

（2）在菜单栏上选择“插入”→“日期”命令，如图3-3-15所示。

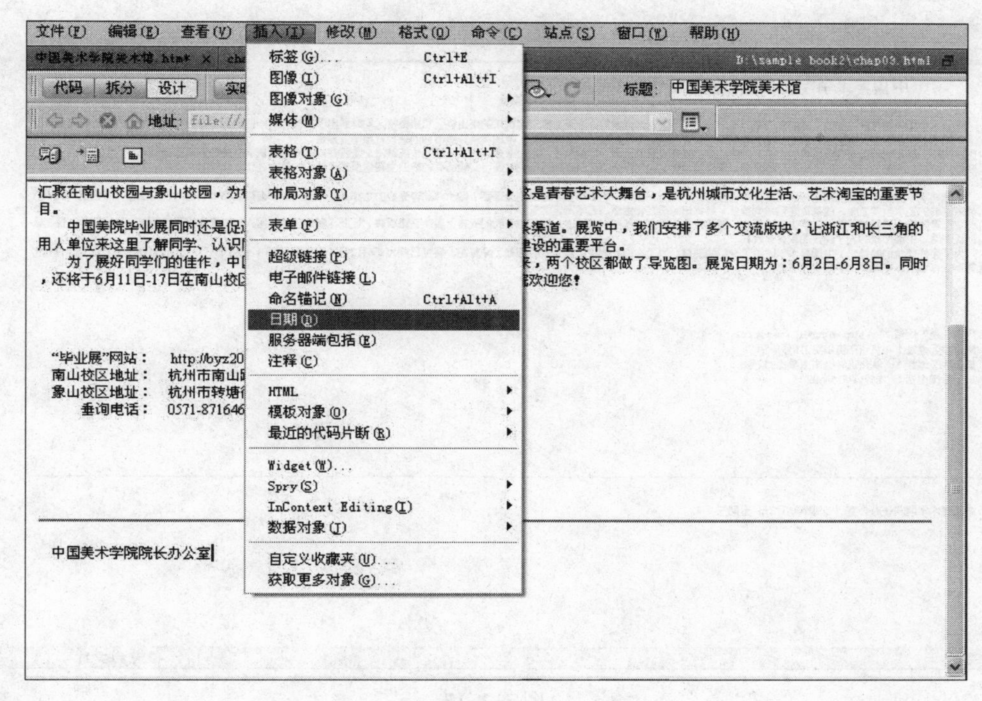

图 3-3-15

（3）弹出“插入日期”对话框，在“星期格式”下拉列表框中选择“星期四”，在“日期格式”列表框中选择“1974年3月7日”，在时间格式下拉列表框中选择“不要时间”，不选中“储存时自动更新”复选框，如图3-3-16所示。

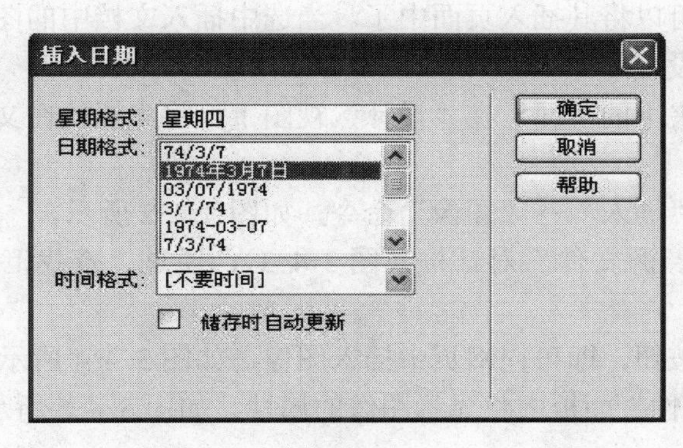

图 3-3-16

（4）单击“确定”按钮，然后按快捷键F12预览页面，可以看到日期的显示效果，如图3-3-17所示。

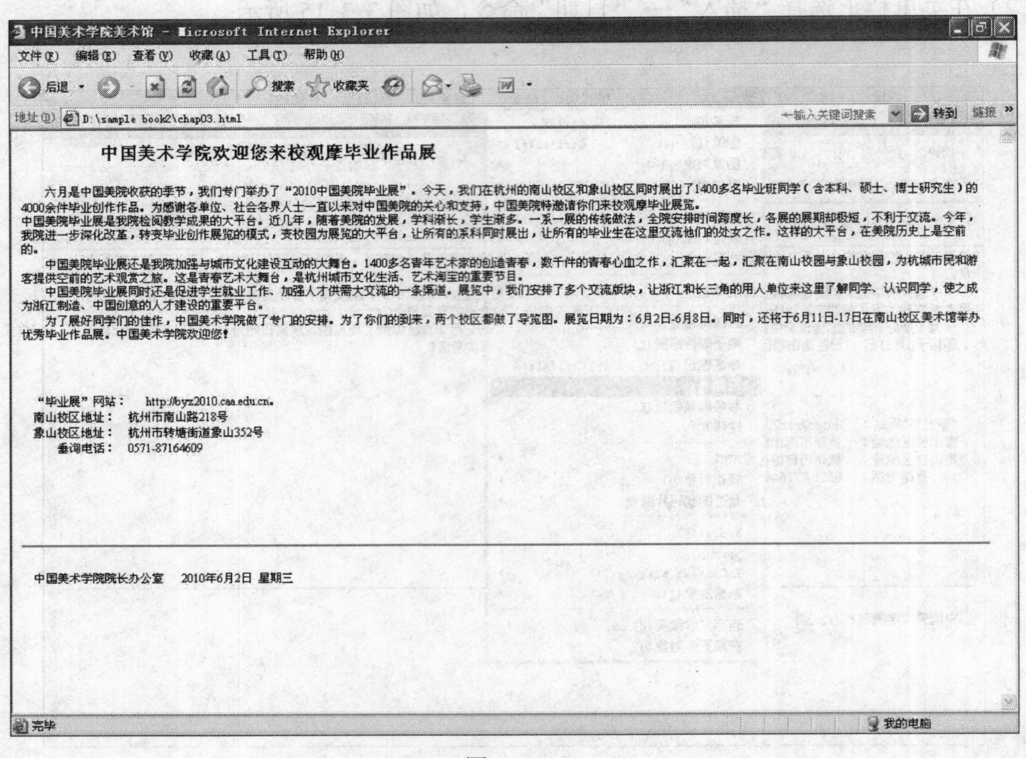

图3-3-17

3.4　制作图文混排页面

准备好图像后，就可以将其插入页面中了。当选中插入文档中的图像后，还可以使用“属性”面板对其属性进行设置。

（1）打开站点文件夹下的页面，在“设计”视图下，将光标放在文档中需要插入图像的地方，如图3-4-1所示。

（2）在菜单栏选择“插入”→“图像”命令，如图3-4-2所示。

（3）弹出“选择图像源文件”对话框（图3-4-3），通过“查找范围”下拉列表框选择合适的图像文件。

（4）单击“确定”按钮，即可向网页中插入图像，如图3-4-4所示。

（5）选中图像，“属性”面板中将显示图像的属性，如图3-4-5所示。

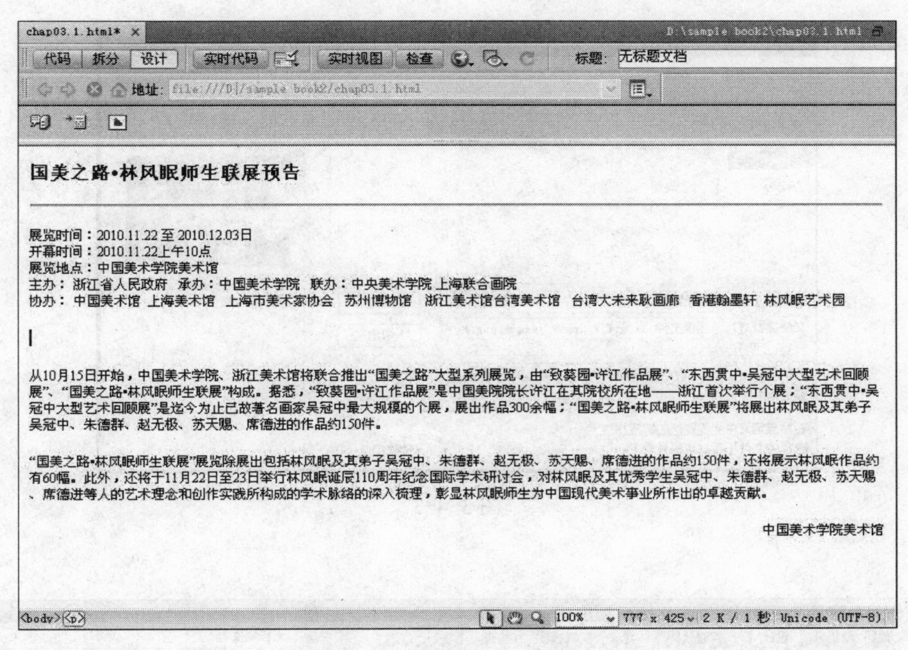

图 3-4-1

图 3-4-2

(6)“替换”下拉列表框用来设置图像的替代文本，可输入一段文字，当图像无法显示时，将显示这段文字。例如，在这里输入“国美之路——林风眠师生作品展”，预览页面时，图片上方会显示鼠标的提示信息，如图 3-4-6 所示。

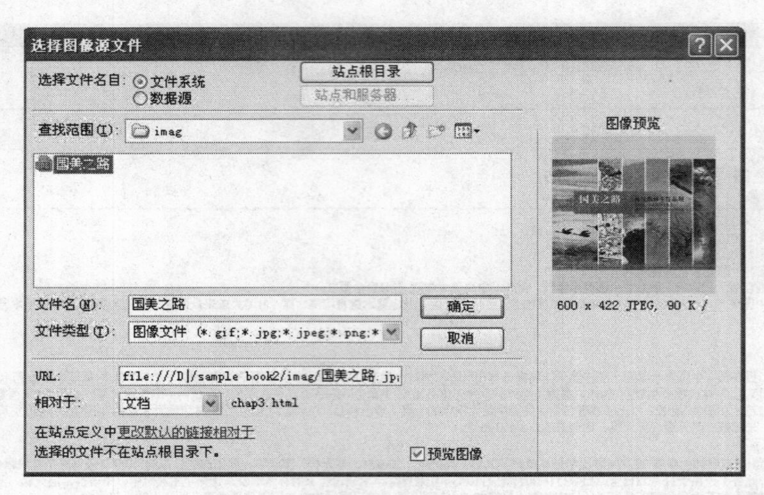

图 3-4-3

图 3-4-4

属性
图像, 90K　宽(W) 600　源文件(S) imag/国美之路.jpg　替换(T)　类(C) 无
ID　高(H) 422　链接(L)　编辑
地图(M)　垂直边距(V)　目标(R)　边框(B)
水平边距(P)　原始　对齐(A) 默认值

图 3-4-5

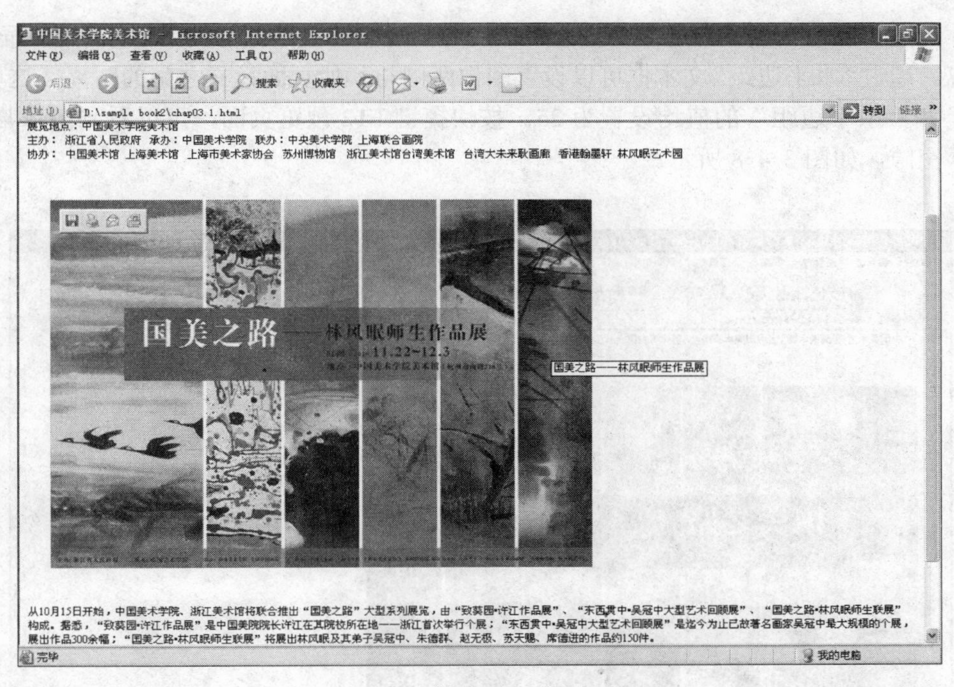

图 3-4-6

（7）“属性”面板中的“对齐”下拉列表框用于设置一行中文本和图像的对齐方式，这里设置为“居中”。按快捷键 F12 预览页面，可以看到图文混排的效果，如图 3-4-7 所示。

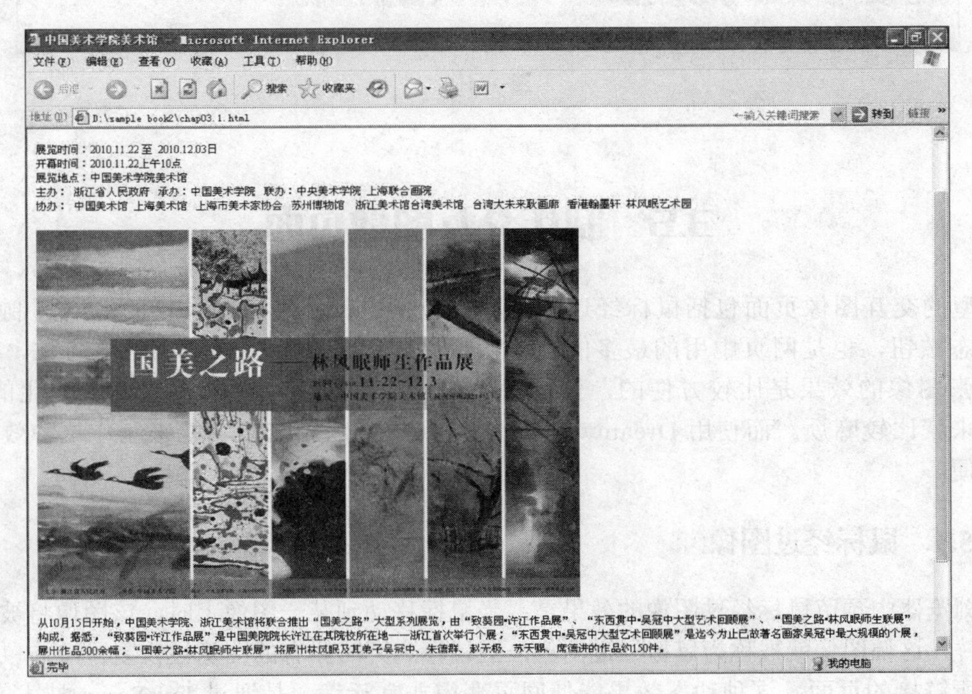

图 3-4-7

（8）通过“属性”面板中的“垂直边距”文本框可以设置图像与其上下方其他页面元素之间的距离。通过“水平边距”文本框可以设置图像两侧与其他页面元素之间的距离。这里将“垂直边距”和“水平边距”的值均设置为25。按快捷键F12预览页面，可以看到图像与文字之间出现了空隙，如图3-4-8所示。

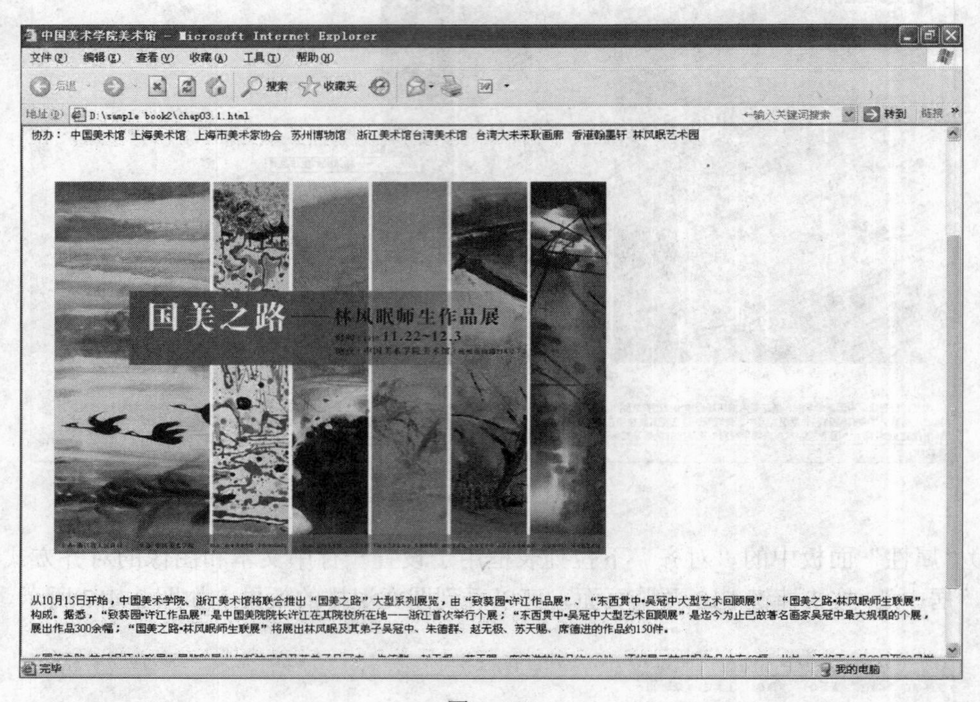

图 3-4-8

3.5 制作交互图像页面

典型的交互图像页面包括鼠标经过图像和导航条。鼠标经过图像指的是网页制作时使用的动态按钮，也是网页中用的最多的动态效果之一。使用鼠标经过图像的方法，如果只加入一张图像的效果是比较方便的，但如果希望在一个页面中加入多张图像变化的效果，制作起来就比较麻烦。而使用Dreamweaver CS5所提供的导航条功能来制作这种效果，就会很方便。

3.5.1 鼠标经过图像

在浏览器中预留鼠标经过图像的效果是：当鼠标移动到某一图像上时，该图像将被另一幅图像代替，这幅图像就被称为鼠标经过图像，当鼠标离开时原有的图像被恢复；单击鼠标，将跳转到所链接的页面。这种动态效果能使网页变得非常活泼，是通过JavaScript技术实现的。

下面利用这两张图片制作鼠标经过图像的特效，如图 3-5-1 所示。

图 3-5-1

（1）在文本中间的空白位置单击，出现提示光标，如图 3-5-2 所示。

chap03.2.html* ×
D:\sample book2\chap03.2.html
代码 拆分 设计 实时代码 实时视图 检查 标题：无标题文档
地址：file:///D|/sample book2/chap03.2.html

网上展厅

中国美术学院·日本筑波大学学生作品展

金冶教授油画作品展

历史与追怀——蔡亮艺术回顾展

<body> <p> 100% 777 x 425 1 K / 1 秒 Unicode (UTF-8)

图 3-5-2

（2）单击“插入”→“图像对象”→“鼠标经过图像”命令，如图 3-5-3 所示。

（3）弹出“插入鼠标经过图像”对话框，如图 3-5-4 所示。

（4）在“原始图像”文本框中输入页面被打开时所要显示的图像文件名及其路径；或者单击其右侧的“浏览”按钮，选择一个图像文件作为原始图像，这里，选择“imag”文件夹中的名为“06”的图像，URL 文本框中所显示的图像路径为“imag/06.jpg”，如图 3-5-5 所示。

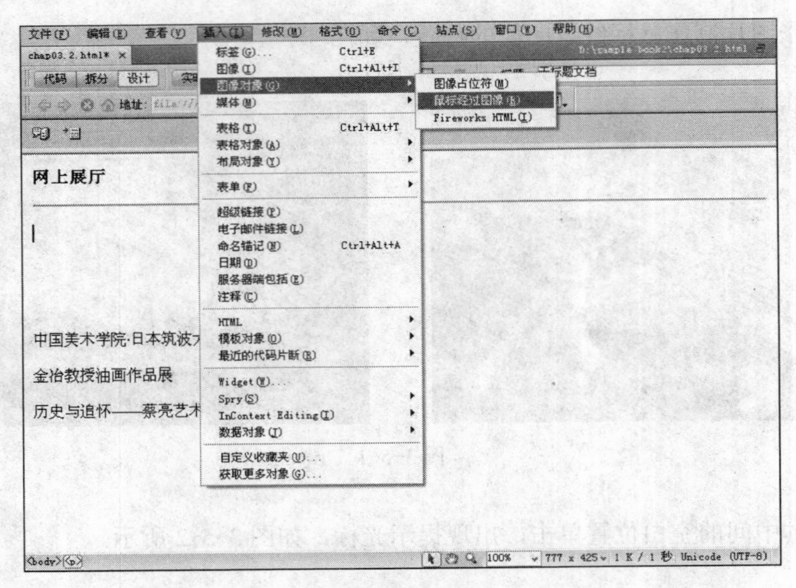

图 3-5-3

插入鼠标经过图像

图像名称：Image1

原始图像： 浏览...

鼠标经过图像： 浏览...

☑ 预载鼠标经过图像

替换文本：

按下时，前往的 URL： 浏览...

确定 取消 帮助

图 3-5-4

图 3-5-5

（5）在“鼠标经过图像”文本框中输入鼠标经过时所显示图像的路径；或者单击其右侧的“浏览”按钮，选择一个图像文件，这里，选择“imag”文件夹中的名为“05”的图像，URL文本框中所显示的图片路径为“imag/05.jpg”，如图3-5-6所示。

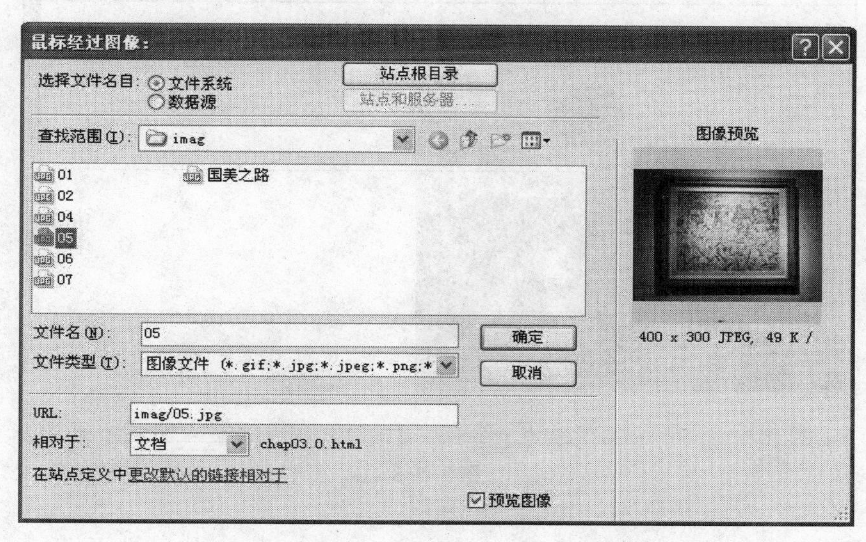

图 3-5-6

（6）如果选中图3-5-4中“预载鼠标经过图像”复选框，则无论是否通过用鼠标指向原始图像来显示鼠标经过图像，浏览器都会将鼠标经过图像下载到本地缓存中，以便加快网页浏览速度。如果没有选中该复选框，则只有在浏览器中用鼠标指向原始图并显示鼠标经过图像之后，鼠标经过图像才会被浏览器存放到缓存中。默认为选中该复选框。

（7）在图3-5-4的“替换文本”文本框中输入文字“Exhibit”。在浏览器中，若鼠标在鼠标经过图像上停留片刻，将在鼠标位置旁弹出一个文本显示区，其中显示“替换文本”文本框中所输入的说明文字。鼠标经过图像的设置如图3-5-7所示。

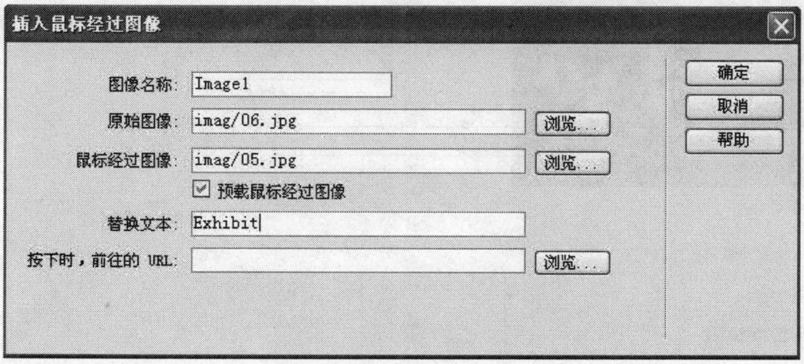

插入鼠标经过图像
图像名称：Image1
原始图像：imag/06.jpg 浏览...
鼠标经过图像：imag/05.jpg 浏览...
预载鼠标经过图像
替换文本：Exhibit
按下时，前往的 URL： 浏览...
确定
取消
帮助

图 3-5-7

（8）单击“确定”按钮后，完成插入鼠标经过图像的操作。此时的页面如图3-5-8所示。

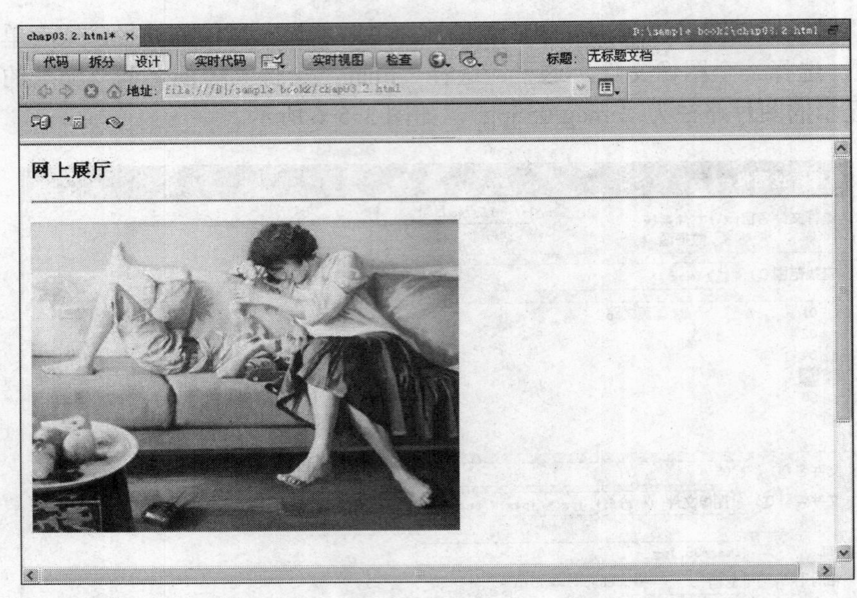

图 3-5-8

（9）按快捷键 F12 预览当前文档的效果，如图 3-5-9 所示。

（a）原始图像

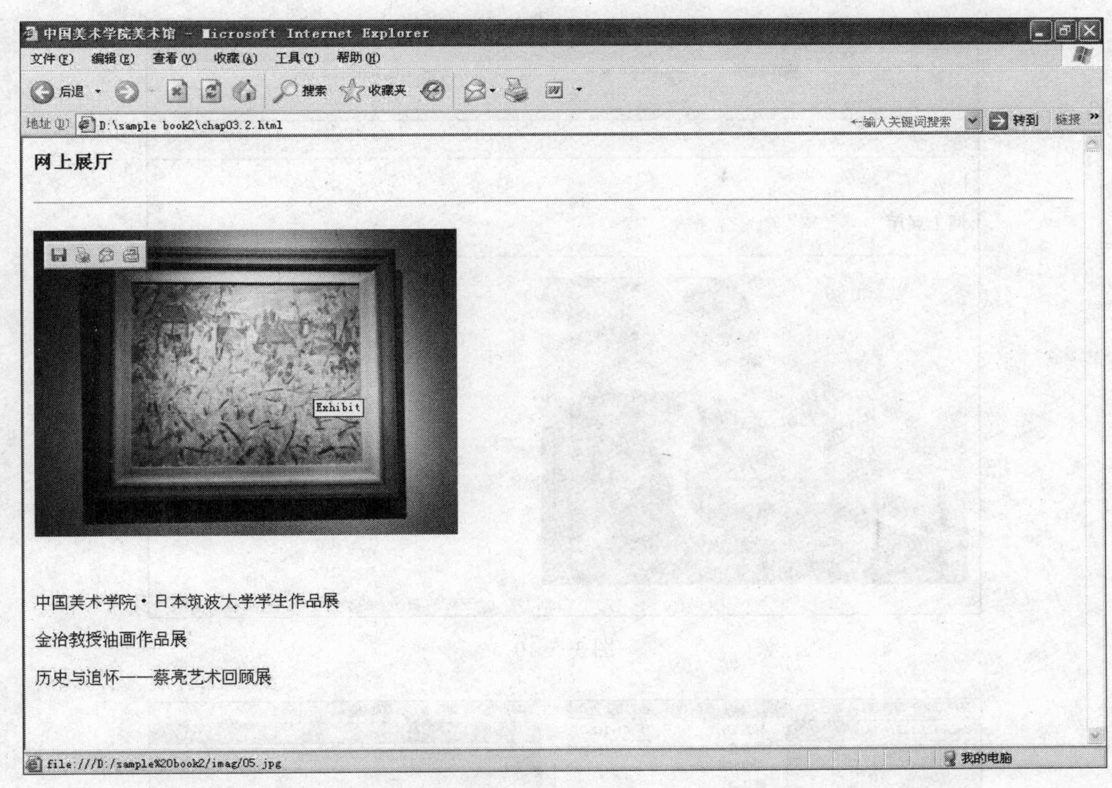

（b）鼠标经过图像

图 3-5-9

3.5.2 导航条

导航条在网页中起到定位和导航的作用，让用户在网站中更方便和快捷地找到所需内容。导航条通常由一系列的栏目或按钮组成，并且一个网页中一般只有一个导航条。

（1）打开页面（图 3-5-10），将光标放在顶部左侧空白的位置，准备开始制作导航条。

（2）单击“插入”→“布局对象”→“Spry 菜单栏”命令，如图 3-5-11 所示。

（3）弹出如图 3-5-12 所示的对话框。导航条的布局方式有两种：“水平”和“垂直”。本例中选择“水平”布局。

（4）在“属性”面板中，在“文本”文本框中输入导航条上的栏目名称。在“链接”文本框中输入栏目名称所指向的页面地址，或通过单击“浏览”按钮选择链接的页面，如图 3-5-13 所示。

（5）在“标题”文本框中输入文字“中国美术学院”。在浏览器中，若鼠标在鼠标经过图像上停留片刻，将在鼠标位置旁弹出一个文本显示区域，其中显示“标题”文本框中所输入的说明文字，如图 3-5-14 所示。

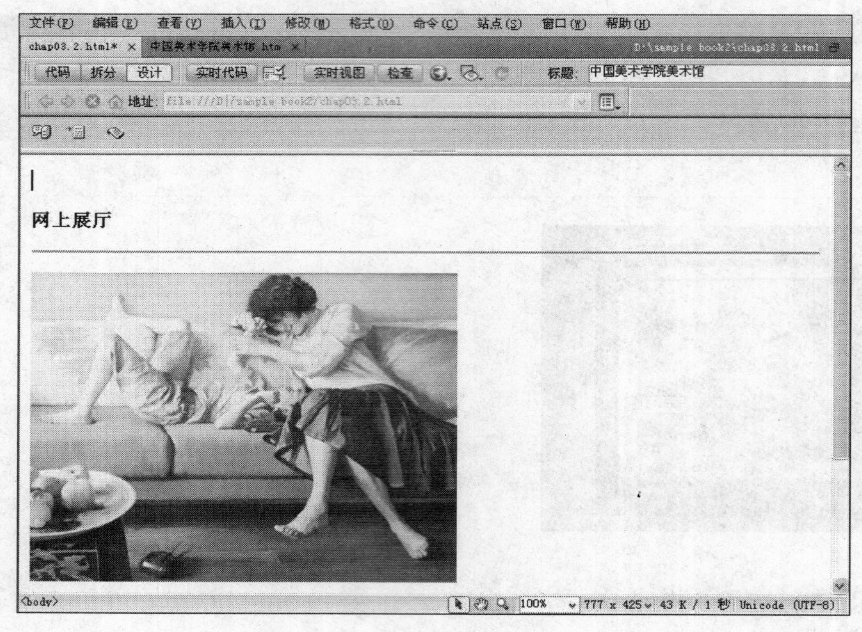

图 3-5-10

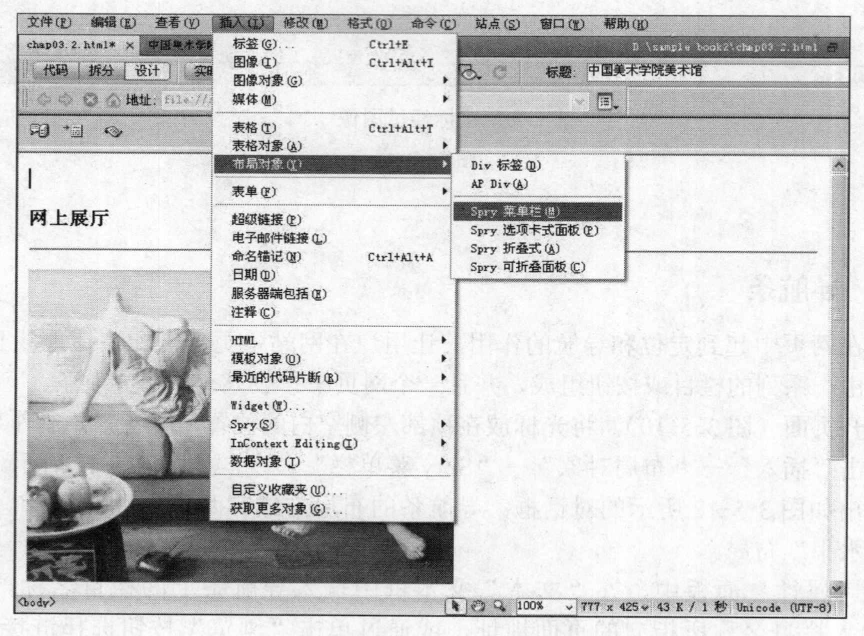

图 3-5-11

（6）在“属性”面板中，单击“+”按钮，将增加一个栏目；在下拉列表框中选中一个栏目，单击“-”按钮，将删除所选中的栏目。在下拉列表框里选中一个栏目，单击向上或向下箭头按钮，可以调整这个栏目在导航条上的排列位置。读者可以自行添加或调整其他栏目，如图 3-5-15 所示。

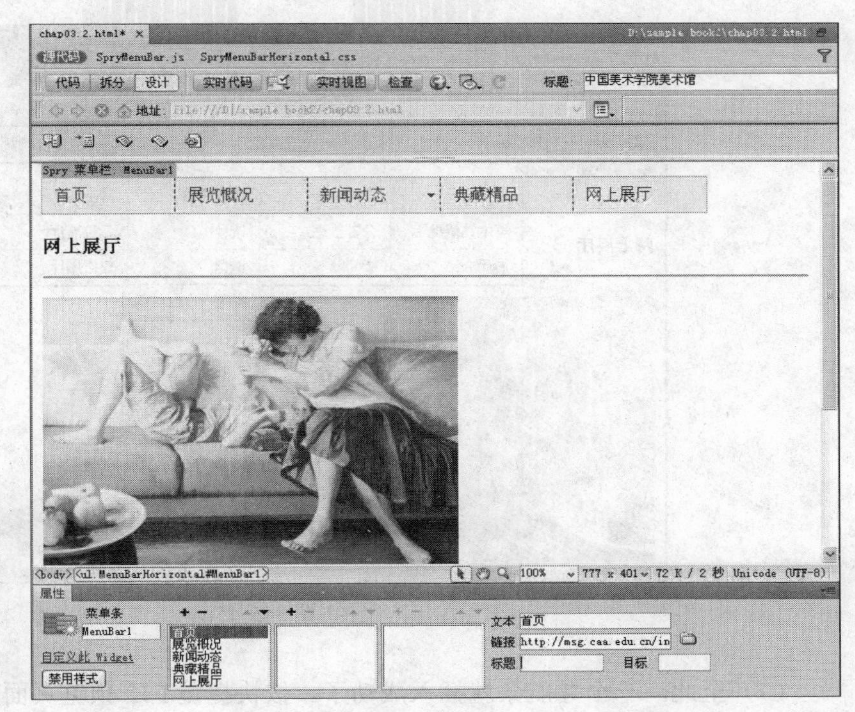

图 3-5-12　　图 3-5-13

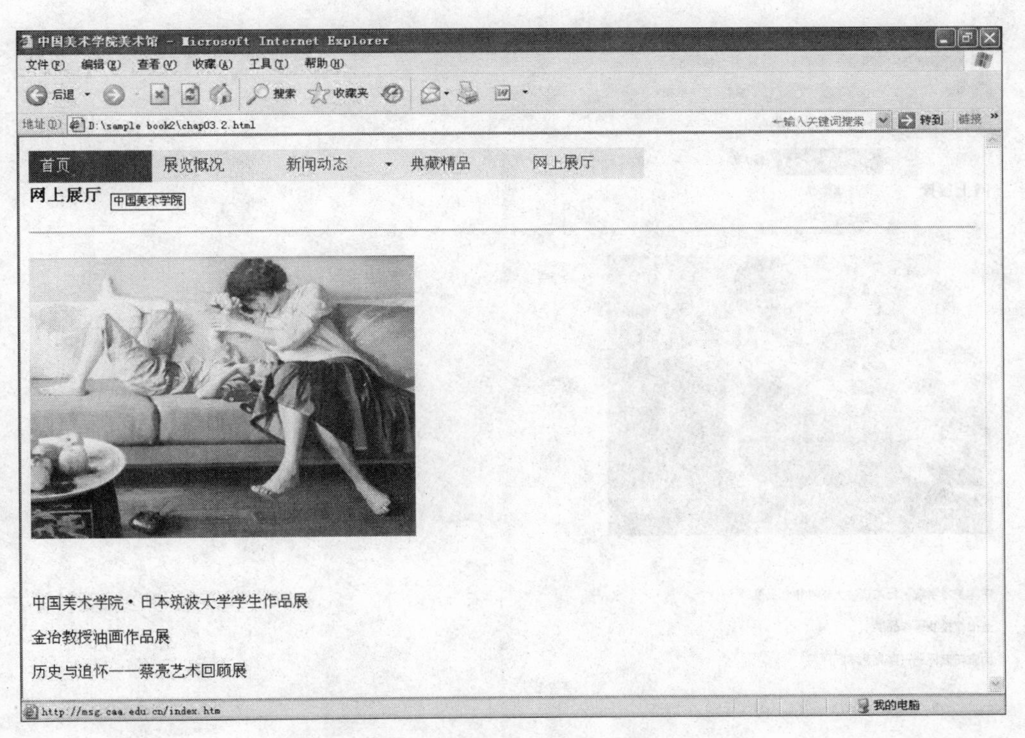

图 3-5-14

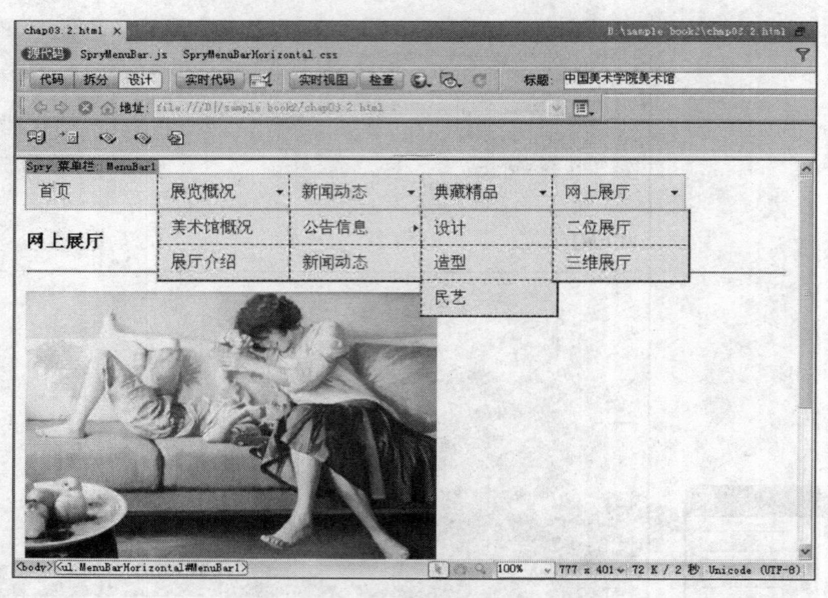

图 3-5-15

（7）至此，一个导航条就插入成功了。按快捷键 F12 预览页面，效果如图 3-5-16 所示。如果想对导航条中的文字进行设置，可选中文字，然后在“属性”面板中进行相应设置。

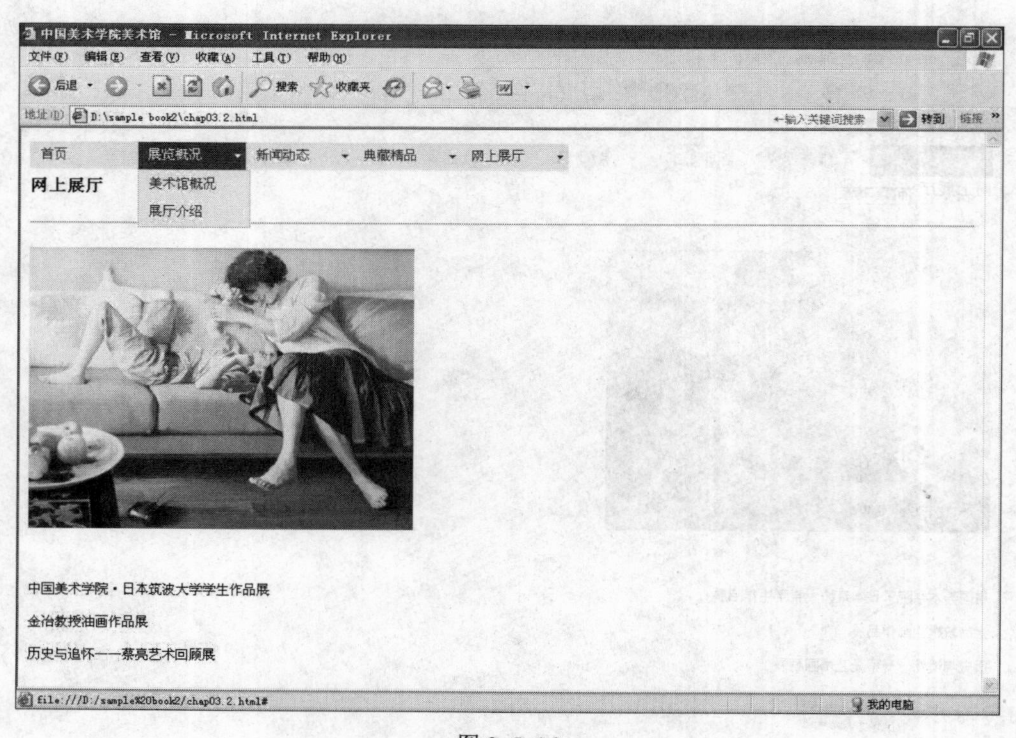

图 3-5-16

本章小结

回顾学习要点

1. 在浏览器中不可见的头内容携带网页的哪些重要信息？
2. 怎样给水平线设置颜色？
3. 怎样在页面中插入图像？
4. 怎样在页面中插入鼠标经过图像？
5. 导航条指的是什么？

学习要点参考

1. 头内容携带网页的重要信息，如关键字、描述文字等，还可以实现一些非常重要的功能，如自动刷新等。

2. 由于水平线的“属性”面板没有颜色设置选项，所以应单击“属性”面板中的“快速标签编辑器”按钮，然后输入颜色代码，即可设置水平线的颜色。

3. 在“插入”菜单中选择“图像”命令，可以在页面中插入图像。

4. 在“插入”菜单中选择“图像对象”→“鼠标经过图像”命令，可以在页面中插入鼠标经过图像。

5. 导航条让用户在网站中更方便和快捷地找到所需内容，通常由一系列的栏目或按钮组成，并且一个网页中一般只有一个导航条。

习题

制作一个包含文字、图像和导航条的图文混排页面。其中，图像的垂直边距为15；要有鼠标经过图像的效果；导航条要有下拉菜单。

在网页中添加多媒体元素

Dreamweaver CS5 第4章

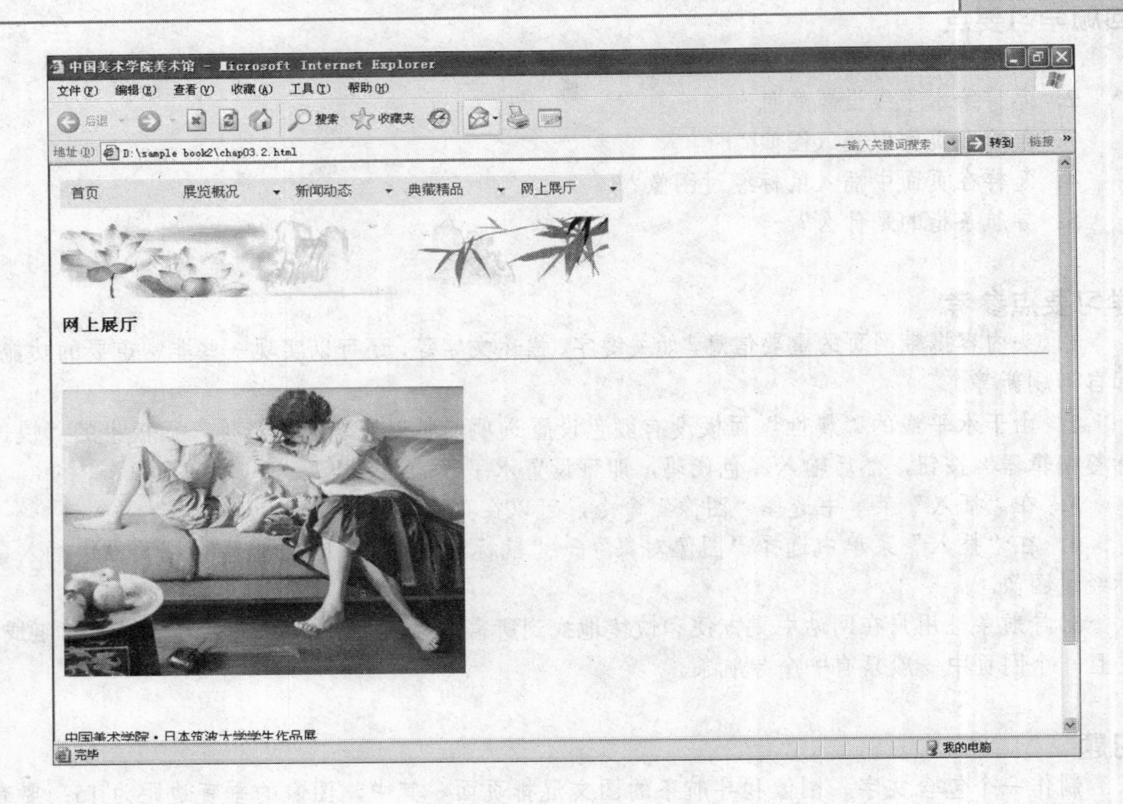

本章总览

本章将介绍如何使用 Dreamweaver CS5 在网页中添加多媒体元素，主要包括以下内容：

- 在页面中插入 Flash 动画
- 在页面中插入音频
- 在页面中插入视频
- 在页面中插入 Applet
- 在页面中插入滚动字幕

4.1 在页面中插入 Flash 动画

随着多媒体技术的发展，普通的 HTML 网页已不能满足人们的需求，一个优秀的网站应该不是只有文本和图像组成，而应是动态的、多媒体的。为了增强网页的表现力，丰富文档的显示效果，除了在网页中使用文本和图像元素传达信息外，还可以向其中插入动画以丰富网页的效果。

Flash 可做出文件体积小、效果华丽的矢量动画。目前，Flash 动画是网上最流行的动画格式，被大量用于网页页面。Flash 技术是实现和传递基于矢量的图形和动画的首选方案。将 Dreamweaver 与以动感、绚丽的 Flash 动画结合使用，有助于制作出效果更丰富和动感的页面。Dreamweaver 不仅与 Flash 之间有较强的兼容性，而且在其中也可以直接制作 Flash 文件。下面将如图 4-1-1 所示的 Flash 动画插入页面中。

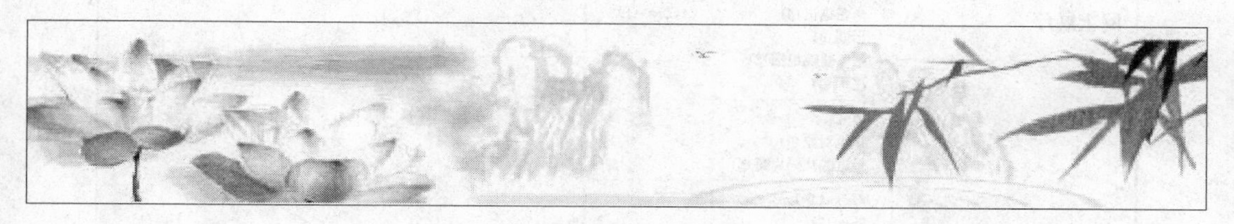

图 4-1-1

（1）打开示例页面，将光标定位在页面需要插入动画的位置，如图 4-1-2 所示。

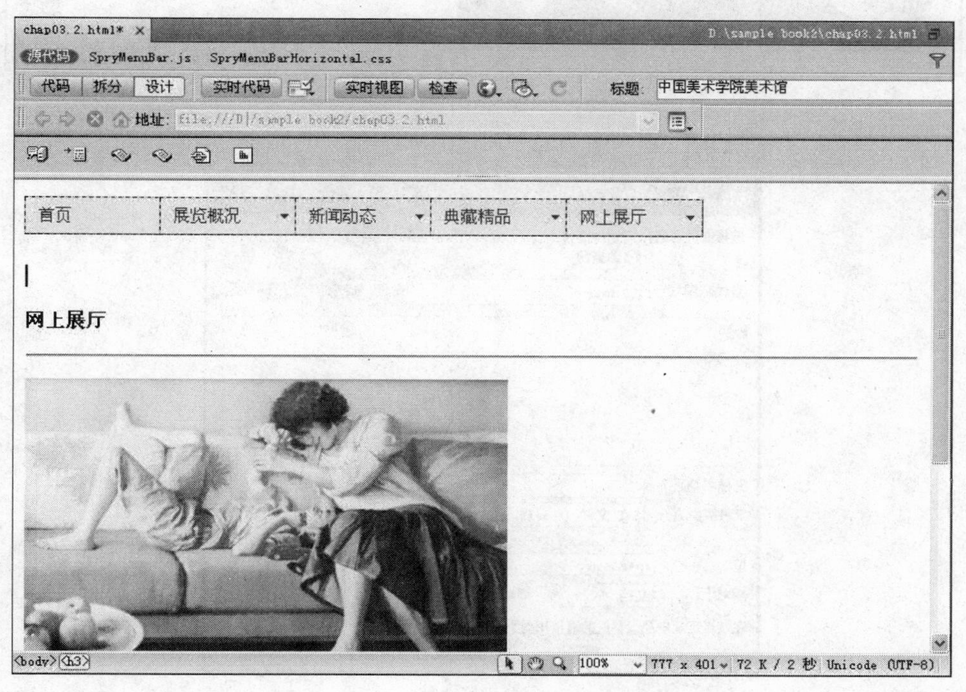

图 4-1-2

（2）在菜单栏上选择“插入”→“媒体”→“SWF”命令，如图 4-1-3 所示。.swf 是 Flash 动画文件的扩展名。

（3）弹出“选择 SWF”对话框，可以选择要打开的 Flash 动画文件，如图 4-1-4 所示。这里选择 imag 文件夹下的“6.swf”文件。

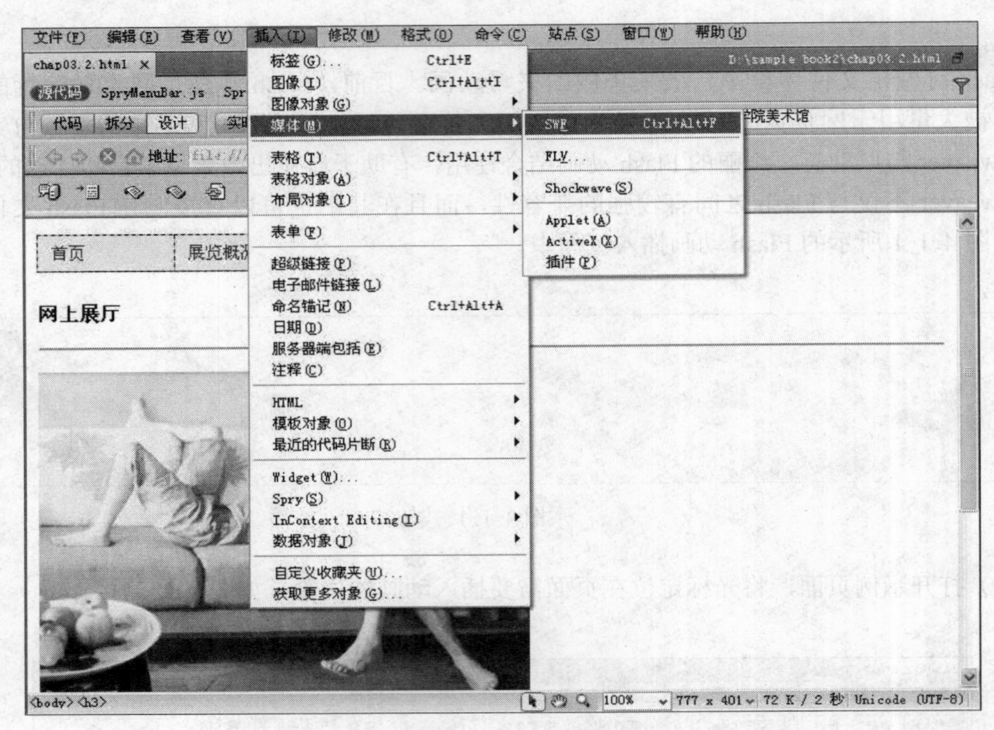

图 4-1-3

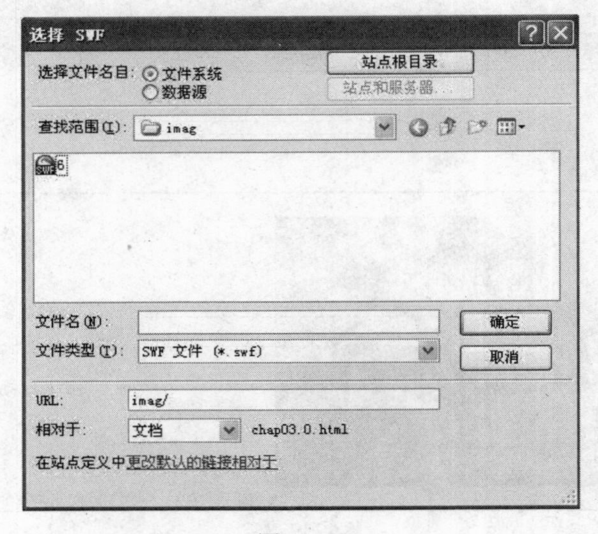

图 4-1-4

（4）单击“确定”按钮后，会弹出“对象标签辅助功能属性”对话框，这里不做设置，单击“取消”按钮即可。所插入的 Flash 动画文件并不会在“设计”视图中显示内容，而是以一个带有字母“F”的灰色框来表示，如图 4-1-5 所示。

（5）在“设计”视图中，单击这个 Flash 动画文件，可以在“属性”面板中设置其属性，如图 4-1-6 所示。为了测试动画在窗口中的播放效果，可以选中 Flash 动画文件，单击“属性”面板上的“播放”按钮。

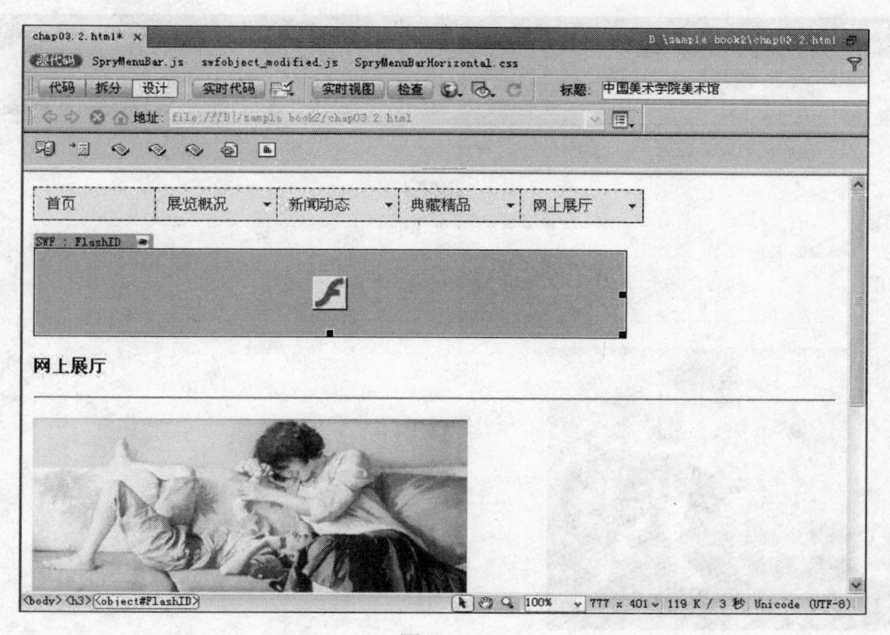

图 4-1-5

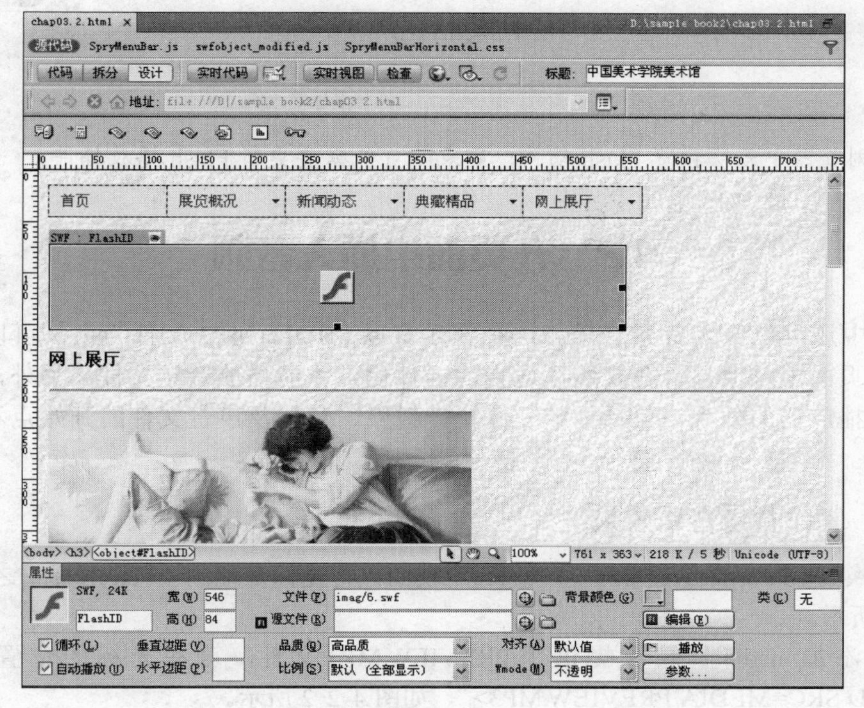

图 4-1-6

(6）按快捷键 F12 预览页面，在浏览器中的预览效果如图 4-1-7 所示。

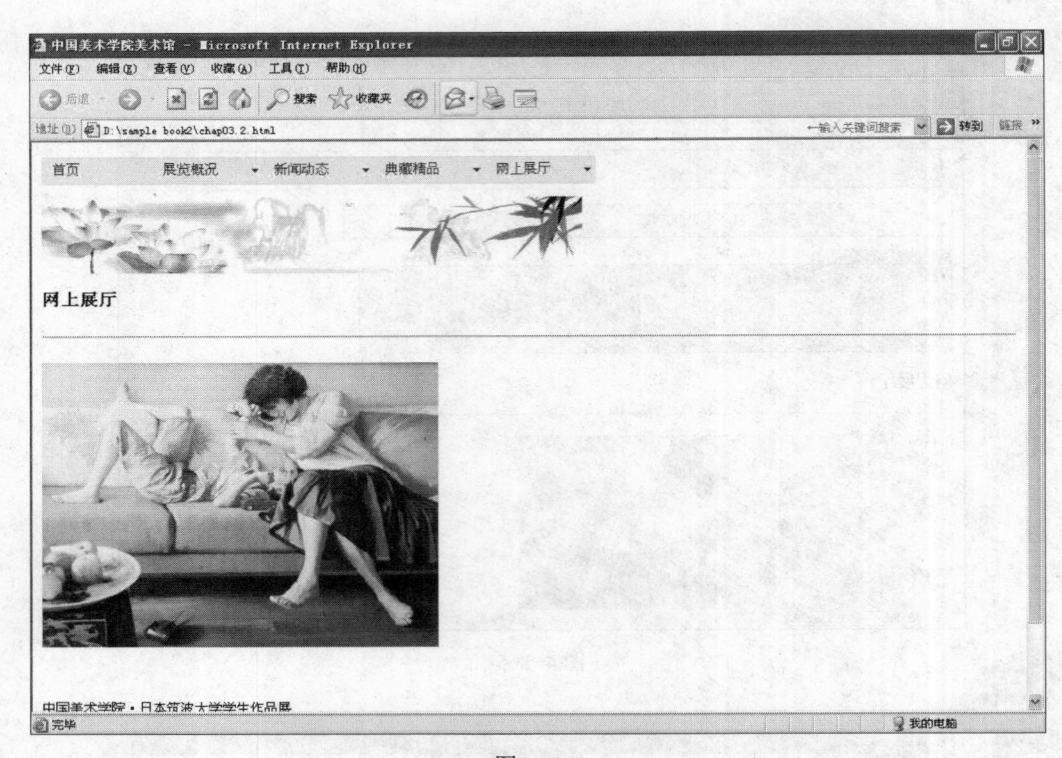

图 4-1-7

提示：

如果在浏览器中无法预览 Flash 动画，则表明可能需要更新 Flash 播放插件。

4.2 在页面中插入音频

在页面中还可以嵌入背景音乐。这种音乐多以 MIDI、MP3 文件为主。可以将音频文件直接插入页面中，但只有在安装了适当的插件后，才能播放音频文件。另外，还可以在页面上显示播放器的外观，包括播放、停止、暂停、音量及声音文件的开始点和结束点等控制按钮。

4.2.1 制作背景音乐效果

(1）切换到 Dreamweaver CS5 的“代码”视图，将光标定位到 </body> 标记之前的位置，如图 4-2-1 所示。

(2）要添加 media 目录下提供了 PREVIEW.MP3 文件，可在光标的位置输入代码“<BGSOUND SRC=MEDIA/PREVIEW.MP3>”，如图 4-2-2 所示。

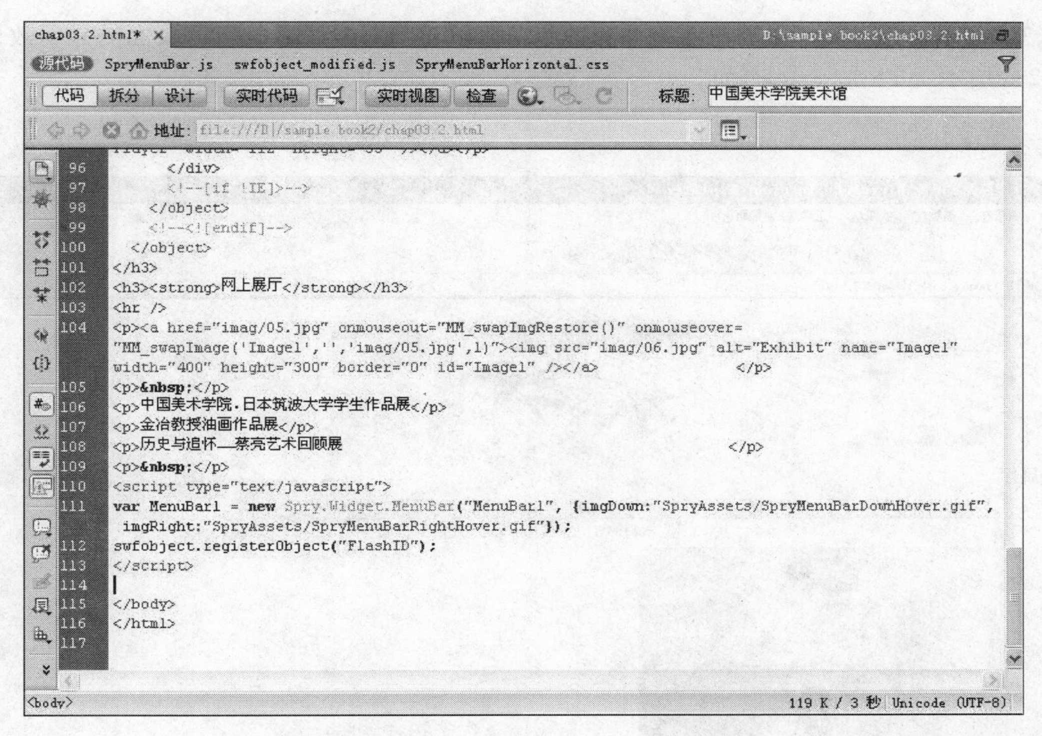
chap03.2.html*
D:\sample book2\chap03.2.html
源代码 SpryMenuBar.js swfobject_modified.js SpryMenuBarHorizontal.css
代码 拆分 设计 实时代码 实时视图 检查 标题: 中国美术学院美术馆
地址: file:///D|/sample book2/chap03.2.html
96 </div>
97 <!--[if !IE]>-->
98 </object>
99 <!--<![endif]-->
100 </object>
101 </h3>
102 <h3><strong>网上展厅</strong></h3>
103 <hr />
104 <p><a href="imag/05.jpg" onmouseout="MM_swapImgRestore()" onmouseover=
"MM_swapImage('Image1','','imag/05.jpg',1)"><img src="imag/06.jpg" alt="Exhibit" name="Image1"
width="400" height="300" border="0" id="Image1" /></a> </p>
105 <p> </p>
106 <p>中国美术学院.日本筑波大学学生作品展</p>
107 <p>金治教授油画作品展</p>
108 <p>历史与追怀——蔡亮艺术回顾展 </p>
109 <p> </p>
110 <script type="text/javascript">
111 var MenuBar1 = new Spry.Widget.MenuBar("MenuBar1", {imgDown:"SpryAssets/SpryMenuBarDownHover.gif",
imgRight:"SpryAssets/SpryMenuBarRightHover.gif"});
112 swfobject.registerObject("FlashID");
113 </script>
114
115 </body>
116 </html>
117
<body>
119 K / 3 秒 Unicode (UTF-8)

图 4-2-1

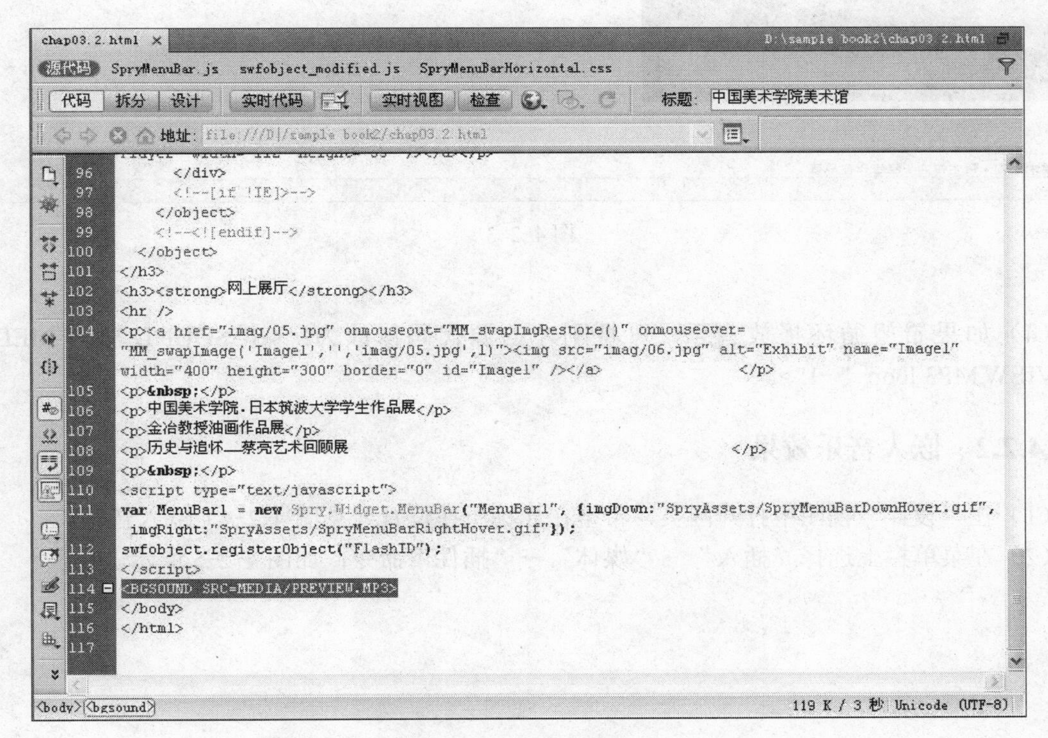
chap03.2.html
D:\sample book2\chap03.2.html
源代码 SpryMenuBar.js swfobject_modified.js SpryMenuBarHorizontal.css
代码 拆分 设计 实时代码 实时视图 检查 标题: 中国美术学院美术馆
地址: file:///D|/sample book2/chap03.2.html
96 </div>
97 <!--[if !IE]>-->
98 </object>
99 <!--<![endif]-->
100 </object>
101 </h3>
102 <h3><strong>网上展厅</strong></h3>
103 <hr />
104 <p><a href="imag/05.jpg" onmouseout="MM_swapImgRestore()" onmouseover=
"MM_swapImage('Image1','','imag/05.jpg',1)"><img src="imag/06.jpg" alt="Exhibit" name="Image1"
width="400" height="300" border="0" id="Image1" /></a> </p>
105 <p> </p>
106 <p>中国美术学院.日本筑波大学学生作品展</p>
107 <p>金治教授油画作品展</p>
108 <p>历史与追怀——蔡亮艺术回顾展 </p>
109 <p> </p>
110 <script type="text/javascript">
111 var MenuBar1 = new Spry.Widget.MenuBar("MenuBar1", {imgDown:"SpryAssets/SpryMenuBarDownHover.gif",
imgRight:"SpryAssets/SpryMenuBarRightHover.gif"});
112 swfobject.registerObject("FlashID");
113 </script>
114 <BGSOUND SRC=MEDIA/PREVIEW.MP3>
115 </body>
116 </html>
117
<body><bgsound>
119 K / 3 秒 Unicode (UTF-8)

图 4-2-2

（3）按快捷键F12，在浏览器中预览效果，可以听到背景音乐响起。页面的显示效果如图4-2-3所示。

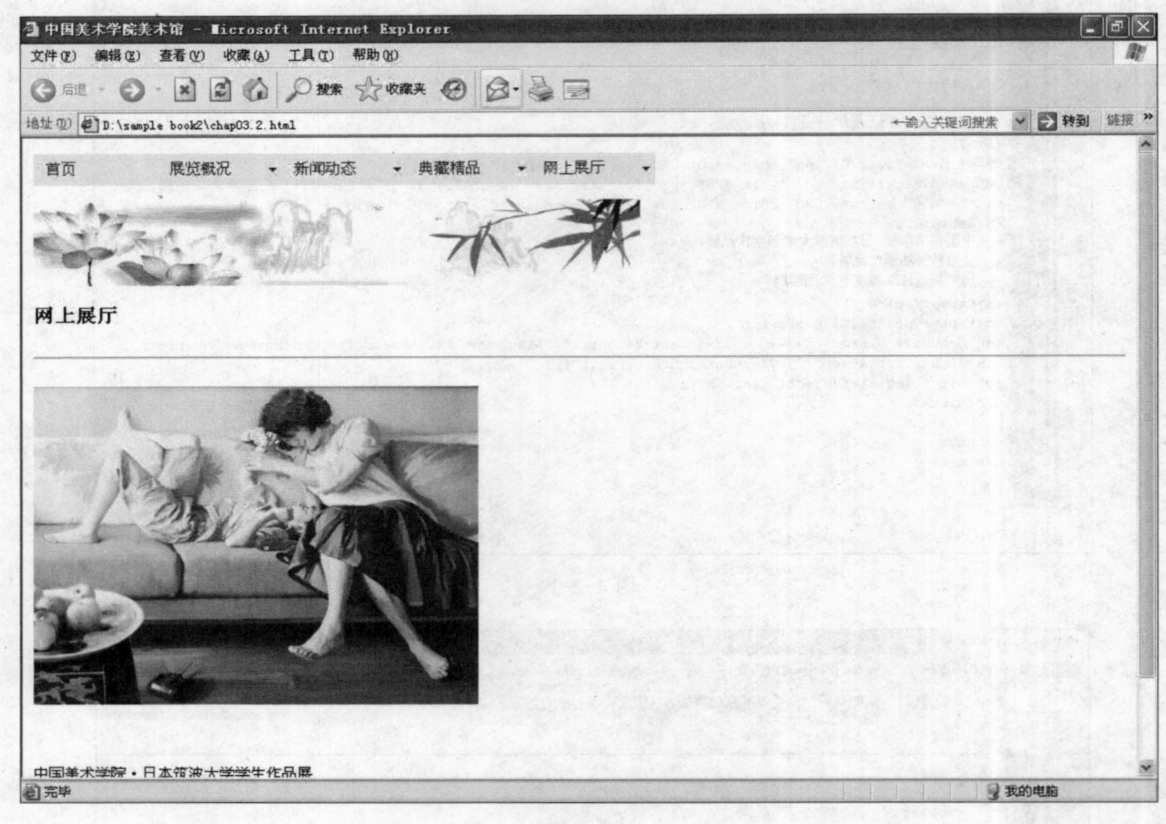

图4-2-3

（4）如果希望循环播放音乐，可将刚才的源代码修改为：<BGSOUND SRC=MEDIA/PREVIEW.MP3 loop=" -1">。

4.2.2 嵌入音乐效果

（1）在“设计”视图中打开网页，希望在光标所在位置（见图4-2-4）嵌入音乐。

（2）在菜单栏上选择“插入”→“媒体”→“插件”命令，如图4-2-5所示。

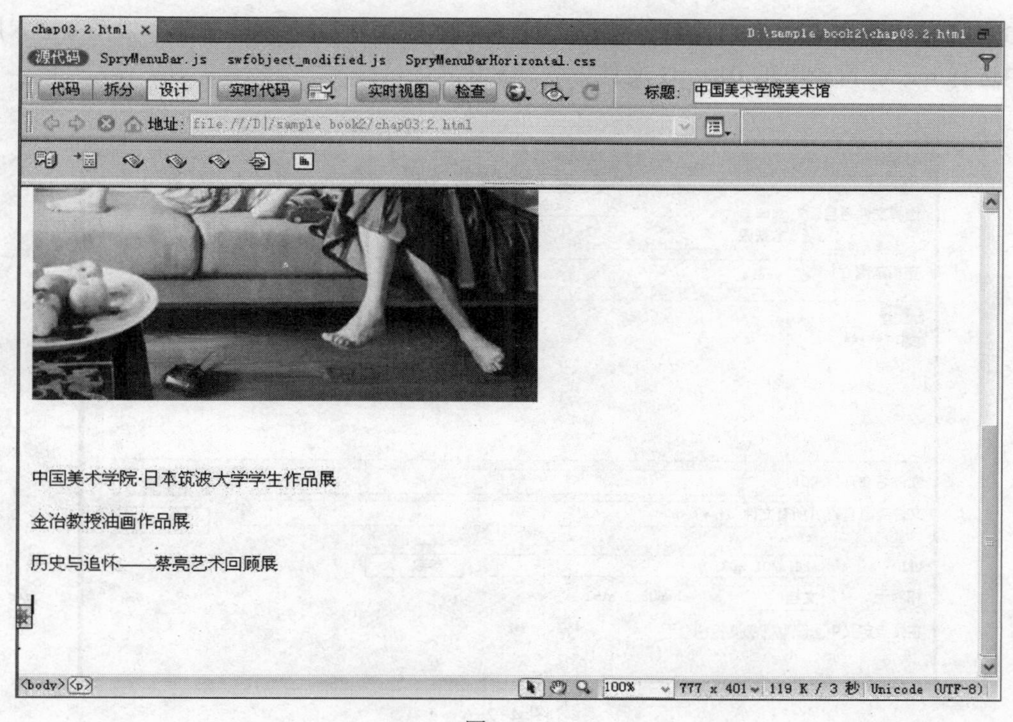
chap03.2.html
D:\sample book2\chap03.2.html
源代码 SpryMenuBar.js swfobject_modified.js SpryMenuBarHorizontal.css
代码 拆分 设计 实时代码 实时视图 检查 标题: 中国美术学院美术馆
地址: file:///D|/sample book2/chap03.2.html
中国美术学院·日本筑波大学学生作品展
金冶教授油画作品展
历史与追怀——蔡亮艺术回顾展
<body><p>
100%
777 x 401
119 K / 3 秒 Unicode (UTF-8)

图 4-2-4

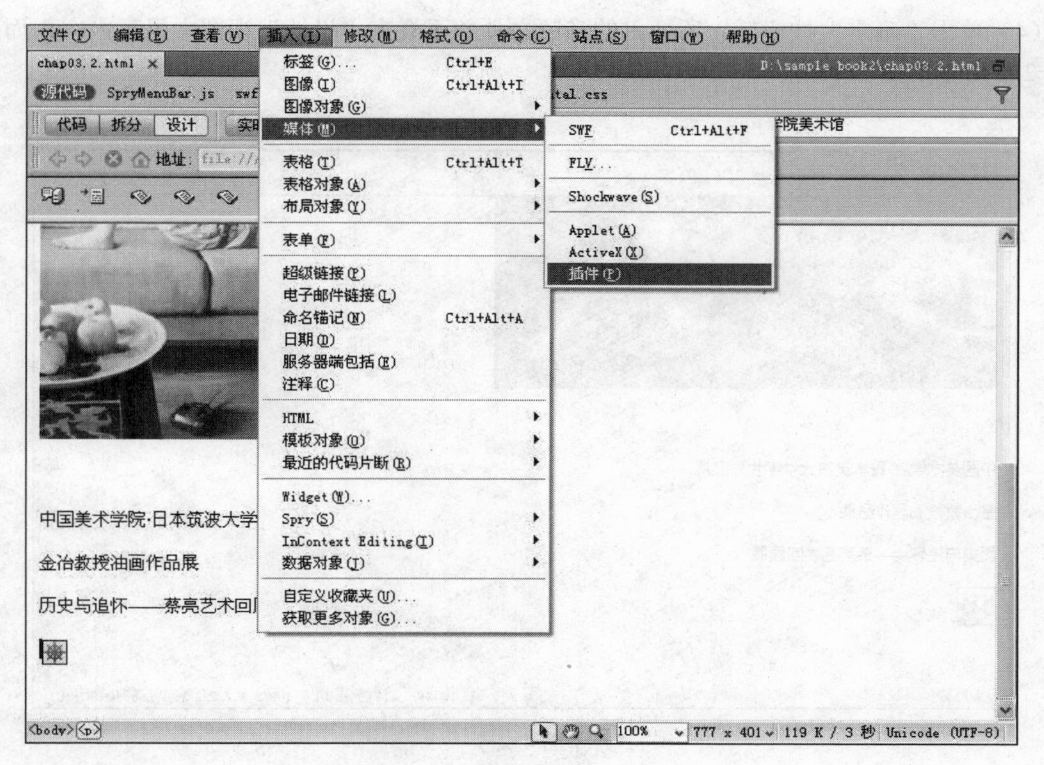
文件(F) 编辑(E) 查看(V) 插入(I) 修改(M) 格式(O) 命令(C) 站点(S) 窗口(W) 帮助(H)
标签(G)... Ctrl+E
图像(I) Ctrl+Alt+I
图像对象(G)
媒体(M)
表格(T) Ctrl+Alt+T
表格对象(A)
布局对象(Y)
表单(F)
超级链接(P)
电子邮件链接(L)
命名锚记(N) Ctrl+Alt+A
日期(D)
服务器端包括(E)
注释(C)
HTML
模板对象(O)
最近的代码片断(R)
Widget(W)...
Spry(S)
InContext Editing(I)
数据对象(J)
自定义收藏夹(U)...
获取更多对象(G)...
SWF Ctrl+Alt+F
FLV...
Shockwave(S)
Applet(A)
ActiveX(X)
插件(P)
中国美术学院·日本筑波大学
金冶教授油画作品展
历史与追怀——蔡亮艺术回
<body><p>
100%
777 x 401
119 K / 3 秒 Unicode (UTF-8)

图 4-2-5

（3）打开“选择文件”对话框，可以在此选择要插入网页的音频文件，如图 4-2-6 所示。本例中选择 media 目录下的 01.mp3 文件。

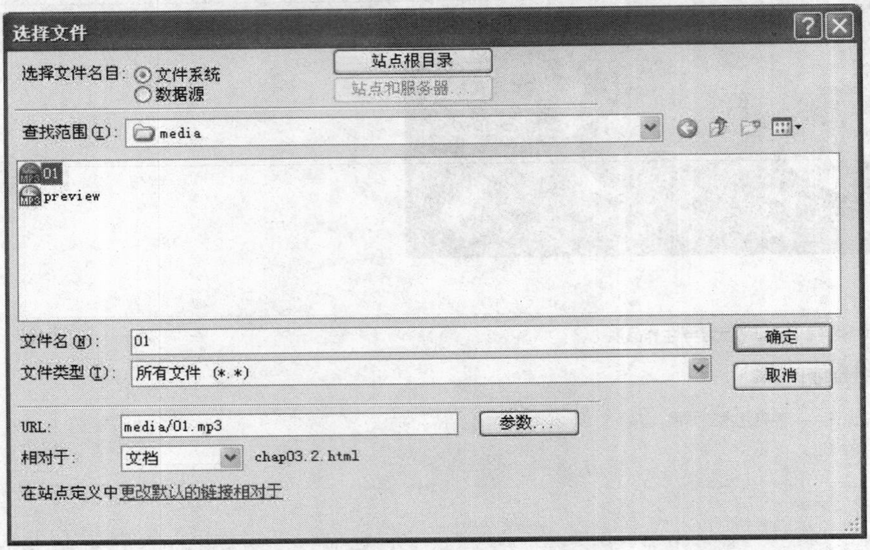

选择文件
选择文件名自：◉文件系统 ○数据源　站点根目录　站点和服务器...
查找范围(I)：media
01
preview
文件名(N)：01　确定
文件类型(T)：所有文件 (*.*)　取消
URL：media/01.mp3　参数...
相对于：文档　chap03.2.html
在站点定义中更改默认的链接相对于

图 4-2-6

（4）单击“确定”按钮后，所插入的音频文件并不会在“设计”视图中显示内容，而是以图 4-2-7 所示的图标来显示。

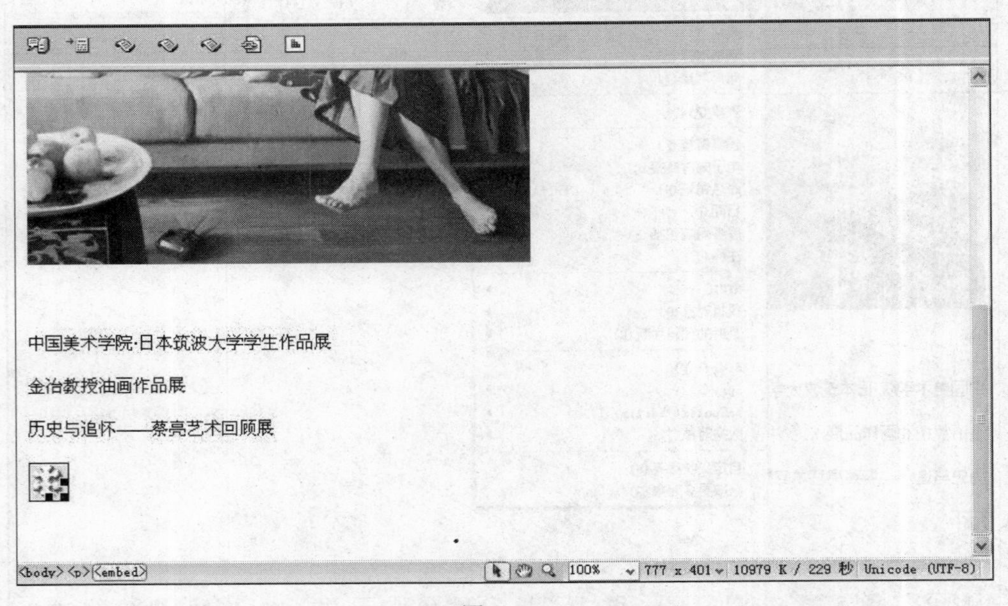

图 4-2-7

（5）在“属性”面板中将这个文件图标的大小改为宽 240 像素、高 80 像素，如图 4-2-8 所示。

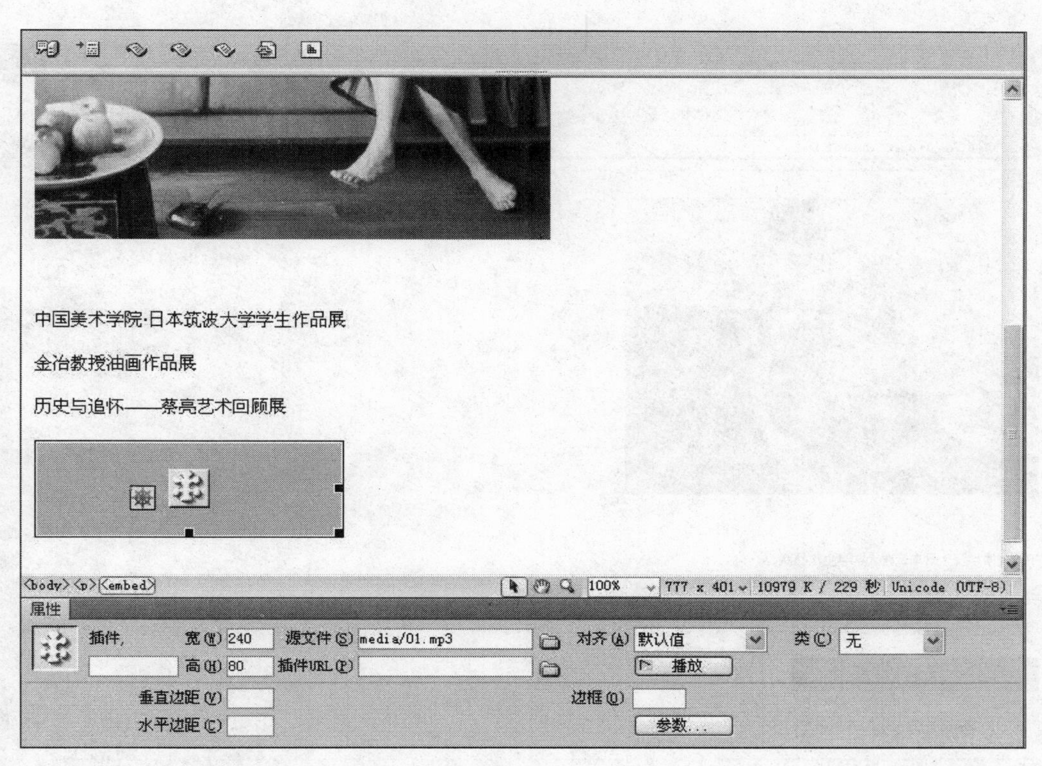

图 4-2-8

（6）如果希望循环播放音乐，可单击“属性”面板的“参数”按钮，打开“参数”对话框，然后单击“+”按钮，在“参数”列中输入“loop”，并在“值”列中输入“true”后，单击“确定”按钮，如图 4-2-9 所示。

（7）现在的音乐还不能自动播放。如果希望页面打开时音乐声能自动响起，可以继续编辑参数，在“参数”对话框中的“参数”列中输入“autostart”，并在“值”列中输入“true”后，单击“确定”按钮，如图 4-2-10 所示。

图 4-2-9

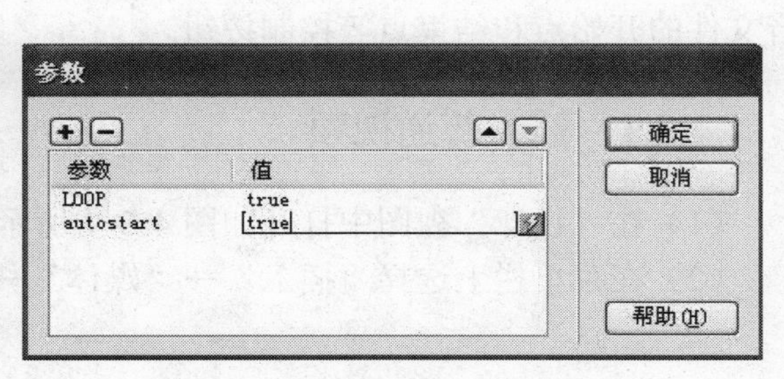

图 4-2-10

（8）按快捷键F12，在浏览器中预览效果。这个页面实现的是嵌入音乐的效果，在浏览器中将显示相关的播放控制按钮，如图4-2-11所示。

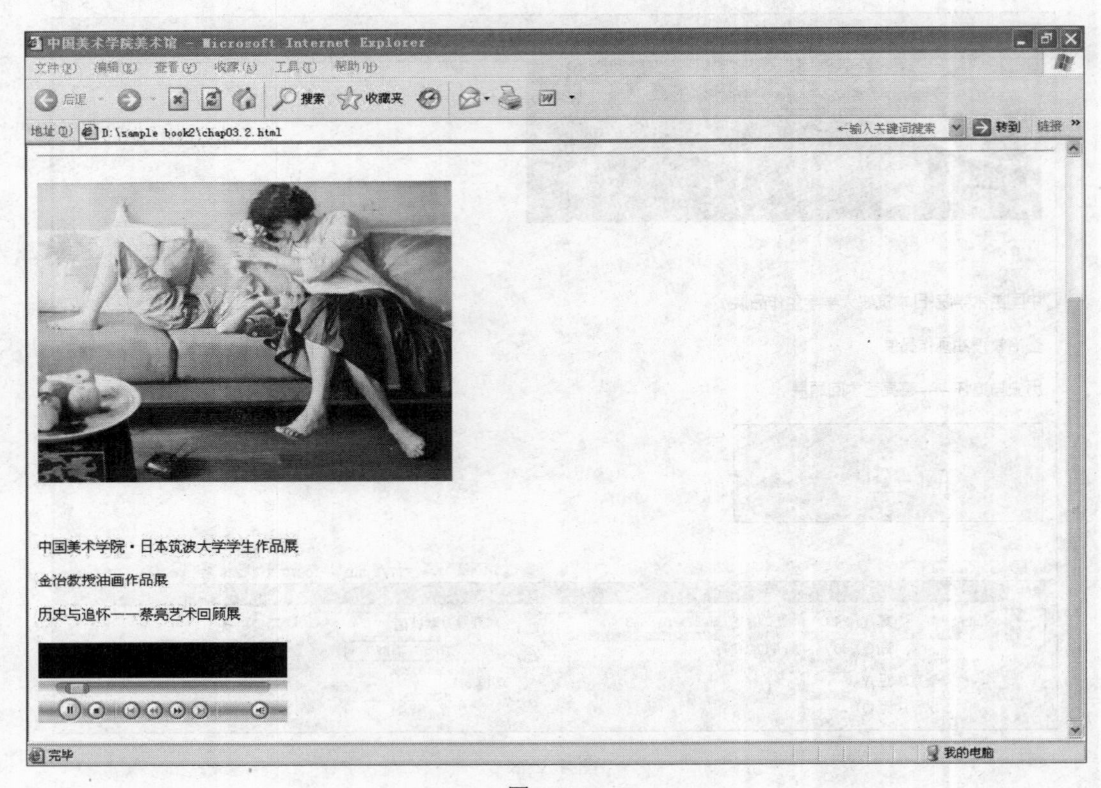

图4-2-11

4.3 在页面中插入视频

除了动画、音频文件以外，还可在页面中插入视频文件，但只有在安装了适当的插件后，才能播放视频。另外，还可以在页面上显示播放器的外观，包括播放、停止、暂停、音量及声音文件的开始点和结束点等控制按钮。

4.3.1 插入普通视频

（1）在“设计”视图中打开如图4-3-1所示的网页，下面要在光标所在位置插入视频。

（2）在菜单栏上选择“插入”→“媒体”→“插件”命令，如图4-3-2所示。

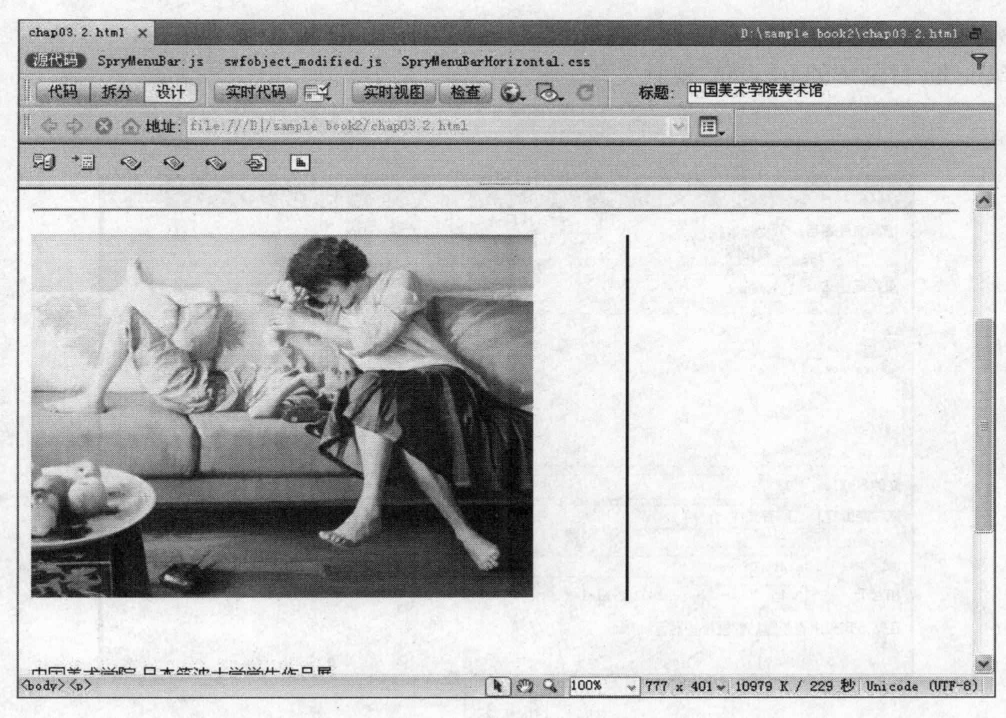
chap03.2.html
D:\sample book2\chap03.2.html
源代码 SpryMenuBar.js swfobject_modified.js SpryMenuBarHorizontal.css
代码 拆分 设计 实时代码 实时视图 检查
标题: 中国美术学院美术馆
地址: file:///D|/sample book2/chap03.2.html
<body> <p>
100%
777 x 401
10979 K / 229 秒 Unicode (UTF-8)

图 4-3-1

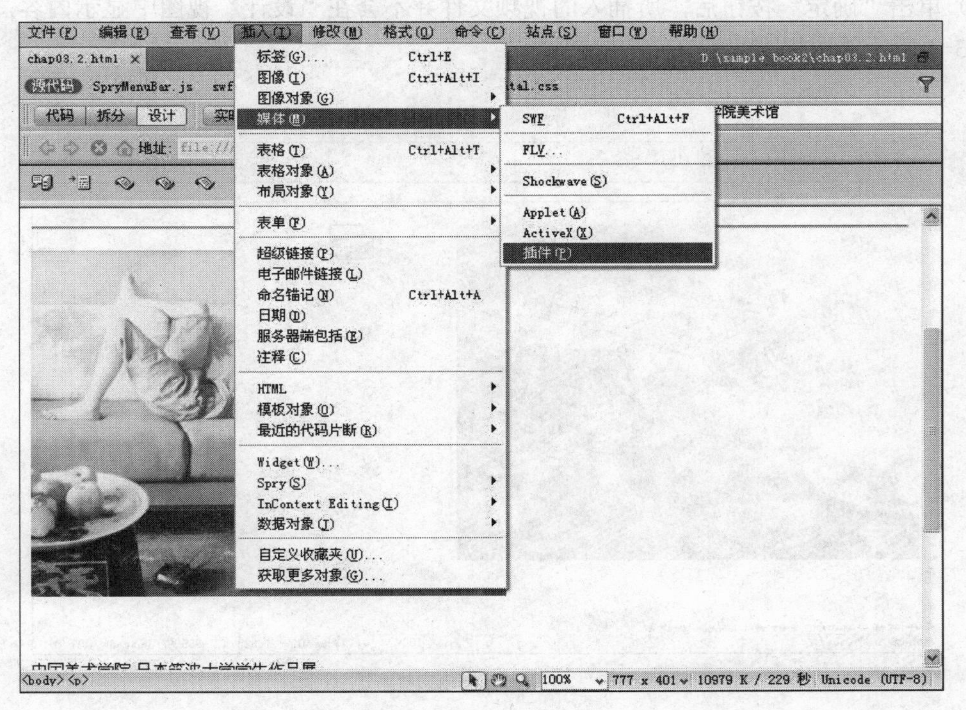
文件(F) 编辑(E) 查看(V) 插入(I) 修改(M) 格式(O) 命令(C) 站点(S) 窗口(W) 帮助(H)
chap03.2.html
源代码 SpryMenuBar.js
代码 拆分 设计
地址:
标签(G)... Ctrl+E
图像(I) Ctrl+Alt+I
图像对象(G)
媒体(M)
表格(T) Ctrl+Alt+T
表格对象(A)
布局对象(Y)
表单(F)
超级链接(P)
电子邮件链接(L)
命名锚记(N) Ctrl+Alt+A
日期(D)
服务器端包括(E)
注释(C)
HTML
模板对象(O)
最近的代码片断(R)
Widget(W)...
Spry(S)
InContext Editing(I)
数据对象(J)
自定义收藏夹(U)...
获取更多对象(G)...
SWF Ctrl+Alt+F
FLV...
Shockwave(S)
Applet(A)
ActiveX(X)
插件(P)
<body> <p>
100%
777 x 401
10979 K / 229 秒 Unicode (UTF-8)

图 4-3-2

（3）打开“选择文件”对话框，在此可以选择要插入的视频文件，如图 4-3-3 所示。本例中选择 media 目录下的 02.wmv 视频文件。

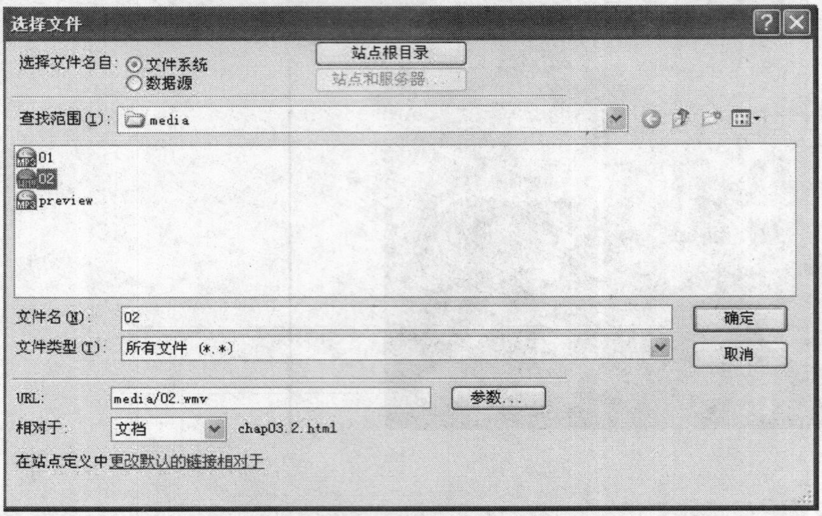

图 4-3-3

（4）单击“确定”按钮后，所插入的视频文件并不会在“设计”视图中显示内容，而是以如图 4-3-4 所示的图标来显示。

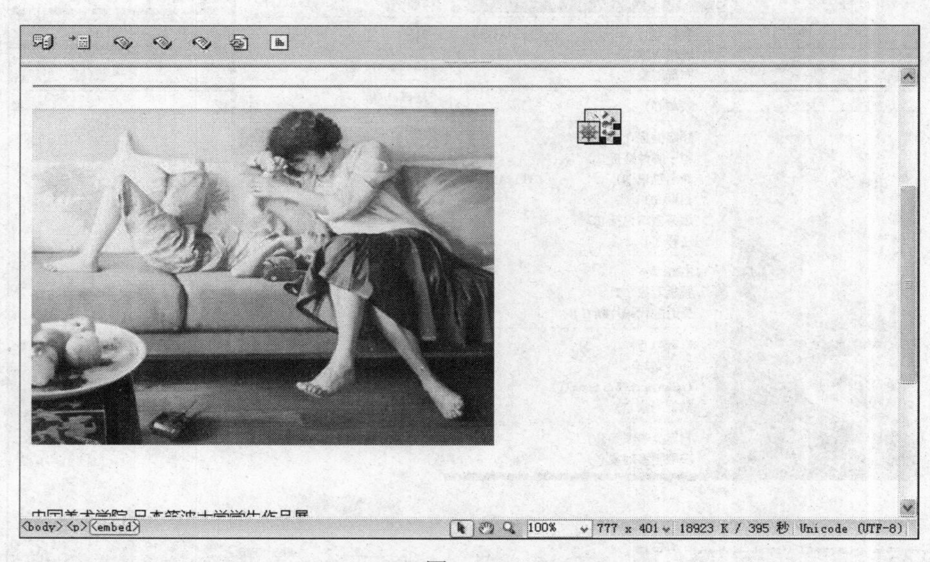

图 4-3-4

（5）在“属性”面板中，将这个插件图标的大小改为宽 250 像素、高 300 像素，如图 4-3-5 所示。

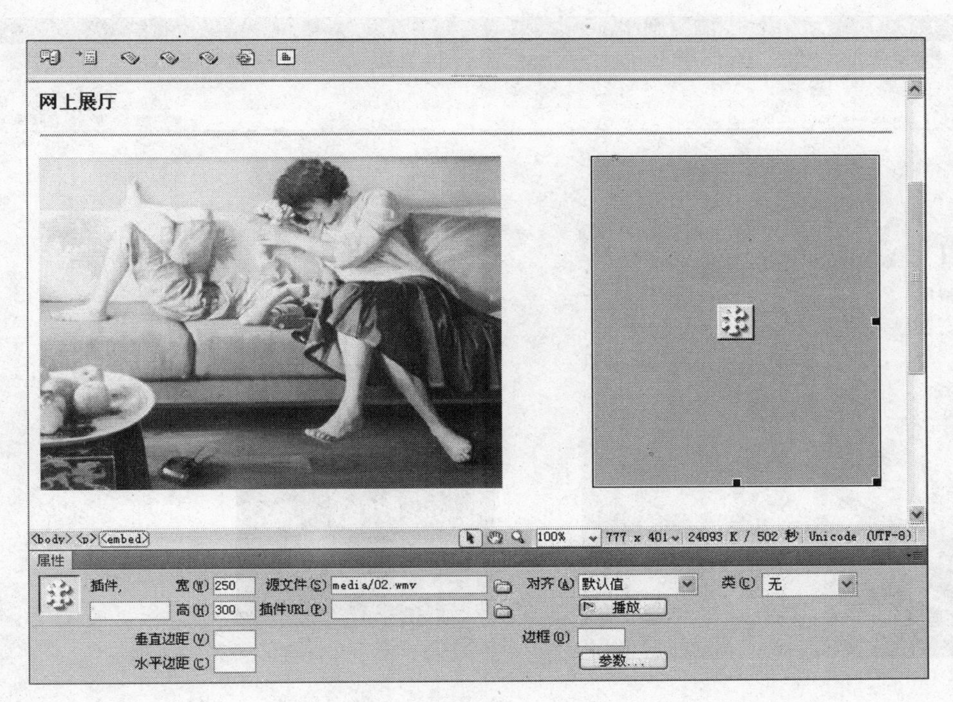

图 4-3-5

（6）如果希望循环播放视频文件，可单击“属性”面板的“参数”按钮，打开“参数”对话框，单击“+”按钮，在“参数”列中输入“loop”，并在“值”列中输入“true”后，单击“确定”按钮。如果希望页面打开时视频文件能自动播放，可在“参数”对话框中的“参数”列中输入“autostart”，并在“值”列中输入“true”后，单击“确定”按钮，如图 4-3-6 所示。

图 4-3-6

（7）按快捷键 F12，在浏览器中预览视频播放效果。这个页面实现的是嵌入视频的效果，在浏览器中将显示相关的播放控制按钮，如图 4-3-7 所示。

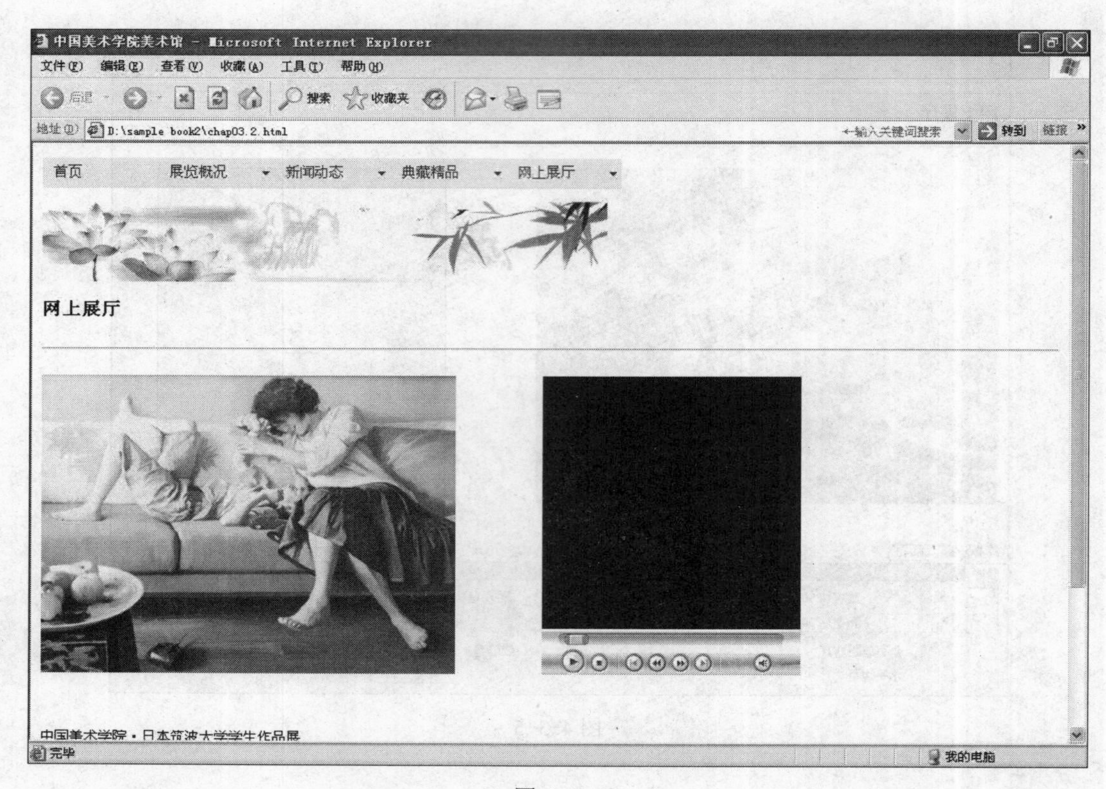

图 4-3-7

4.3.2 插入 Flash 视频

使用 Dreamweaver 和 Flash 视频可以快速将视频内容放置到 Web 上。通过把 Flash 视频拖放到 Dreamweaver 中，可以将视频快速的融入网站和应用程序。

（1）将光标放在要插入 Flash 视频的位置，如图 4-3-8 所示。

（2）在菜单栏上选择“插入”→“媒体”→“FLV”命令，如图 4-3-9 所示。

FLV 是 Flash Video 的简称，FLV 流媒体格式是一种新的视频格式，是 Macromedia 公司在 Sorenson 公司压缩算法的基础上开发出来的。它的出现有效地解决了视频文件导入 Flash 后，使导出的 SWF 文件体积庞大，不能在网络上很好使用的缺点。FLV 压缩与转化非常方便，适合做短片。

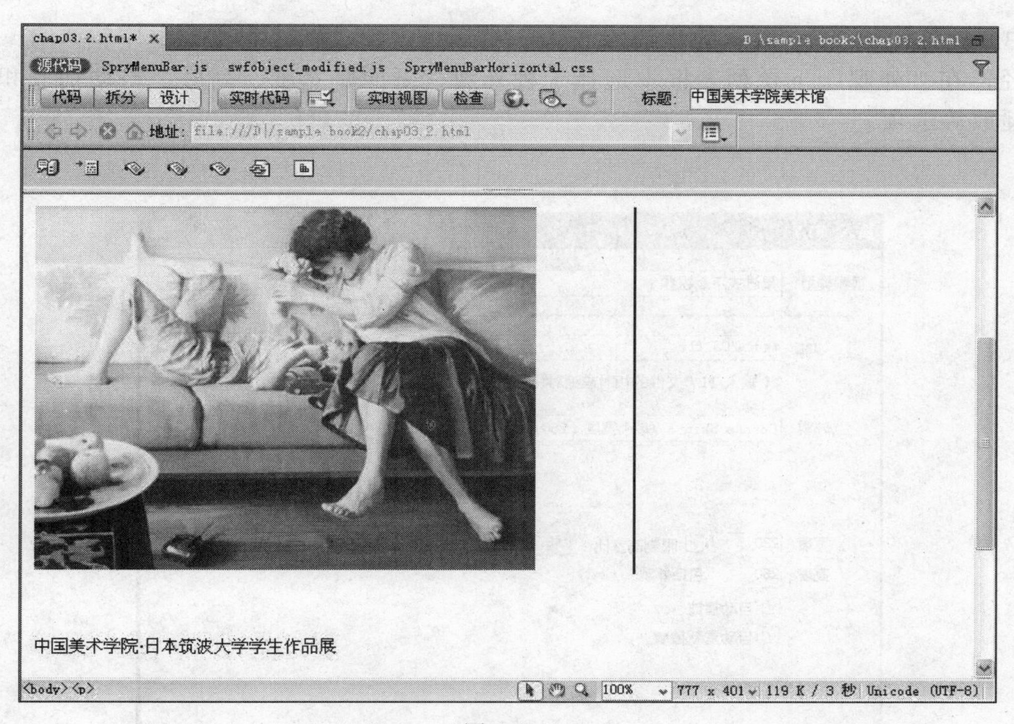
chap03.2.html*
D:\sample book2\chap03.2.html
源代码 SpryMenuBar.js swfobject_modified.js SpryMenuBarHorizontal.css
代码 拆分 设计 实时代码 实时视图 检查
标题: 中国美术学院美术馆
地址: file:///D|/sample book2/chap03.2.html
中国美术学院·日本筑波大学学生作品展
<body> <p>
100%
777 x 401
119 K / 3 秒 Unicode (UTF-8)

图 4-3-8

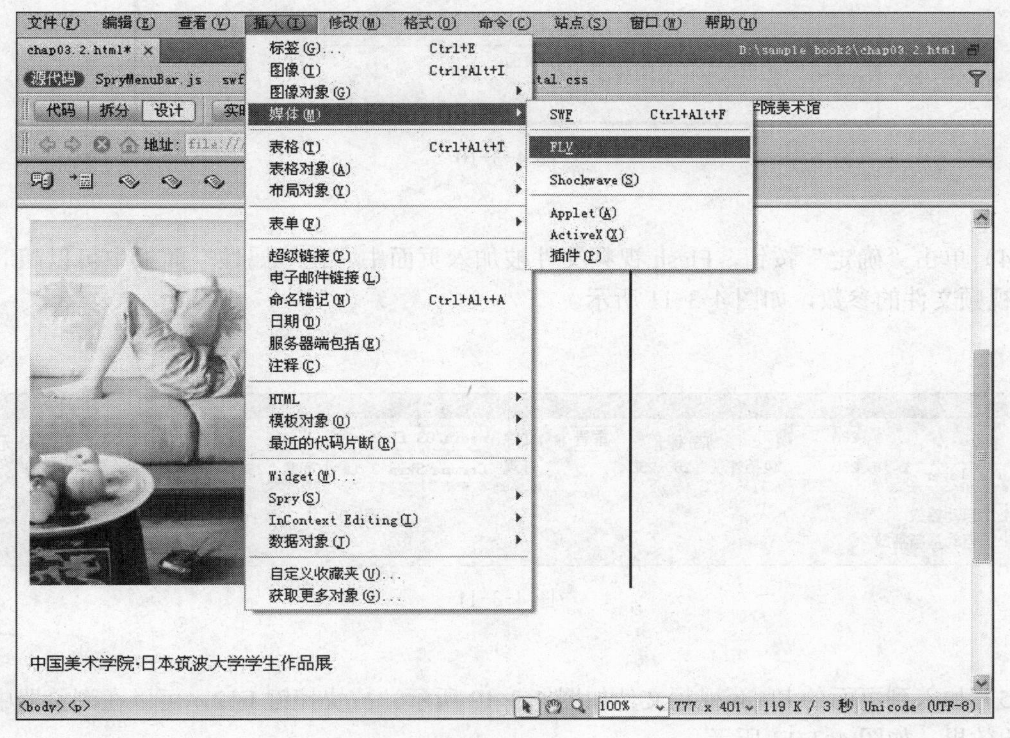
文件(F) 编辑(E) 查看(V) 插入(I) 修改(M) 格式(O) 命令(C) 站点(S) 窗口(W) 帮助(H)
chap03.2.html*
D:\sample book2\chap03.2.html
源代码 SpryMenuBar.js
代码 拆分 设计
地址:
标签(G)... Ctrl+E
图像(I) Ctrl+Alt+I
图像对象(G)
媒体(M)
表格(T) Ctrl+Alt+T
表格对象(A)
布局对象(Y)
表单(F)
超级链接(P)
电子邮件链接(L)
命名锚记(N) Ctrl+Alt+A
日期(D)
服务器端包括(E)
注释(C)
HTML
模板对象(O)
最近的代码片断(R)
Widget(W)...
Spry(S)
InContext Editing(I)
数据对象(J)
自定义收藏夹(U)...
获取更多对象(G)...
SWF Ctrl+Alt+F
FLV...
Shockwave(S)
Applet(A)
ActiveX(X)
插件(P)
中国美术学院·日本筑波大学学生作品展
<body> <p>
100%
777 x 401
119 K / 3 秒 Unicode (UTF-8)

图 4-3-9

（3）打开图 4-3-10 所示的“插入 FLV”对话框，在“URL”文本框中输入 .flv 文件的路径，在“外观”下拉列表框中选择一种外观。下面是宽度、高度、自动播放和自动重新播放等选项。

图 4-3-10

（4）单击“确定”按钮，Flash 视频文件被加入页面中。在“属性”面板中可以随时修改 Flash 视频文件的参数，如图 4-3-11 所示。

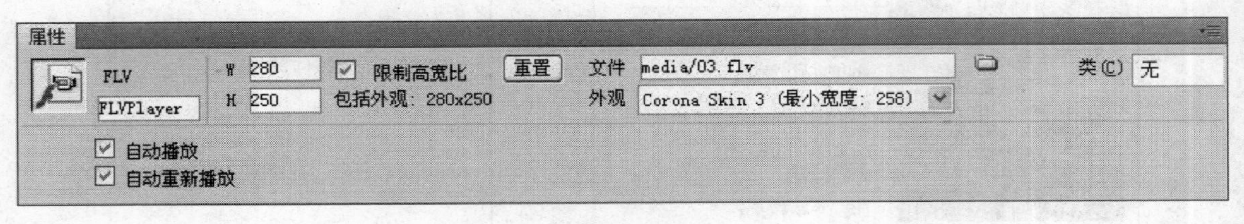

图 4-3-11

（5）加入到页面的 Flash 视频文件如图 4-3-12 所示。按快捷键 F12，可以在浏览器中预览播放的效果，如图 4-3-13 所示。

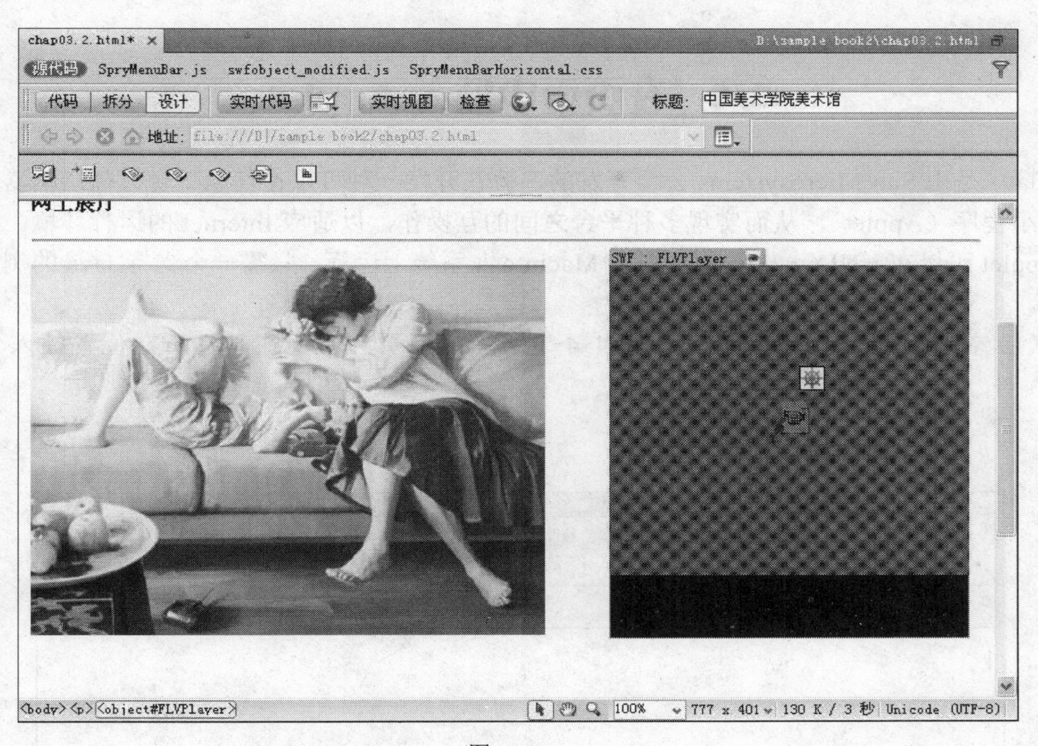
chap03.2.html*
D:\sample book2\chap03.2.html
源代码 SpryMenuBar.js swfobject_modified.js SpryMenuBarHorizontal.css
代码 拆分 设计 实时代码 实时视图 检查 标题: 中国美术学院美术馆
地址: file:///D|/sample book2/chap03.2.html
网上展厅
SWF : FLVPlayer
<body> <p> <object#FLVPlayer>
100% 777 x 401 130 K / 3 秒 Unicode (UTF-8)

图 4-3-12

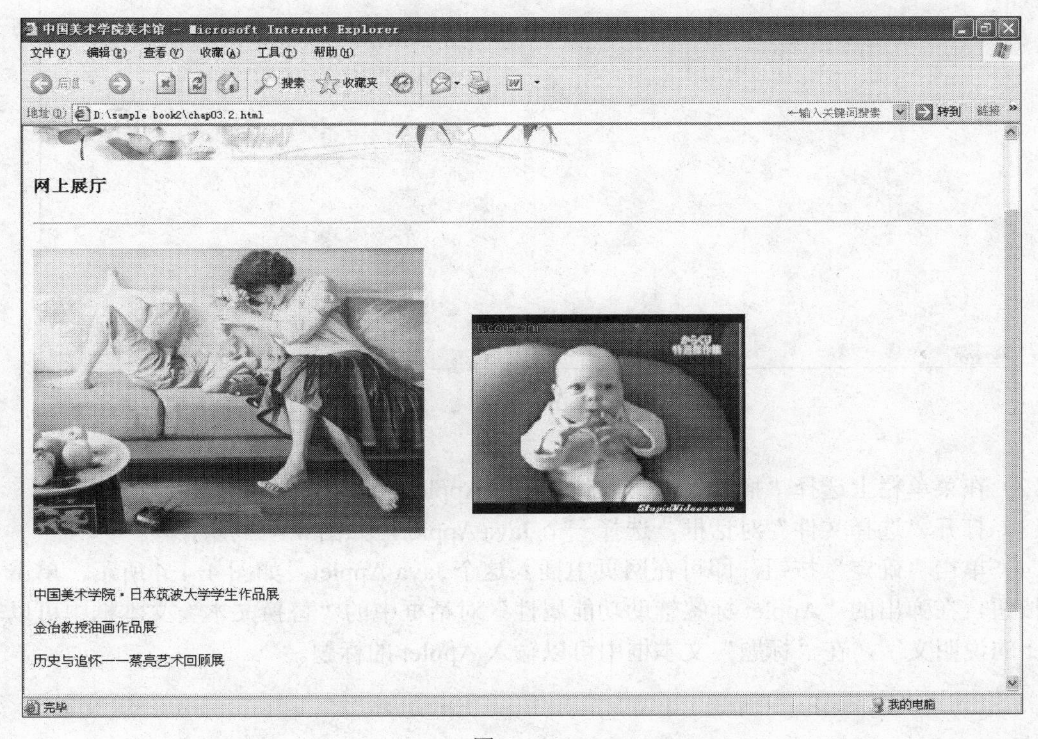
中国美术学院美术馆 - Microsoft Internet Explorer
文件(F) 编辑(E) 查看(V) 收藏(A) 工具(T) 帮助(H)
后退 搜索 收藏夹
地址(D) D:\sample book2\chap03.2.html
转到 链接
网上展厅
中国美术学院·日本筑波大学学生作品展
金治教授油画作品展
历史与追怀——蔡亮艺术回顾展
完毕
我的电脑

图 4-3-13

4.4 在页面中插入 Applet

Java 是由 Sun Microsystems 公司开发的，旨在开发一种可以在任意平台、任意机器上运行的小程序（Applet），从而实现多种平台之间的互操作，以适应 Internet 的运行环境。同样的 Applet 可以在 UNIX、Windows 以及 Macintosh 系统上运行，只需一个支持 Java 的浏览器即可。

（1）在“设计”视图中打开如图 4-4-1 所示的网页，希望在光标所在位置插入 Java 文件。

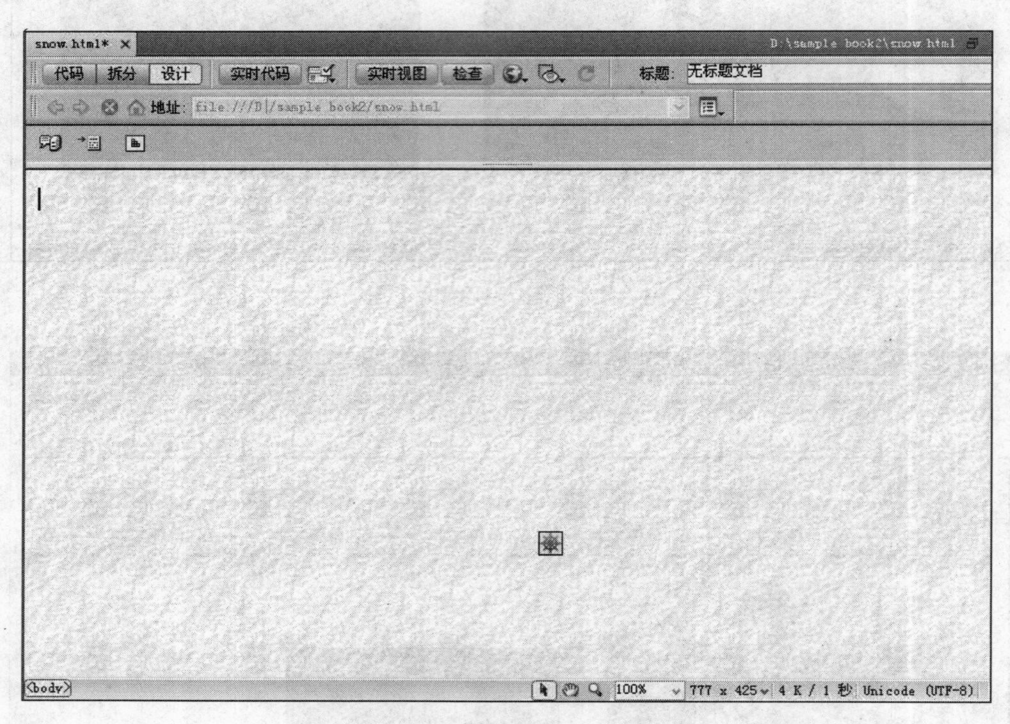

图 4-4-1

（2）在菜单栏上选择“插入”→“媒体”→“Applet”命令，如图 4-4-2 所示。

（3）打开“选择文件”对话框，选择一个 Java Applet，如图 4-4-3 所示。

（4）单击“确定”按钮，即可在网页中插入这个 Java Applet，如图 4-4-4 所示，单击“确定”按钮，在弹出的“Applet 标签辅助功能属性”对话框中的“替换文本”文本框中可以输入 Applet 的说明文字，在“标题”文本框中可以输入 Applet 的标题。

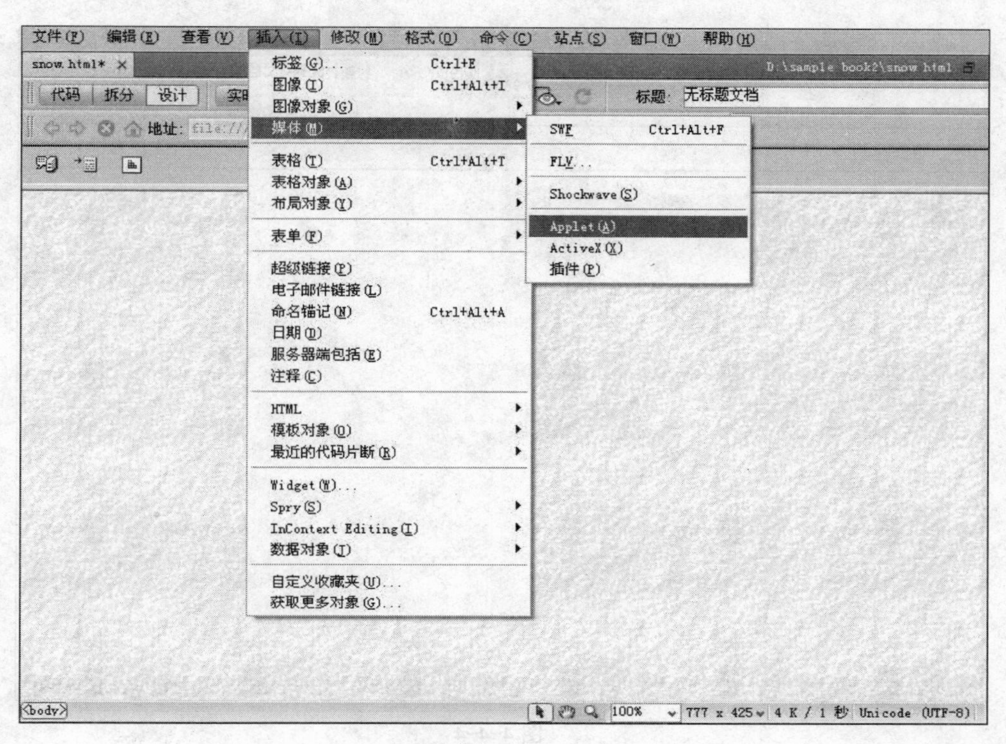

图 4-4-2

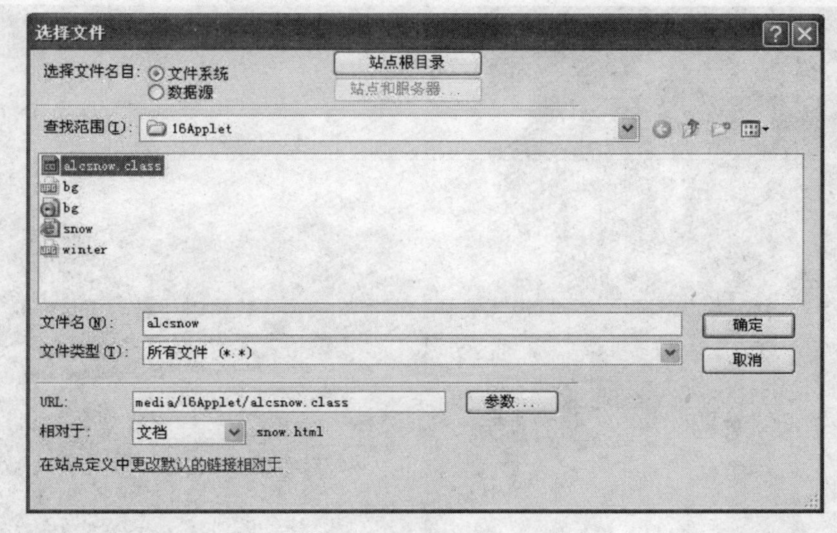

图 4-4-3

（5）通过看图软件查看要实现的示例图像 winter.jpg，如图 4-4-5 所示。其宽度为 550 像素，高度为 460 像素。

（6）单击“属性”面板中的“参数”按钮，打开“参数”对话框，按照如图 4-4-6 所示进行参数设置。参数名为 image，参数值为图像文件名 winter.jpg，然后单击“确定”按钮。

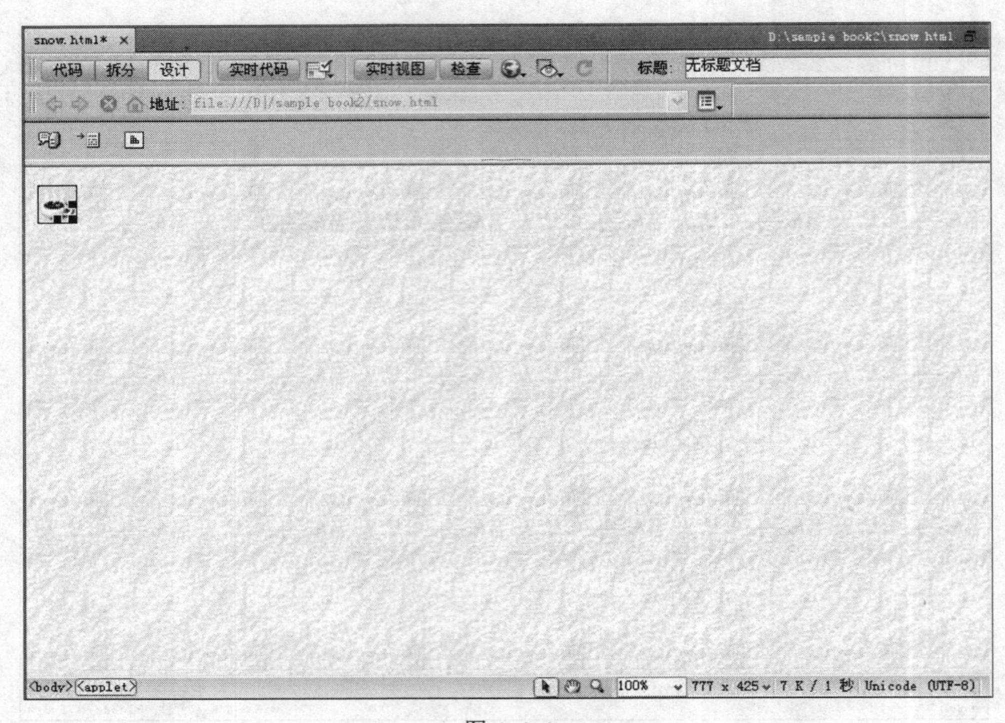
snow.html*
D:\sample book2\snow.html
代码
拆分
设计
实时代码
实时视图
检查
标题:
无标题文档
地址:
file:///D|/sample book2/snow.html
<body><applet>
100%
777 x 425
7 K / 1 秒
Unicode (UTF-8)

图 4-4-4

图 4-4-5

（7）选中插入网页中 Java Applet 图标，在“属性”面板中将图标的宽度和高度分别设置为 550 像素和 460 像素，如图 4-4-7 所示。

（8）按快捷键 F12，打开浏览器预览页面，图像上方出现飘雪的效果，如图 4-4-8 所示。

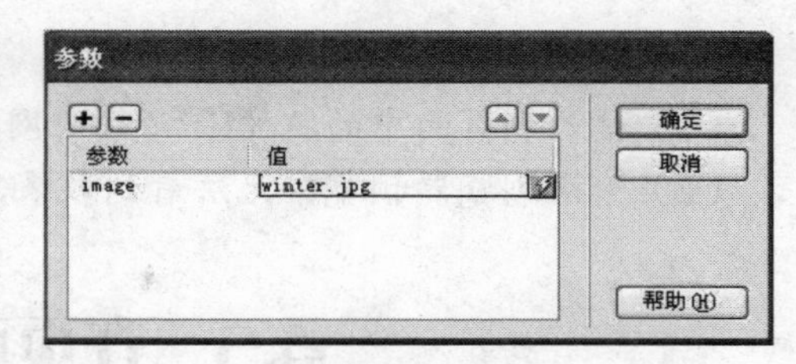

图 4-4-6

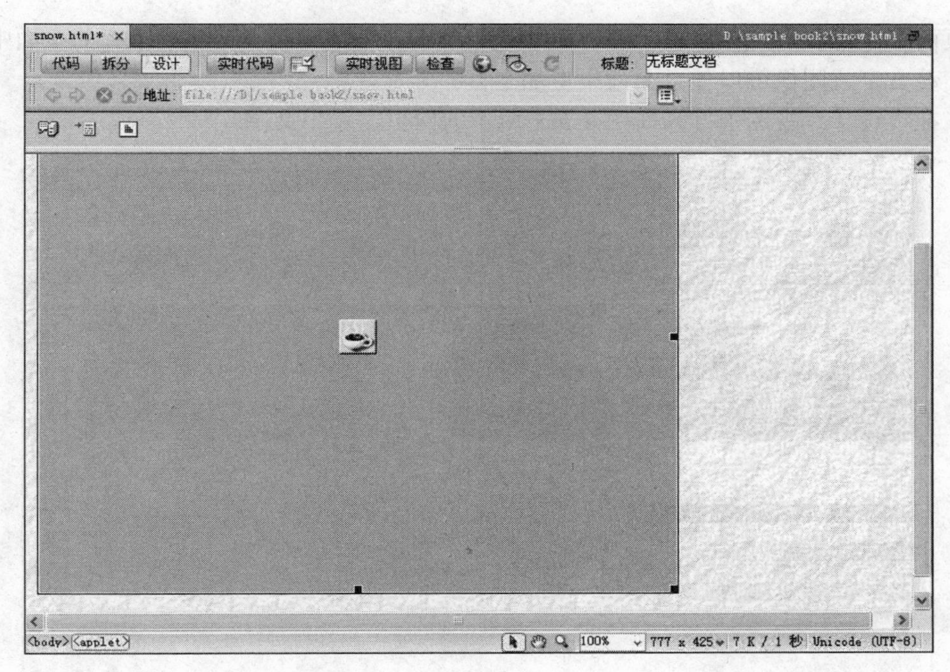

图 4-4-7

图 4-4-8

提示：

（1）插入到页面中的 Applet 必须与网页放置在同一目录下。

（2）如果浏览器预览中无法看到效果，可能是由于未安装 Java 的运行环境 JRE。

4.5 在页面中插入滚动字幕

在页面中，可以实现如字幕一般的滚动效果或图像效果。在一个布局整齐的页面中，添加适当的滚动文字或图像可以使页面效果更加丰富。

（1）在“设计”视图中打开如图 4-5-1 所示的网页，选中文字。

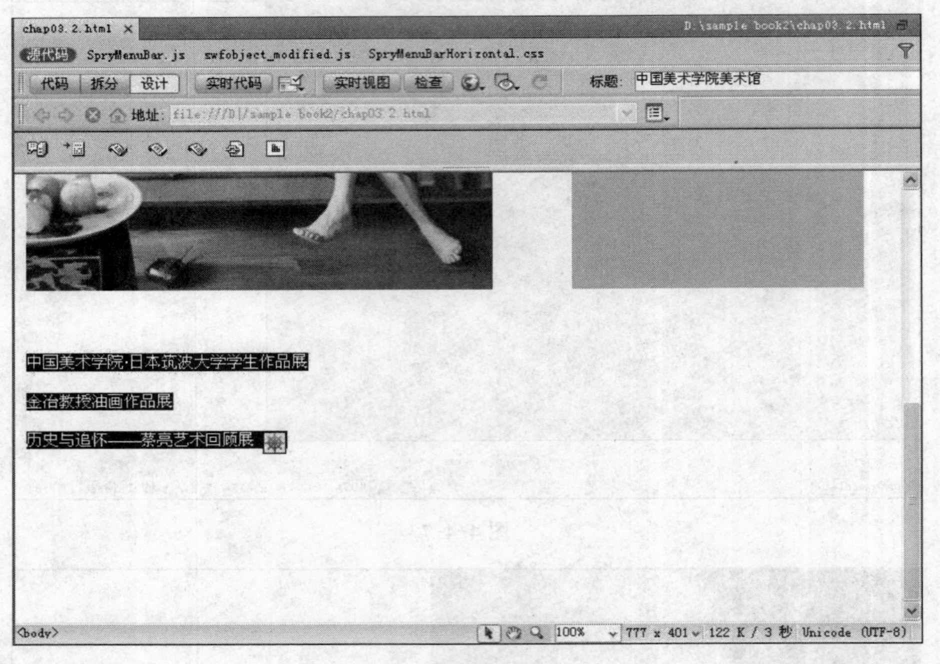

图 4-5-1

（2）切换到“代码”视图，在文字前面添加 <marquee> 标记，在文字后面添加 </marquee> 标记，如图 4-5-2 所示。

（3）按快捷键 F12，在浏览器中预览页面，可以看到文字实现了水平滚动的效果，如图 4-5-3 所示。

（4）继续编辑代码，将 <marquee> 标记修改为 < marquee direction= " up " >。

（5）然后按快捷键 F12，在浏览器中预览页面，可以看到文字实现了上下滚动的效果，如图 4-5-4 所示。

（6）如果滚动文字的速度有点快，可以继续修改源代码以调整文字的滚动速度，并设置滚动的高度：< marquee direction= " up " scrollamount= " 2 " height= " 60 " >。

（7）如果还希望当鼠标指向滚动字幕时字幕停止滚动，当鼠标离开字幕后继续滚动，可

以将代码修改为 <marquee direction= " up " scrollamount= " 2 " onMouseOver= " this.stop() " onMouseOut=> " this.start() " >。

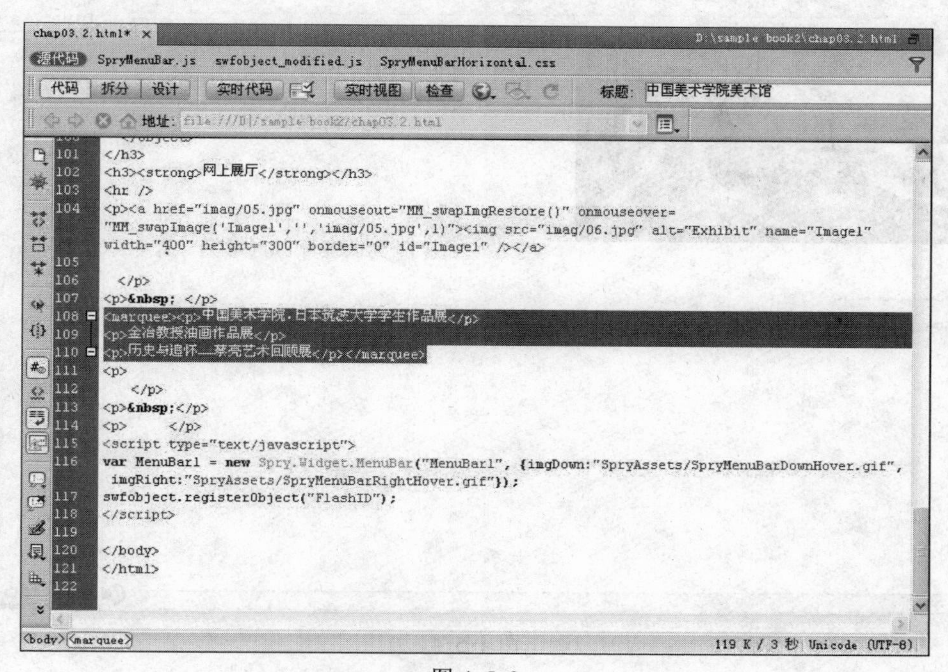

图 4-5-2

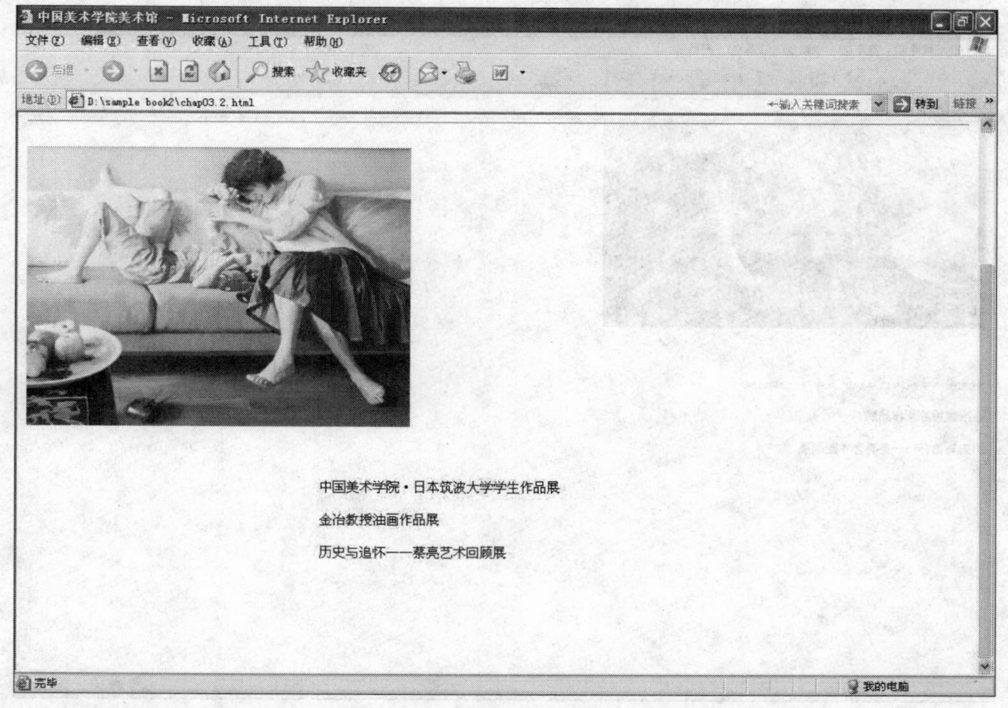

图 4-5-3

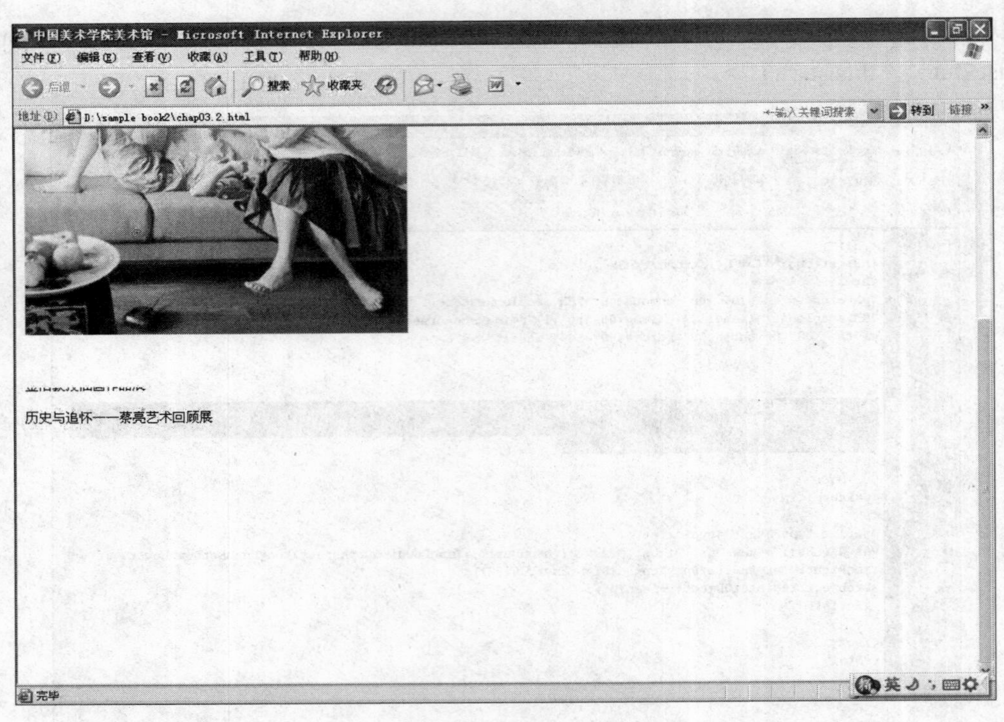

图 4-5-4

（8）这时再次按快捷键 F12 预览页面，文字滚动字幕的效果就制作好了，如图 4-5-5 所示。

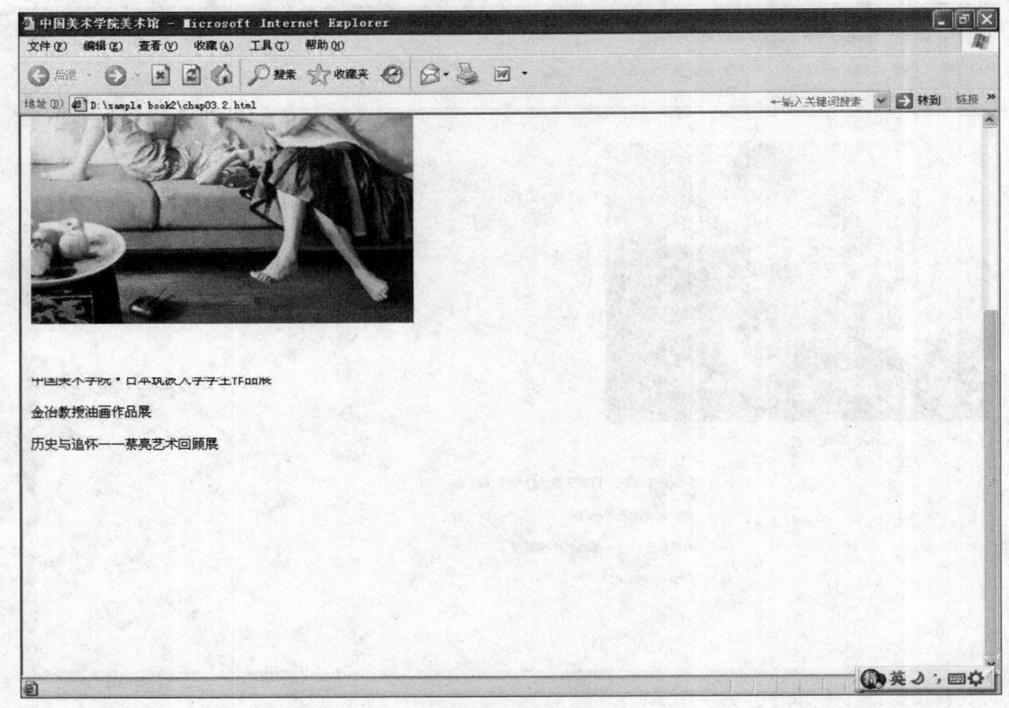

图 4-5-5

本章小结

回顾学习要点

1．怎样在页面中插入 Flash 动画？

2．通过 HTML 语言的什么标记可以制作背景音乐效果？

3．视频文件可以插入页面中，但在什么情况下才可以播放视频文件？

4．Java 是一种高级程序设计语言，用于开发交互式的 Web 应用程序。嵌入 Java 的文件格式是什么？

5．怎样插入滚动字幕？

学习要点参考

1．在菜单栏上选择“插入”→“媒体”→“SWF”命令，选择要打开的 Flash 动画（.swf 文件）即可。

2．通过 <bgsound> 这个标记可以嵌入多种格式的音乐文件，形成背景音乐的效果。

3．只有在安装了适当的插件后，才可以播放视频文件。

4．嵌入 Java 的文件格式是 .class 文件。

5．通过 <marquee> 标记和 </marquee> 标记可以在页面中插入滚动字幕的效果。

习题

1．请将一个 Flash 动画插入到 HTML 页面中，为页面增加动画效果。

2．请在 HTML 页面中制作一个标题为横向滚动字幕的效果。

使用表格布局页面

Dreamweaver CS5

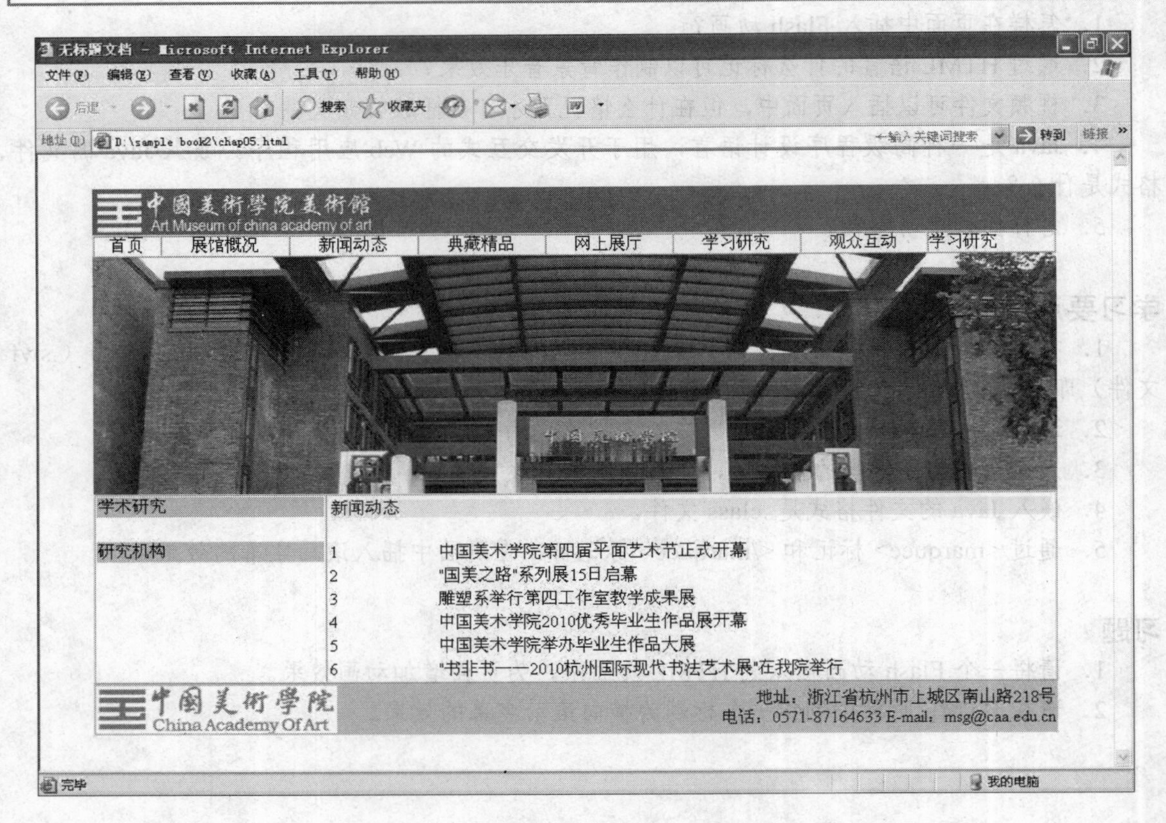

本章总览

本章将介绍在 Dreamweaver CS5 如何使用表格布局页面，主要包括以下内容：

- 插入并设置表格
- 对表格数据进行排序
- 导入和导出表格数据
- 使用表格布局页面

5.1　表格的基本操作

表格是网页设计时不可缺少的重要元素，它以简洁和高效的方式将数据、文本、图片、表单等元素有序地显示在页面上，从而设计出版式漂亮的页面。使用表格布局的页面，在不同平台、不同分辨率的浏览器里都能保持其原有的布局，且在不同的浏览器上有较好的兼容性，所以表格是网页中最常用的布局方式之一。

5.1.1 插入表格

表格由行和列组成。使用表格可以排列页面上的文本、图像以及各种对象。表格的行、列和单元格都可以进行复制、粘贴，在表格中还可以插入表格，一层层的表格嵌套使设计更加方便。如果在 Dreamweaver 中制作表格，可在菜单栏上选择“插入”→“表格”命令，在网页文档中插入所设置的表格。

（1）打开如图 5-1-1 所示的示例页面，将光标定位在图中所示的位置上。

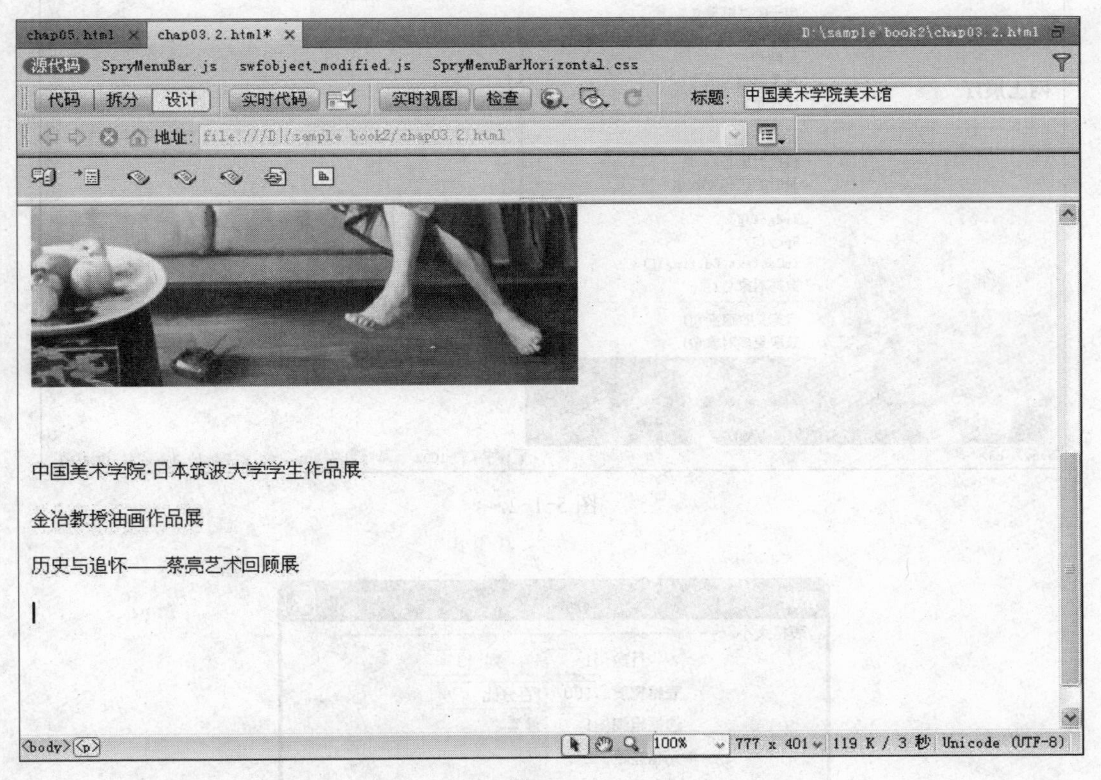

图 5-1-1

（2）在菜单栏上选择“插入”→“表格”命令，如图 5-1-2 所示。

（3）弹出“表格”对话框，如图 5-1-3 所示。在“行数”文本框中设置表格的行数为 1，在“列数”文本框中设置表格的列数为 3。在“表格宽度”文本框中填入表格的宽度，并在其后的下拉式列表中选择宽度的单位，可以是以“像素”为单位的绝对宽度，或者是以浏览器窗口的“百分比”为单位的相对宽度，这里设置为 100%。在“边框粗细”文本框中指定表格边框的宽度，默认值为 1 像素。若要使表格在浏览器中不显示边框，请将“边框粗细”设置为 0。“单元格边距”文本框用于设置单元格边框和单元格内容之间的距离，默认值为 1 像素。若不想在浏览器中显示表格的边距，请将“单元格边距”设置为 0 像素，这里设置为 2 像素。“单元格间距”文本框用于设置表格中相邻单元格之间的距离，默认值为 2 像素，若不想在浏览器中显示表格的间距，请将“单元格间距”设置为 0 像素，这里设置为 2 像素。

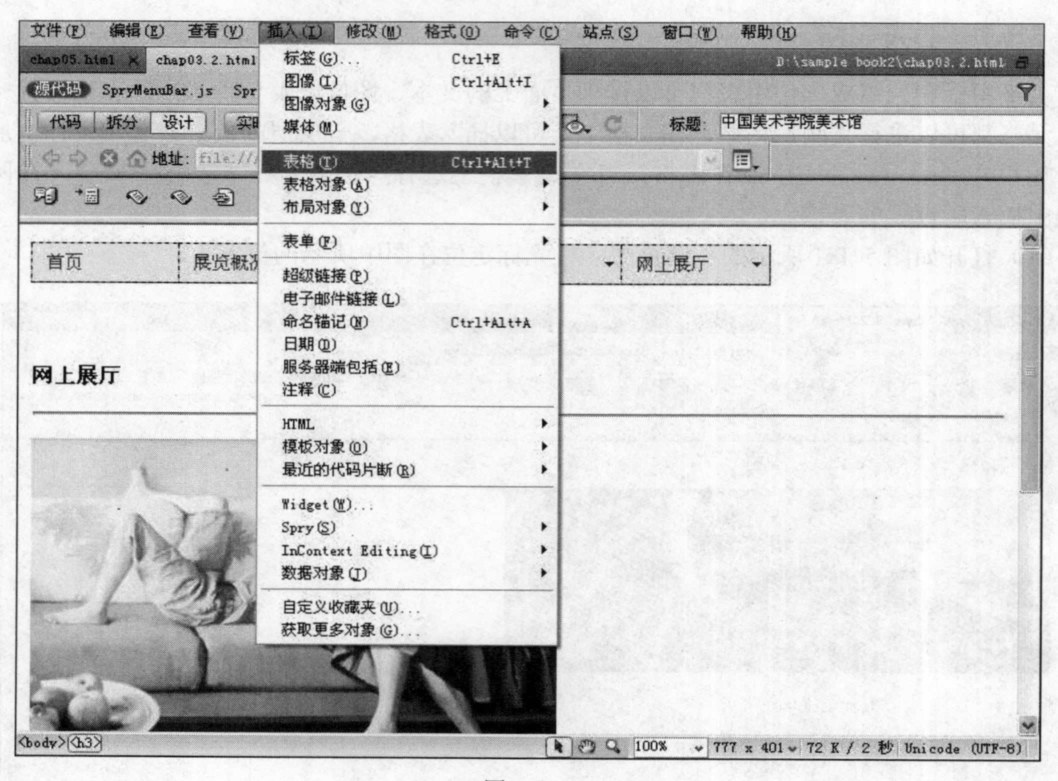

图 5-1-2

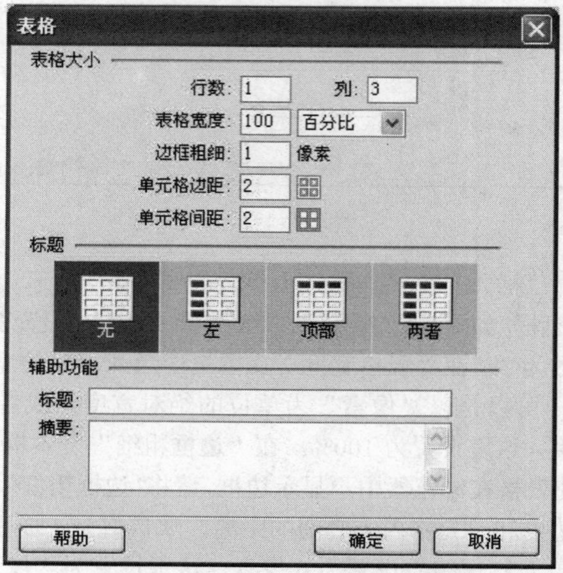

表格
表格大小
行数: 1 列: 3
表格宽度: 100 百分比
边框粗细: 1 像素
单元格边距: 2
单元格间距: 2
标题
无 左 顶部 两者
辅助功能
标题:
摘要:
帮助 确定 取消

图 5-1-3

（4）单击“确定”按钮，一个 1 行 3 列的表格就插入页面了，如图 5-1-4 所示。

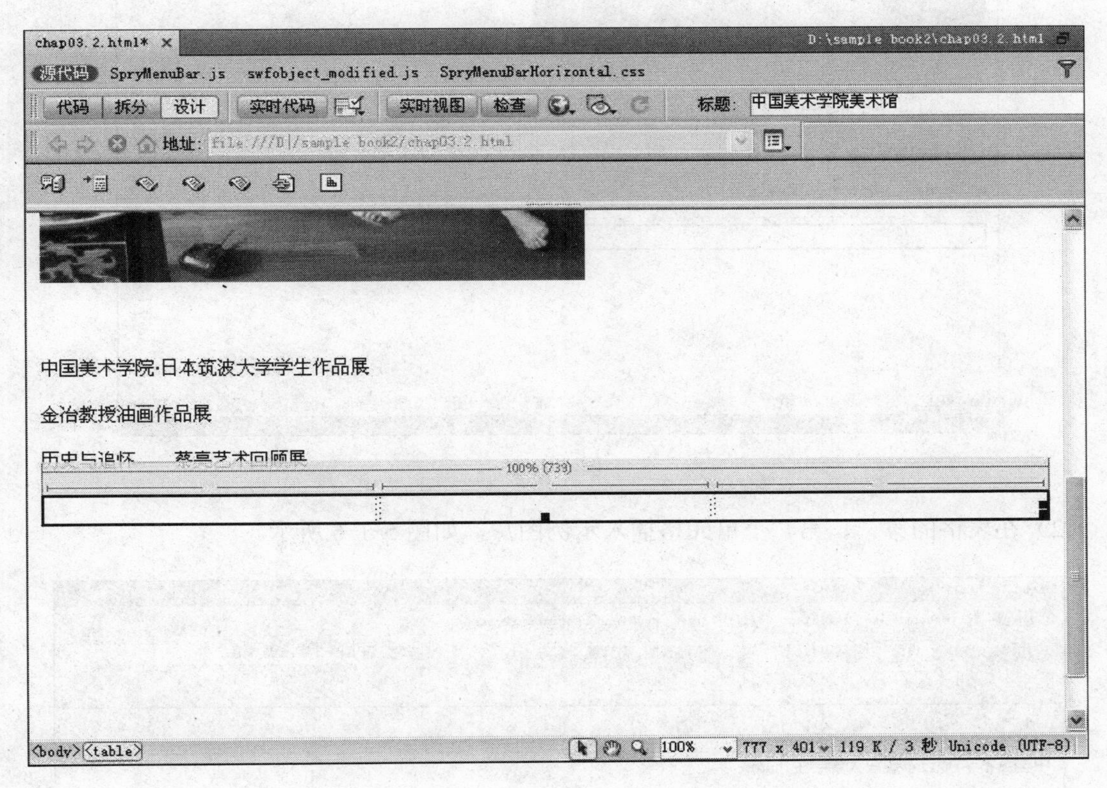

图 5-1-4

5.1.2 设置表格

利用“属性”面板，可以设置表格的详细属性。在“设计”视图中，单击表格中的任一单元格，然后单击窗口底部“标签选择栏”中的“<table>”标签，即可选中表格，如图 5-1-5；或者将鼠标移到表格的左上角或表格上边框或下边框外附近的任意位置，当鼠标带表格图标时单击鼠标，也可选中整个表格。选中表格后，在“属性”面板中即可对表格的属性进行设置。

（1）在“属性”面板中，“表格 Id”文本框用于设置表格的 ID，一般不用填写。通过“行”和“列”文本框可以调整表格中行和列的数目。“宽”和“高”、“填充”和“间距”、“边框”与“表格”对话框中的相应选项的含义相同，即“属性”面板上的“填充”、“间距”和“边框”选项分别对应于“表格”对话框中的“单元格边距”、“单元格间距”和“边框粗细”选项。另外，通过“对齐”方式可以确定表格相对于同一段落中其他元素的显示位置，其中包括“默认”、“左对齐”、“右对齐”和“居中对齐”。

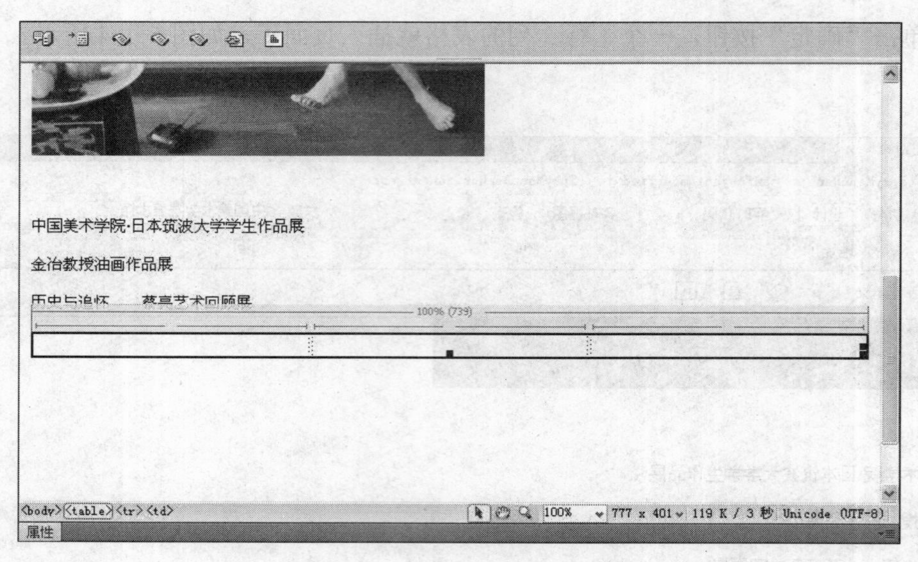

图 5-1-5

（2）在表格的第一、第二个单元格插入示例图片，如图 5-1-6 所示。

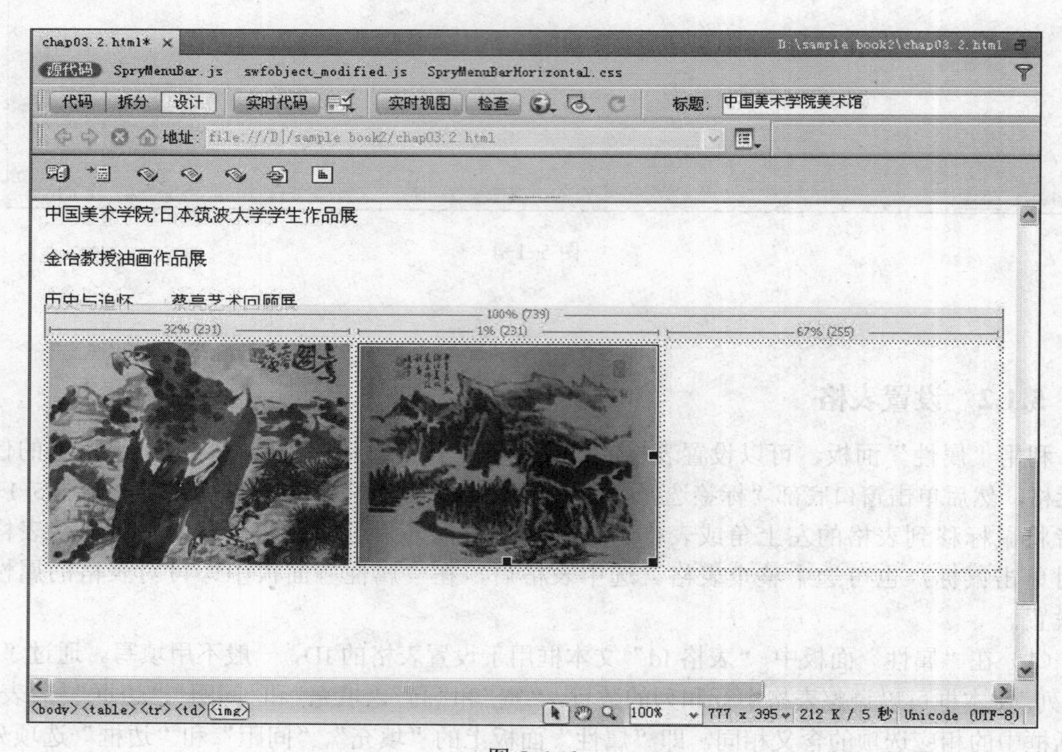

图 5-1-6

（3）然后将光标定位在第三个单元格中，输入文字，并使用鼠标拖曳两个单元格中间的细线，调整单元格的大小，如图 5-1-7 所示。

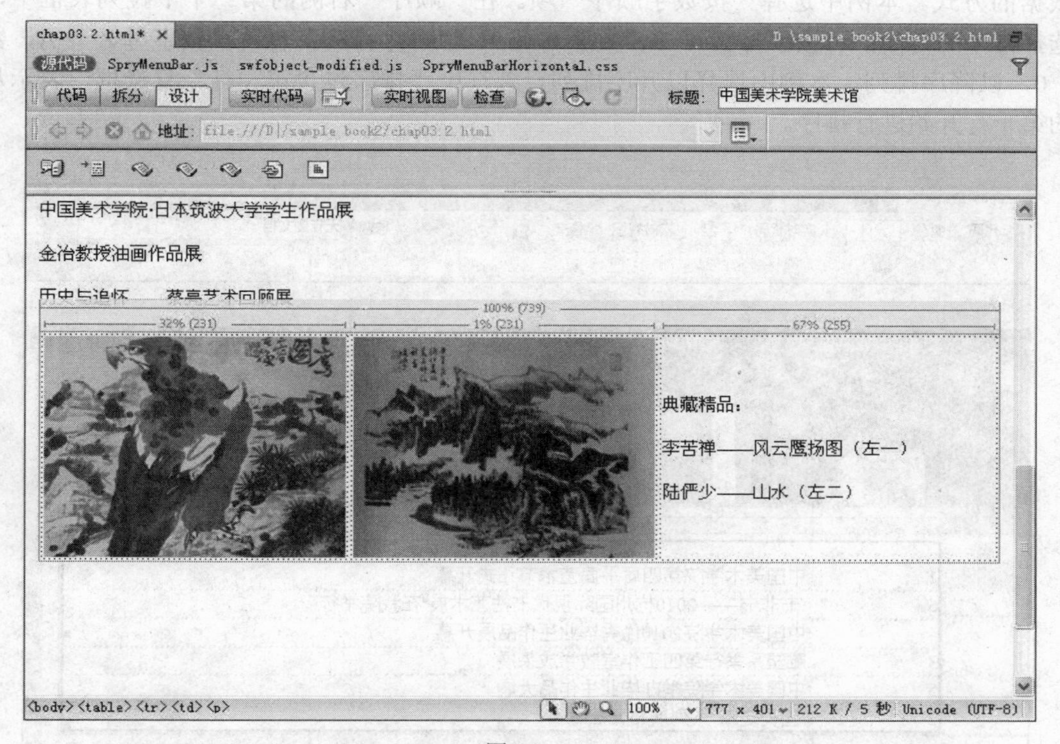

图 5-1-7

5.2 处理表格

已建立的表格可以采用 Dreamweaver 提供的预设外观，一方面可以提高制作效率，另一方可以保持表格外观的一致性。预设外观样式的色彩搭配一般来讲都比较美观。另外，表格作为处理数据的常用形式，提供对其中的数据进行排序的功能是必不可少的。应用 Dreamweaver 提供的命令，可以对表格中的数据进行排序。

5.2.1 排序表格

排序表格时，被排序的表格应是比较规则的形式，不应有合并单元格或拆分单元格的情况。

（1）将鼠标移动到表格的左上角或表格上边框或下边框外附近的任意位置，当鼠标带表格图标时单击鼠标，选中整个表格，如图 5-2-1 所示。

（2）在菜单栏上选择“命令”→“排序表格”命令，弹出“排序表格”对话框，如图 5-2-2 所示。

（3）在“排序按”下拉列表框中，选择排序所需依据的列。本例中选择了“列 1”，表示按照第 1 列的数据进行排序。在“顺序”右侧的第一个下拉列表框中，可以选择排序的顺序选项：“按字母顺序”可以按字母的方式进行排序，“按数字顺序”可以按数字本身的大小作为排序依据的方式。本例中选择“按数字顺序”项。在“顺序”右侧的第二个下拉列表框中，可以选择排序的方向：可按字母 A ～ Z、数字 0 ～ 9，以升序排列；也可以按字母 Z ～ A，数字 9 ～ 0，以降序排列。本例中选择以升序排列。若选中“排序包含第一行”复选框，表示从表格的第一行开始进行排序。

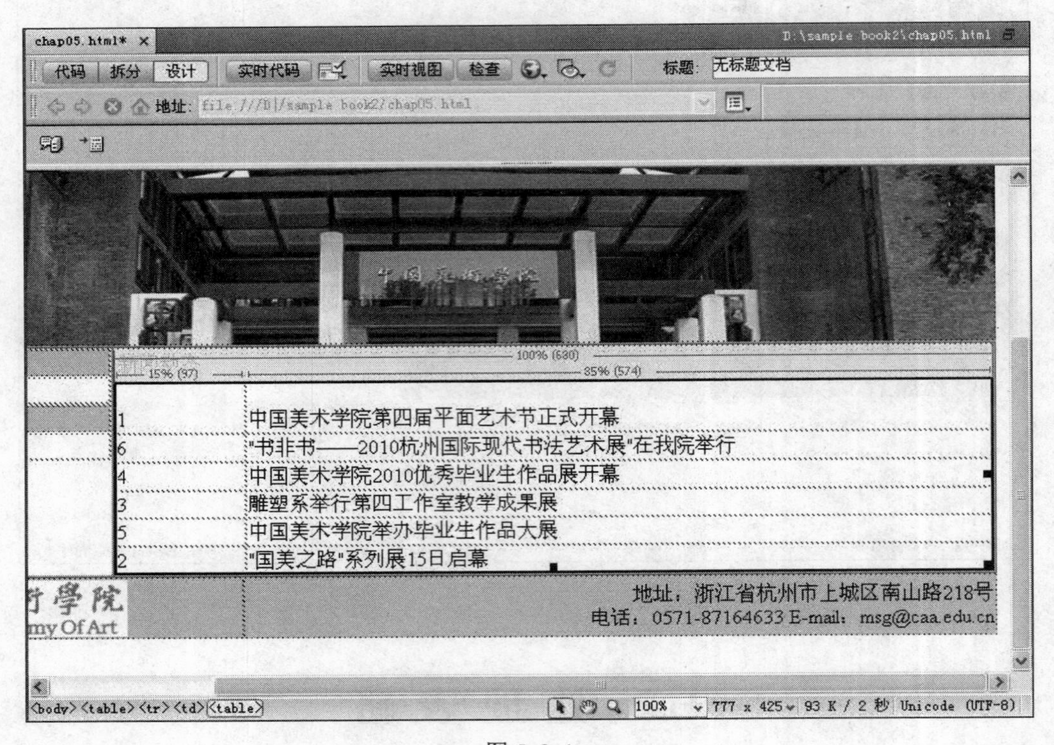

图 5-2-1

图 5-2-2

（4）设置完毕，单击“确定”按钮后，表格即被排序，如图 5-2-3 所示。

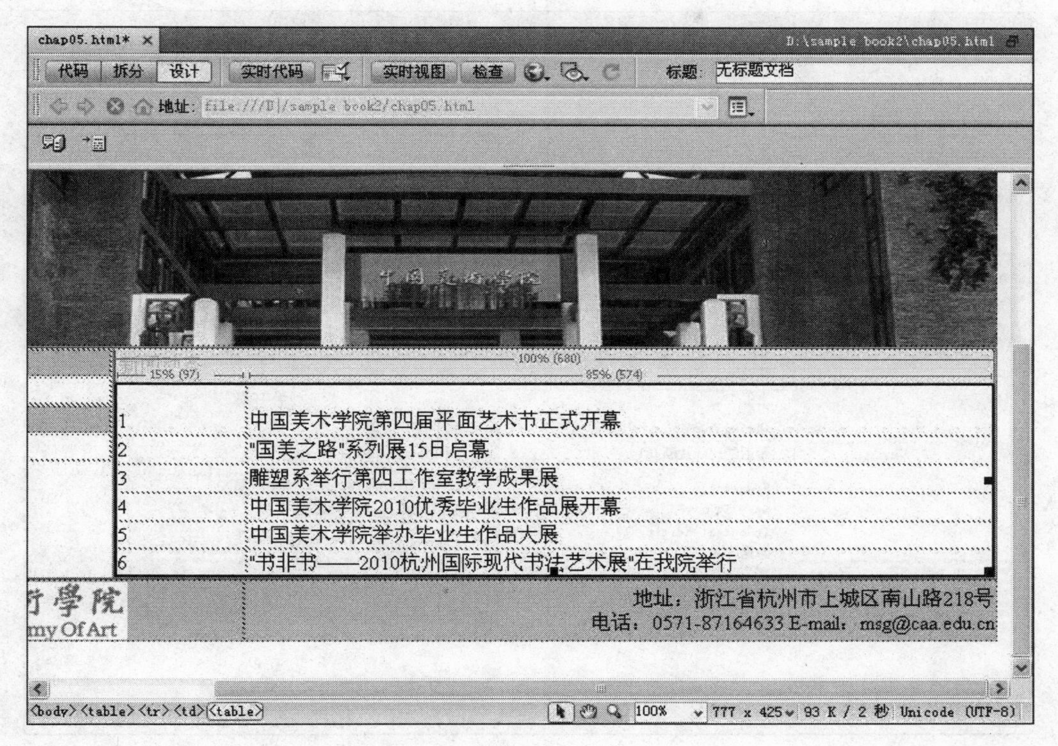

图 5-2-3

5.2.2 表格数据的导入与导出

Dreamweaver CS5 可以将在另一个程序（例如 Excel）中创建，并以分隔文本的格式（其中的项以制表符、逗号、冒号、分号或其他分隔符隔开）保存的表格数据，导入到设计的网页中，并设置为表格的格式；也可以将表格数据从 Dreamweaver 导出到文本文件中，相邻单元格的内容由分隔符隔开，可以使用逗号、冒号、分号或空格作为分隔符。当导出表格时，将导出整个表格。

1. 导入表格数据

（1）在菜单栏上选择“插入”→“表格对象”→“导入表格式数据”命令，如图 5-2-4 所示。

（2）弹出“导入表格式数据”对话框，如图 5-2-5 所示。在“数据文件”文本框中输入需要导入的数据文件的路径，或者单击右面的“浏览”按钮，在弹出的对话框中选择要导入的数据文件。“定界符”下拉列表框用来说明这个数据文件各数据间的分隔方式，在该下拉框列表中有 5 个选项，分别为“Tab”、“逗号”、“分号”、“引号”和“其他”。“格式化首行”下拉列表框用来设置生成的表格顶行内容的文本格式。设置完毕后，单击“确定”按钮，表格即会插入页面中。

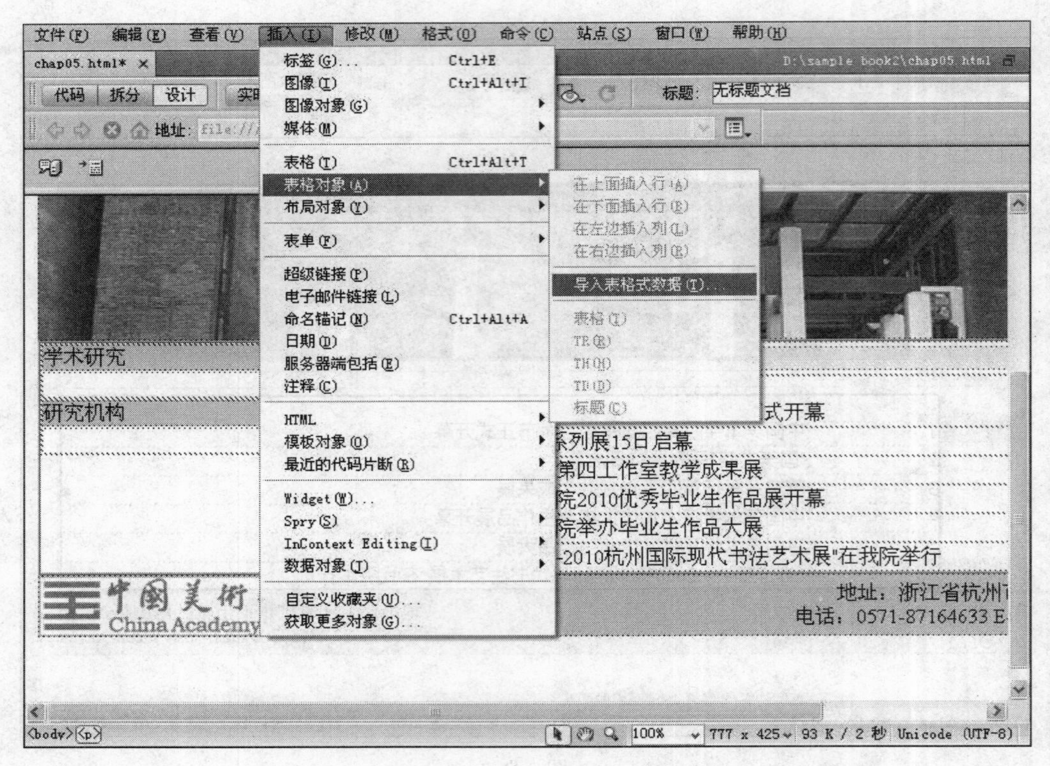

图 5-2-4

图 5-2-5

2. 导出表格数据

（1）将光标移到要导出的表格的任意单元格中或选中整个表格，在菜单栏上选择“文件”→“导出”→“表格”命令，如图 5-2-6 所示。

（2）弹出“导出表格”对话框，如图 5-2-7 所示，设置了定界符和换行符后单击“导出”按钮，会弹出“表格导出为”对话框，在该对话框中输入文件名称和路径，单击“保存”按钮，即可将表格输出为数据文件。

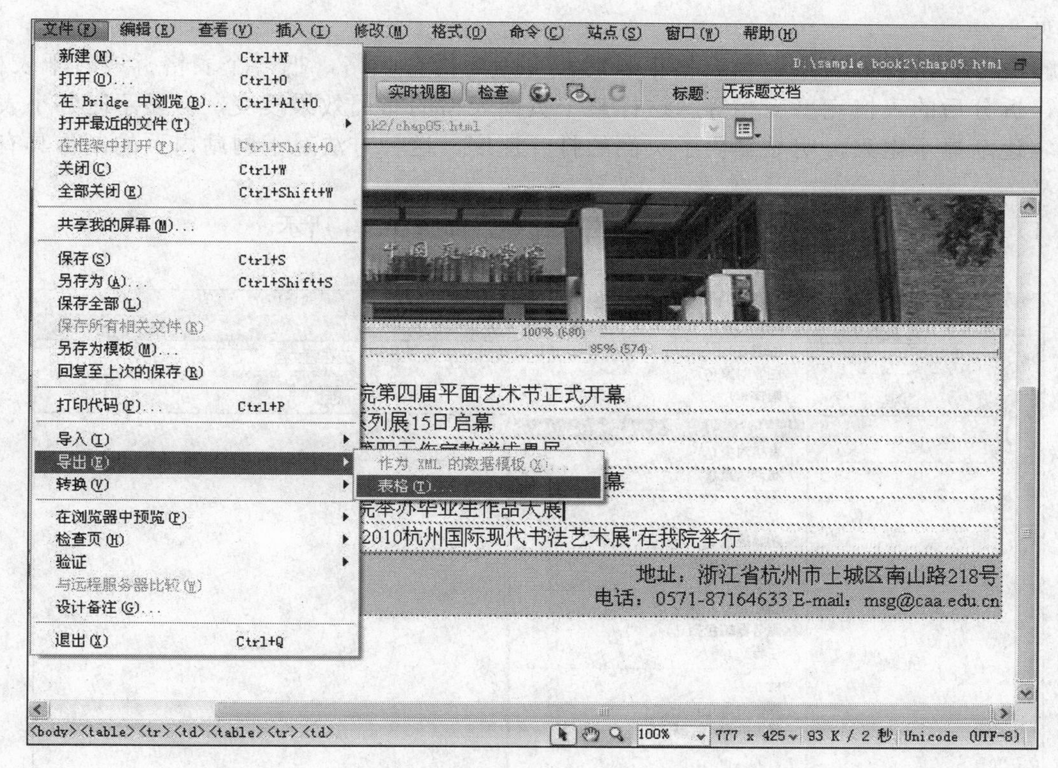

图 5-2-6

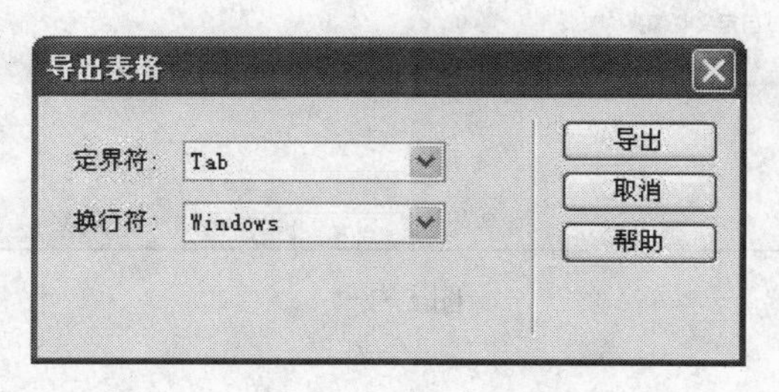

图 5-2-7

5.3 使用表格对页面进行布局

当访问者打开一个网页时，浏览器并不是等待接收了所有内容后再显示整个页面，而是把接收的部分内容先展示给访问者。这样，访问者在整个页面完全打开之前也有内容可看，避免了长时间的等待。但使用了表格之后，浏览器一般是等待整个表格的内容都接收到以后才显示表格里的内容。假设有一个比较长的页面，而只用了一个大表格作为框架来布局整个页面，显示速度就会比较慢，网页的访问者往往会失去等待的耐心而放弃浏览这个网页。

解决方法是拆分表格。当表格很长时，可考虑拆分表格，把一个表格拆成若干表格。注意，拆分后的表格宽度应相等。这样整个页面表格的布局效果没变，但显示时各小表格的内容逐渐显示出来，明显加快了页面的打开速度。这种方法对于网站内页的制作具有重要意义。

（1）在菜单栏上选择“插入”→“表格”命令，如图 5-3-1 所示。

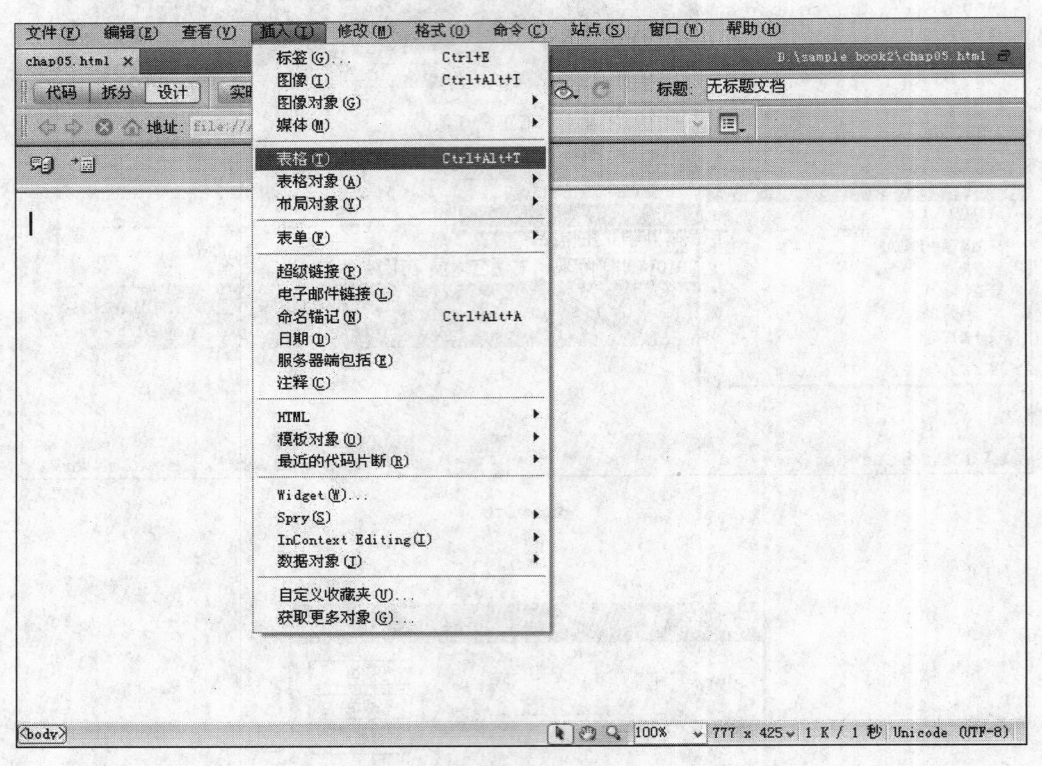

图 5-3-1

（2）弹出“表格”对话框，在“行数”文本框中将表格的行数设置为 1，在“列数”文本框中将表格的列数设置为 1。在“表格宽度”文本框中填入表格的宽度，这里设置为 900 像素。在“边框粗细”文本框中指定表格边框的宽度，这里设置为 0 像素。“单元格边距”文本框用来设置单元格边框和单元格内容之间的距离，这里设置为 0 像素。“单元格间距”文本框用来设置表格相邻的单元格之间的距离，这里设置为 0 像素。所有的参数设置如图 5-3-2 所示。

（3）单击“确定”按钮，一个 1 行 1 列的表格就插入页面了，如图 5-3-3 所示。

（4）将光标放在单元格内，将单元格高度设置为 9 像素。

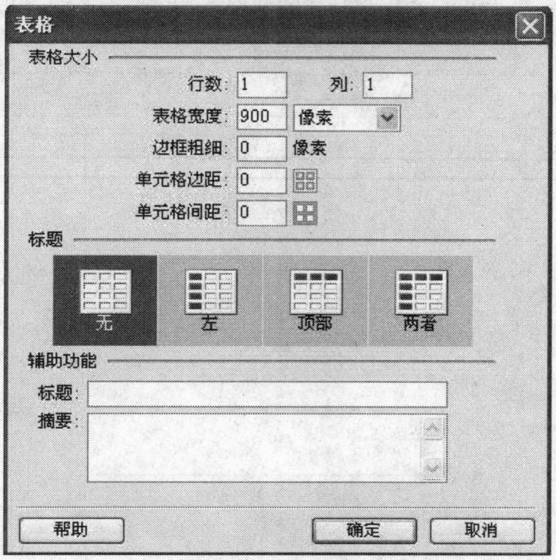

图 5-3-2

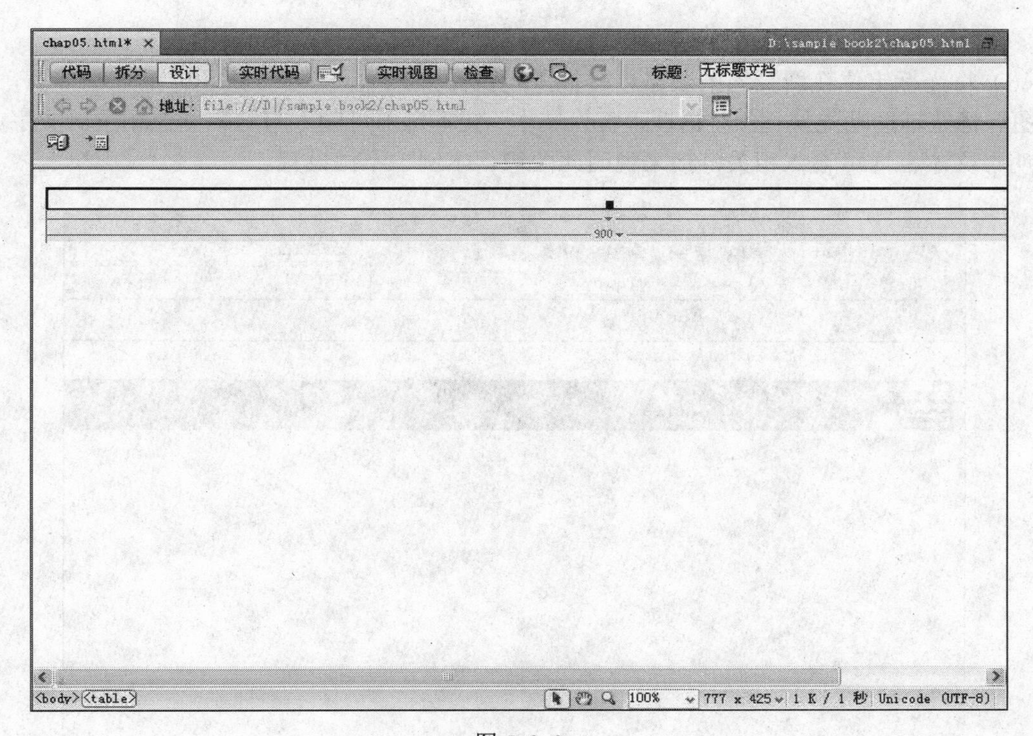

图 5-3-3

（5）将光标放在表格后面，再插入一个宽度为 900 像素、1 行 1 列的表格，如图 5-3-4 所示。

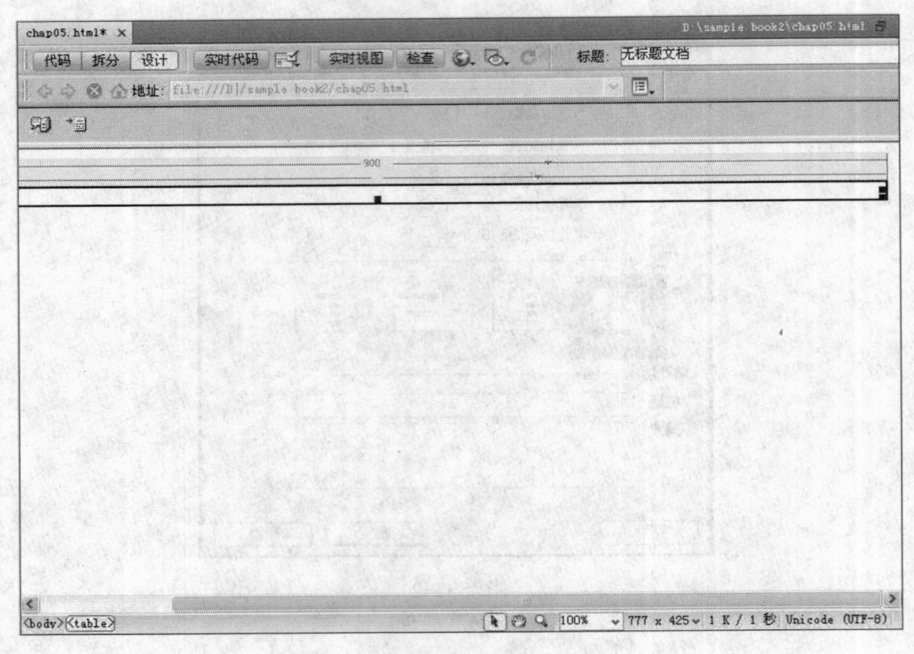

图 5-3-4

（6）将光标定位在新插入的表格内，插入示例图片，如图 5-3-5 所示。插入图像后，会弹出“图像标签辅助功能属性”对话框,“替换文本”文本框内可输入与这幅图像相关的文字。“详细说明”文本框内可输入相关链接来说明此图像。本例中不做设置。

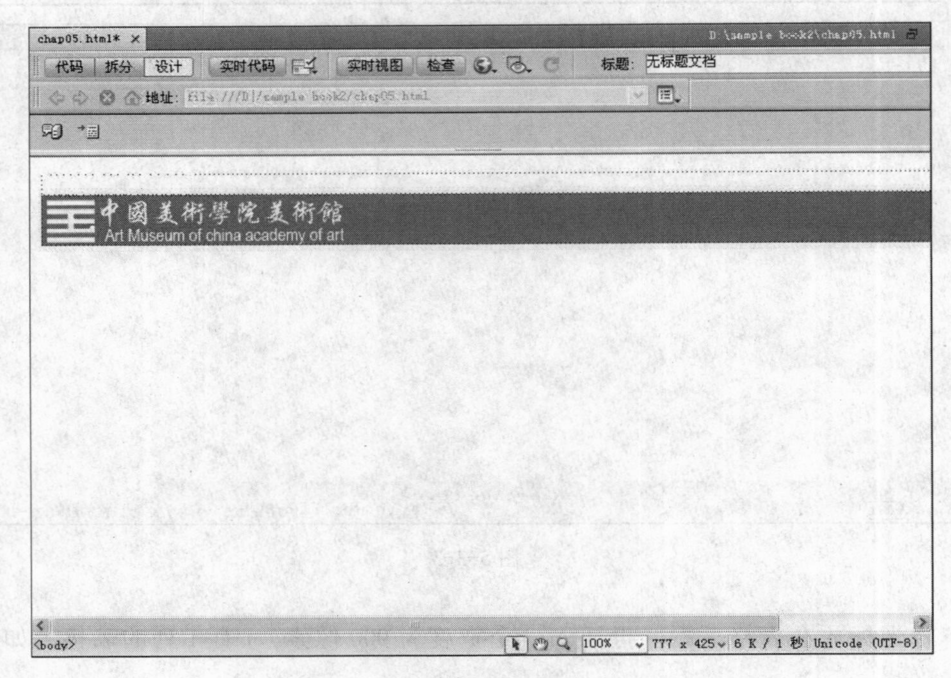

图 5-3-5

（7）将光标定位在表格的下方，再插入一个宽度为 900 像素、1 行 7 列、边框粗细为 1 的表格，并在每一个单元格内输入文字，单元格水平均居中对齐，如图 5-3-6 所示。

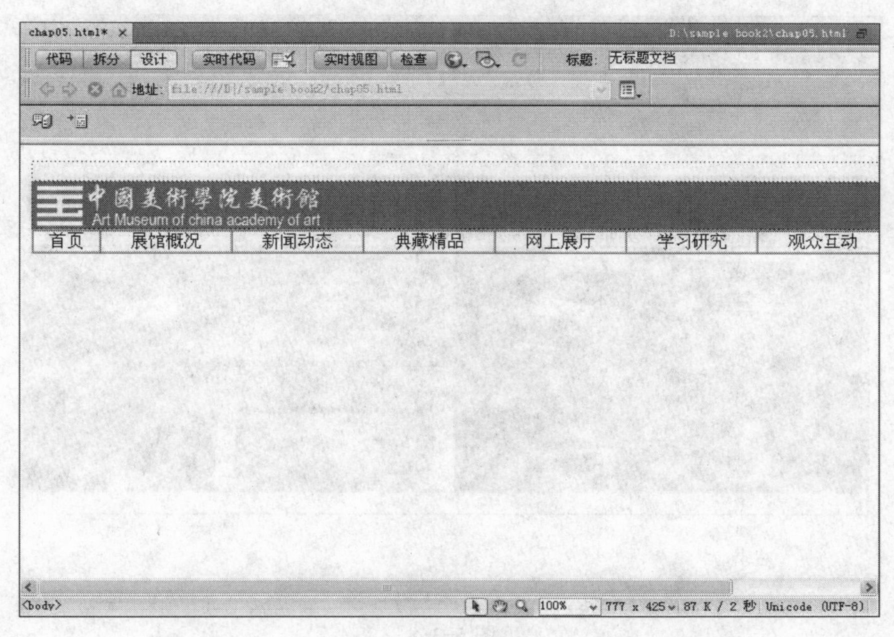

图 5-3-6

（8）将光标定位在表格的下方，再插入一个宽度为 900 像素、1 行 1 列的表格，并在表格内插入示例图片文件，如图 5-3-7 所示。

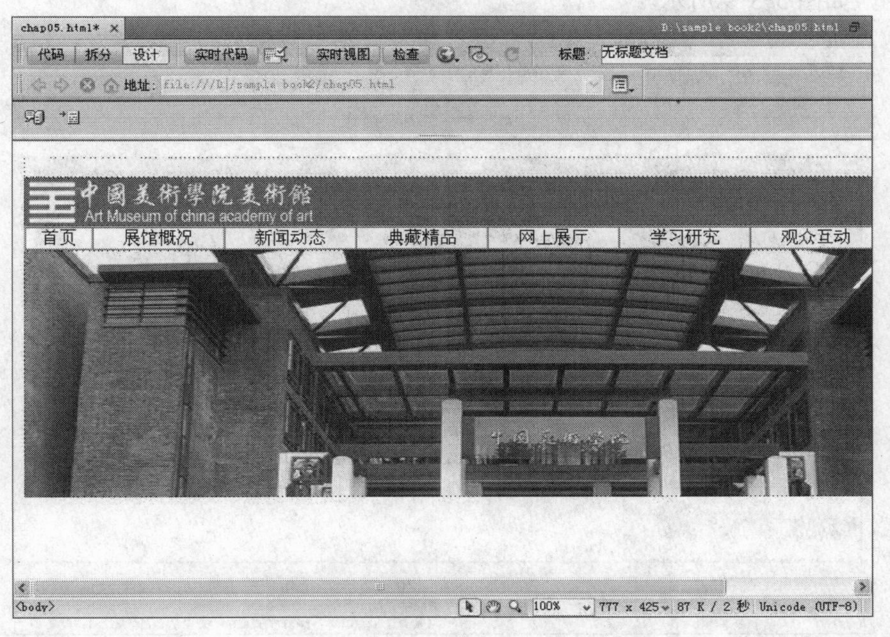

图 5-3-7

（9）将光标定位在表格的下方，再插入一个宽度为900像素、1行2列、边框粗细为1的表格，如图5-3-8所示。

图 5-3-8

（10）将光标定位在左侧的单元格内，插入两个宽度为100%、2行1列、边距为1像素、间距为1像素的表格，并将表格第1行的背景色设置为#CCCCCC。然后在单元格内分别输入相应的文字，如图5-3-9所示。

图 5-3-9

（11）将光标定位在右侧的单元格内，插入一个宽度为 100%、1 行 1 列、边距为 0 像素、间距为 4 像素的表格，并将表格的背景色设置为 #EEEEEE。然后在单元格内分别输入相应的文字，如图 5-3-10 所示。

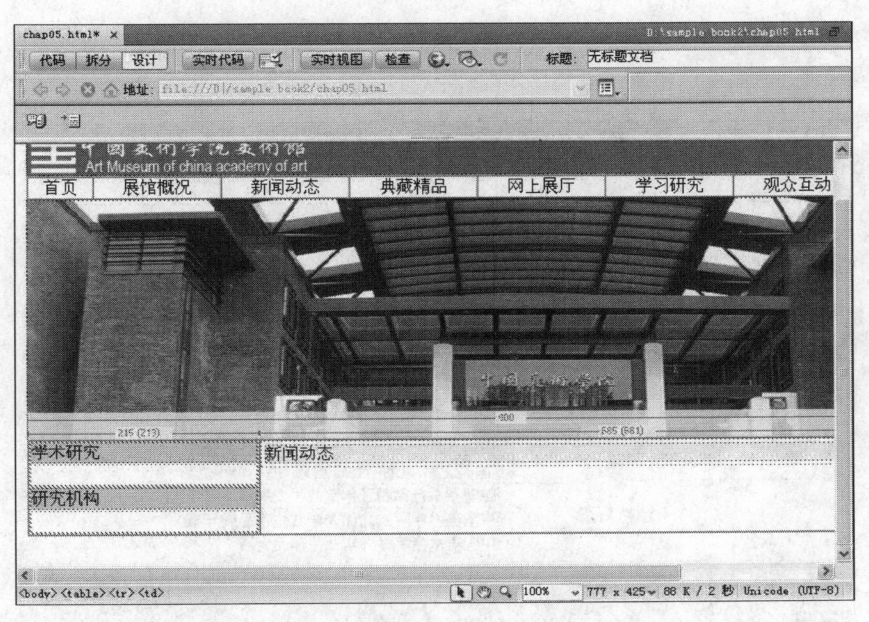

图 5-3-10

（12）将光标定位在所插入表格的下方，插入一个宽度为 100%、6 行 2 列、边距为 2 像素、间距为 0 像素的表格，并在单元格内输入相应的文字，如图 5-3-11 所示。

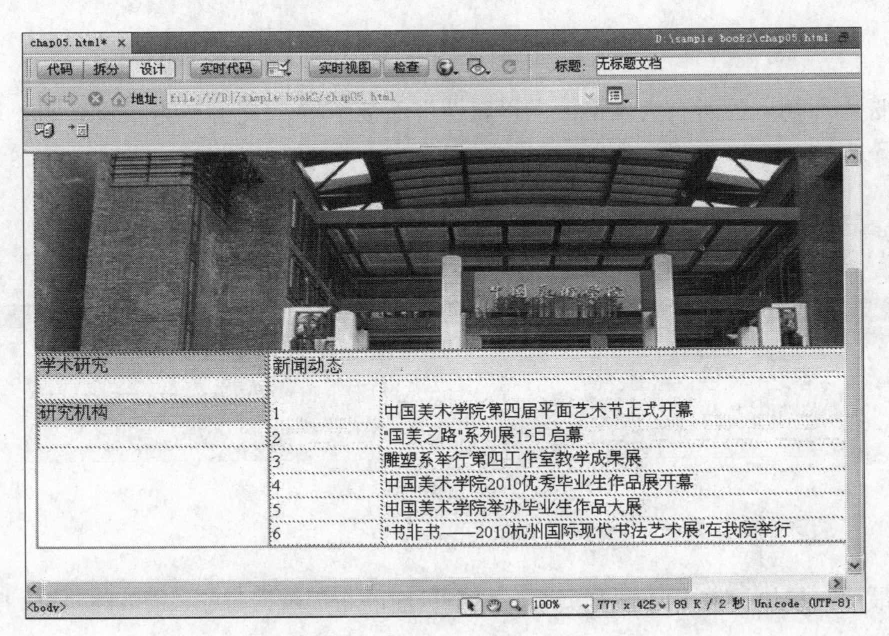

图 5-3-11

（13）将光标定位在表格的下方，插入一个宽度为 900 像素、1 行 2 列、背景色为 #CCCCCC 的表格；在左侧单元格内插入示例图片；在右侧单元格内输入联系信息，并右对齐，如图 5-3-12 所示。

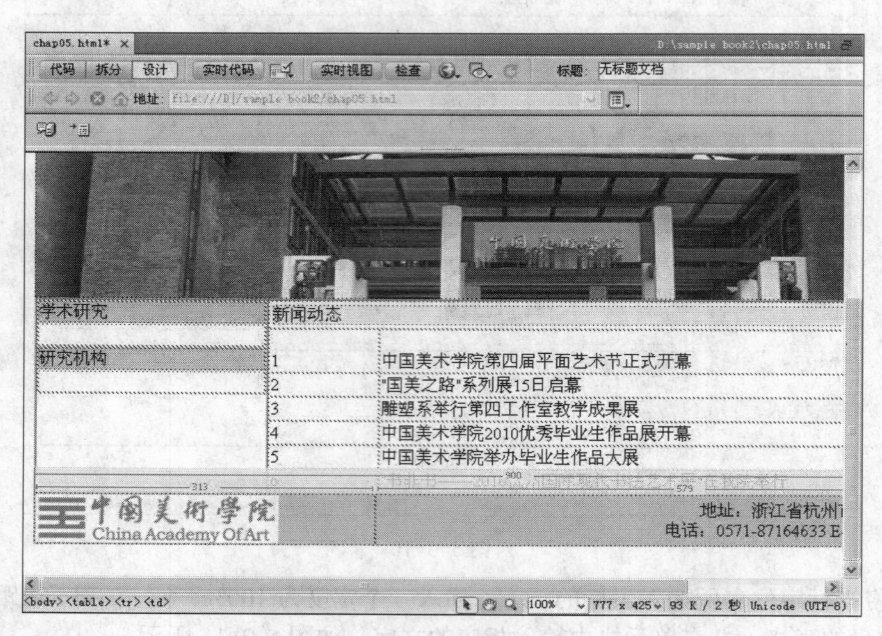

图 5-3-12

（14）选中所插入的所有大表格，在“属性”面板中将“对齐”方式设置为“居中对齐”，如图 5-3-13 所示。

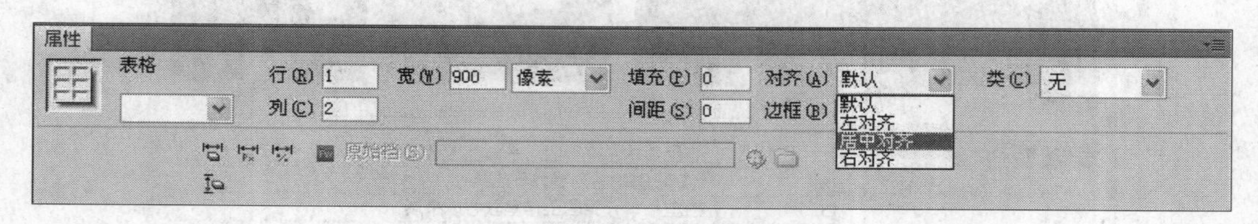

图 5-3-13

（15）最后，按快捷键 F12 预览页面，整个页面的布局就做好了，如图 5-3-14 所示。

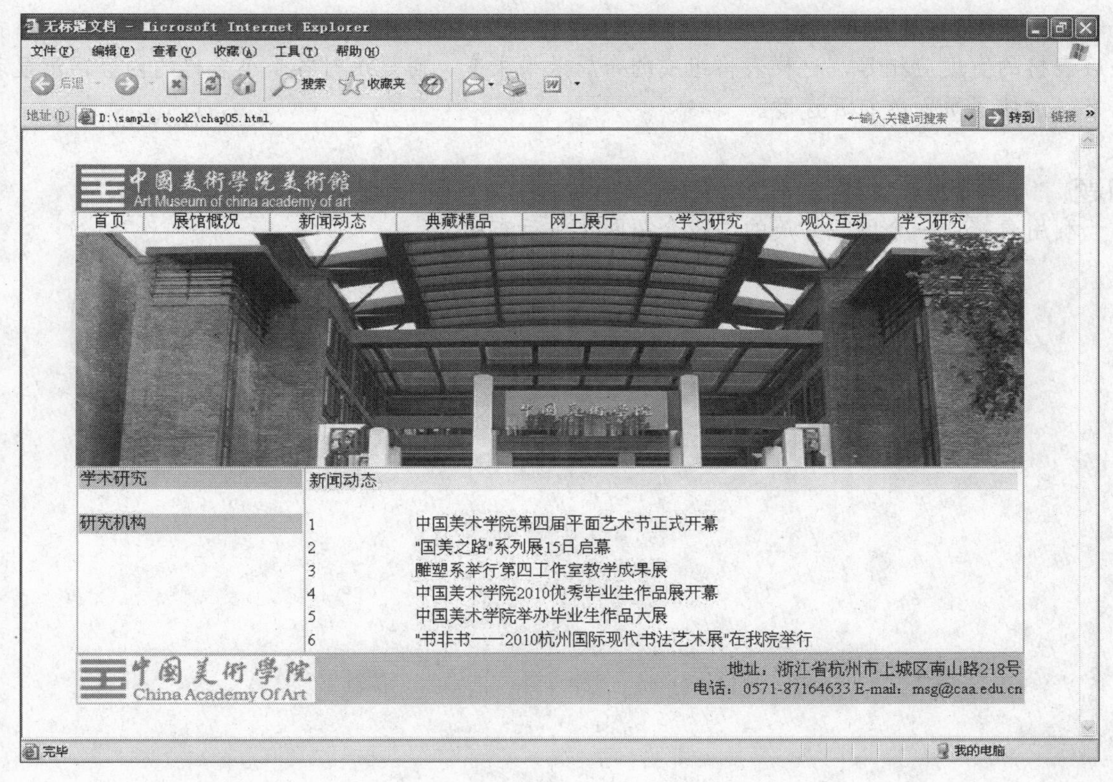

图 5-3-14

本章小结

回顾学习要点

1．表格由哪两部分组成？使用表格可以排列哪些对象？

2．要将一个表格中的数据排序，对表格有哪些要求？

3．如何导入和导出表格数据？

4．对很长的页面进行布局时，使用表格的技巧有哪些？

学习要点参考

1．表格由行和列组成。使用表格可以排列页面中的文本、图像以及各种对象。

2．对一个表格中的数据进行排序时，被排序的表格应是比较规则的形式，不应有合并单元格或拆分单元格的情况。

3．在菜单栏上选择“插入”→“表格对象”→“导入表格式数据”命令，可导入表格数据。在菜单栏上选择“文件”→“导出”→“表格”命令，可导出表格数据。

4．当表格的高度较大时，可考虑拆分表格，把一个表格拆成若干个表格，但应注意，拆分后表格的宽度应相等，这样表格组成的布局效果未变，而显示时各个小表格的内容逐渐显示出来，加快了页面的打开速度。

习题

利用表格对一个图文并茂的学校介绍网页进行布局。

在网页中设置链接

Dreamweaver CS5 第6章

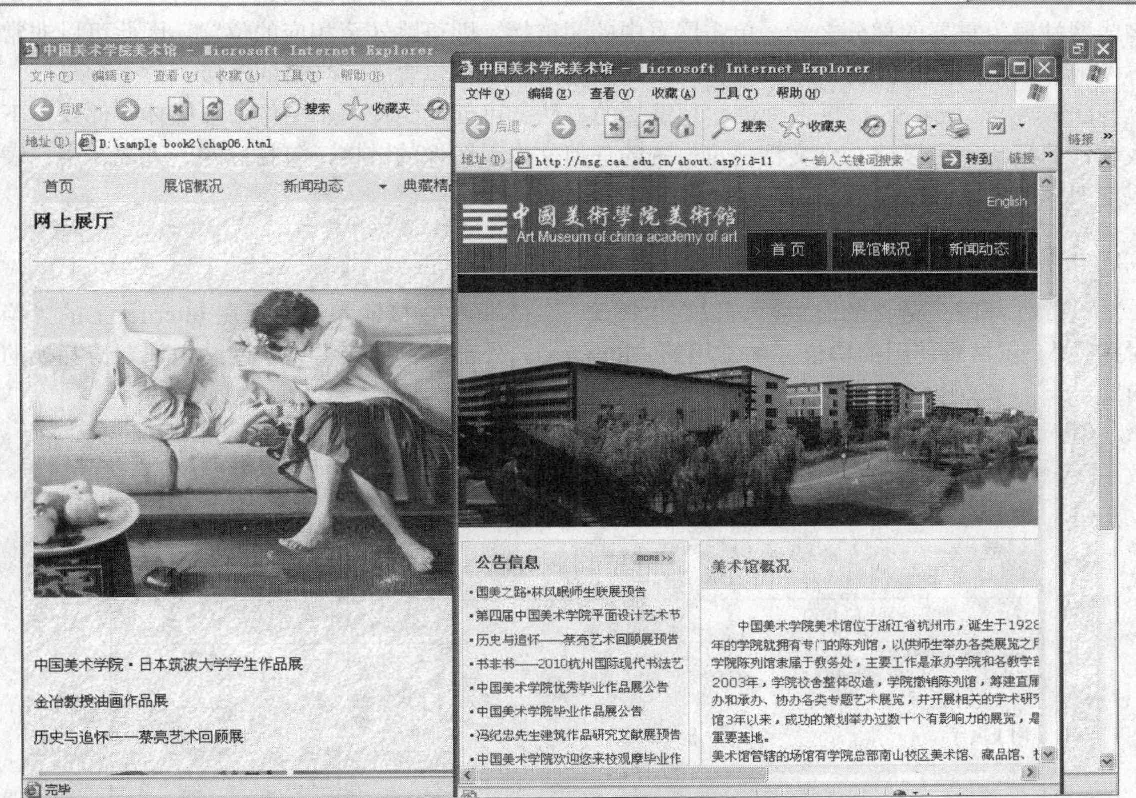

本章总览

本章将介绍如何使用 Dreamweaver CS5 在网页中设置链接，主要包括以下内容：

- 设置外部网页链接
- 设置内部页面链接
- 设置电子邮件链接
- 设置空链接
- 设置脚本链接
- 设置锚点链接
- 设置图像映射

6.1 设置基本链接

通过前面的学习，读者应该可以制作出简单的网页了。但对于一个完整的网站来讲，各个页面之间应该是有一定的从属或者链接关系，这就需要在各个页面之间建立超链接。超链接是构成网站最为重要的部分之一。单击网页中的超链接，即可跳转至相应的位置，因此可以非常方便地从一个网页转到另一个网页。一个完整的网站往往包含了相当多的链接。

Dreamweaver CS5 提供多种创建超链接的方法。可创建到文本、图像、多媒体文件或可下载软件的链接，可以建立到文档任意位置的任何文本或图像的链接，包括标题、列表、层、表或框架中的文本或图像等。

6.1.1 设置外部网页链接

设置外部网页链接的时候，可以在“链接”文本框中直接输入该网页在 Internet 上的“绝对路径”，包括所使用的协议（如常用的“http://”）。外部网页链接多用于网站之间友情互换的内容。

（1）打开如图 6-1-1 所示的示例页面，选择页面上的文字“展馆概况”。

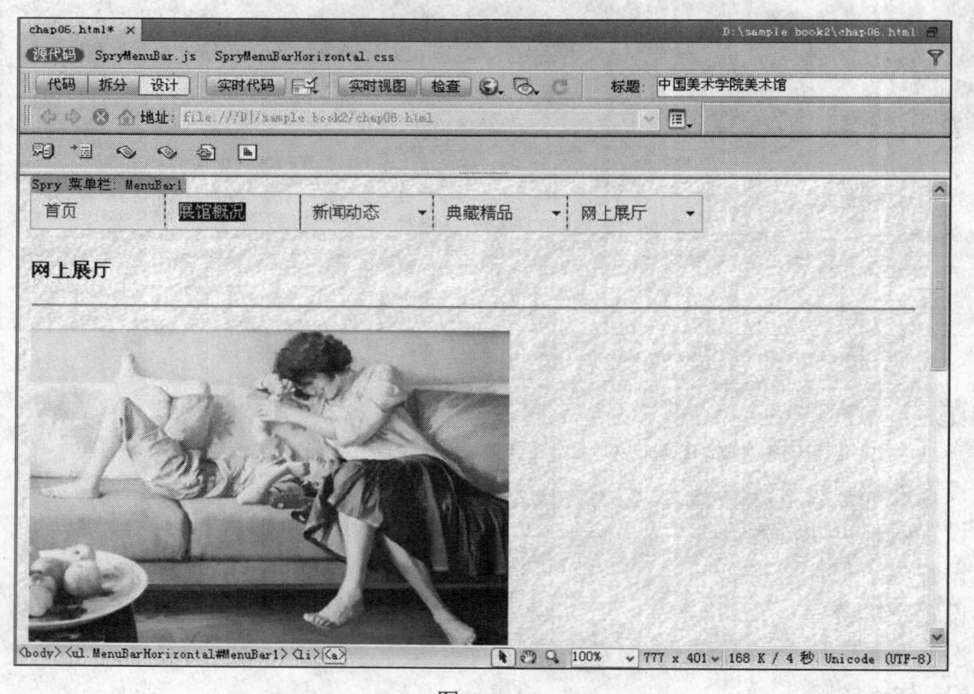

图 6-1-1

（2）在“属性”面板上的“链接”文本框输入所要链接页面的地址“http://msg.caa.edu.cn/about.asp?id=11”，如图 6-1-2 所示。

（3）在“属性”面板上的“目标”下拉列表框中选择“_blank”，如图 6-1-3 所示。

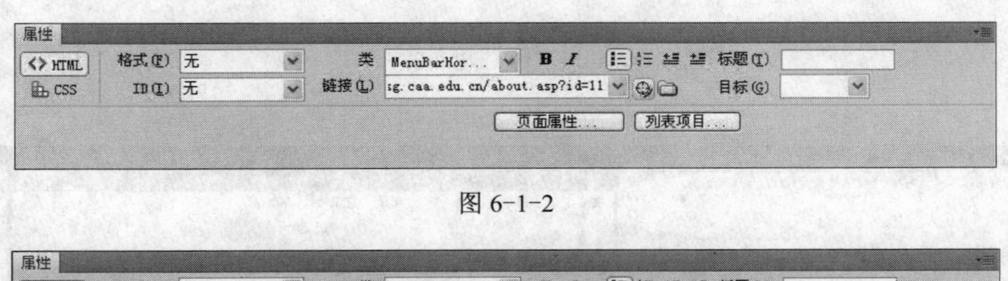

图 6-1-2

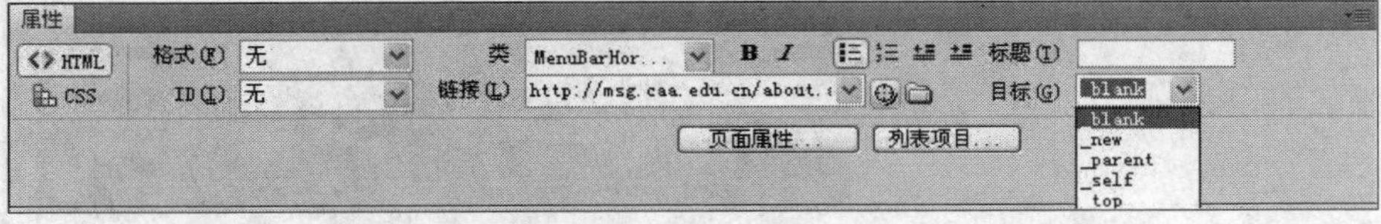

图 6-1-3

“目标”下拉列表框中各个选项的含义如下。

_blank：在一个新的浏览器窗口中打开所链接的网页。

_new：与 _blank 类似，在一个新的浏览器窗口中打开链接的页面。

_parent：如果是嵌套的框架，链接会在父框架或窗口中打开；如果不是嵌套的框架，就等于 _top，在整个浏览器窗口中显示。

_self：此项是浏览器的默认值，会在当前网页所在的窗口或框架中打开链接的网页。

_top：选择该项，将会在完整的浏览器窗口中打开网页。

（4）按快捷键 F12 预览页面，当单击链接文字后，可以在一个新开的窗口中打开链接的网页，如图 6-1-4 所示。

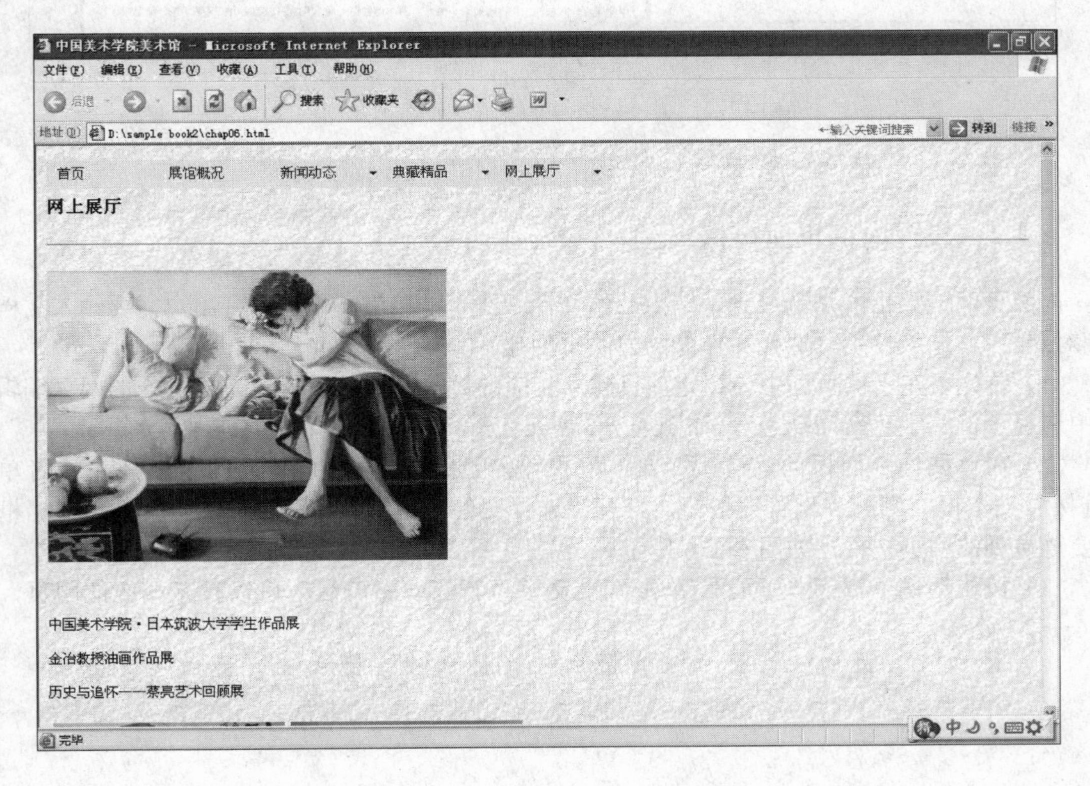

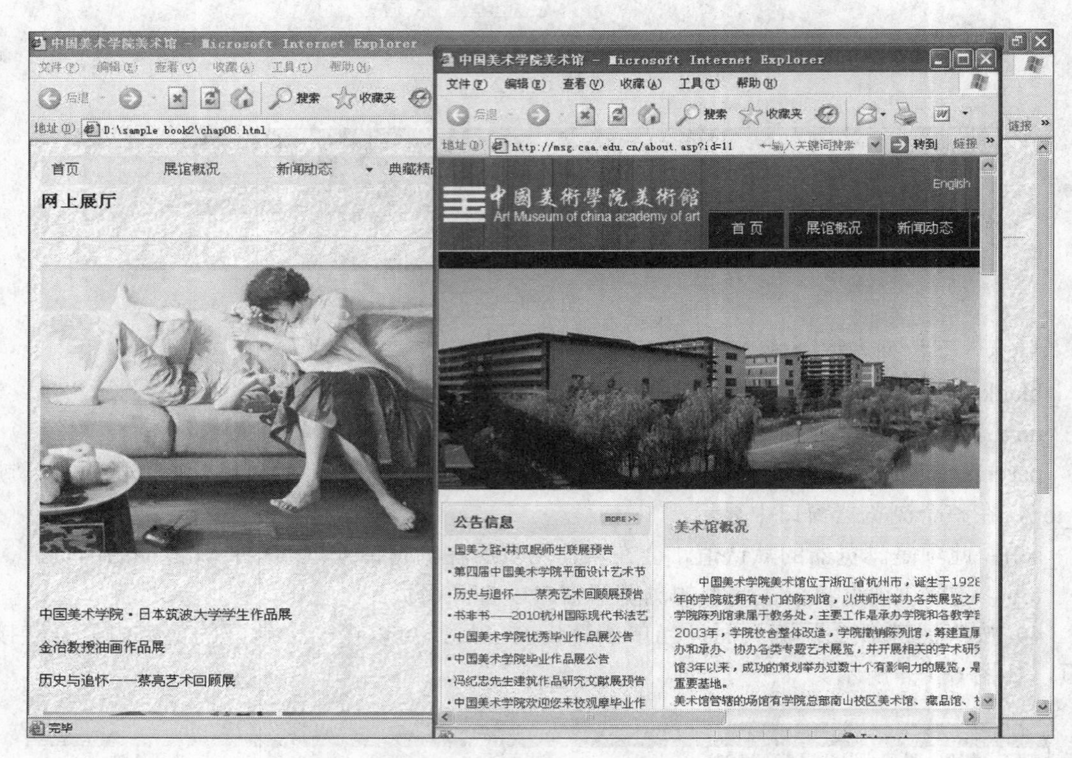

图 6-1-4

6.1.2 设置内部页面链接

内部页面链接指的是链接到站点内部的文件。在“链接”文本框中，用户需要输入文档的“相对路径”，一般使用“选择文件”的方法来创建。

（1）首先要在示例页面中为指定项目建立相应的链接。在 Dreamweaver CS5 的网页编辑窗口中选择示例文字“新闻动态”，如图 6-1-5 所示。

（2）在“属性”面板的“链接”文本框中输入已经制作好的目标网页的路径；或者单击“链接”文本框右侧的“浏览”按钮，打开“选择文件”对话框，通过“选择文件”对话框选择要链接到的网页文件，如图 6-1-6 所示。

（3）按快捷键 F12 预览页面，单击链接文字“新闻动态”后，可以打开相应的网页，如图 6-1-7 所示。

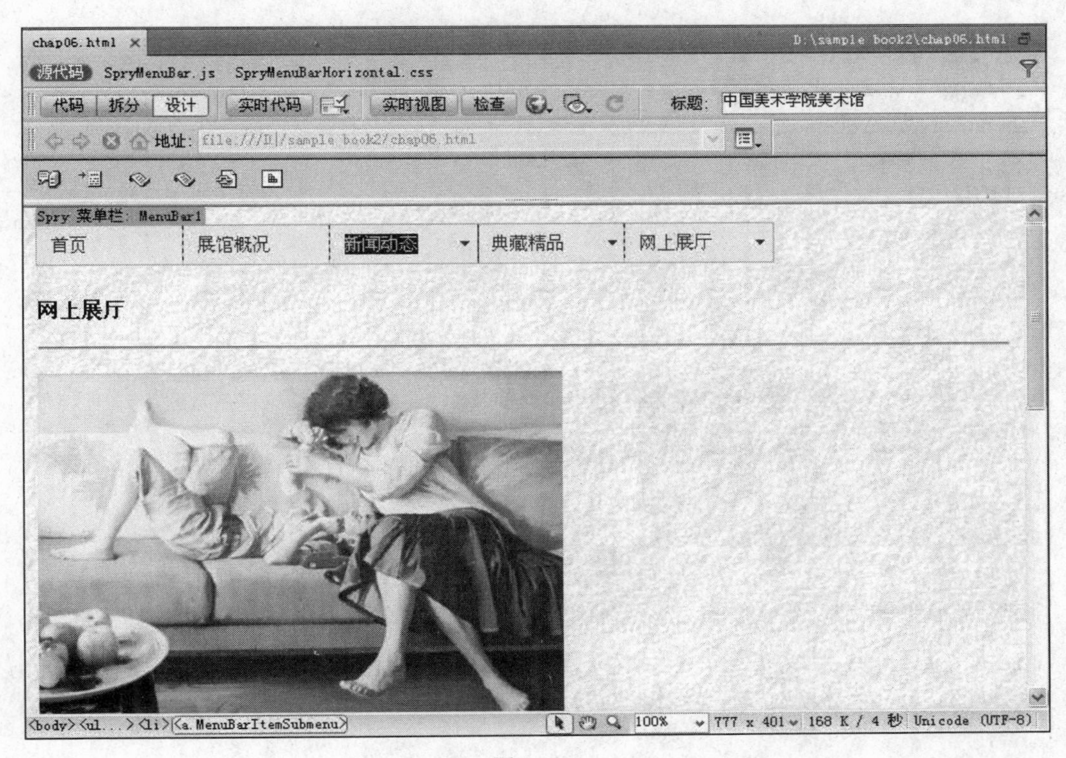

图 6-1-5

选择文件

选择文件名自: 文件系统 数据源

站点根目录

站点和服务器...

查找范围(I): sample book2

alcsnow.class
chap03
chap03.0
chap03.1
chap03.2
chap05
chap06
Clear_Sl
Corona_S
FLVPlaye
snow
winter

文件名(N): chap05

文件类型(T): 所有文件 (*.*)

确定

取消

URL: chap05.html

参数...

相对于: 文档 chap06.html

在站点定义中更改默认的链接相对于

图 6-1-6

中国美术学院美术馆 - Microsoft Internet Explorer
文件(F) 编辑(E) 查看(V) 收藏(A) 工具(T) 帮助(H)
后退 搜索 收藏夹
地址(D) D:\sample book2\chap06.html
转到 链接
首页 展馆概况 新闻动态 典藏精品 网上展厅
网上展厅
中国美术学院・日本筑波大学学生作品展
金冶教授油画作品展
历史与追怀——蔡亮艺术回顾展
完毕
我的电脑

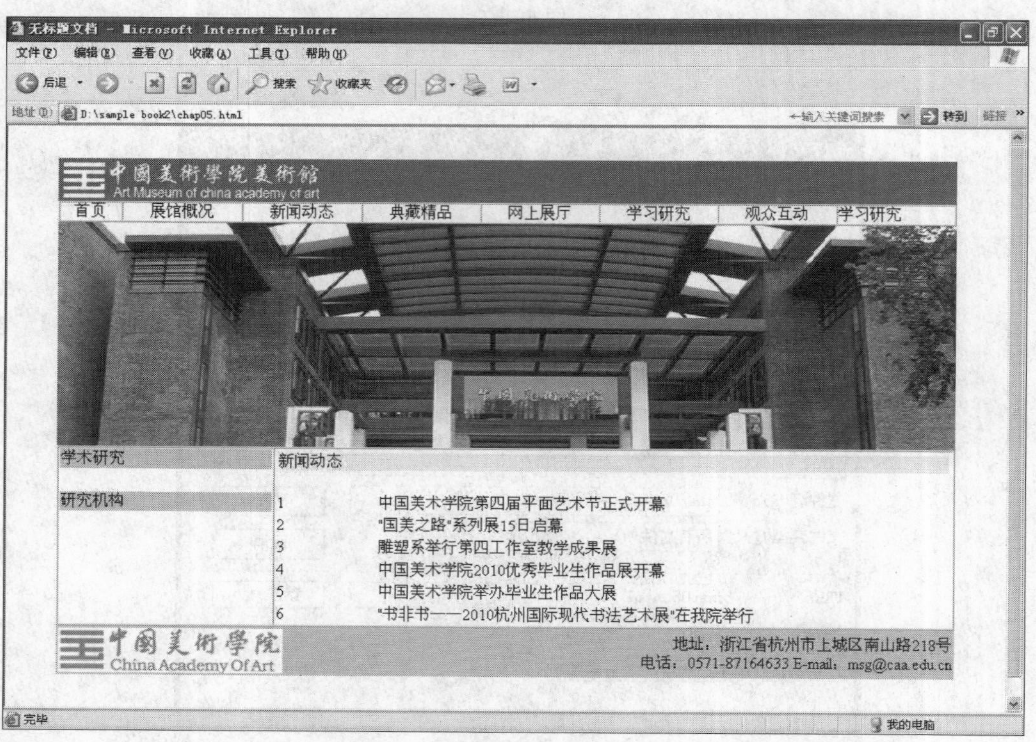
无标题文档 - Microsoft Internet Explorer
文件(F) 编辑(E) 查看(V) 收藏(A) 工具(T) 帮助(H)
后退 搜索 收藏夹
地址(D) D:\sample book2\chap05.html
转到 链接
中國美術學院美術館
Art Museum of china academy of art
首页 展馆概况 新闻动态 典藏精品 网上展厅 学习研究 观众互动 学习研究
学术研究
研究机构
新闻动态
1 中国美术学院第四届平面艺术节正式开幕
2 "国美之路"系列展15日启幕
3 雕塑系举行第四工作室教学成果展
4 中国美术学院2010优秀毕业生作品展开幕
5 中国美术学院举办毕业生作品大展
6 "书非书——2010杭州国际现代书法艺术展"在我院举行
中國美術學院
China Academy Of Art
地址：浙江省杭州市上城区南山路218号
电话：0571-87164633 E-mail：msg@caa.edu.cn
完毕
我的电脑

图 6-1-7

6.1.3 设置邮件链接

无论是商业网站还是个人网站，人们习惯将自己的联系方式留在页面的下方，这样便于网友反馈信息。下面介绍网站在主页上建立电子邮件链接的方法。

（1）选择示例页面下方的 E-mail 地址，如图 6-1-8 所示。

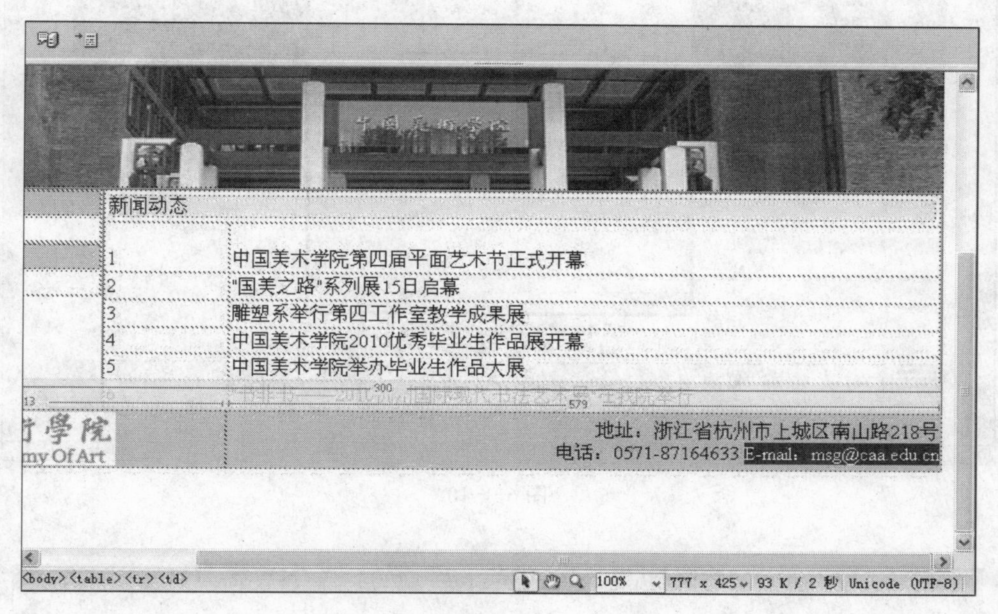

图 6-1-8

（2）在“属性”面板上的“链接”文本框中输入“mailto:”和邮箱地址“msg@caa.edu.cn”，如图 6-1-9 所示。

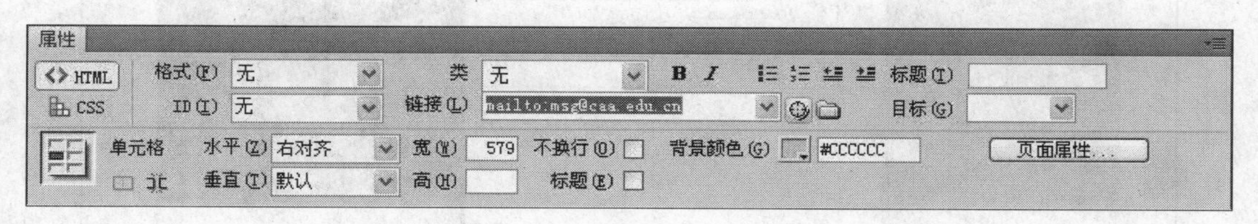

图 6-1-9

（3）按快捷键 F12 预览页面，当单击邮件链接后，会打开系统默认的邮件软件发送 E-mail，如图 6-1-10 所示。

（4）用户设置时还可以替浏览者加入邮件的主题。方法是在输入的电子邮件地址后面加上语句“?subject= 要输入的主题”。示例中主题可以写“网站的建议”，完整的语句为：mailto:msg@caa.edu.cn?subject= 网站的建议。这样，当预览页面后，用户单击链接弹出的发信窗口中会有现成的主题，如图 6-1-11 所示。

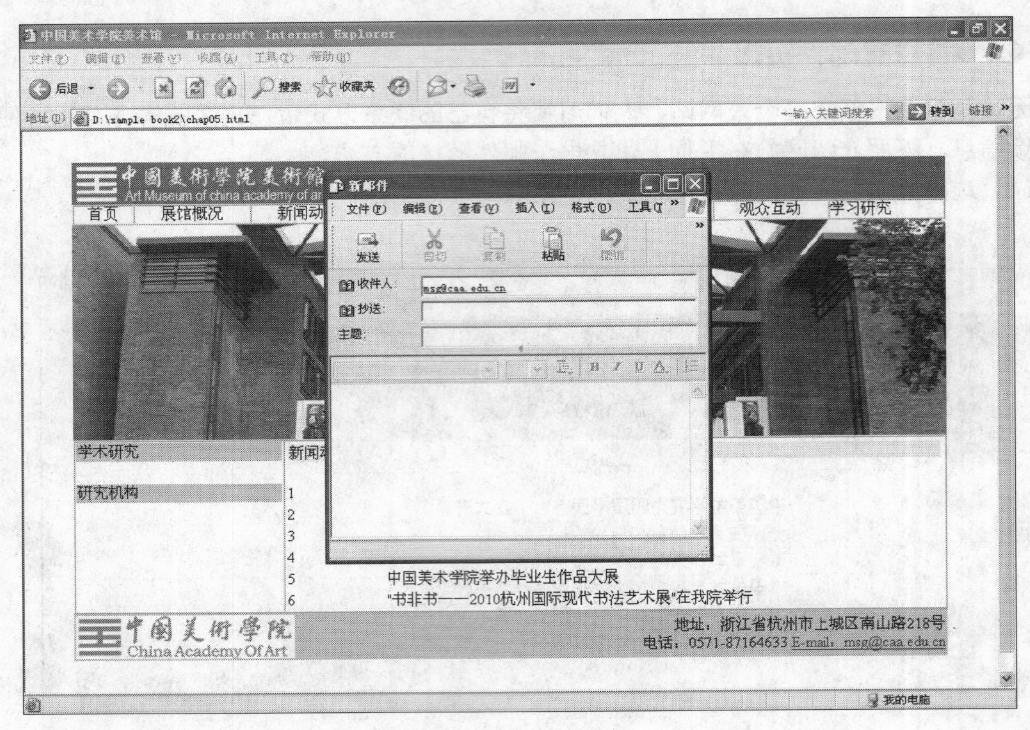
中国美术学院美术馆 - Microsoft Internet Explorer
新邮件
发送
收件人:
msg@caa.edu.cn
抄送:
主题:
首页
展馆概况
观众互动
学习研究
学术研究
研究机构
中国美术学院举办毕业生作品大展
"书非书——2010杭州国际现代书法艺术展"在我院举行
地址：浙江省杭州市上城区南山路218号
电话：0571-87164633 E-mail：msg@caa.edu.cn
China Academy Of Art

图 6-1-10

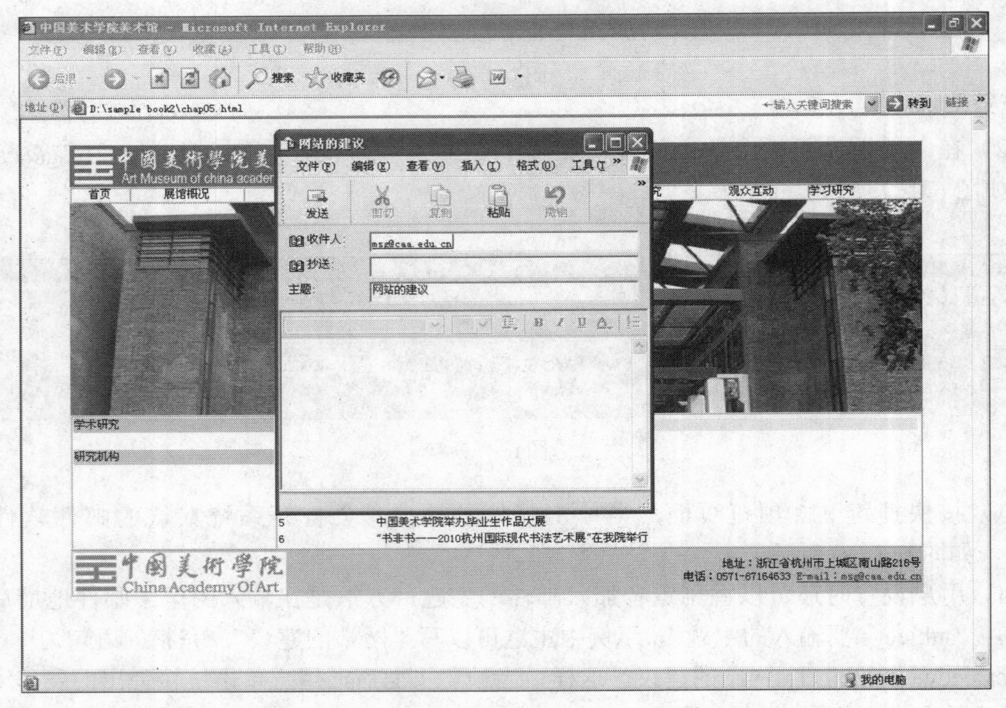
中国美术学院美术馆 - Microsoft Internet Explorer
网站的建议
发送
收件人:
msg@caa.edu.cn
抄送:
主题:
网站的建议
学术研究
研究机构
中国美术学院举办毕业生作品大展
"书非书——2010杭州国际现代书法艺术展"在我院举行
地址：浙江省杭州市上城区南山路218号
电话：0571-87164633 E-mail：msg@caa.edu.cn
China Academy Of Art

图 6-1-11

（5）如果希望浏览者在发信的时候顺便将邮件抄送到另一个邮箱，可以继续添加链接地址，完整的语句为“mailto:msg@caa.edu.cn?subject= 网站的建议 &cc=msg2@caa.edu.cn”。这样，当预览页面后，用户单击链接弹出的发信窗口中会有现成的抄送地址，如图 6-1-12 所示。

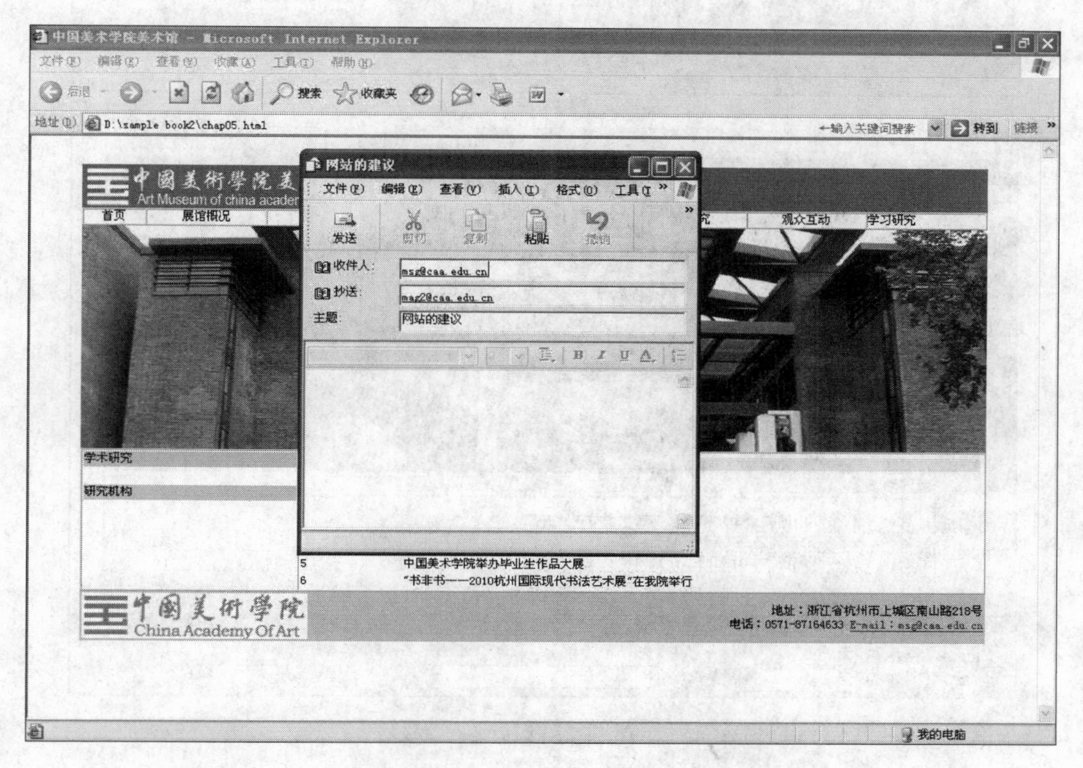

图 6-1-12

提示：

如果用户的 E-mail 主题中出现乱码，主要是因为在 Dreamweaver CS5 中页面的默认编码为 UTF-8 格式，需要在“页面属性”对话框中将页面编码修改为“简体中文 GB2312”，则弹出的 E-mail 主题就不会出现乱码现象了。

6.1.4 设置空链接

有些客户端行为的动作，需要由超链接来调用，这时就需要用到空链接了。简单地说，空链接用来激活页面中的对象或文本。当文本或对象被激活后，可以为之添加行为，比如当鼠标上滚后变换图片，或者使某一层显示。访问者单击网页中的空链接，将不会打开任何文件。下面利用空链接来制作页面中的“设为主页”效果。

（1）选择示例页面的“设为主页”文字，在“属性”面板的“链接”文本框中输入“#”，这样就设置了一个空链接，如图 6-1-13 所示。

图 6-1-13

（2）如果这时按快捷键 F12 预览页面，单击这个链接后，将刷新当前的网页页面，如图 6-1-14 所示。

（3）回到 Dreamweaver CS5 继续修改，切换到“代码”视图，然后找到“设为主页”这句话的源代码，<a href="#"> 设为主页 </a>，如图 6-1-15 所示。

（4）将代码修改为：

```
<a href="#"onclick="this.style.behavior='url(#default#homepage)';
this.setHomePage('http://msg.caa.edu.cn/index.asp');
return(false);"> 设为主页 </a>
```

其中，http://msg.caa.edu.cn/index.asp 为该网站地址，如图 6-1-16 所示。

（5）按快捷键 F12 预览页面，当在浏览器中单击“设为主页”链接时，将弹出如图 6-1-17 所示的对话框，单击“是”按钮后就可以将该页面设为主页。

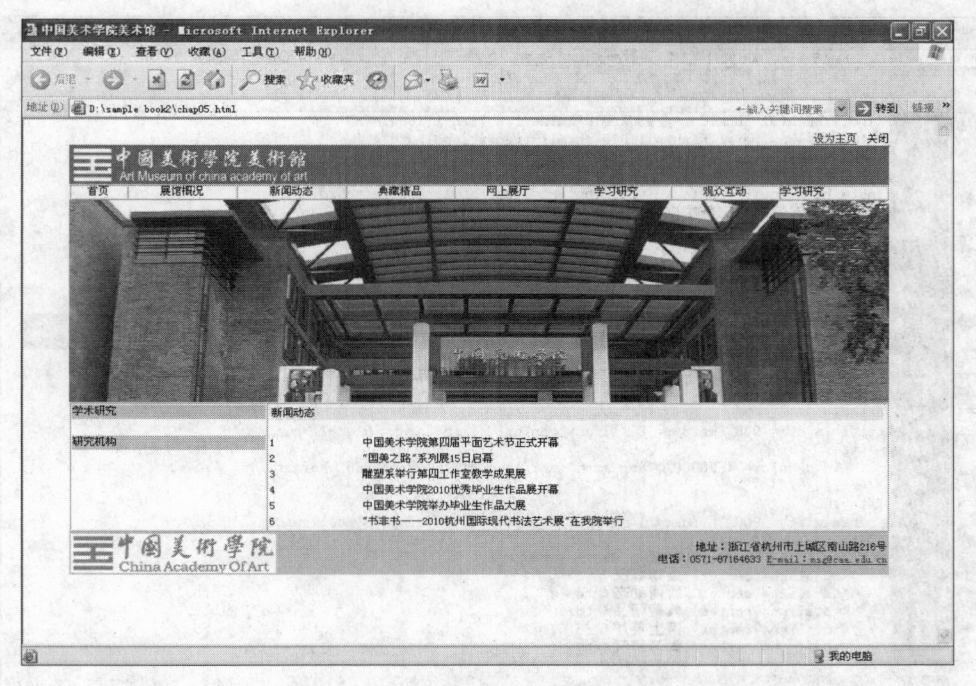
中国美术学院美术馆 - Microsoft Internet Explorer
文件(F) 编辑(E) 查看(V) 收藏(A) 工具(T) 帮助(H)
后退 搜索 收藏夹
地址(D) D:\sample book2\chap05.html
转到 链接
设为主页 关闭
中國美術學院美術館
Art Museum of china academy of art
首页 展馆概况 新闻动态 典藏精品 网上展厅 学习研究 观众互动 学习研究
学术研究
新闻动态
研究机构
1 中国美术学院第四届平面艺术节正式开幕
2 "国美之路"系列展15日启幕
3 雕塑系举行第四工作室教学成果展
4 中国美术学院2010优秀毕业生作品展开幕
5 中国美术学院举办毕业生作品大展
6 "书非书——2010杭州国际现代书法艺术展"在我院举行
中國美術學院
China Academy Of Art
地址：浙江省杭州市上城区南山路218号
电话：0571-87164633 E-mail：msg@caa.edu.cn
我的电脑

图 6-1-14

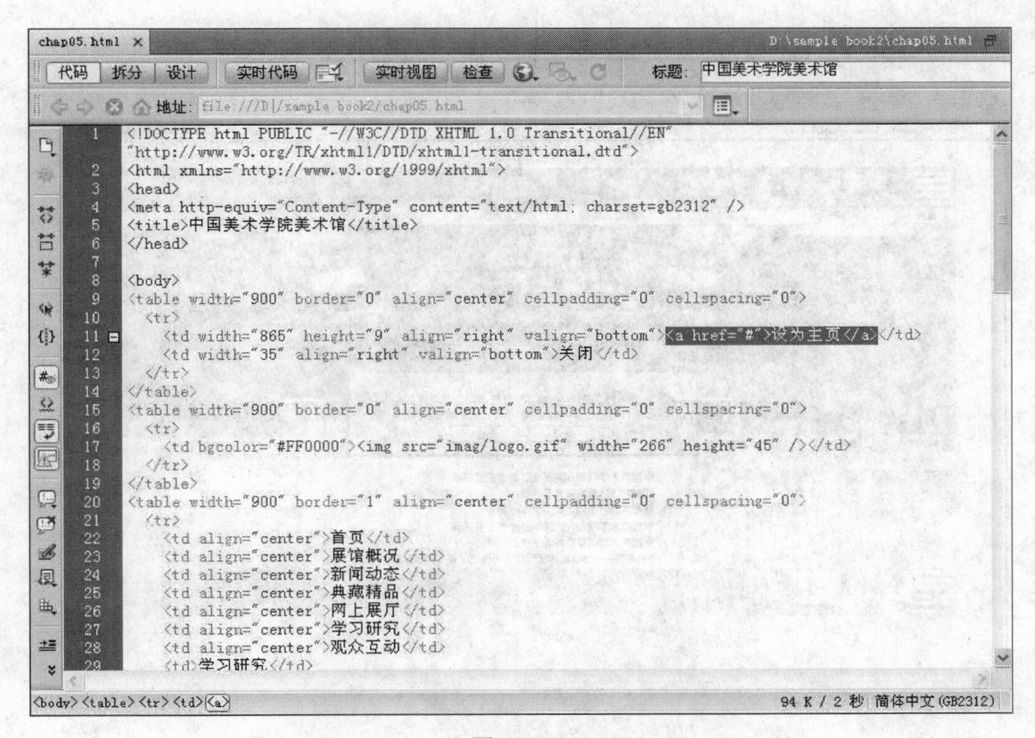
chap05.html
D:\sample book2\chap05.html
代码 拆分 设计 实时代码 实时视图 检查 标题: 中国美术学院美术馆
地址: file:///D|/sample book2/chap05.html
1 <!DOCTYPE html PUBLIC "-//W3C//DTD XHTML 1.0 Transitional//EN"
"http://www.w3.org/TR/xhtml1/DTD/xhtml1-transitional.dtd">
2 <html xmlns="http://www.w3.org/1999/xhtml">
3 <head>
4 <meta http-equiv="Content-Type" content="text/html; charset=gb2312" />
5 <title>中国美术学院美术馆</title>
6 </head>
7
8 <body>
9 <table width="900" border="0" align="center" cellpadding="0" cellspacing="0">
10 <tr>
11 <td width="865" height="9" align="right" valign="bottom"><a href="#">设为主页</a></td>
12 <td width="35" align="right" valign="bottom">关闭</td>
13 </tr>
14 </table>
15 <table width="900" border="0" align="center" cellpadding="0" cellspacing="0">
16 <tr>
17 <td bgcolor="#FF0000"><img src="imag/logo.gif" width="266" height="45" /></td>
18 </tr>
19 </table>
20 <table width="900" border="1" align="center" cellpadding="0" cellspacing="0">
21 <tr>
22 <td align="center">首页</td>
23 <td align="center">展馆概况</td>
24 <td align="center">新闻动态</td>
25 <td align="center">典藏精品</td>
26 <td align="center">网上展厅</td>
27 <td align="center">学习研究</td>
28 <td align="center">观众互动</td>
29 <td>学习研究</td>
<body><table><tr><td><a>
94 K / 2 秒 简体中文(GB2312)

图 6-1-15

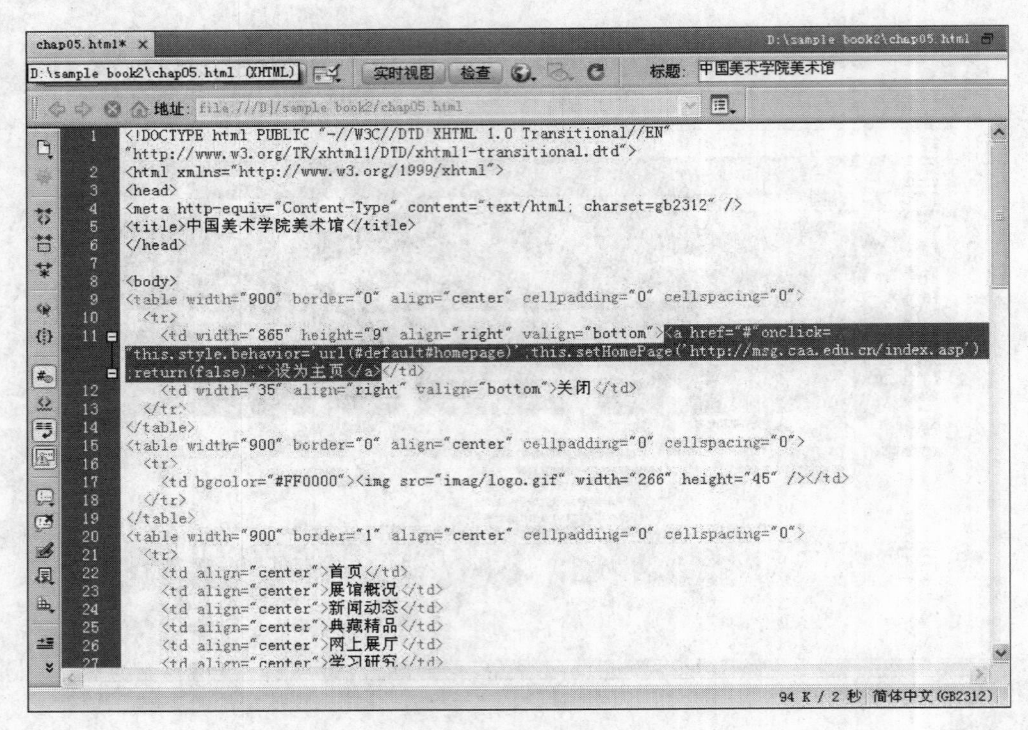
chap05.html*
D:\sample book2\chap05.html
D:\sample book2\chap05.html (XHTML)
实时视图 检查
标题: 中国美术学院美术馆
地址: file:///D|/sample book2/chap05.html
<!DOCTYPE html PUBLIC "-//W3C//DTD XHTML 1.0 Transitional//EN"
"http://www.w3.org/TR/xhtml1/DTD/xhtml1-transitional.dtd">
<html xmlns="http://www.w3.org/1999/xhtml">
<head>
<meta http-equiv="Content-Type" content="text/html; charset=gb2312" />
<title>中国美术学院美术馆</title>
</head>
<body>
<table width="900" border="0" align="center" cellpadding="0" cellspacing="0">
<tr>
<td width="865" height="9" align="right" valign="bottom"><a href="#"onclick=
"this.style.behavior='url(#default#homepage)';this.setHomePage('http://msg.caa.edu.cn/index.asp')
;return(false);">设为主页</a></td>
<td width="35" align="right" valign="bottom">关闭</td>
</tr>
</table>
<table width="900" border="0" align="center" cellpadding="0" cellspacing="0">
<tr>
<td bgcolor="#FF0000"><img src="imag/logo.gif" width="266" height="45" /></td>
</tr>
</table>
<table width="900" border="1" align="center" cellpadding="0" cellspacing="0">
<tr>
<td align="center">首页</td>
<td align="center">展馆概况</td>
<td align="center">新闻动态</td>
<td align="center">典藏精品</td>
<td align="center">网上展厅</td>
<td align="center">学习研究</td>
94 K / 2 秒 简体中文(GB2312)

图 6-1-16

中国美术学院美术馆 - Microsoft Internet Explorer
地址 D:\sample book2\chap05.html
设为主页 关闭
中国美術學院美術館
Art Museum of china academy of art
首页 展馆概况 新闻动态 典藏精品 网上展厅 学习研究 观众互动 学习研究
主页
是否将"http://msg.caa.edu.cn/index.asp"设为主页?
是(Y) 否(N)
学术研究
新闻动态
研究机构
中国美术学院第四届平面艺术节正式开幕
"国美之路"系列展15日启幕
雕塑系举行第四工作室教学成果展
中国美术学院2010优秀毕业生作品展开幕
中国美术学院举办毕业生作品大展
"书非书——2010杭州国际现代书法艺术展"在我院举行
中国美術學院
China Academy Of Art
地址：浙江省杭州市上城区南山路218号
电话：0571-87164633 E-mail：msg@caa.edu.cn
file:///D:/sample%20book2/chap05.html#

图 6-1-17

6.1.5 设置脚本链接

脚本链接对多数人来说是一个比较陌生的词汇，它一般用于为浏览者提供某个方面的额外信息，而不用离开当前页面。脚本链接具有执行 JavaScript 代码的功能，例如校验表单等。

（1）选择示例页面上的“关闭”文字，在“属性”面板的“链接”文本框中输入 JavaScript 代码“javascript:window.close()”，如图 6-1-18 所示。

图 6-1-18

（2）按快捷键 F12 预览页面，当在浏览器中单击“关闭”链接时，浏览器会弹出如图 6-1-19 所示的窗口，单击“是”按钮后就可以关闭窗口了。

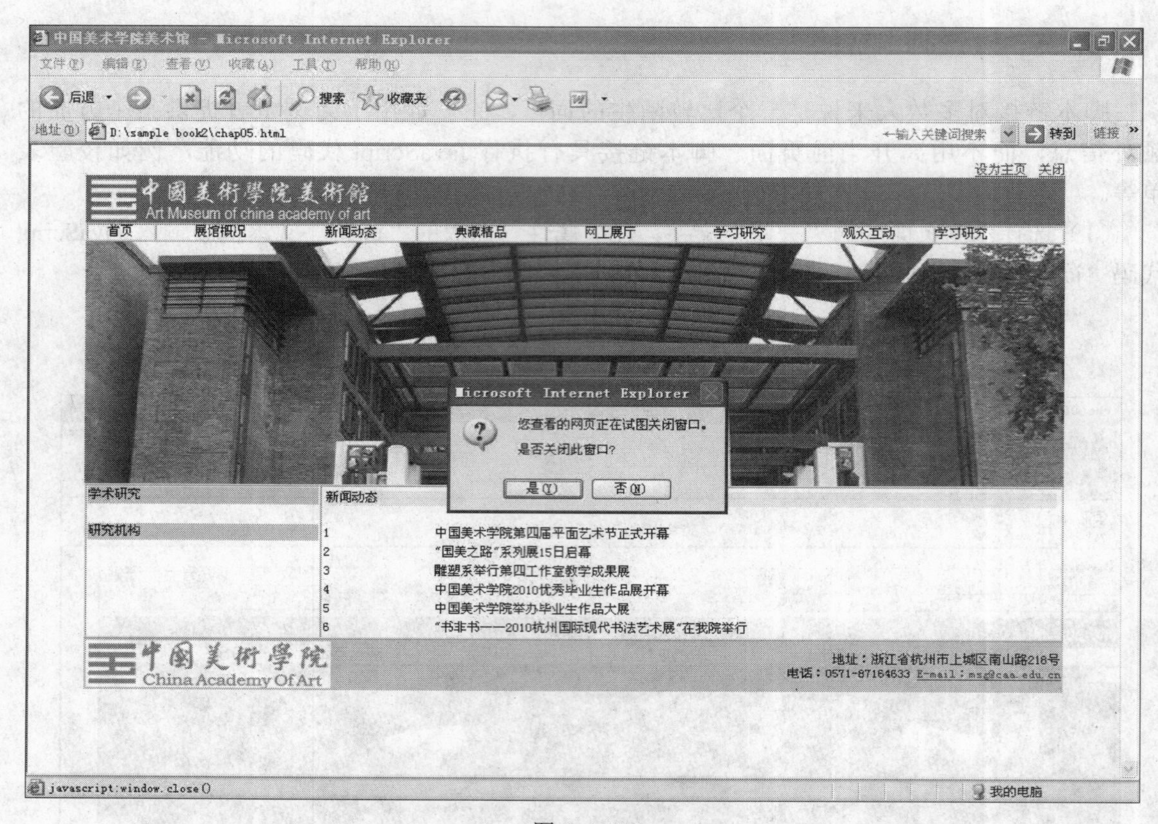

图 6-1-19

6.2 设置锚点链接

所谓锚点链接，是指指向同一个页面中不同位置的链接。比如，一个很长的页面，在页面的最下方有一个“返回页首”链接，单击此链接后，可以跳转到这个页面的顶部，这就是一种典型的锚点链接。另外，可以在页面的某个内容的标题上设置锚点，然后在页面上设置锚点链接，那么用户就可以通过链接直接跳转到自己感兴趣的内容。

6.2.1 设置本页面的锚点链接

创建到同页面锚点的链接的过程分为两步。首先，创建命名锚记；然后，创建到命名锚记的链接。

（1）将光标放在页面需要插入命名锚记的位置，然后在菜单栏上选择“插入”→“命名锚记”命令，如图 6-2-1 所示。

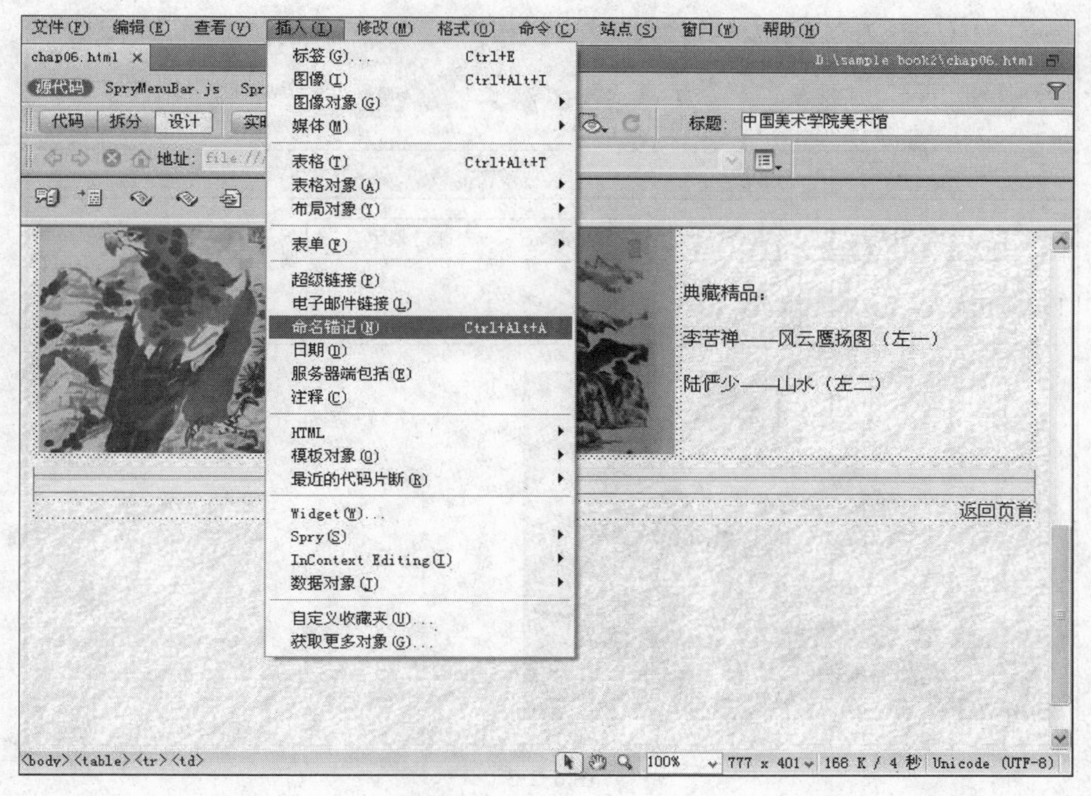

图 6-2-1

(2)在弹出的“命名锚记”对话框中的“锚记名称”文本框中，输入锚记的名称，示例中要实现返回页首的效果，因此在此文本框中输入“top”，如图 6-2-2 所示。

命名锚记
锚记名称: top
确定
取消
帮助

图 6-2-2

(3)单击“确定”按钮，一个命名锚记即插入到光标所在的位置，如图 6-2-3 所示。这个位置也就是当命名锚记产生链接作用时，网页所要跳转到的地方。如果需要重新编辑命名锚记，在“属性”面板上编辑即可，如图 6-2-4 所示。

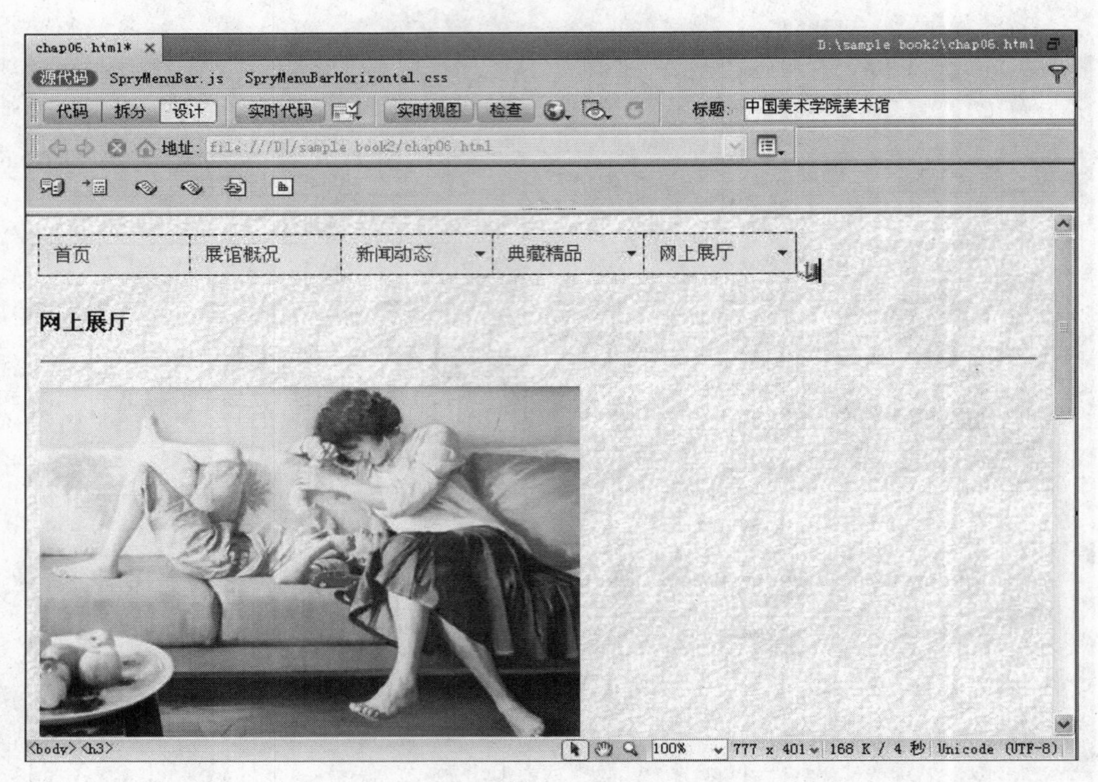

图 6-2-3

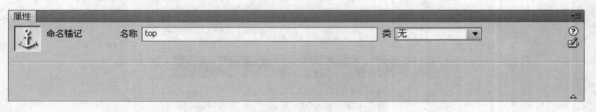

图 6-2-4

（4）下面将链接到命名锚记。先选中页面最下方的“返回页首”文字，在“属性”面板上的“链接”文本框中输入“#top”，如图 6-2-5 所示。

（5）按快捷键 F12 预览页面，当在浏览器中单击“返回页首”链接时，页面就会迅速跳转到命名锚记的位置，即页面顶端，如图 6-2-6 所示。

典藏精品：
李苦禅——风云鹰扬图（左一）
陆俨少——山水（左二）
100% (739)
返回页首
<body><table><tr><td><a>
100%
777 x 401
168 K / 4 秒
Unicode (UTF-8)
属性
HTML
CSS
格式(F)
无
类
无
标题(T)
ID(I)
无
链接(L)
#top
目标(G)

图 6-2-5

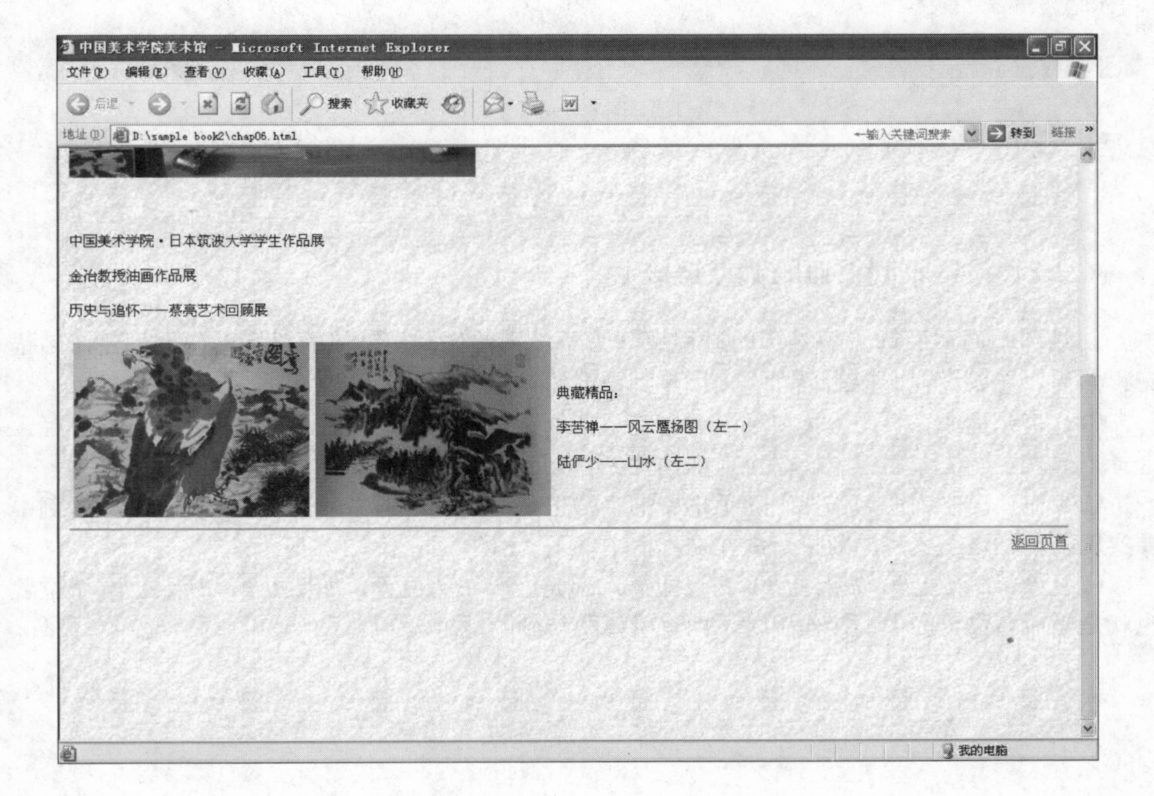
中国美术学院美术馆 - Microsoft Internet Explorer
文件(F)
编辑(E)
查看(V)
收藏(A)
工具(T)
帮助(H)
后退
搜索
收藏夹
地址(D)
D:\sample book2\chap06.html
转到
链接
中国美术学院・日本筑波大学学生作品展
金治教授油画作品展
历史与追怀——蔡亮艺术回顾展
典藏精品：
李苦禅——风云鹰扬图（左一）
陆俨少——山水（左二）
返回页首
我的电脑

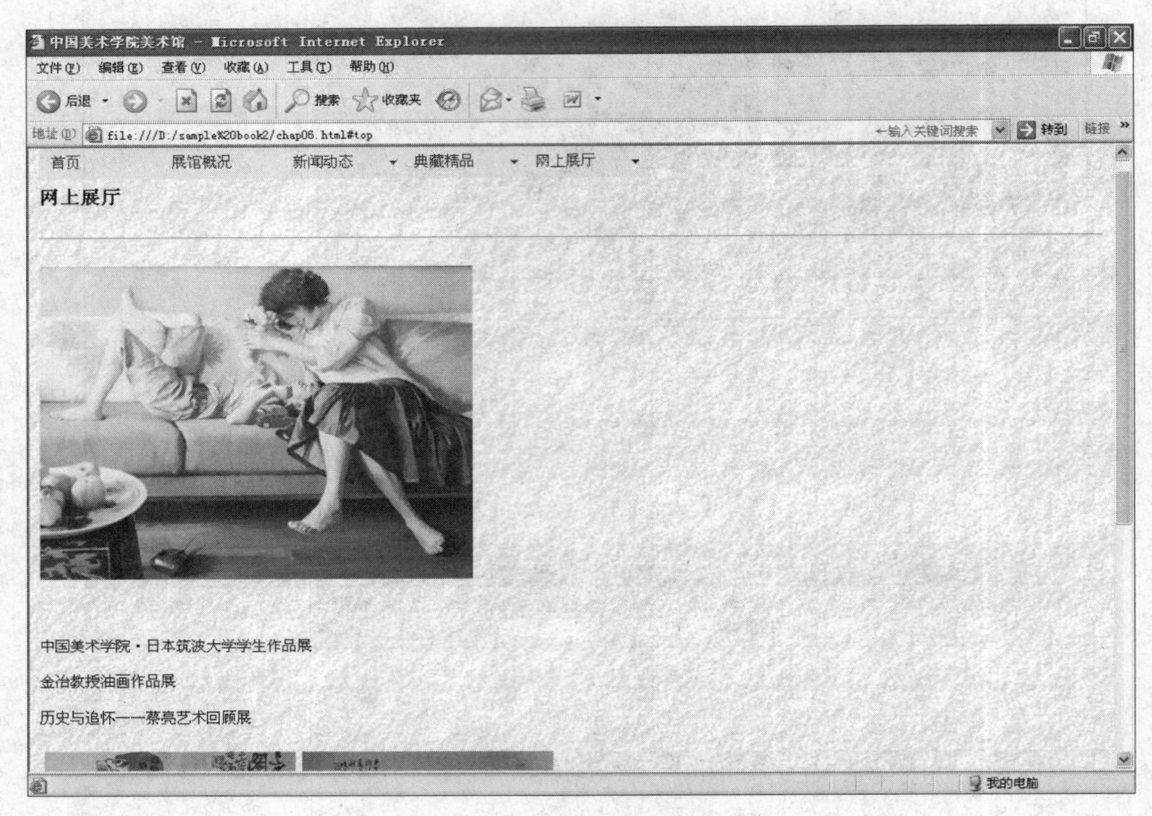

图 6-2-6

6.2.2 设置不同页面的锚点链接

创建到不同页面锚点的链接的过程也分为两步。首先，在链接的目标页面上创建命名锚记；然后，在要设置链接的页面上，创建到命名锚记的链接。

（1）将光标放在页面上需要插入命名锚记的位置，这里放在页面图片前，然后在菜单栏上选择“插入”→“命名锚记”命令，如图 6-2-7 所示。

（2）在弹出的“命名锚记”对话框中的“锚记名称”文本框中，输入锚记的名称，本例中要实现跳转到这个图片的效果，故在文本框中输入“p1”，如图 6-2-8 所示。

（3）单击“确定”按钮，命名锚记即插入到光标所在的位置，如图 6-2-9 所示。这个位置也就是当命名锚记产生链接作用时，网页所要跳转到的地方。

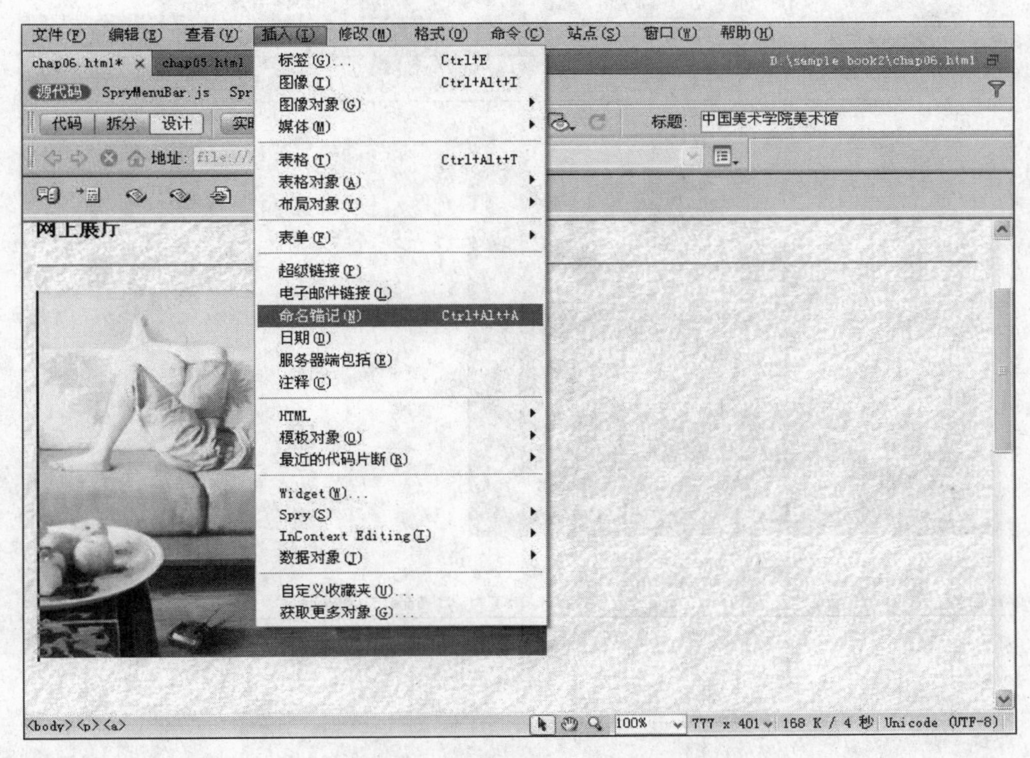

图 6-2-7

命名锚记

锚记名称: p1

确定

取消

帮助

图 6-2-8

(4) 下面将链接到命名锚记。选中页面中要设置链接的文字，在“属性”面板上的“链接”文本框中输入“页面命称 # 锚记名称”，本例中为“chap06.html#p1”，如图 6-2-10 所示。

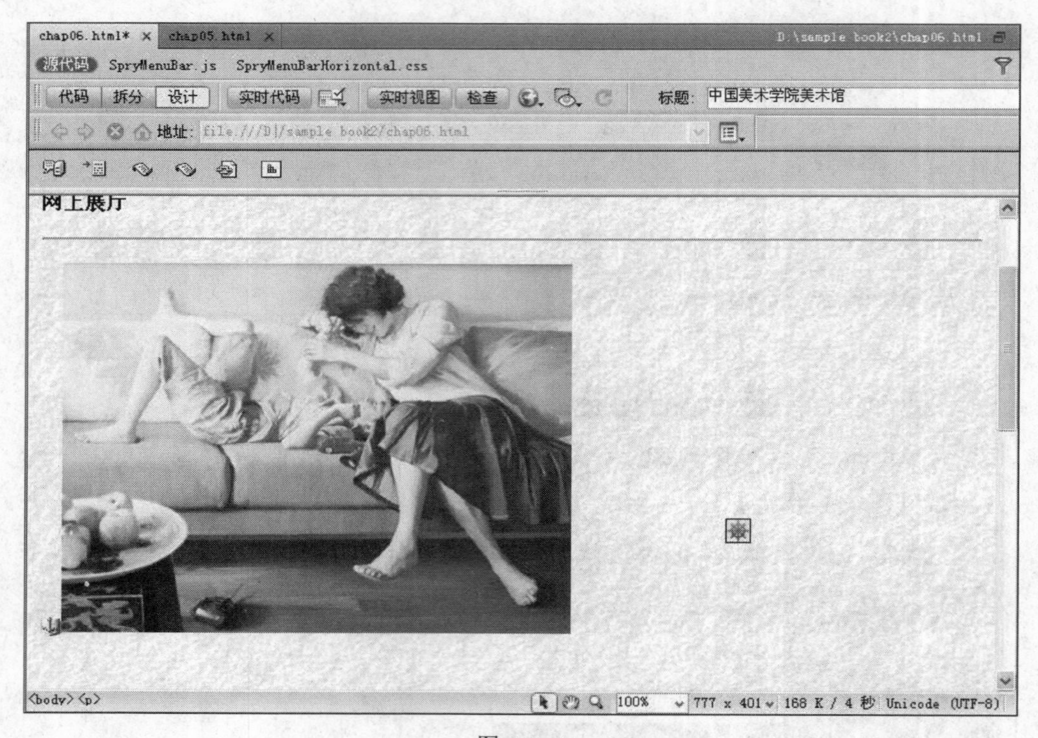
chap06.html*
chap05.html
D:\sample book2\chap06.html
源代码
SpryMenuBar.js
SpryMenuBarHorizontal.css
代码
拆分
设计
实时代码
实时视图
检查
标题:
中国美术学院美术馆
地址:
file:///D|/sample book2/chap06.html
网上展厅
<body> <p>
100%
777 x 401
168 K / 4 秒
Unicode (UTF-8)

图 6-2-9

学术研究
研究机构
100% (680)
15% (97)
85% (574)
1
中国美术学院第四届平面艺术节正式开幕
2
"国美之路"系列展15日启幕
3
雕塑系举行第四工作室教学成果展
4
中国美术学院2010优秀毕业生作品展开幕
5
中国美术学院举办毕业生作品大展
6
"书非书——2010杭州国际现代书法艺术展"在我院举行
中国美術學院
China Academy Of Art
地址：浙江省
电话：0571-87164633
<body> <table> <tr> <td> <table> <tr> <td> <a>
100%
777 x 425
94 K / 2 秒
简体中文(GB2312)
属性
HTML
CSS
格式(F)
无
ID(I)
无
类
无
链接(L)
chap06.html#p1
标题(T)
目标(G)

图 6-2-10

（5）按快捷键 F12 预览页面，当在浏览器中单击链接文本时，页面就会迅速跳转到 chap06 页面中命名锚记的位置，也就是页面中图片的位置，如图 6-2-11 所示。

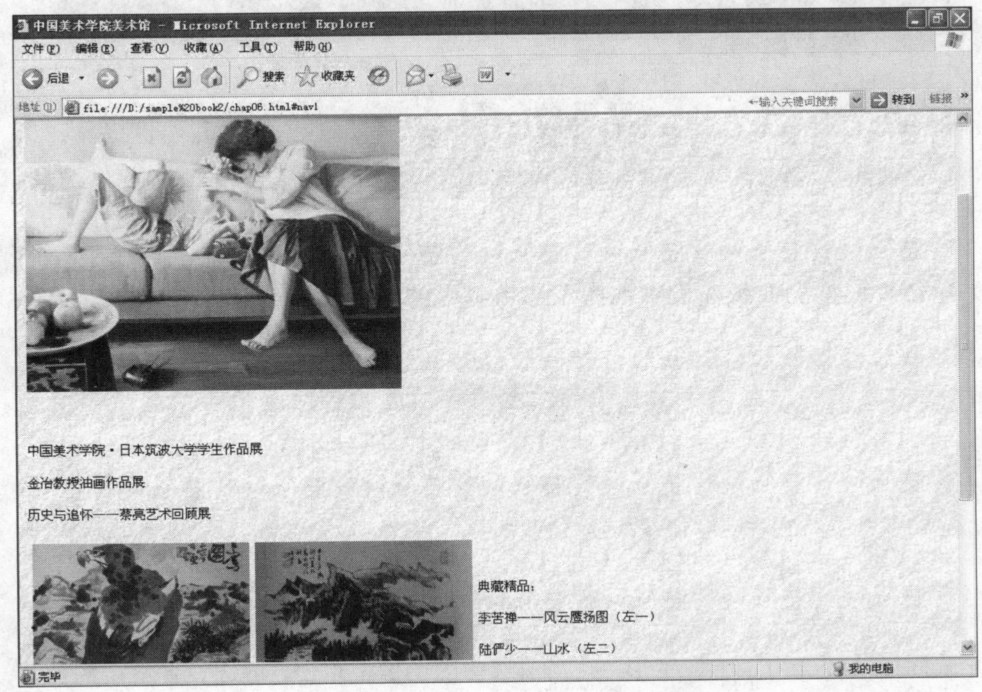

图 6-2-11

6.3 设置图像映射

通过图像映射功能，可以在图像中的特定部分建立链接。在单个图像内，可以设置多个不同的链接。这是一个非常实用的功能。图像映射是将整个图像作为链接的载体，将整幅图像或图像的某一部分设置为链接。热点链接的原理就是利用 HTML 语言在图像上定义一定形状的区域，然后给这些区域加上链接，这些区域被称之为热点。

（1）打开示例页面，选择图像文件，如图 6-3-1 所示。

图 6-3-1

（2）单击“属性”面板左侧“地图”选项组中的“矩形热点工具”按钮，如图 6-3-2 所示。

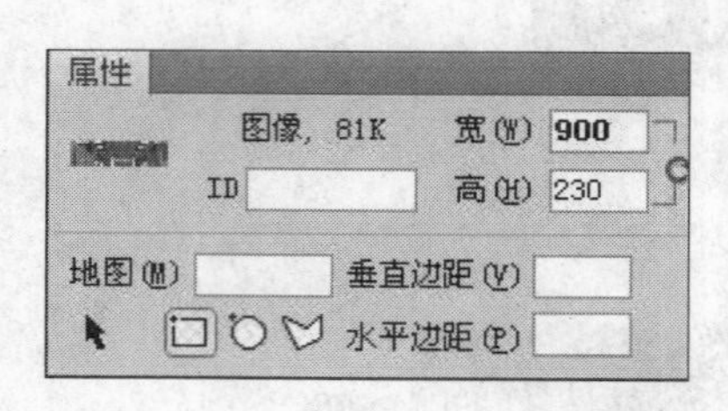

图 6-3-2

（3）鼠标指针转变为“十”字形，在当前选中的图像上单击，框选设置链接的部分，此时，图像上出现一个透明的蓝色区域，这就是要指定的图像热点区域，如图 6-3-3 所示。

图 6-3-3

（4）选中图像中的热点区域，在“属性”面板上可以给图像热点设置超链接，如图 6-3-4 所示。

图 6-3-4

（5）按快捷键 F12 预览页面，当鼠标指向热点区域时，单击后可以访问链接的网页，如图 6-3-5 所示。

图 6-3-5

本章小结

回顾学习要点

1. 怎样设置外部网链接？
2. 什么是内部页面链接？如何设置内部页面链接？
3. 如何设置邮件链接及邮件主题？
4. 如何设置空链接？
5. 什么是脚本链接？
6. 创建锚点链接的步骤是什么？
7. 什么是图像映射和热点？

学习要点参考

1. 制作外部网页链接时，可以在“链接”文本框中直接用键盘输入该网页在 Internet 上的“绝对路径”，并且包括所使用的协议。

2．内部页面链接指的是链接到站点内部的页面文件，在“链接”文本框中用户需要输入文件的“相对路径”，一般使用“选择文件”的方法来创建。

3．在链接位置输入“mailto:”和邮箱地址，可以设置邮件链接，用户设置时还可以替浏览者加入邮件的主题。方法是在输入的邮件地址后面加上语句“?subject= 要输入的主题”。

4．在“属性”面板上的“链接”文本框中输入“#”，即可设置一个空链接。

5．脚本链接对多数人来说是比较陌生的词汇，它一般用于为浏览者提供某个方面的额外信息，而不用离开当前页面。脚本链接具有执行 JavaScript 代码的功能。

6．创建到锚点（命名锚记）的链接的过程分为两步。首先，创建命名锚记；然后，创建到命名锚记的链接。

7．图像映射是将整个图像作为链接的载体，将整幅图像或图像的某一部分设置为链接。热点链接的原理就是利用 HTML 语言在图像上定义一定形状的区域，然后给这些区域加上链接，这些区域被称之为热点。

习题

请在一个页面中添加“友情链接”、“发送邮件”、“返回页首”和“关闭窗口”4 个链接。

第7章 制作表单页面

Dreamweaver CS5

中国美术学院美术馆 - Microsoft Internet Explorer

文件(F) 编辑(E) 查看(V) 收藏(A) 工具(T) 帮助(H)

后退 搜索 收藏夹

地址(D) D:\sample book2\1.html ←输入关键词搜索 转到 链接

调查问卷

用户名 在此输入用户名

密码

年龄 15-20岁 21-25岁 26-30岁 31-40岁 40岁以上

性别 男 女

曾经是否来过 有 没有

喜欢什么类型的展览 绘画

上传 浏览...

留言

提交 清除 more>>

友情链接 中国美术学院 前往

完毕 我的电脑

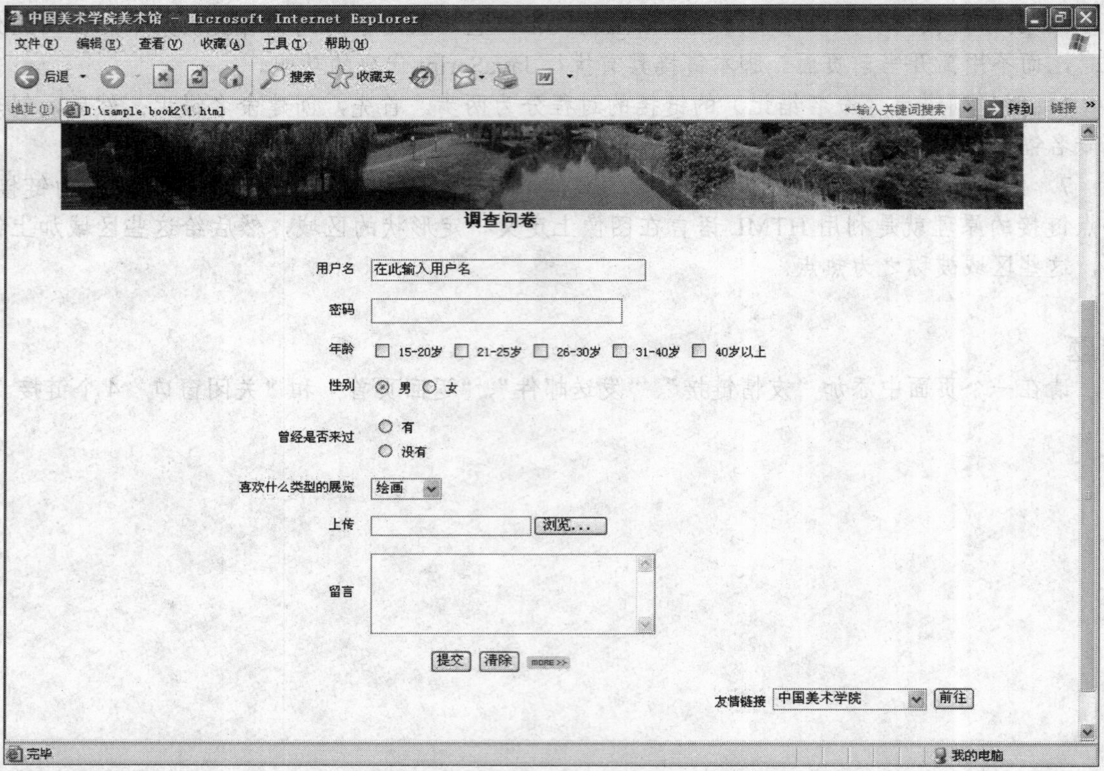

本章总览

本章将介绍如何使用 Dreamweaver CS5 在网页中制作表单，主要包括以下内容：

- 了解表单的工作原理
- 制作表单
- 插入各种表单元素

7.1 表单的概念

在日常工作和生活中，经常要使用表单。相信很多人都有过填写表单的经历，例如寄东西时填写快递单，在银行里填写存款单，等等。表单的作用就是收集用户的信息，可以用于调查、注册、订购等，甚至在使用搜索引擎查找资料时，查找的关键字都是通过表单提交到服务器上的。

利用表单，可以帮助Internet服务器从用户处收集信息，例如收集用户资料、获取用户订单，也可以实现搜索接口。在Internet上也同样存在大量的表单，让用户输入文字，让用户进行选择。比如，很多人都申请过免费的E-mail，必须在网页上填写个人信息，才能获得E-mail地址。如果希望通过登录网页来收发E-mail，则必须在网页中输入账号和密码，才能打开邮箱。这些都是表单的具体应用。

通常，表单的工作过程如下：

（1）访问者在浏览有表单的网页时，可填写必需的信息，然后单击“提交”按钮。

（2）这些信息通过Internet传送到服务器上。

（3）服务器上专门的程序对这些数据进行处理，如果有错误，会返回错误提示，并要求纠正错误。

（4）当数据确定无误时，服务器会反馈一个输入完成的信息。

图7-1-1所示为一个报名申请表单。当用户填写了必要的信息并单击“Submit”按钮后，这些填写的信息就会被发送到服务器上，服务器端脚本或应该程序对信息进行处理，并将处理结果反馈给用户，或执行某些特定的程序。

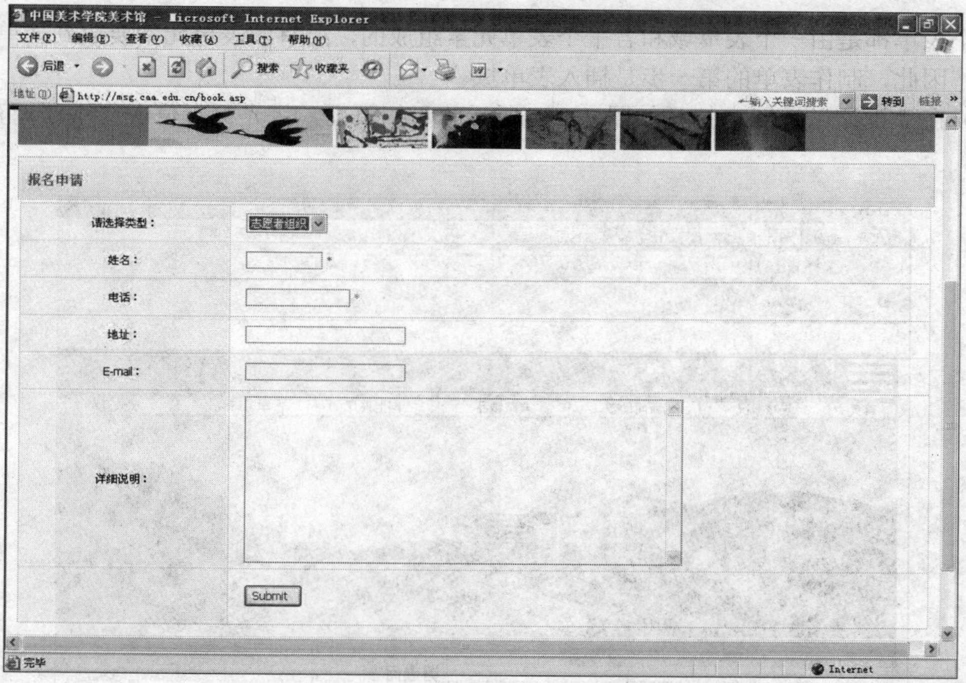

图7-1-1

交互式表单用于收集用户信息，将其提交到服务器，服务器将处理结果反馈给用户从而实现与用户的交互。一个完整的表单应该包含两个部分：一是在网页中进行描述的表单对象；二是应用程序，它可以是服务器端的，也可以是客户端的，用于对客户信息进行分析与处理。

一般浏览器处理表单的过程如下：用户在表单中输入数据，然后提交表单，浏览器根据表单体中的设置处理用户输入的数据。若表单指定通过服务器端的脚本程序进行处理，则该程序处理完毕后将结果反馈给浏览器（即用户看到的反馈结果）；若表单指定通过客户端的脚本程序处理，则处理完毕后也会将结果反馈给用户。

两种表单数据处理方法各有优缺点。服务器端方式的主要优点是能全方位地处理用户输入的数据，但占用服务器的资源；客户端方式的优点是不占用服务器资源，反馈结果快，但只能对用户输入的数据进行有限的处理。ASP、C 等是常用的服务器端脚本语言，而 JavaScript 等是常用的客户端脚本语言。服务器端脚本程序的运行一定要在服务器环境下，而客户端脚本程序运行只需浏览器环境即可。

7.2 插入各种表单元素

在 Dreamweaver CS5 中可以创建各种表单，表单中可以包含各种对象，例如表单域、文本域、列表等。

7.2.1 插入表单

每个表单都是由一个表单域和若干个表单元素组成的，所有的表单元素要放到表单域中才会有效，因此，制作表单的第一步是插入表单域。

（1）在“设计”视图中打开如图 7-2-1 所示的示例页面，将光标定位在文字“调查问卷”的后面。

图 7-2-1

（2）在菜单栏选择“插入”→“表单”→“表单”命令，如图 7-2-2 所示。

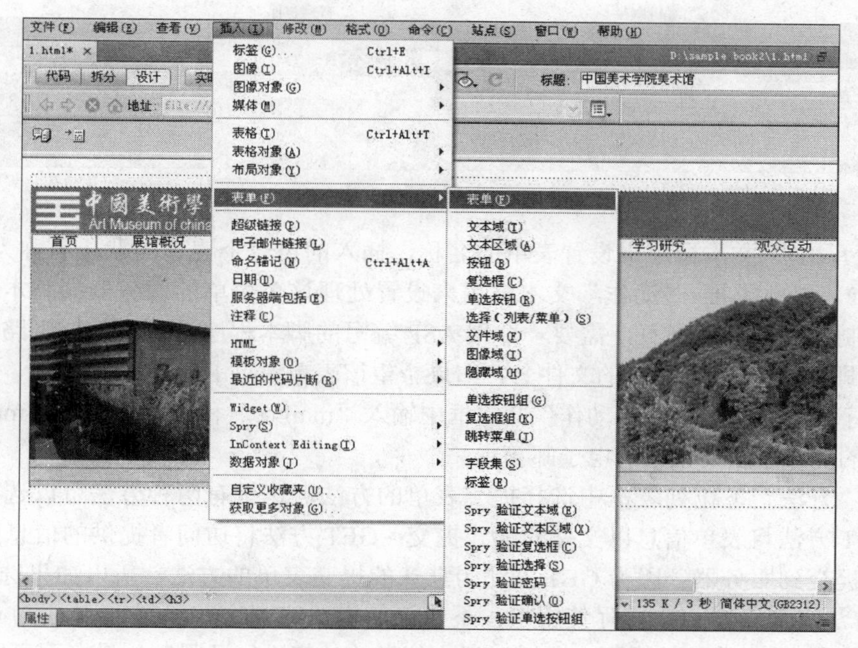

图 7-2-2

（3）一个表单域便插入到了网页中，它在“设计”视图中显示为红色虚线框，如图 7-2-3 所示。其他表单对象一定要放在这个虚线框内才能发挥作用。

图 7-2-3

（4）接下来设置表单域的属性。单击虚线的边框，使虚线框内出现黑色区域，表示该表单域已被选中，此时的“属性”面板如图 7-2-4 所示。

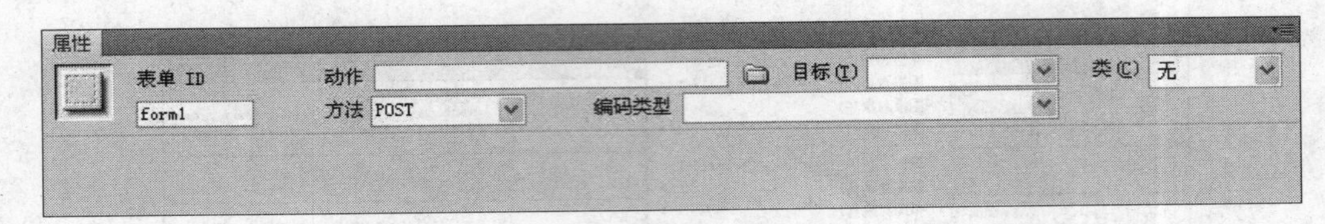

图 7-2-4

（5）“表单 ID”文本框用来设置表单的名称，插入的第一个表单的默认名称为 form1，第二个为 form2，以此类推。“动作”文本框用来设置处理这个表单的服务器端脚本程序文件的路径。例如制作一个表单网页，需要一个用 ASP 编写的脚本程序进行处理，则路径可以写成 submit.asp，即该 ASP 脚本程序的文件名。如果希望该表单通过 E-mail 方式发送，而不被服务器端脚本程序处理，则可以在“动作”文本框中输入“mailto:”和希望发送的 E-mail 地址，表示把表单中的内容发送到指定的电子邮箱中。

（6）在“方法”下拉列表框中选择提交表单的方法，这里有两种方法可以选择：GET 和 POST。POST 方法将表单信息以文件的形式提交；GET 方法将访问者提供的信息附加在 URL 地址的后面提交到服务器。因为 GET 方法为默认的提交表单的方法，所以如果选择“默认”，将以 GET 方法提交表单。在实际使用中，不建议使用 GET 方法。一方面是因为 GET 方法将表单内容附加在 URL 地址的后面，所以对提交信息的长度进行了限制，最多不可以超过 8 192 个字符，如果信息太长，将被截去，从而导致意想不到的结果；另外，GET 方法不具保密性，不适合处理如密码等需要保密的内容，这里选择 POST 方式。

（7）设定了表单的范围之后，就要通过具体的表单域从网页的访问者那里获取信息了。按快捷键 F12 预览页面，如图 7-2-5 所示，虽然看不到表单的外观，但随后就可以添加表单中的各种元素了。

图 7-2-5

7.2.2 插入文本域

在表单域中插入一个可输入一行文本的文本域。文本域可接受任何类型的字母、数字文本。

（1）打开示例页面（本示例页面的表单中已制作好一个表格），将光标定位到“调查问卷”下的“用户名”项的后面，如图 7-2-6 所示。

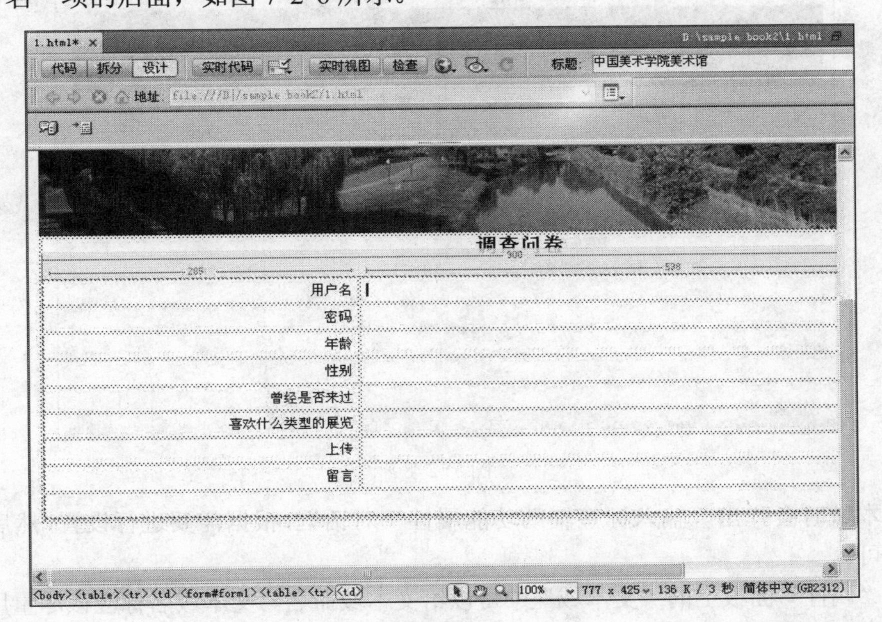

图 7-2-6

（2）在菜单栏上选择“插入”→“表单”→“文本域”命令，如图 7-2-7 所示。

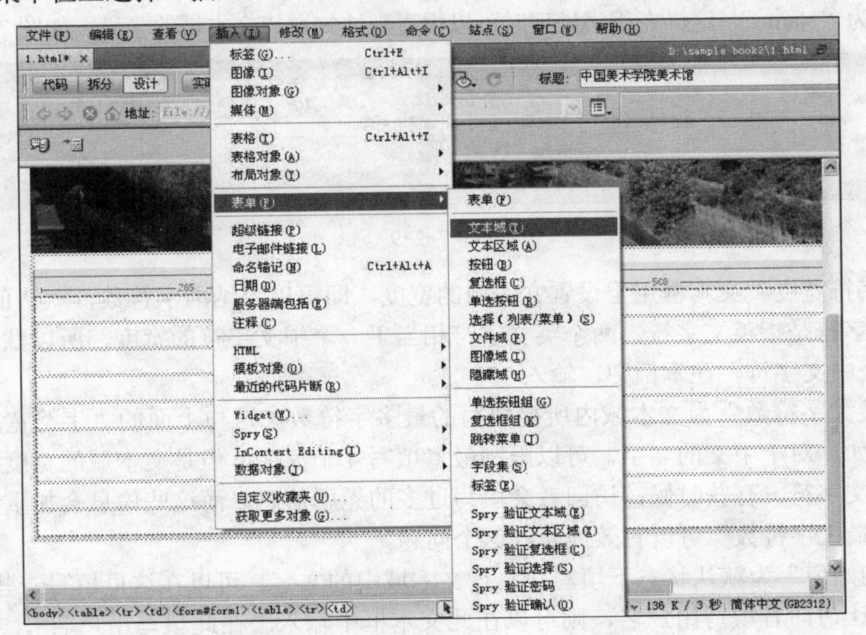

图 7-2-7

（3）一个文本域便插入到了网页中，如图 7-2-8 所示。

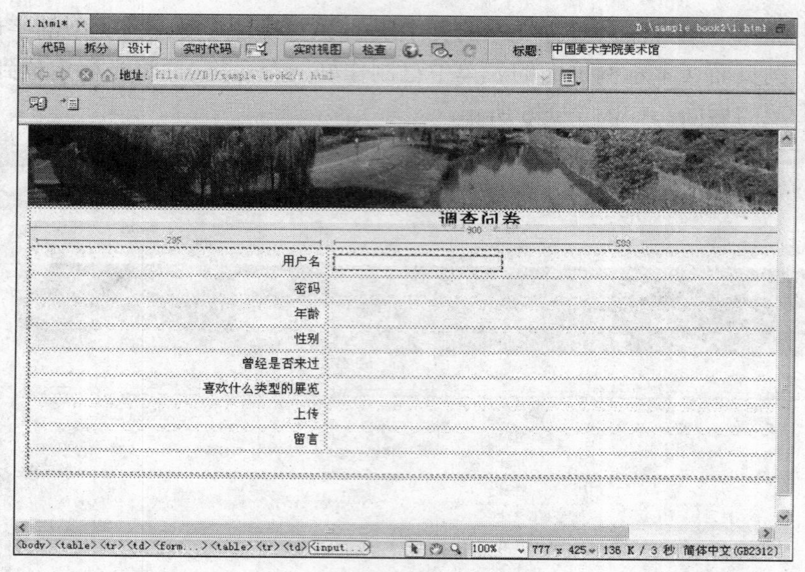

图 7-2-8

插入文本域时会弹出“输入标签辅助功能属性”对话框，根据需要进行设置，然后单击“确定”按钮即可。

（4）在“属性”面板上的“文本域”中可以给文本域命名。文本域名称应该尽量用英文，且不能与网页中其他对象名称相同，不能有空格或特殊字符，如果需要，空格用下划线代替。除此之外，文本域的名称是程序处理的依据，应与文本域收集信息的内容一致。例如，若收集的是名字信息，那么就命名为“Name”，这样在程序处理时可以很直观地知道该文本域的含义，如图 7-2-9 所示。

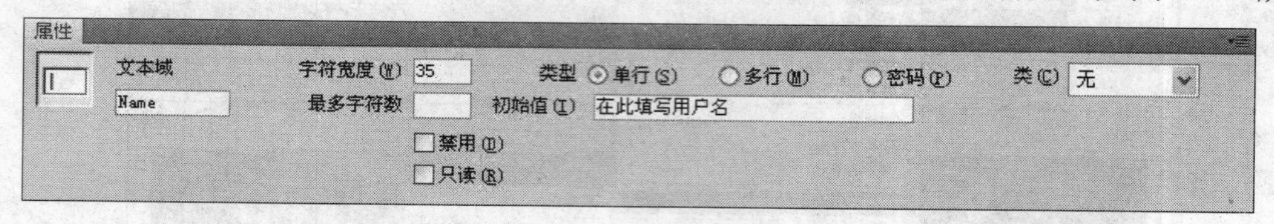

图 7-2-9

（5）“字符宽度”文本框用于设置文本域的宽度，即可以容纳的字符数，默认值为 24 个字符。这里的字符是指英文字符，两个英文字符相当于一个中文字符的宽度，所以默认情况下可以容纳 12 个中文字符。在本例中，输入 35。

（6）“最大字符数”为文本域内所能填写的最多字符数，这与上面的“字符宽度”是不同的概念。例如，对于中文的名字，可以限制最多填写 4 个汉字，但是文本域的宽度可以设置为大于 4 个中文字符。有些时候，访问者会填写过多的无用信息，而这些信息会加重服务器的负担，限制“最大字符数”可以有效地解决这个问题。

（7）“初始值”为默认状态下填写在单行文本域中的文字，可以在这里填写一些提示文字，例如，要想让访问者填写用户名，则可以在此文本框中输入“在此填写用户名”，文字就会出现在网页上的文本框中。按快捷键 F12 预览页面，效果如图 7-2-10 所示。

图 7-2-10

7.2.3 插入密码域

文本域还可以密码的方式显示其中的内容，即访问者填写的内容都将以星号或项目符号的方式显示，以避免别的用户看到这些文本。

（1）将光标定位到“调查问卷”下的“密码”项的右面，如图 7-2-11 所示。

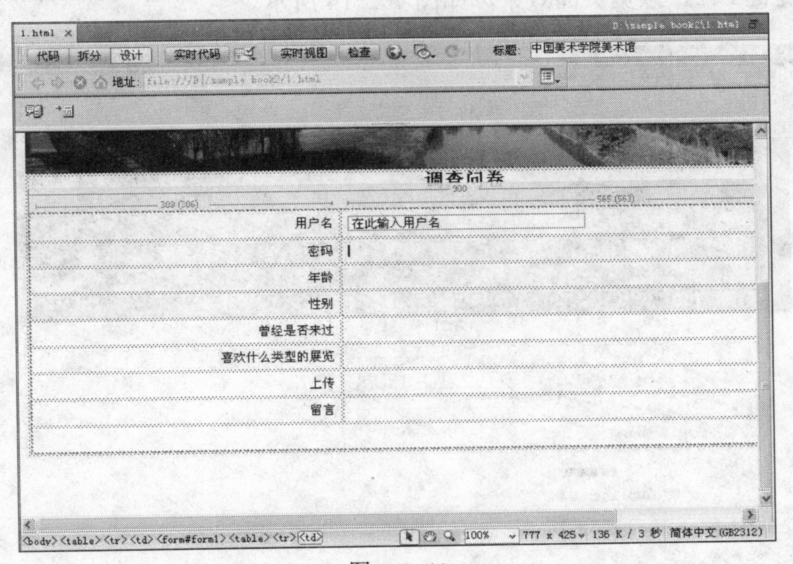

图 7-2-11

（2）在菜单栏上选择“插入”→“表单”→“文本域”命令，如图 7-2-12 所示。

（3）一个文本域便插入到了网页中，选中文本域“属性”面板上的“密码”单选按钮，文本域变为密码域，如图 7-2-13 所示。

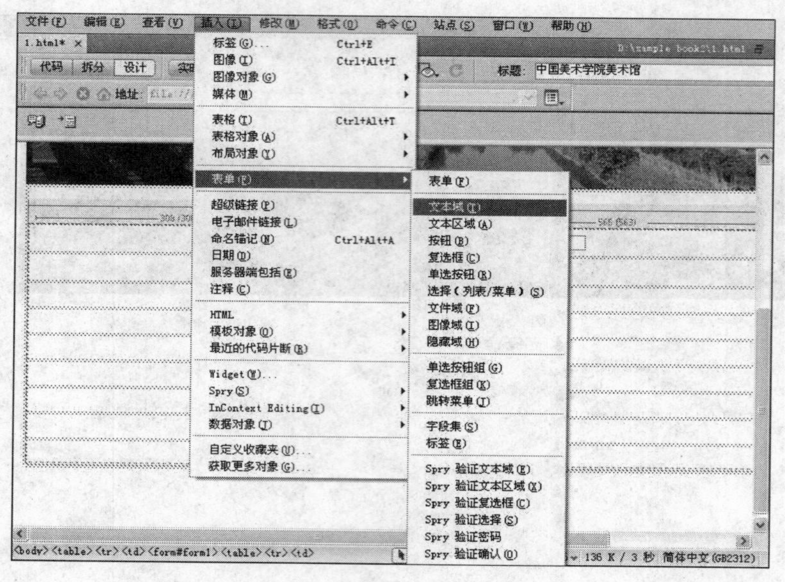

图 7-2-12

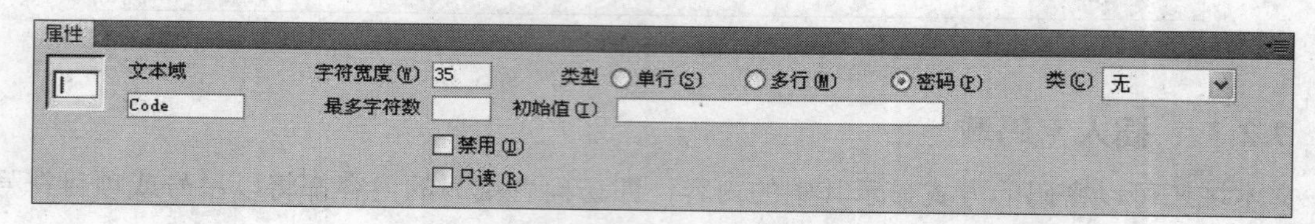

图 7-2-13

（4）按快捷键 F12，预览页面效果，如图 7-2-14 所示。

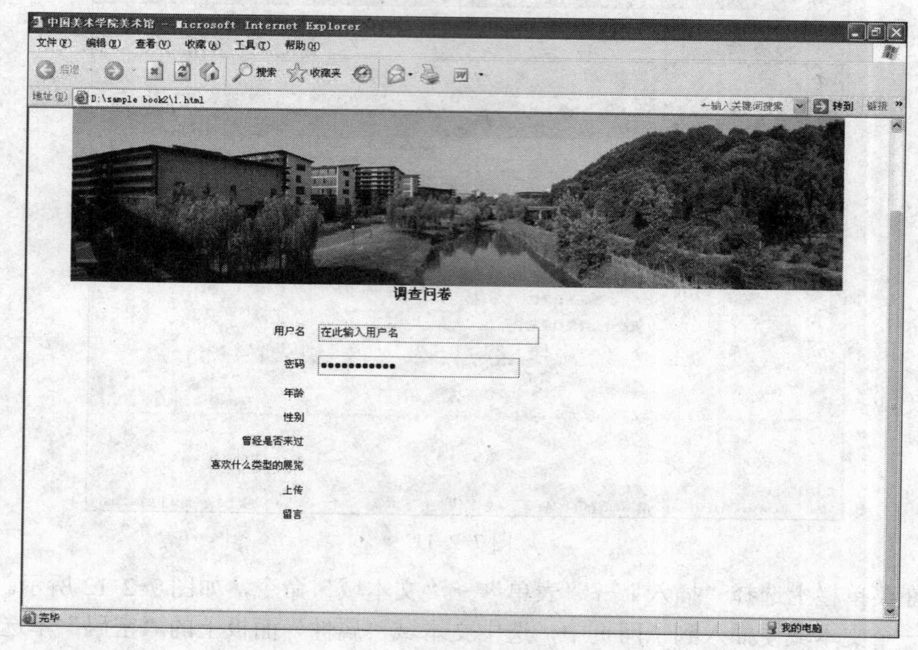

图 7-2-14

7.2.4 插入文本区域

在表单域中还可以插入可输入多行文本的文本区域。文本区域其实就是一个“类型”属性设为“多行”的文本域。多行文本域通常对多字或整个段落的文字进行响应,如用户的留言等。

（1）将光标定位到“调查问卷”下的“留言”项的右面，如图 7-2-15 所示。

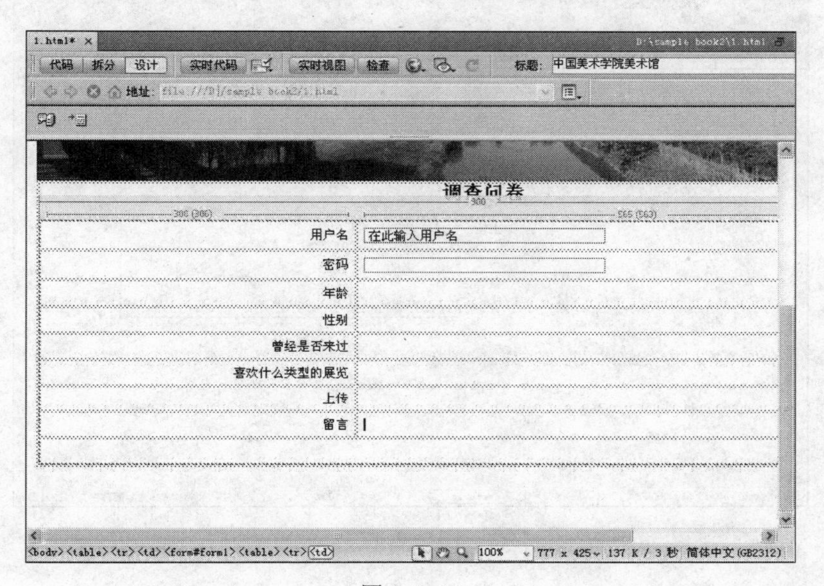

图 7-2-15

（2）在菜单栏上选择“插入”→“表单”→“文本区域”命令，如图 7-2-16 所示。

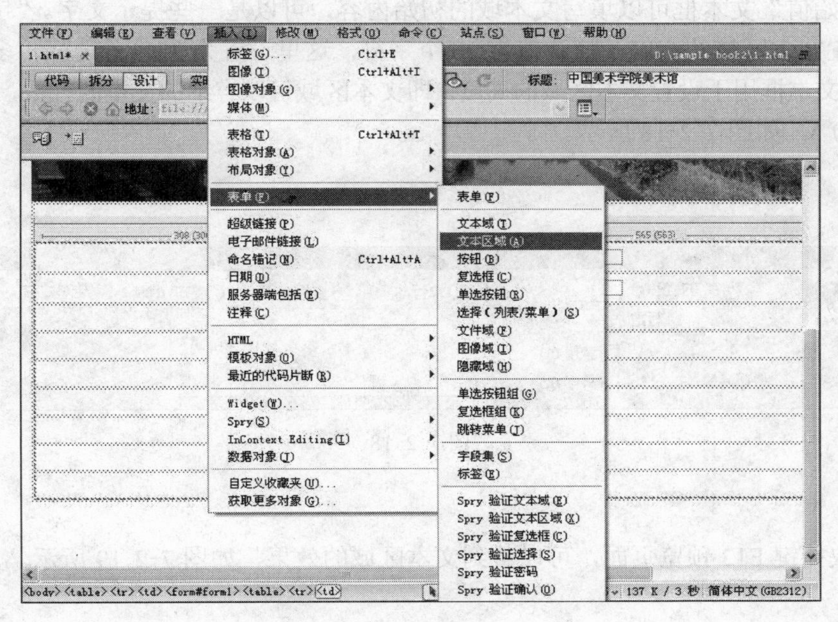

图 7-2-16

（3）一个文本区域便插入到了网页中，如图 7-2-17 所示。

1.html*
代码 拆分 设计 实时代码 实时视图 检查 标题 中国美术学院美术馆
地址: file:///D|/sample book2/1.html
密码
年龄
性别
曾经是否来过
喜欢什么类型的展览
上传
留言
<body><table><tr><td><form...><table><tr><td><textarea...> 100% 777 x 425 137 K / 3 秒 简体中文(GB2312)

图 7-2-17

（4）在“属性”面板上的“文本域”下方的文本框中输入该文本区域的名称，建议使用英文名称。“初始值”文本框可以填写文本域的初始内容，可以是一些提示文字。“字符宽度”文本框用于设置文本区域的宽度，默认值为 20 个字符，这里设置为 35，并选择“多行”单选按钮。“行数”文本框用于设置文本区域的高度，即文本区域可以容纳的文本的行数，默认为两行，本例中设置为 5，如图 7-2-18 所示。

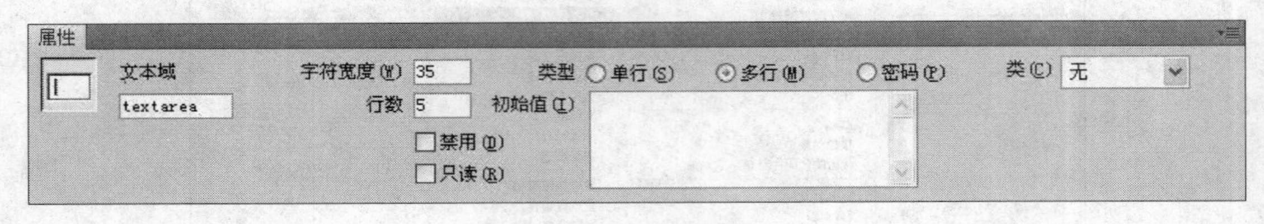

图 7-2-18

（5）按快捷键 F12 预览页面，可以看到文本区域的效果，如图 7-2-19 所示。

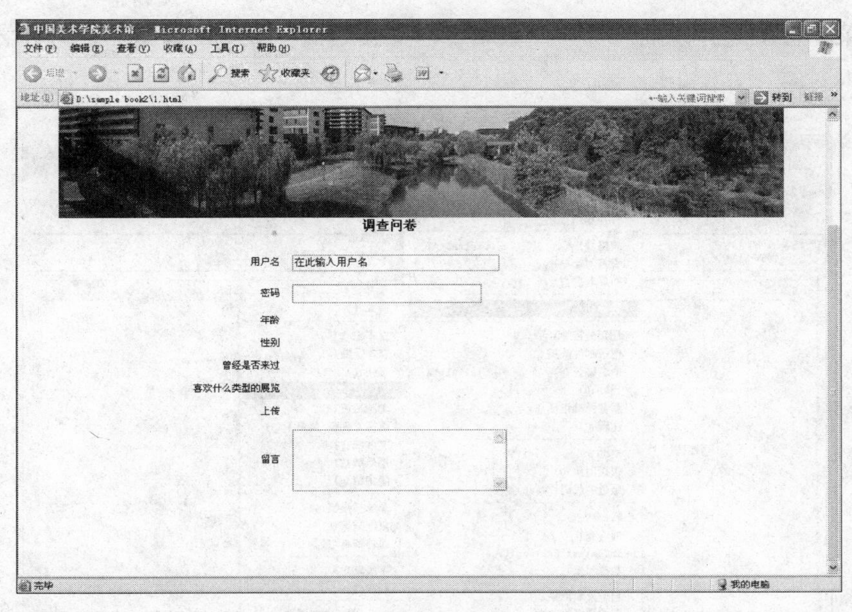

图 7-2-19

7.2.5 插入复选框

访问者填写表单时，有一些内容可以通过让访问者做出选择的形式来实现。例如常见的网上调查，首先提出调查的问题，然后让访问者在若干个选项中做出选择。

（1）将光标定位到“调查问卷”下的“年龄”项的右面，如图 7-2-20 所示。

1.html
D:\sample book2\1.html
代码 拆分 设计 实时代码 实时视图 检查 标题: 中国美术学院美术馆
地址: file:///D|/sample book2/1.html
300 (306) 900 585 (563)
用户名 在此输入用户名
密码
年龄
性别
曾经是否来过
喜欢什么类型的展览
上传
留言
<body> <table> <tr> <td> <form#form1> <table> <tr> <td> 100% 777 x 425 137 K / 3 秒 简体中文(GB2312)

图 7-2-20

（2）在菜单栏上选择“插入”→“表单”→“复选框”命令，如图7-2-21所示。

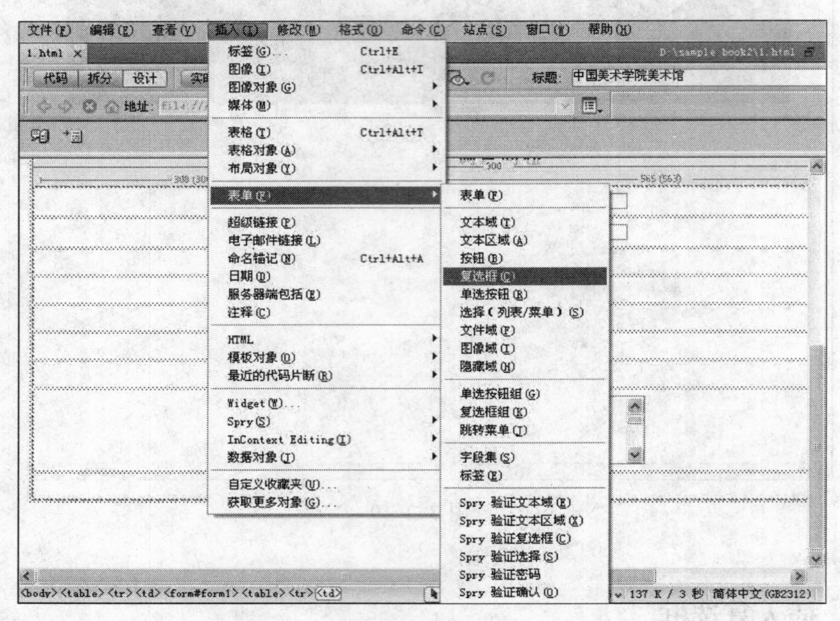

图7-2-21

（3）一个复选框便插入到了网页中，它在网页“设计”视图中显示为一个方形的小按钮，在它后面还可以加上说明文字，如图7-2-22所示。

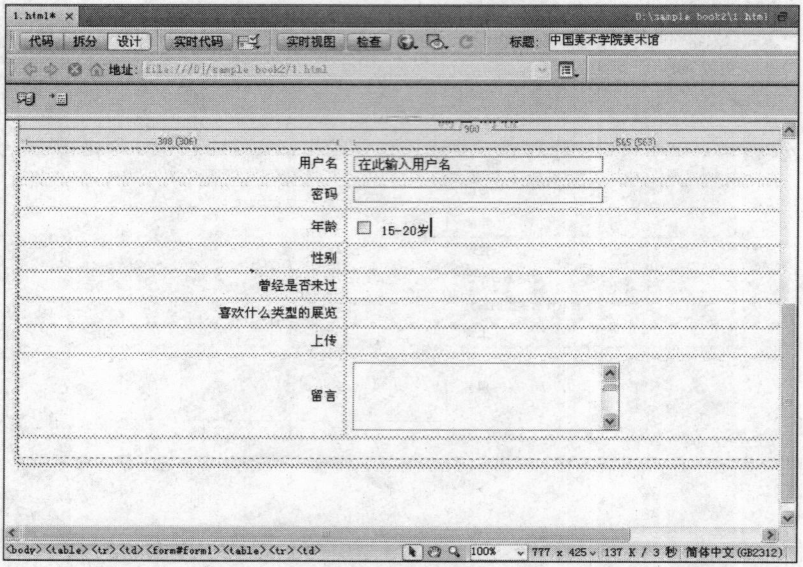

图7-2-22

（4）按照相同的方法添加其他复选框项目，如图 7-2-23 所示。

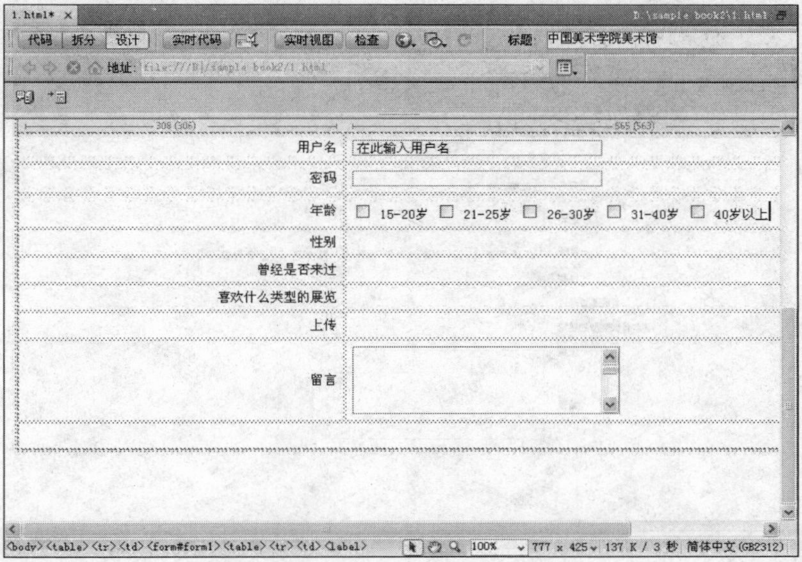

图 7-2-23

（5）在“属性”面板上的“复选框名称”文本框输入复选框的名称，如图 7-2-24 所示。复选框名称也应该使用英文。这个名称将在验证用户提交的表单或服务器上的脚本程序处理表单时用来区别不同的复选框。需要注意的是，同一组复选框应该使用统一的名称。在本例中，同一组复选框都是关于年龄的，那么“复选框名称”文本框中都设置为“age”。

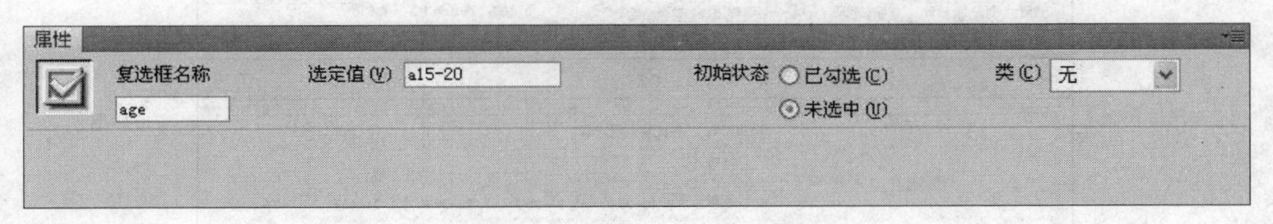

图 7-2-24

（6）“选定值”文本框用于给复选框赋值。用户如果对复选框做出了选择后提交，那么提交的内容并不是复选框旁边的说明文字，而是在“选定值”文本框中输入的内容。所以，“选定值”文本框中的内容应该与复选框旁的说明文字一致。在本例中，说明文字是“15-20 岁”，那么“选定值”文本框中就可以填写“a15-20”，要使用英文。“初始状态”是访问者还没有对复选框做出选择时的状态，初始状态既可以是“已勾选”，也可以是“未选中”。

（7）按快捷键 F12 预览页面，可以看到复选框的效果，如图 7-2-25 所示。

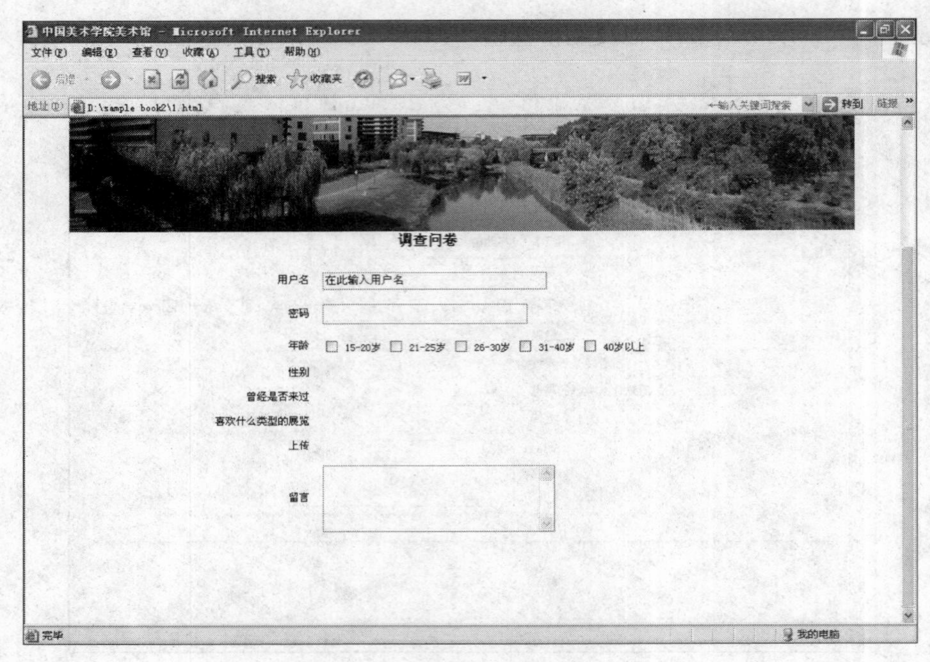

图 7-2-25

7.2.6 插入单选按钮

单选按钮可以实现在若干个选项中选择一个项目，且只能选择一个项目。例如，在填写性别时，用户要么选择“男”，要么选择“女”，可以用单选按钮来实现。

1．插入单选按钮

（1）将光标定位到“调查问卷”下的“性别”项的右面，如图 7-2-26 所示。

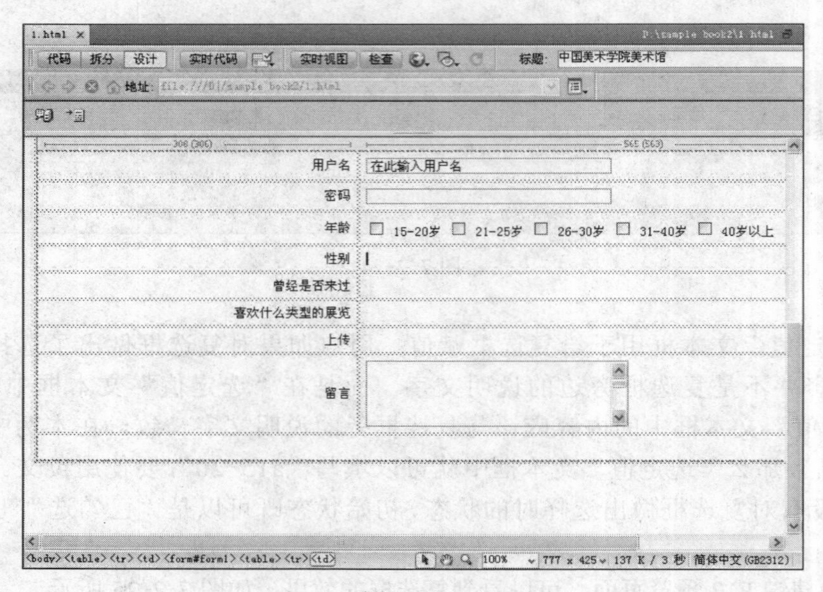

图 7-2-26

（2）在菜单栏上选择“插入”→“表单”→“单选按钮”命令，如图 7-2-27 所示。

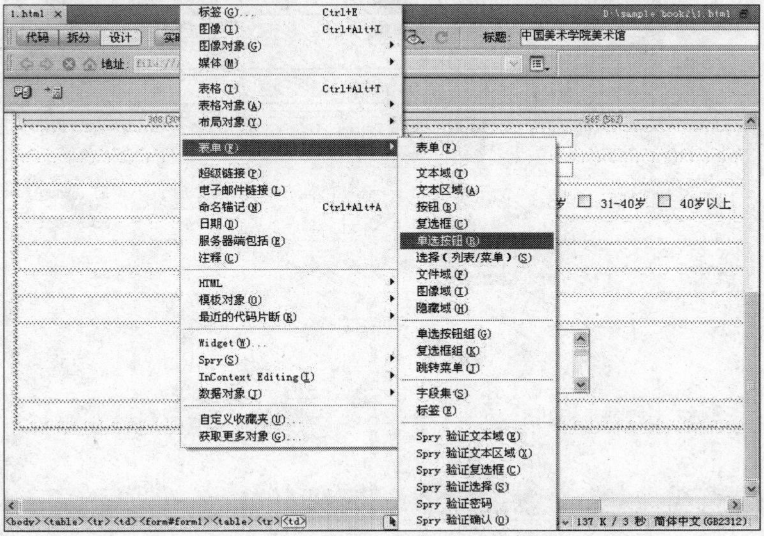

图 7-2-27

（3）一个单选按钮便插入到了网页中，它在网页“设计”视图中显示为一个圆形的小按钮，在它旁边还可以加上说明文字，如图 7-2-28 所示。

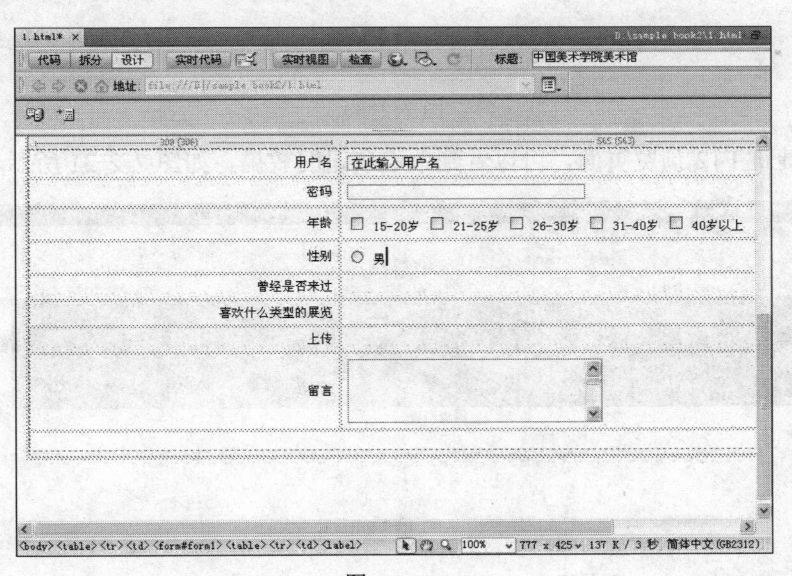

图 7-2-28

（4）按照相同的方法添加其他单选项目，如图 7-2-29 所示。

（5）在“属性”面板的“单选按钮”下方的文本框中输入单选按钮的名称，此名称也应该使用英文，应该起到提示单选按钮功能的作用。同一组单选按钮应该使用统一的名称，这样才能保证同一组单选按钮中只能选择一个项目。在“选定值”文本框中设置用户选中了该单选按钮后提交的内容，同样要使用英文，并与单选按钮旁边的说明文字一致。“初始状态”可以是“已勾选”，也可以是“未选中”，根据设计者的要求在这两个选项之间进行选择，如图 7-2-30 所示。

图 7-2-29

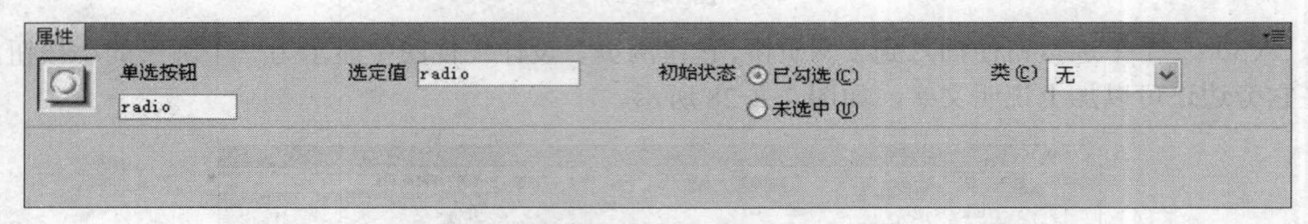

图 7-2-30

（6）按快捷键 F12 预览页面，可以看到单选按钮的效果，如图 7-2-31 所示。

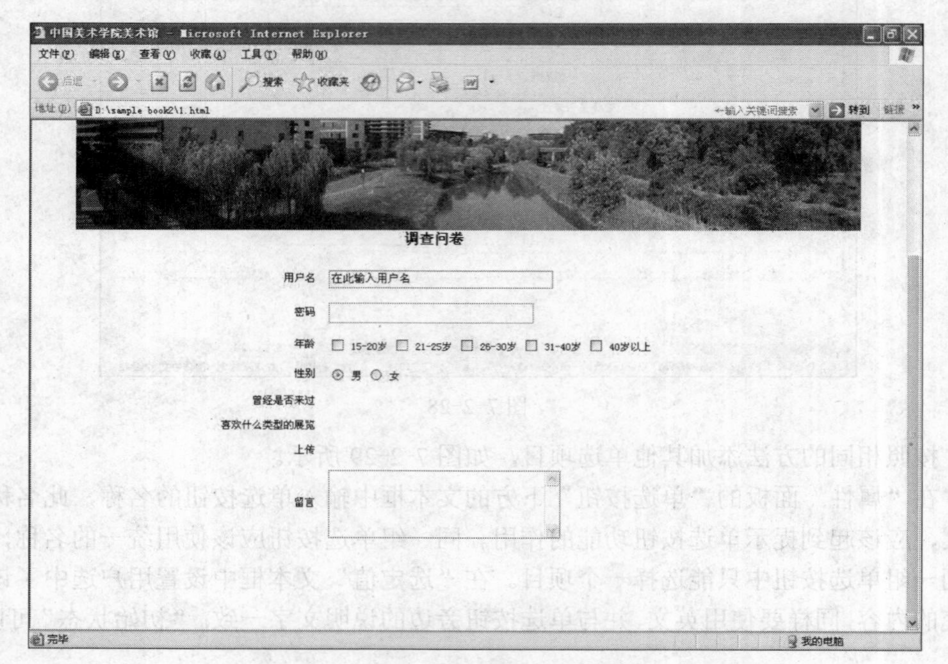

图 7-2-31

2．插入单选按钮组

Dreamweaver CS5 还提供了插入单选按钮组的方法，主要是为了方便地插入一组单选按钮，这样在制作一组单选按钮的时候不容易出现错误。

（1）将光标定位到“调查问卷”下的“曾经是否来过”项的右面，如图 7-2-32 所示。

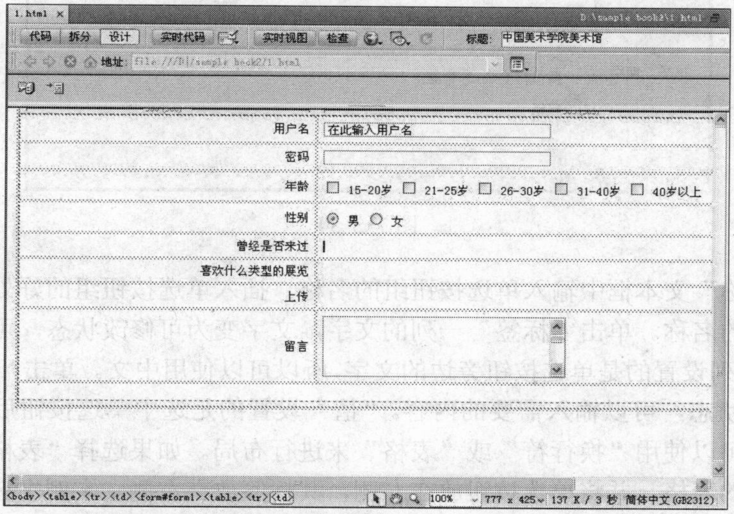

图 7-2-32

（2）在菜单栏选择“插入”→“表单”→“单选按钮组”命令，如图 7-2-33 所示。

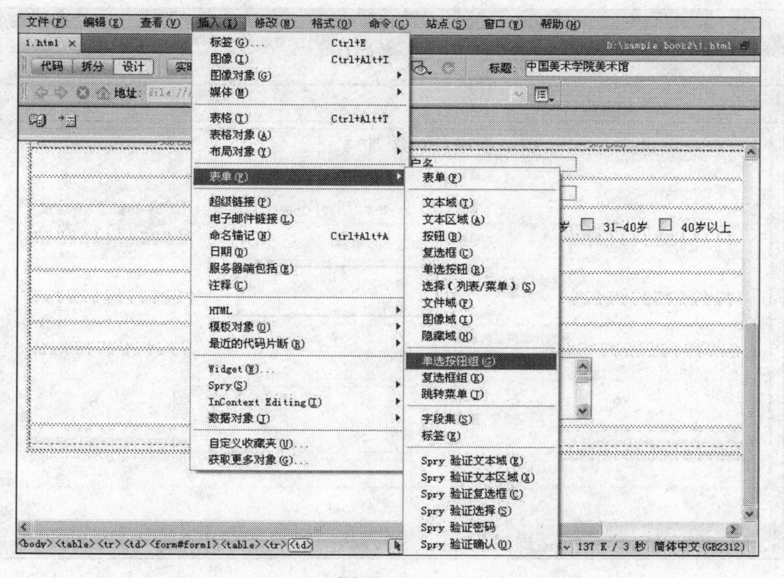

图 7-2-33

（3）弹出“单选按钮组”对话框，如图 7-2-34 所示。

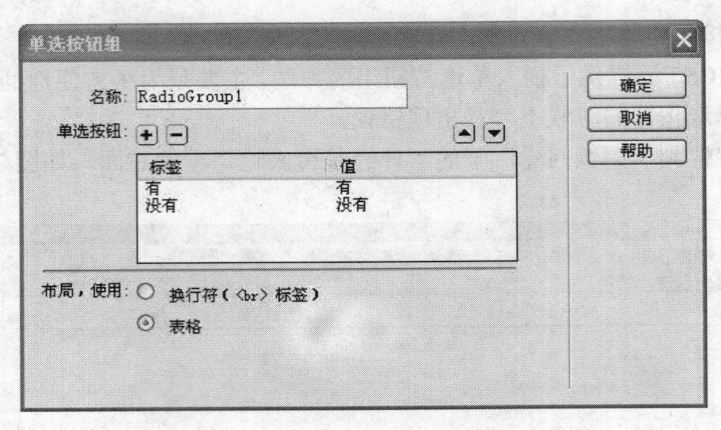

图 7-2-34

（4）在“名称”文本框中输入单选按钮组的名称。插入单选按钮组的好处就是使同一组单选按钮具有统一的名称。单击“标签”一列的文字，文字变为可修改状态，可以输入需要显示的内容。“标签”列设置的是单选按钮旁边的文字，所以可以使用中文。单击“值”一列的文字，文字变为可修改状态，可以输入需要的内容。“值”设置的是选中单选按钮后提交的内容。在单选按钮组中，可以使用“换行符”或“表格”来进行布局。如果选择“表格”单选按钮，则会创建一个单列的表格，并将单选按钮放在左侧，其标签放在右侧。本例中选择“表格”单选按钮。

（5）单击“确定”按钮，单选按钮组就出现在网页“设计”视图中相应的位置，如图 7-2-35 所示。

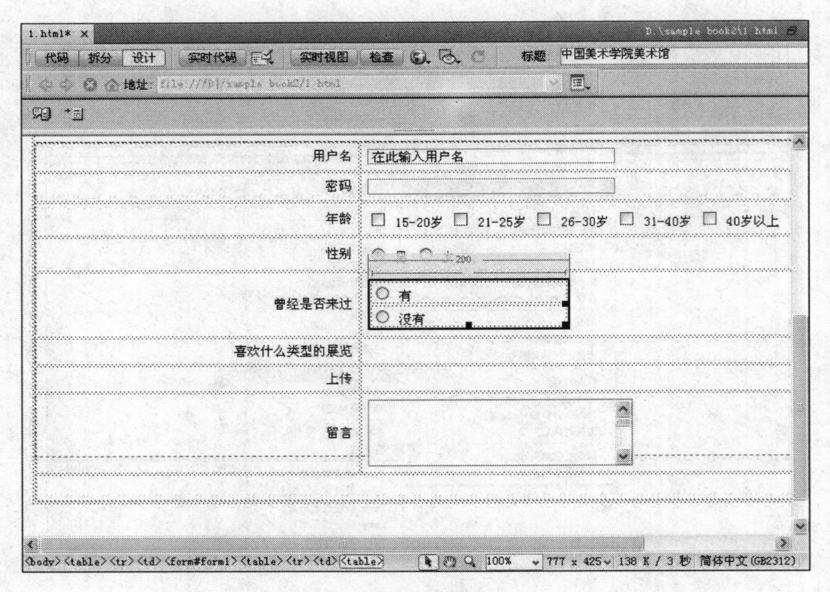

图 7-2-35

（6）按快捷键 F12 预览页面，可以看到单选按钮组的效果，如图 7-2-36 所示。

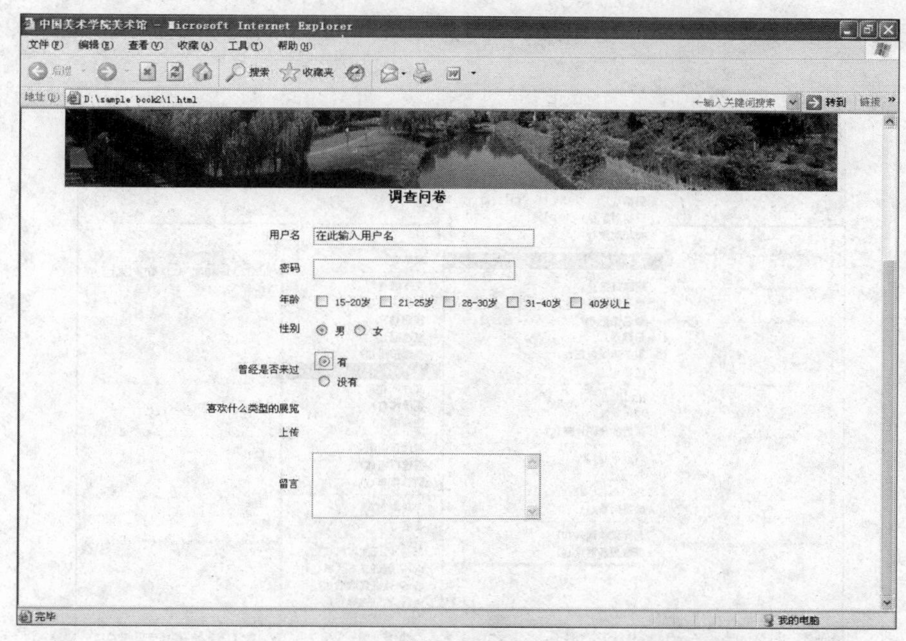

图 7-2-36

7.2.7 插入列表或菜单

列表和菜单主要是为了节省网页的空间而产生的。例如在表单中添加一项调查访问者职业的内容，如果以单选按钮或复选框的形式，在网页上罗列很多职业，将占据大面积的网页空间，于是，在表单对象中出现了列表和菜单。列表可以显示一定数量的选项，如果超出了这个数量，会自动出现滚动条，访问者可以通过拖曳滚动条来查看各选项。菜单是一种最节省空间的方式，正常状态下只能看到一个选项，打开菜单后才能看到全部的选项。

（1）将光标定位到“调查问卷”下的“喜欢什么类型的展览”项的右面，如图 7-2-37 所示。

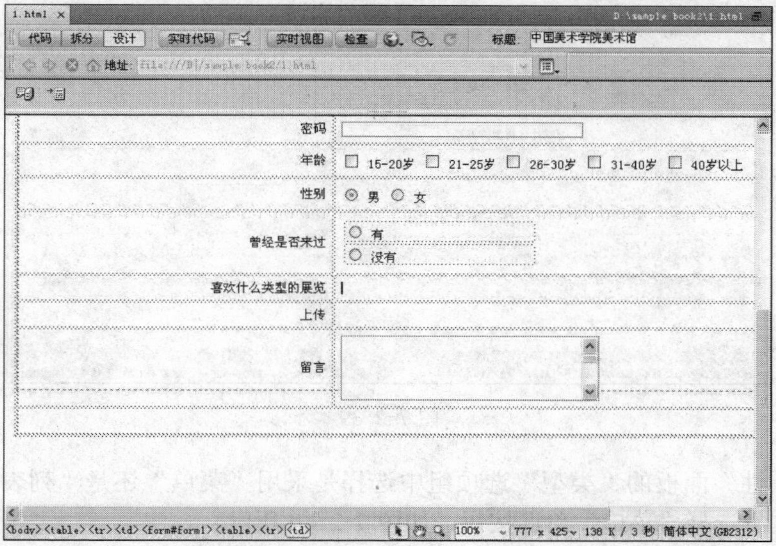

图 7-2-37

（2）在菜单栏上选择“插入”→“表单”→“选择（列表 / 菜单）”命令，如图 7-2-38 所示。

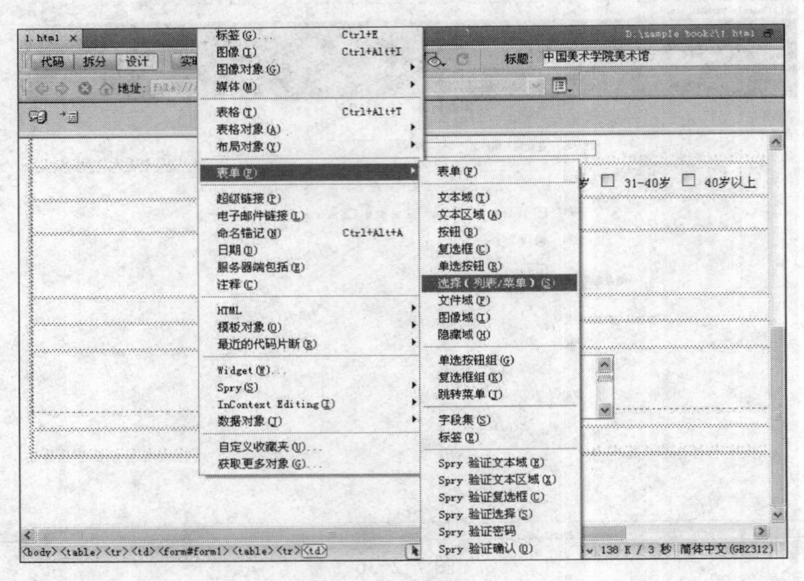

图 7-2-38

（3）一个列表 / 菜单对象便插入到了网页中，如图 7-2-39 所示。

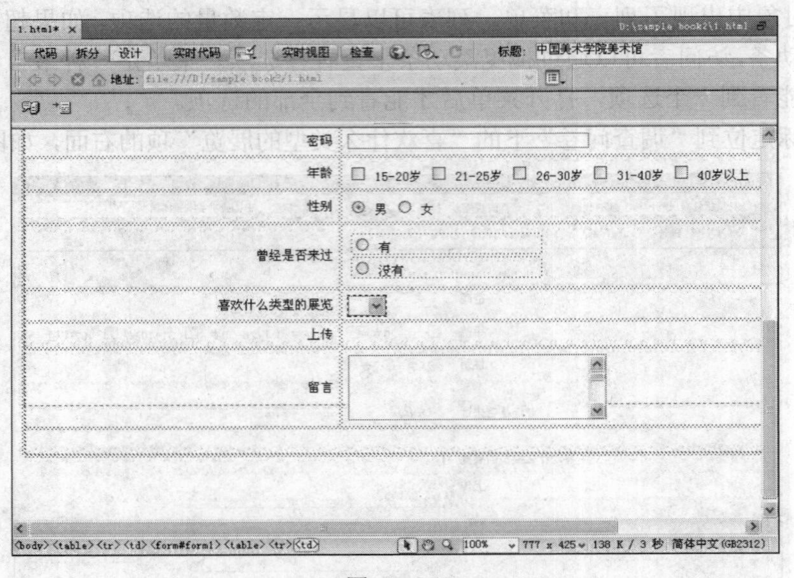

图 7-2-39

（4）在“属性”面板的“类型”选项组中选择是采用“菜单”还是“列表”，可以根据需要进行选择。这里选择“菜单”单选按钮，如图 7-2-40 所示。

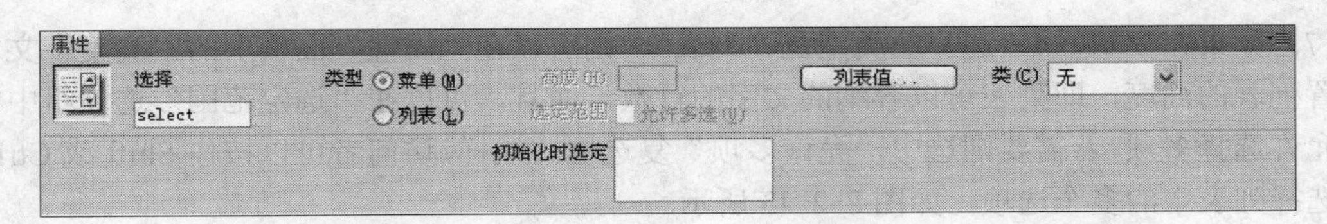

图 7-2-40

（5）在“选择”文本框中输入菜单的名称，应该使用英文名称，名称与菜单的内容相关。单击“属性”面板上的“列表值”按钮，打开“列表值”对话框，可以添加菜单项，如图 7-2-41 所示。

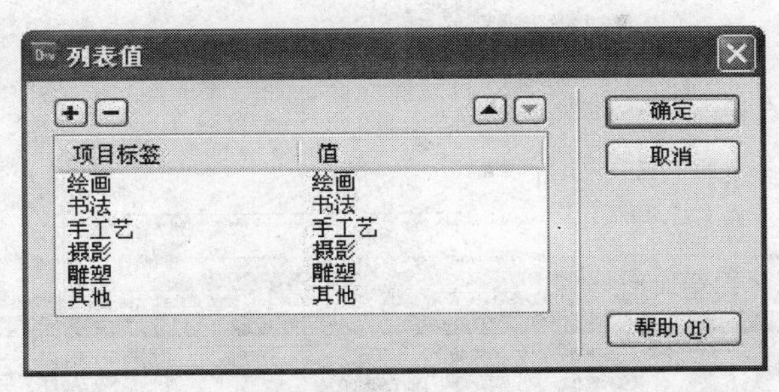

图 7-2-41

（6）设定“列表值”后回到“属性”面板，这时“初始化时选定”列表框中会出现刚刚设定的菜单项。如果在该列表框中不进行选择，“喜欢什么类型的展览”菜单默认为空；如果在该列表框中选择了一菜单项，这一菜单项就会出现在“喜欢什么类型的展览”菜单中，作为初始状态下默认的选择，如图 7-2-42 所示。

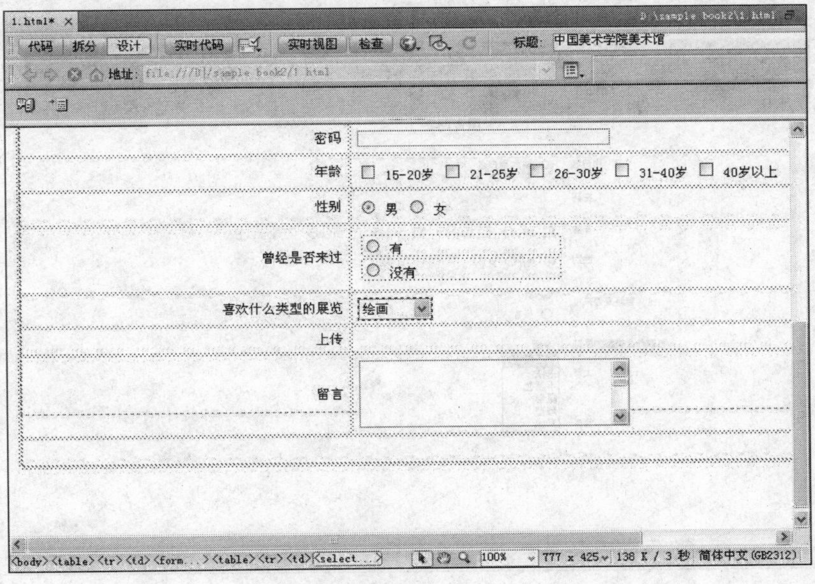

图 7-2-42

（7）如果在步骤（4）选择的类型是“列表”，则可以在“属性”面板上的“高度”文本框中设置列表的高度，即列表可以容纳的文字的行数。而且，可以在“选定范围”选项组中设置是否允许选择多项，若需要则选中“允许多项”复选框。这样，访问者可以按住 Shift 或 Ctrl 键，同时选择列表中的多个选项，如图 7-2-43 所示。

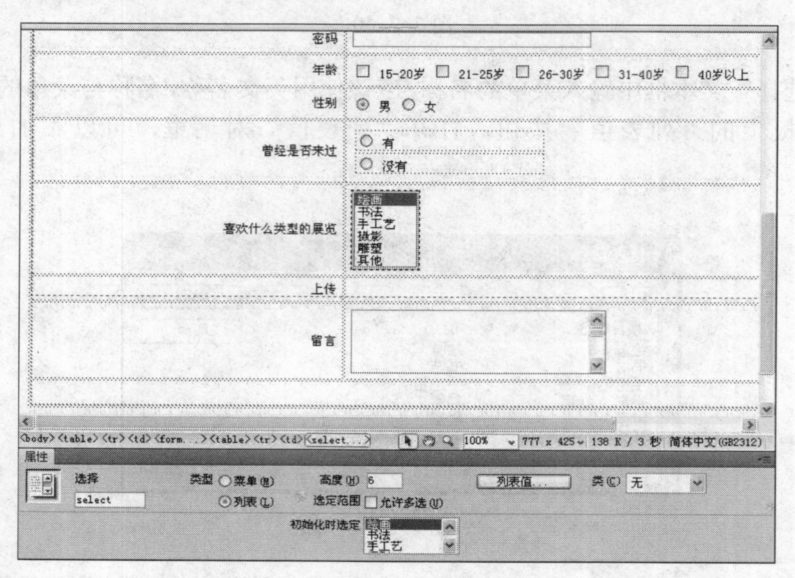

图 7-2-43

（8）按快捷键 F12 预览页面，可以看到菜单的效果，如图 7-2-44 所示。

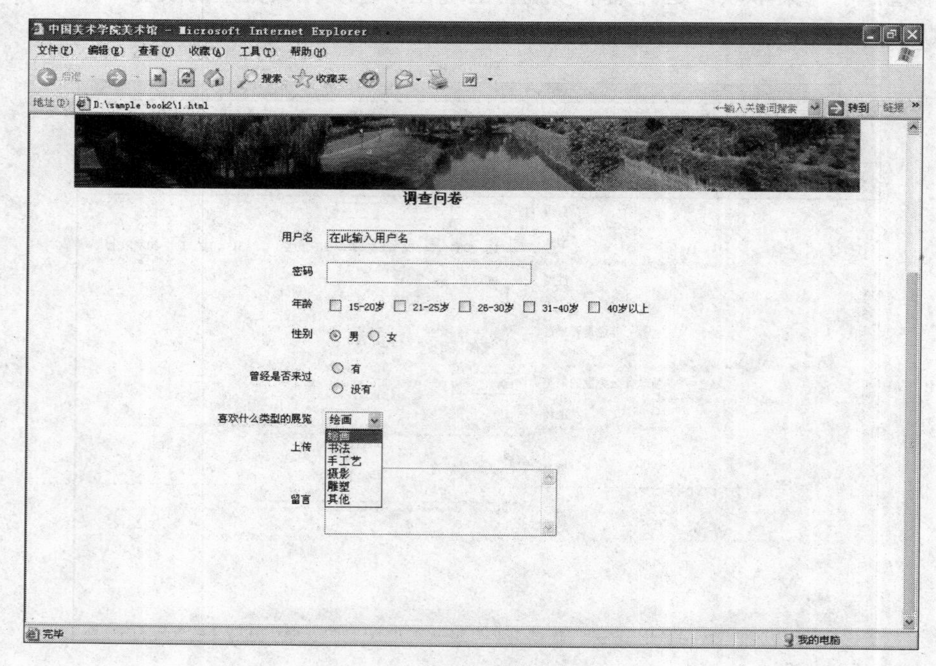

图 7-2-44

7.2.8 插入文件域

有时需要用户提交文件给网站，例如个人照片或其他类型的文件，这时就要用到文件域。文件域的外观是一个文本框加一个浏览按钮，用户既可以直接将要上传给网站的文件的路径填写在文本框中，也可以单击“浏览”按钮，在自己的计算机中找到要上传的文件。

（1）将光标定位到“调查问卷”下的“上传”项的右面，如图 7-2-45 所示。

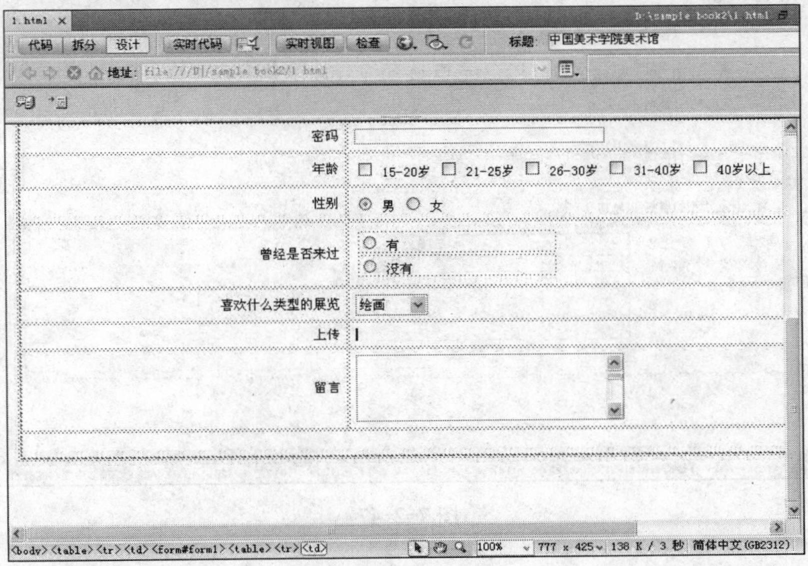

图 7-2-45

（2）在菜单栏上选择“插入”→“表单”→“文件域”命令，如图 7-2-46 所示。

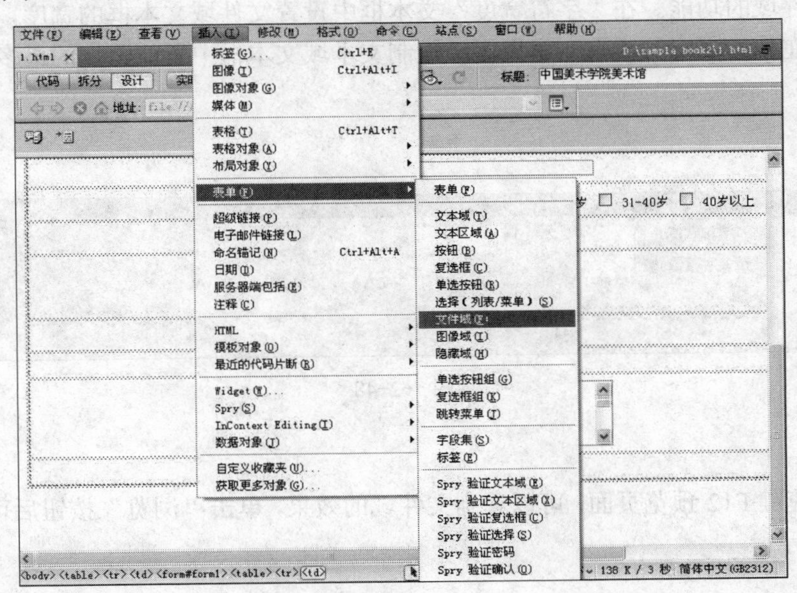

图 7-2-46

（3）一个文件域便插入到了网页中，如图 7-2-47 所示。

1.html* ×
代码 拆分 设计 实时代码 实时视图 检查 标题: 中国美术学院美术馆
地址: file:///D|/sample book2/1.html
密码
年龄 15-20岁 21-25岁 26-30岁 31-40岁 40岁以上
性别 男 女
曾经是否来过 有 没有
喜欢什么类型的展览 绘画
上传 浏览...
留言
<body><table><tr><td><form#form1><table><tr><td> 100% 777 x 425 138 K / 3 秒 简体中文(GB2312)

图 7-2-47

（4）在“属性”面板上的“文件域名称”文本框中输入文件域的名称，应用英文命名，且名称应反映文件域的功能。在“字符宽度”文本框中设置文件域文本框的宽度，即可以容纳的英文字符数。在“最多字符数”文本框用于限制文本域文本框中所能添加的最多的字符数，如图 7-2-48 所示。

图 7-2-48

（5）按快捷键 F12 预览页面，可以看到文件域的效果，单击“浏览”按钮后可以查找文件，如图 7-2-49 所示。

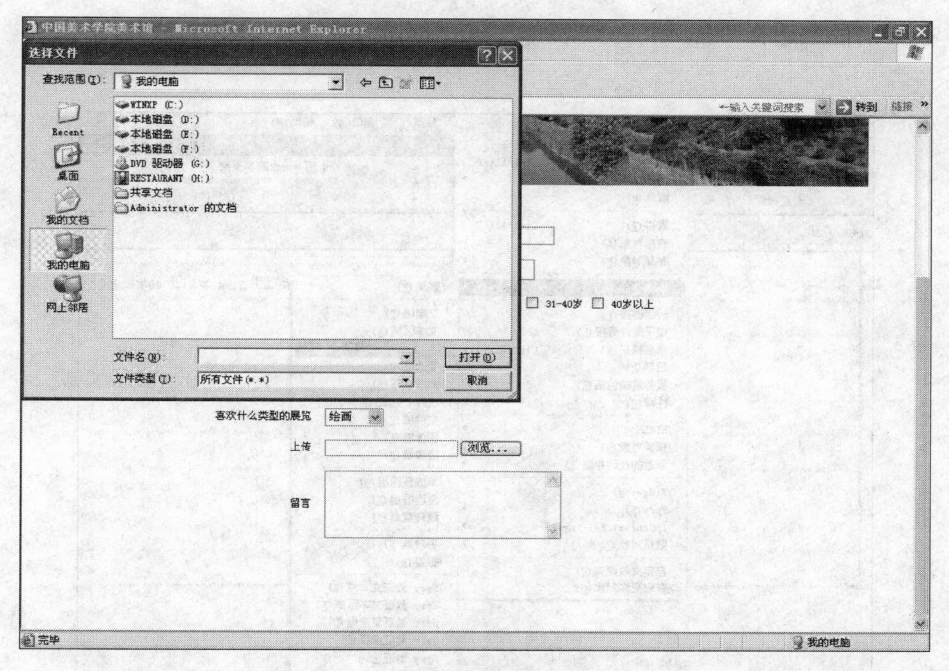

图 7-2-49

7.2.9 插入按钮

表单中的按钮起到至关重要的作用。按钮可以激发提交表单的动作，按钮可以在用户需要修改表单的时候，将表单恢复到初始的状态，还可以依照程序的需要发挥其他的作用。

（1）将光标定位到“调查问卷”的最后一行，如图 7-2-50 所示。

1.html* ×
D:\sample book2\1.html
代码 拆分 设计 实时代码 实时视图 检查 标题: 中国美术学院美术馆
地址: file:///D|/sample book2/1.html
年龄 15-20岁 21-25岁 26-30岁 31-40岁 40岁以上
性别 男 女
曾经是否来过 有 没有
喜欢什么类型的展览 绘画
上传 浏览...
留言
<body><table><tr><td><form#form1><table><tr><td> 100% 777 x 425 138 K / 3 秒 简体中文(GB2312)

图 7-2-50

（2）在菜单栏上选择“插入”→“表单”→“按钮”命令，如图 7-2-51 所示。

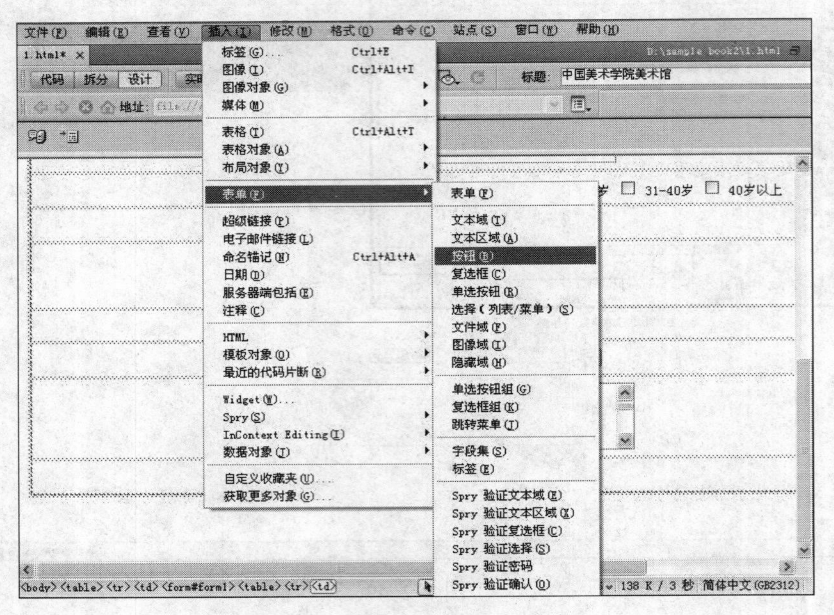

图 7-2-51

（3）在弹出的“输入标签辅助功能属性”对话框中，在“标签文字”文本框中输入“提交”，单击“确定”按钮，一个按钮便插入到了网页中，如图 7-2-52 所示。

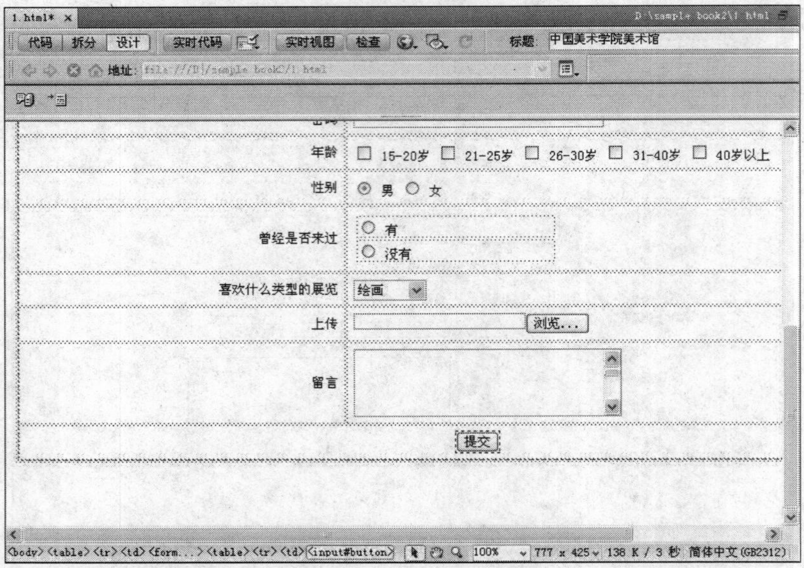

图 7-2-52

（4）在“属性”面板上的“动作”选项组中选择单击按钮时触发的动作。其中,“提交表单”将按钮的值设置为“提交”,访问者单击此按钮,可以将表单提交到表单“属性”面板上“动作”文本框中设定的路径；“重置表单”将按钮的值设置为“重置”，访问者单击此按钮，将清除访问者填写的表单内容；“无”表示单击此按钮时无动作发生，之后可以通过脚本语言赋予按钮新的功能。这里选择“提交表单”。

（5）“按钮名称”下方的文本框中输入按钮的名称，应用英文命名，如图 7-2-53。可根据需要改变按钮上显示的标签文字。

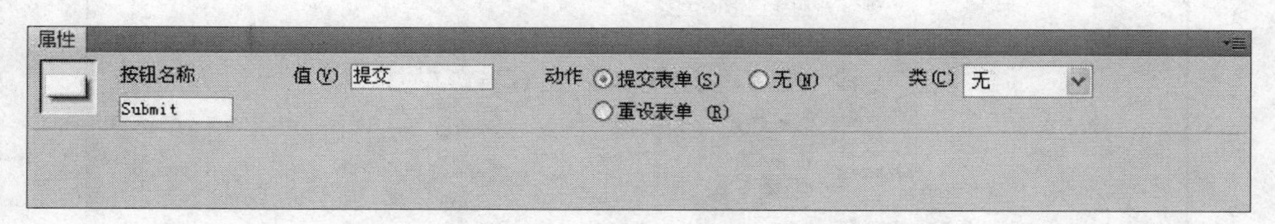

图 7-2-53

（6）用同样的方法，在网页中插入另一个按钮。

（7）在“属性”面板上的“动作”选项组中选择“重置表单”，并将按钮上显示的文字改为“清除”。此时的按钮效果如图 7-2-54 所示。

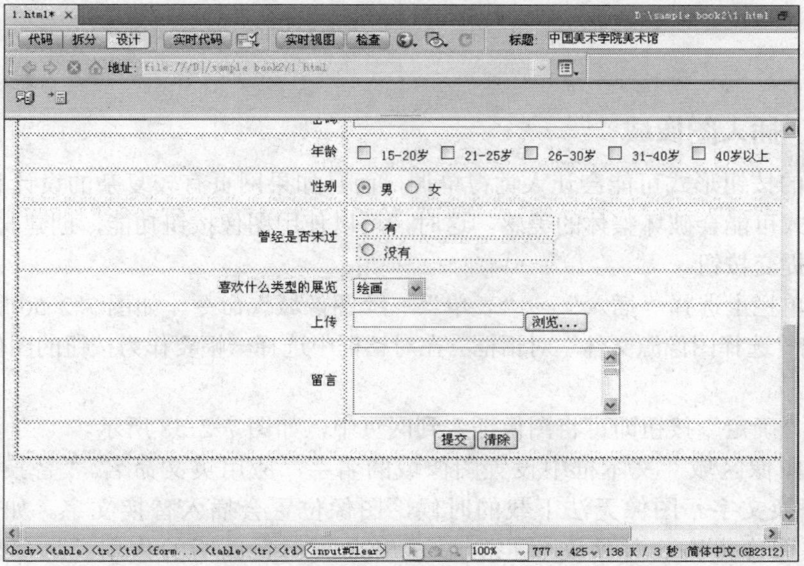

图 7-2-54

（8）按快捷键F12预览页面，可以看到按钮的效果，如图7-2-55所示。

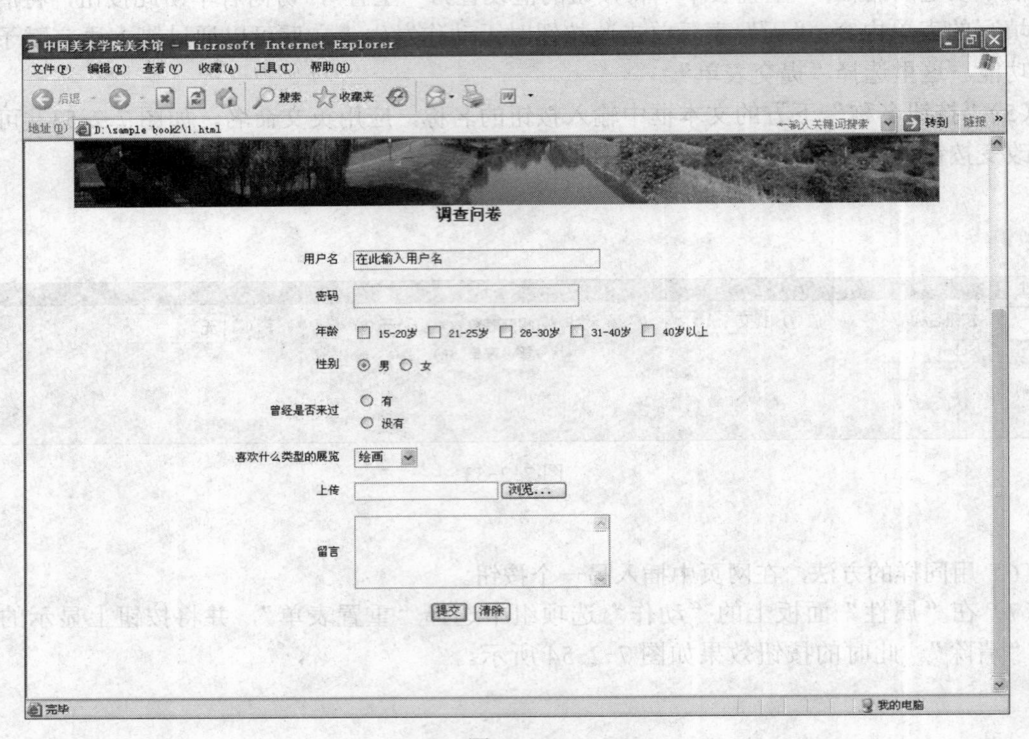

图7-2-55

7.2.10 插入图像域

使用默认的按钮形式可能会让人觉得单调，而且如果网页有较复杂的设计和丰富的色彩，默认的按钮形式可能会破坏整体的美感。这时，可以使用图像按钮功能，创建与网页整体效果相统一的图像提交按钮。

（1）在菜单栏上选择“插入”→“表单”→“图像域”命令，如图7-2-56所示。

（2） 弹出“选择图像源文件”对话框，在对话框中选择一幅要作为按钮的图像，如图7-2-57所示。

（3）单击“确定”按钮即可将图像插入到网页中，如图7-2-58所示。

（4）在“图像区域”文本框中设置图像域的名字，应用英文命名。“替换”文本框用于设置图像的替换文字。图像无法下载的时候，图像位置会插入替换文字。如果图像下载完成，鼠标放在图像上方，替换文字也会显示出来，起到说明的作用。这里输入“提交更多”，如图7-2-59所示。图像的宽度和高度不应该改变，尽量使用图像本来的高度和宽度。也不应该删除图像的高度和宽度，因为这样浏览器下载图像时不知道图像的大小，图像区域会被缩小，影响网页的整体效果。如果要更改图像的高度和宽度，应该在图像编辑软件中编辑。

（5）按快捷键F12预览页面，效果如图7-2-60所示，这个图像具有提交按钮的一切功能。

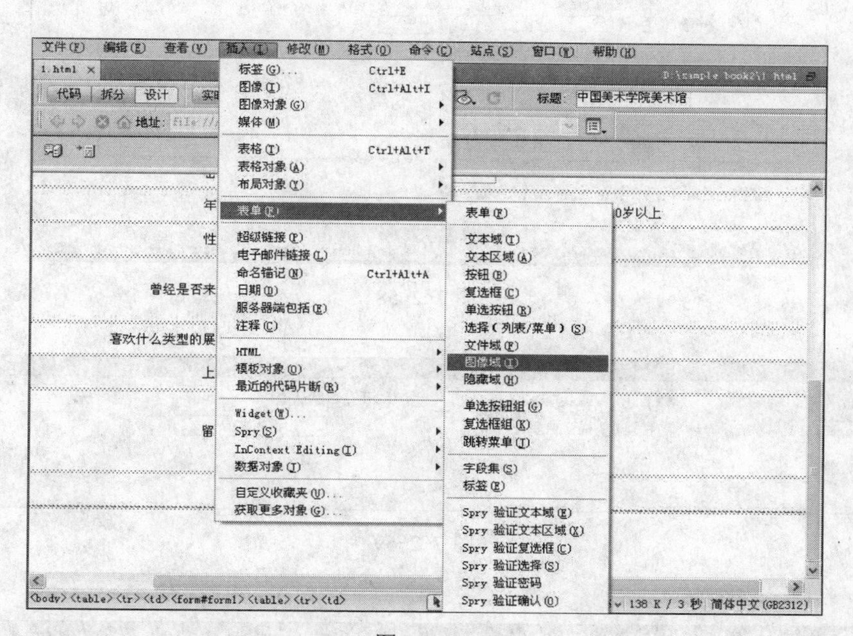

图 7-2-56

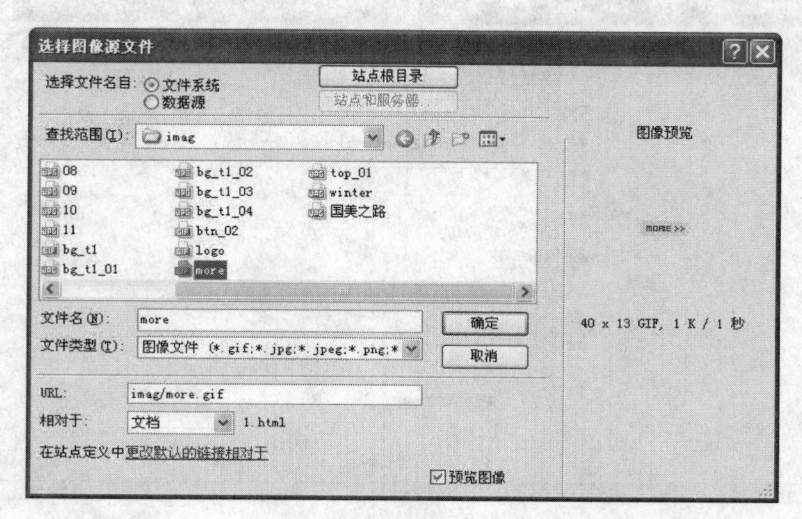

图 7-2-57

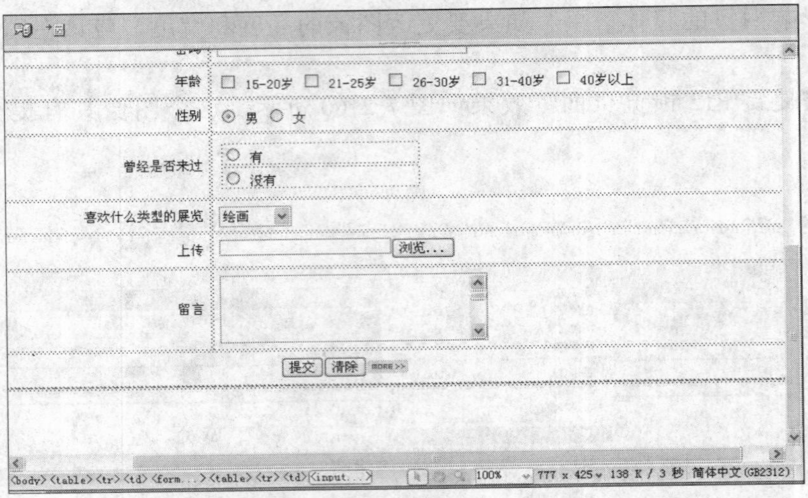

年龄 ☐ 15-20岁 ☐ 21-25岁 ☐ 26-30岁 ☐ 31-40岁 ☐ 40岁以上

性别 ◉ 男 ○ 女

曾经是否来过 ○ 有 ○ 没有

喜欢什么类型的展览 绘画

上传 浏览...

留言

提交 清除 MORE>>

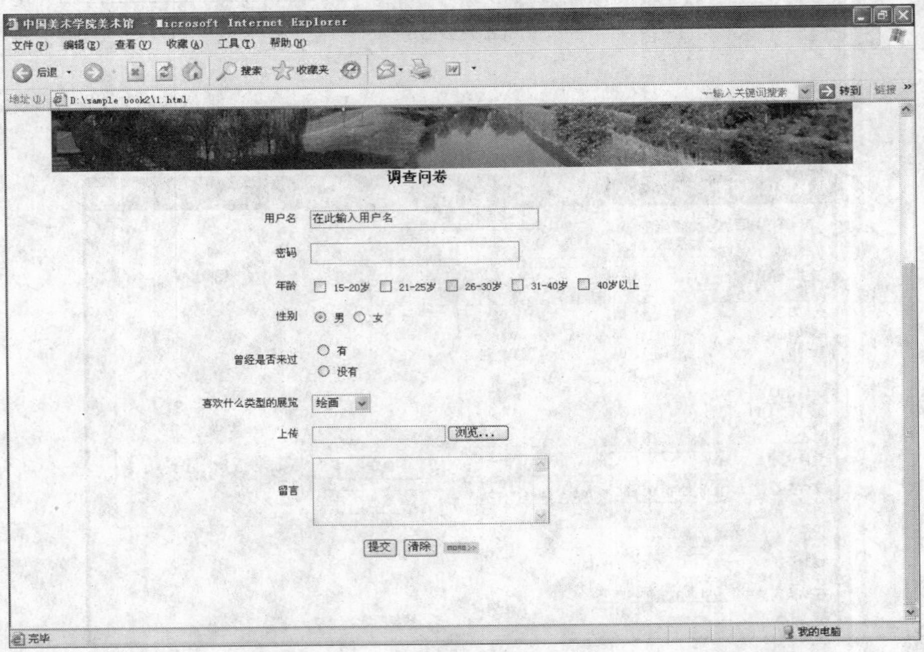

<body> <table> <tr> <td> <form...> <table> <tr> <td> <input...> 100% 777 x 425 138 K / 3 秒 简体中文(GB2312)

图 7-2-58

属性

MORE>> 图像区域，1K 源文件(S) imag/more.gif 对齐(A) 默认值 类(C) 无

imageField 替换(T) 提交更多 编辑图像

图 7-2-59

中国美术学院美术馆 - Microsoft Internet Explorer

文件(F) 编辑(E) 查看(V) 收藏(A) 工具(T) 帮助(H)

后退 搜索 收藏夹

地址(D) D:\sample book2\1.html 转到 链接

调查问卷

用户名 在此输入用户名

密码

年龄 ☐ 15-20岁 ☐ 21-25岁 ☐ 26-30岁 ☐ 31-40岁 ☐ 40岁以上

性别 ◉ 男 ○ 女

曾经是否来过 ○ 有 ○ 没有

喜欢什么类型的展览 绘画

上传 浏览...

留言

提交 清除 MORE>>

完毕 我的电脑

图 7-2-60

7.2.11　插入跳转菜单

跳转菜单是链接的一种形式，但与真正的链接相比，跳转菜单可以节省很大的空间。跳转菜单从表单菜单发展而来，访问者单击下拉按钮打开下拉菜单，在菜单中选择链接，即可链接到目标网页。

（1）打开如图 7-2-61 所示的页面，将光标定位到所需位置。

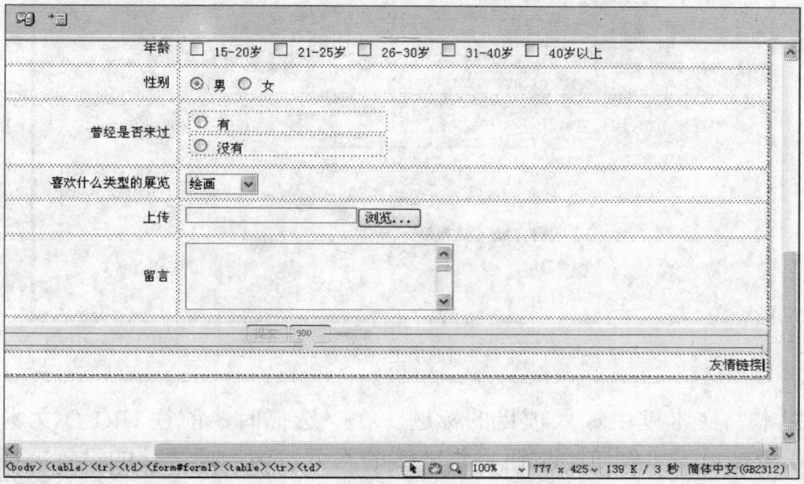

年龄　15-20岁　21-25岁　26-30岁　31-40岁　40岁以上
性别　男　女
曾经是否来过　有　没有
喜欢什么类型的展览　绘画
上传　浏览...
留言
友情链接
<body> <table> <tr> <td> <form#form1> <table> <tr> <td>　100%　777 x 425　139 K / 3 秒　简体中文(GB2312)

图 7-2-61

（2）在菜单栏上选择“插入”→“表单”→“跳转菜单”命令，如图 7-2-62 所示。

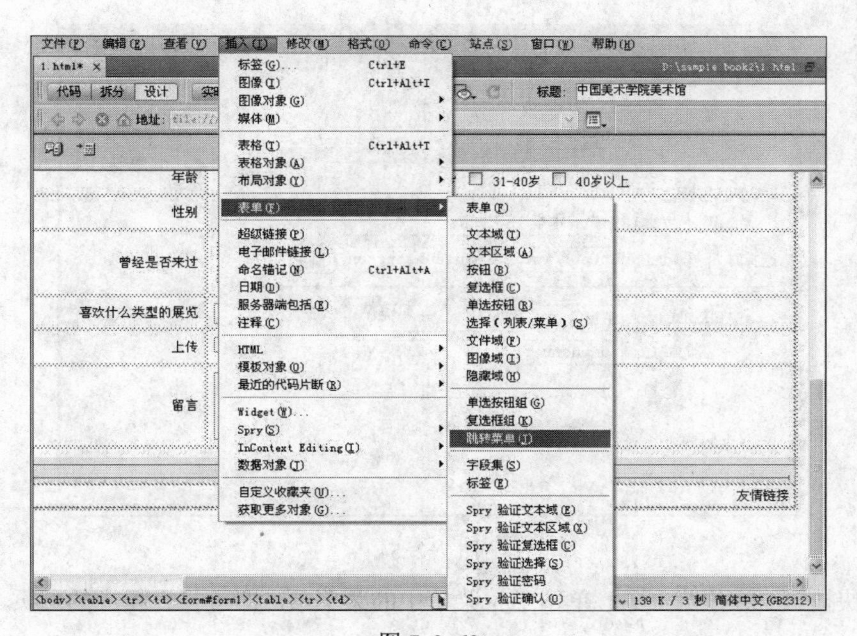

图 7-2-62

（3）弹出“插入跳转菜单”对话框，如图 7-2-63 所示。

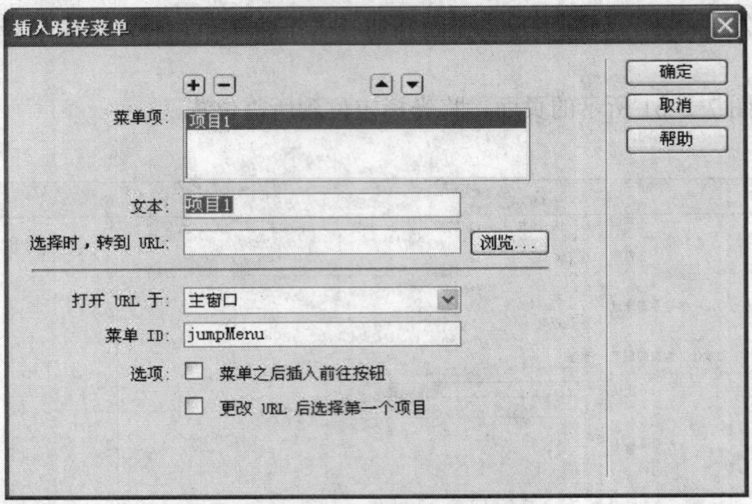

图 7-2-63

（4）在“文本”文本框中输入项目的标题。在“选择时，前往 URL”文本框中输入链接网页的地址，或直接单击“浏览”按钮找到链接的网页。当一项链接的设置完成后，单击面板上方的加号按钮，可添加新的链接项目。选择项目后单击面板上方的减号按钮，可以删除项目。选择已经添加的项目，然后单击面板上方的向上或向下箭头按钮，可调整项目在跳转菜单中的位置。按照这种方法，设置好的对话框如图 7-2-64 所示。

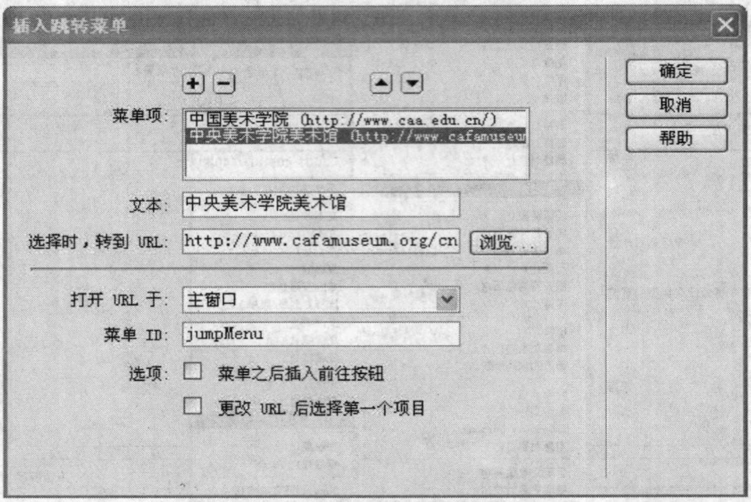

图 7-2-64

（5）按快捷键 F12 预览页面，单击下拉菜单中的菜单项，即可打开相应的网页，如图 7-2-65 所示。

图 7-2-65

（6）如果在设置的过程中选中了“菜单之后插入前往按钮”复选框，可以在页面“跳转菜单”后添加一个“前往”按钮，如图 7-2-66 所示。它的作用是，浏览者在下拉列表中选择要跳转的项目之后，单击“前往”按钮即可跳转所选的网页。

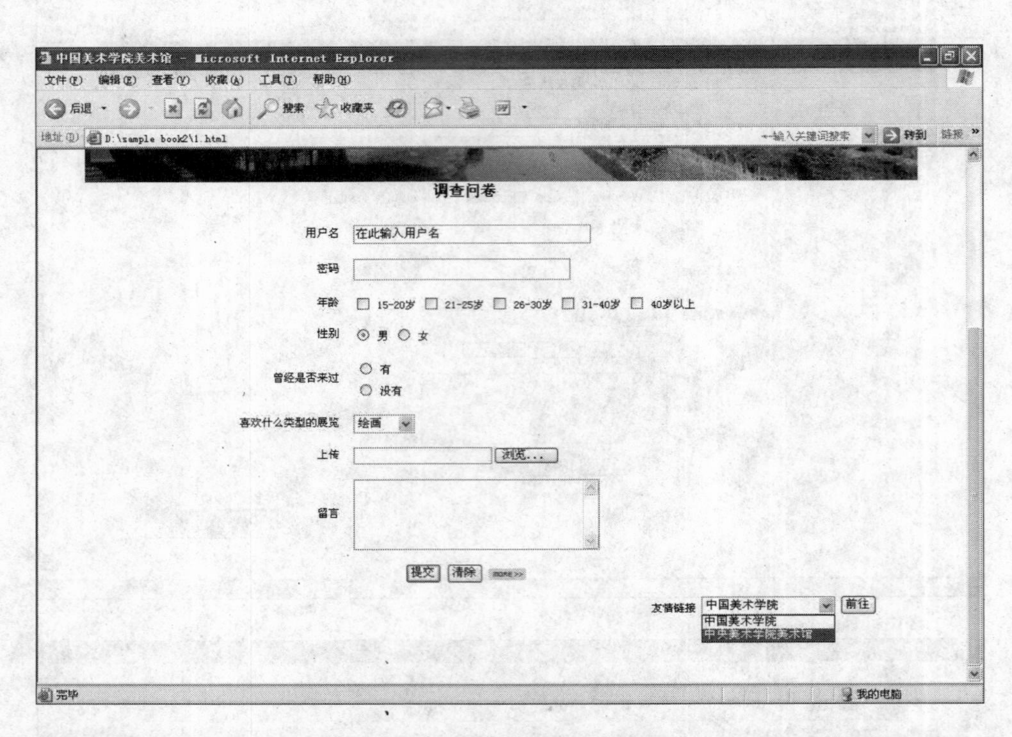

图 7-2-66

本章小结

回顾学习要点

1．表单的处理过程是什么？

2．制作表单页面的第一步要做什么？

3．在 Dreamweaver CS5 中可以创建各种表单，表单中可以包含哪些对象？

学习要点参考

1．表单的处理过程：当用户填写了表单并提交后，填写的信息会被发送到服务器上，服务器端脚本或应用程序对信息进行处理，并将处理结果反馈给用户，或执行特定的动作。

2．每个表单都是由一个表单域和若干个表单元素组成的，所有的表单元素都要放到表单域中才会有效，因此，制作表单的第一步是插入表单域。

3．表单中可以包含文本域、密码域、文本区域、单选按钮、复选框、列表 / 菜单、文件域、图像域和跳转菜单等。

习题

请制作一个志愿者报名申请的表单，包含姓名、电话、地址、邮箱、详细说明、选择类型等信息。

页面设计的高级技巧——层叠样式表

Dreamweaver CS5

本章总览

本章将介绍如何在网页中使用样式，主要包括以下内容：

- 层叠样式表的定义
- 层叠样式表的类型
- 文字样式的使用
- 背景样式的使用
- 区块样式的使用
- 边框样式的使用
- 鼠标光标样式的使用
- 为网页设置整体和局部链接效果
- 将样式表应用于整个网站

8.1 层叠样式表基础

利用样式表不仅可以控制一篇文档中的文本格式，而且可以控制多篇文档的文本格式。如果使用样式表定义页面文本的格式，将使工作量大大减少。通过一些好的样式表，使设计者可以更进一步对页面进行美化及对文本格式进行精确定制。

8.1.1 层叠样式表的概念

层叠样式表（Cascading Style Sheet，CSS）是一系列格式规则，用于控制网页的外观。使用层叠样式表可以非常灵活地、更好地控制网页的外观，从精确的布局定位到特定的字体和样式。

层叠样式表可以使用 HTML 标签或命名的方式定义，除了可以控制字体、颜色、字号等传统的文本样式外，还可以控制一些比较特别的 HTML 属性，如对象位置、图片效果、鼠标指针等。层叠样式表可以一次控制多个文档中的文本，并可随时改动层叠样式表的内容，以自动更新文档中文本的样式。

层叠样式表有以下的特点。

1．将格式和结构分离

HTML 语言定义了网页的结构和各元素的功能，而层叠样式表通过将定义结构的部分和定义格式的部分分离，使设计者能够对页面的布局施加更多控制。HTML 仍可以保持简单明了的初衷，而层叠样式表代码独立地从另一个角度控制页面外观。

2．精确控制页面布局

总体来说，HTML 语言对页面的控制很有限，比如，无法精确定位，无法精确定义字间距或行间距等，而这些都可以通过层叠样式表来实现。

3．制作更小、下载速度更快的网页

层叠样式表只是简单的文本，就像 HTML 代码那样，它不需要图像，不需要执行程序，不需要插件。使用层叠样式表可以减少表格标签及其他增加 HTML 代码长度的代码，减少图像用量，从而减小文件大小。

4．将多个网页同时更新，比以前更快、更容易

在没有层叠样式表时，如果想更新整个站点中所有文本的字体，必须逐页的修改每张网页。层叠样式表的主旨就是将格式与结构分离。利用层叠样式表，可以将站点上所有的网页都指向单一层叠样式表文件，只有修改层叠样式表文件中的某一行，那么整个站点都会随之发生变化。

5．浏览器将成为更友好的界面

层叠样式表的代码有很好的兼容性，也就是说，即使某个用户丢失了某个插件也不会发生中断，或者使用旧版的浏览器时，代码不会出现杂乱无章的情况。只要是可以识别层叠样式表的浏览器，就可以应用它。

说得更通俗些，使用层叠样式表定义样式的好处是：利用它不仅可以控制传统的格式属性，如字体、尺寸、对齐等，还可以设置位置、特殊效果、鼠标滑过之类的 HTML 属性。图 8-1-1 所示为未使用层叠样式表所定义的页面，图 8-1-2 所示为使用层叠样式表定义后的页面。

图 8-1-1

图 8-1-2

8.1.2 层叠样式表的基本类型

层叠样式表包含以下四种类型。

1. 类样式

用户可以在文档的任何区域或文本中应用类样式，如果将类样式应用于一整段文字，那么会在相应的标签中出现Class属性，该属性值即为类样式名称。如果将类样式应用于部分文字上，那么会出现 <span> 和 </span> 标签，并且其中包含 Class 属性。

2．包含特定 ID 属性的标签

如果定义包含特定 ID 属性的标签格式，则这个标签的 ID 是唯一的，并且只应用于一个 HTML 元素。例如，在以下代码中：

```
#pen{font-family:" 宋体 "}
```

该层叠样式表只针对于页面中 ID 值为 pen 的页面元素有效，例如：

```
<div id="pen">content</div>
```

3．定义 HTML 标签

可以针对某一个标签来定义层叠样式表，也就是说所定义的层叠样式表只应用于选择的标签。例如，如果为 <body></body> 标签定义了层叠样式表，那么所有包含在 <body></body> 标签范围内的内容都将遵循所定义的层叠样式表。

4．复合内容

当用户创建或改变一个同时影响两个或多个标签、类或 ID 的复合规则层叠样式表时，所有包含在该标签中的内容将遵循定义的层叠样式表的格式显示。常用的样式有四种，分别为 a:link、a:active、a:visited、a:hover。

- a:link：设置正常状态下链接文字的样式。
- a:active：设置鼠标单击时链接文字的外观。
- a:visited：设置访问过的链接文字的外观。
- a:hover：设置鼠标放置在链接文字上时文字的外观。

8.2 在页面中使用层叠样式表

层叠样式表可以定义许多类型的格式，如文本、边框、背景等。定义这些类型的格式都有相应的设置对话框，下面将通过几个页面的布局来介绍。

8.2.1 设置文本样式

（1）在菜单栏上选择“窗口”→“CSS 样式”命令，打开“CSS 样式”面板，如图 8-2-1 所示，单击“新建 CSS 规则”按钮。

（2）弹出“新建 CSS 规则”对话框。由于文本都是位于单元格中，因此要定义文本样式，只需定义单元格的标签的样式即可。在“选择器类型”下拉列表框中选择“标签（重新定义 HTML 元素）”选项；在“选择器名称”下拉列表框中选择“td”；在“规则定义”下拉列表框中，选择“(仅限该文档)”选项，这样样式就被定义在该文档中，如图 8-2-2 所示。

（3）设置完毕后，单击“确定”按钮关闭对话框，这时会打开“td 的 CSS 规则定义”对话框，可以进行样式表的定义，如图 8-2-3 所示。

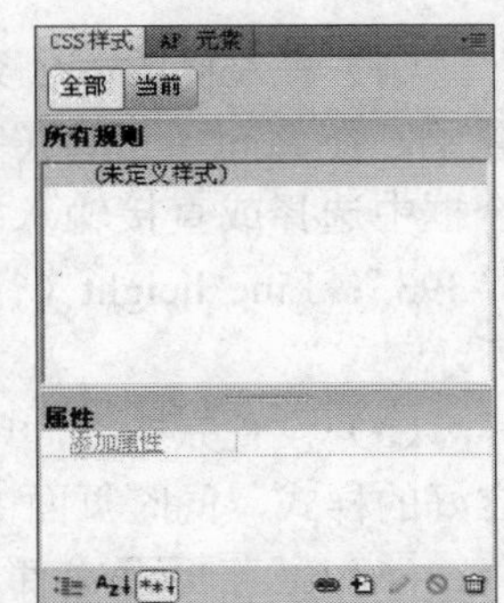

图 8-2-1

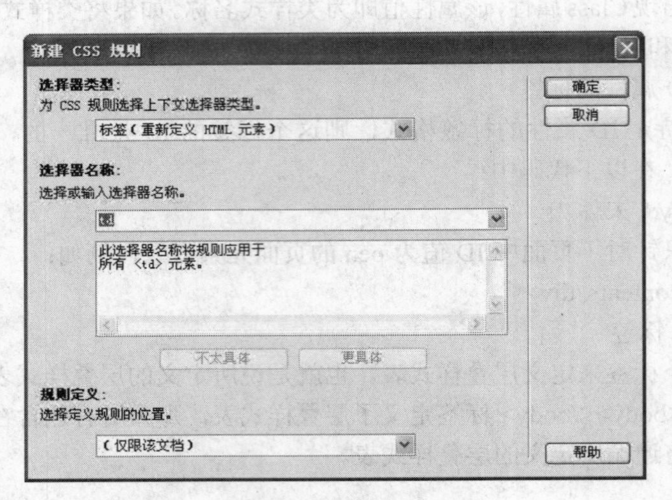

图 8-2-2

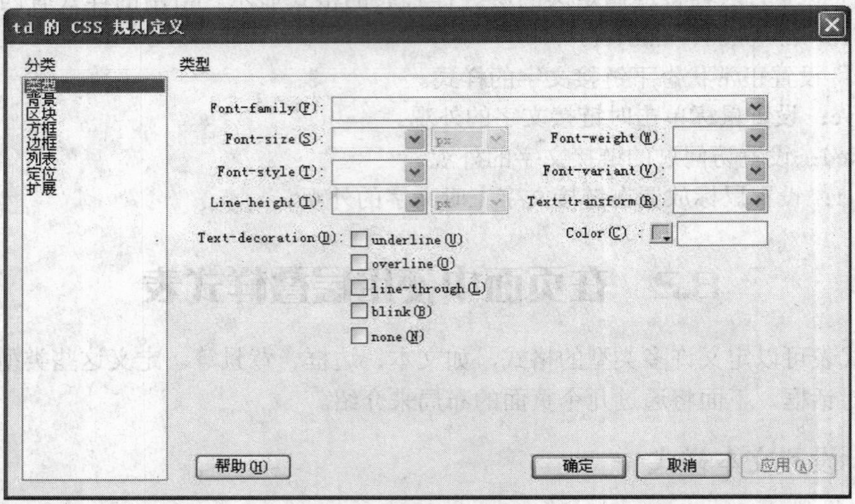

图 8-2-3

（4）在左侧的“分类”列表框中选择“类型”选项，便可在右侧看到与字体相关的属性设置了。在 Font-family（字体系列）下拉列表框中选择一种字体；在 Font-size（字体大小）组合框中选择或直接输入字体大小“12”，单位为 px（像素）；在 Color（颜色）文本框中输入“#393”；Line-height（行高）设置为 18，单位为 px（像素）；其他选项使用默认值，如图 8-2-4 所示。

（5）设置完毕后，单击“确定”按钮关闭对话框。这时，在“CSS 样式”面板中会出现建立好的样式，同时页面中的文字样式也显示出来了，如图 8-2-5 所示。

（6）保存页面文件，并按快捷键 F12 预览页面，可看到文本的设置效果，如图 8-2-6 所示。

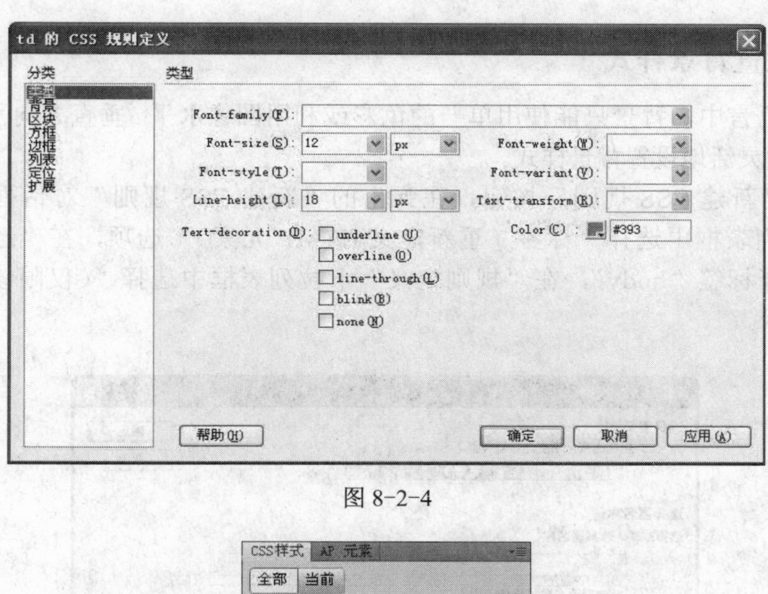

图 8-2-4

CSS样式 AP 元素
全部 当前
所有规则
<style>
td
"td" 的属性
color #393
font-size 12px
line-height 18px
添加属性

图 8-2-5

图 8-2-6

8.2.2 设置背景样式

在 HTML 语言中，背景只能使用单一的色彩或利用图像水平 / 垂直方向平铺。使用 CSS 之后，可以更加灵活地设置背景样式。

（1）单击“新建 CSS 规则”按钮，在弹出的“新建 CSS 规则”对话框中，在“选择器类型”下拉列表框中选择“标签（重新定义 HTML 元素）”选项，在“选择器类型”下拉列表框中选择标签“body”，在“规则定义”下拉列表框中选择“(仅限该文档)”选项，如图 8-2-7 所示。

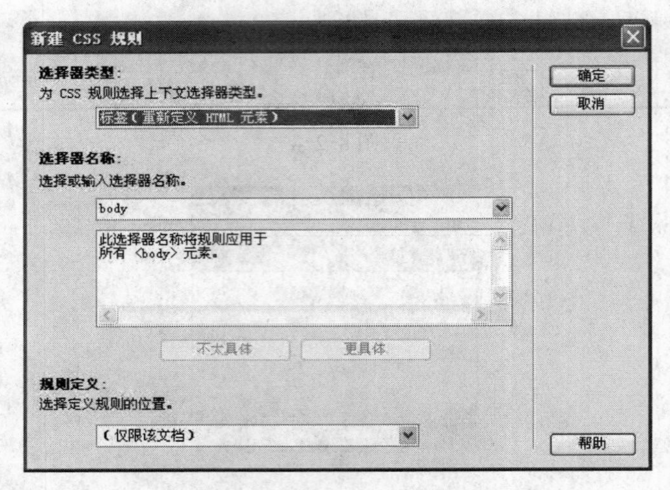

图 8-2-7

（2）单击“确定”按钮，将弹出“body 的 CSS 规则定义”对话框，如图 8-2-8 所示，在这里完成对背景样式的定义。

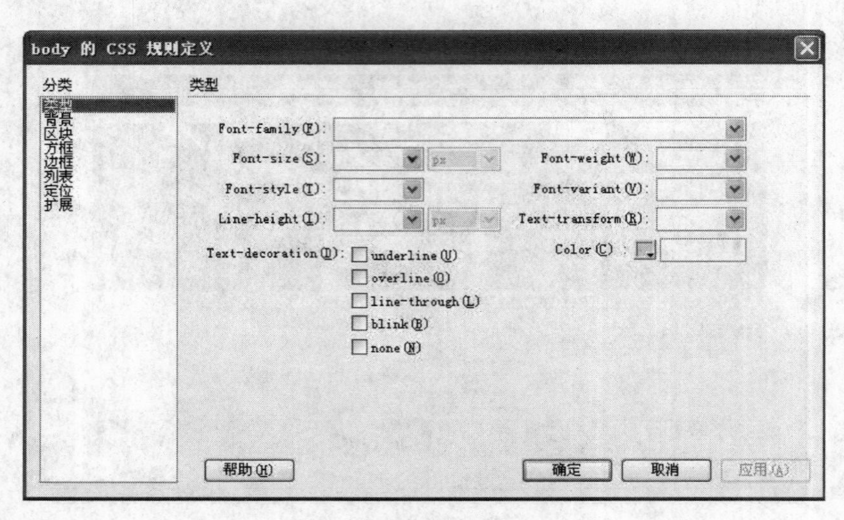

图 8-2-8

（3）从“body 的 CSS 规则定义”对话框左侧的“分类”列表框中选择“背景”选项，可在右侧区域设置 CSS 样式的背景格式，如图 8-2-9 所示。

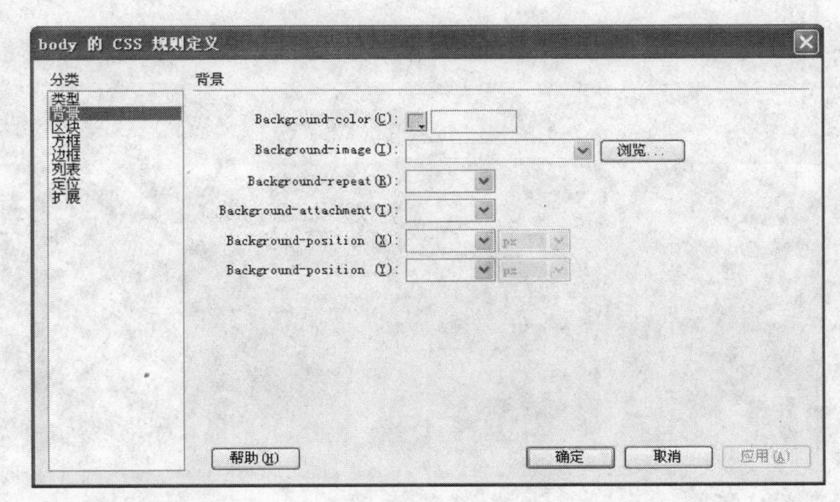

图 8-2-9

（4）在 Backgroud-image（背景图像）组合框中输入页面背景图像文件的路径，或单击“浏览”按钮，在弹出的文件框中选择所需图像文件，如图 8-2-10 所示。

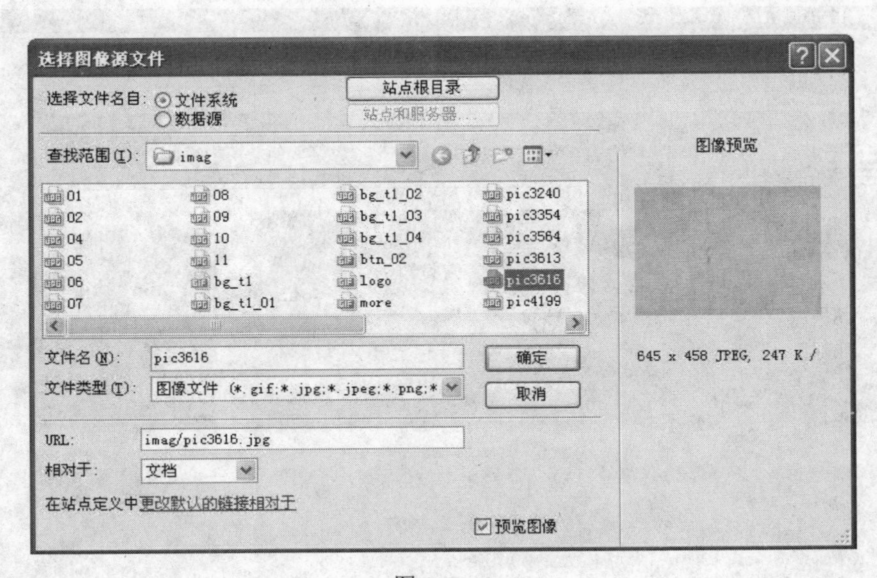

图 8-2-10

（5）单击“确定”按钮，可以看到背景图像效果，如图 8-2-11 所示。

（6）按快捷键 F12 预览页面，可看到背景设置的最终效果，如图 8-2-12 所示。

2.html*
D:\sample book2\2.html
代码
拆分
设计
实时代码
实时视图
检查
标题:
中国美术学院美术馆
地址:
file:///D|/sample book2/2.html
设为主页
关闭
china academy of art
新闻动态
典藏精品
网上展厅
学习研究
观众互动
学习研究
新闻动态
中国美术学院第四届平面艺术节正式开幕
100%
777 x 425
341 K / 8 秒
简体中文(GB2312)

图 8-2-11

中国美术学院美术馆 - Microsoft Internet Explorer
文件(F)
编辑(E)
查看(V)
收藏(A)
工具(T)
帮助(H)
后退
搜索
收藏夹
地址(D)
D:\sample book2\2.html
转到
链接
设为主页
关闭
中國美術學院美術館
Art Museum of china academy of art
新闻动态
典藏精品
网上展厅
学习研究
观众互动
学习研究
学术研究
新闻动态
研究机构
中国美术学院举办毕业生作品大展
中國美術學院
China Academy Of Art
我的电脑

图 8-2-12

8.2.3　设置区块样式

区块样式可以完成如字距、空格等的设置。

（1）在“CSS 样式”面板中单击“新建 CSS 规则”按钮，弹出“新建 CSS 规则”对话框。在“选择器类型”下拉列表框中选择“类（可应用于任何 HTML 元素）”选项，在“选择器名称”组合框中输入这个自定义样式的名称，此名称必须以符号“.”开头，这里命名为“.text”。在“规则定义”下拉列表框中，选择“(仅限该文档)”，如图 8-2-13 所示。

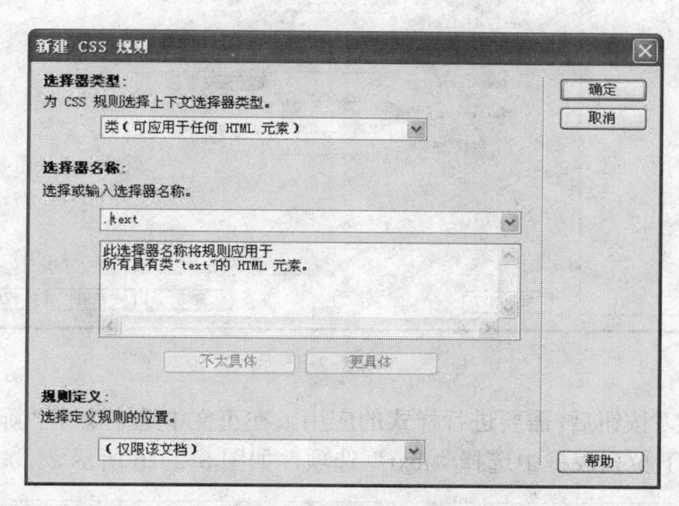

图 8-2-13

（2）单击“确定”按钮，关闭对话框。这时会打开“.text 的 CSS 规则定义”对话框，如图 8-2-14 所示，在此可进行样式表的定义。

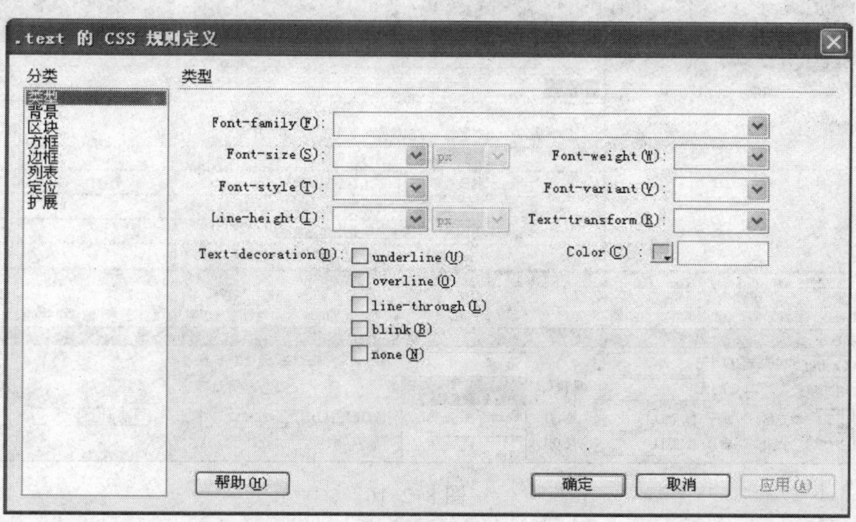

图 8-2-14

（3）从对话框左侧的“分类”列表框中选择“区块”选项，可在右侧区域设置CSS样式的区块格式。这里设置文字缩进（Text-indent）效果，如果字体大小为12 px，则缩进两个中文字符时就应该是24 px，如图8-2-15所示。

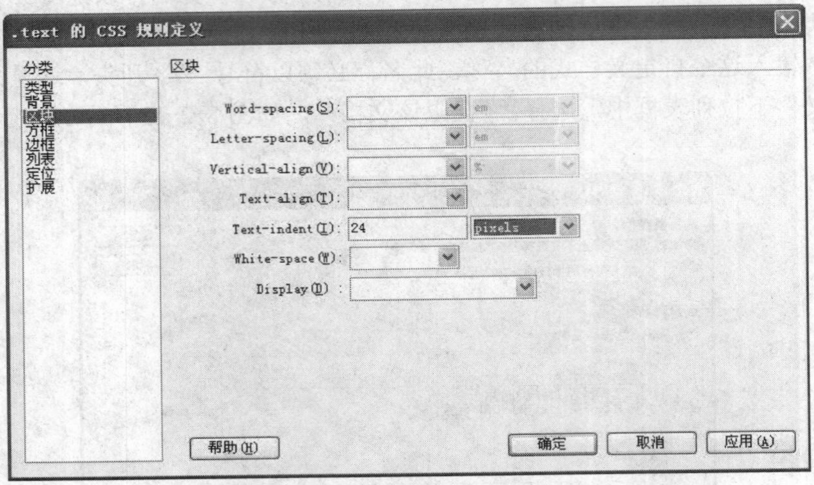

图 8-2-15

（4）单击“确定”按钮后，需要进行样式的应用。在正文中选中文字“新闻动态”，然后在“属性”面板上“类”下拉列表框中选择“text”选项，如图8-2-16所示。

图 8-2-16

（5）按快捷键F12预览页面，可看到文字缩进的效果，如图8-2-17所示。

图 8-2-17

8.2.4 设置边框样式

通过 CSS 的边框样式可以给对象添加边框，设置边框的颜色、粗细、样式等。

（1）在“CSS 样式”面板上单击“新建 CSS 规则”按钮，弹出“新建 CSS 规则”对话框。在“选择器类型”下拉列表框中选择“类（可应用于任何 HTML 元素）”选项；在“选择器名称”组合框中输入这个自定义样式的名称，名称必须以符号“.”开头，这里命名为“.form”；在“规则定义”下拉列表框中选择“(仅限该文档）选项”，如图 8-2-18 所示。

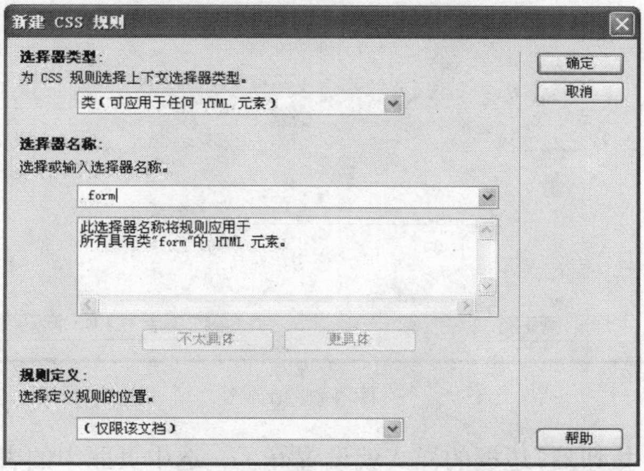

新建 CSS 规则
选择器类型：
为 CSS 规则选择上下文选择器类型。
类（可应用于任何 HTML 元素）
确定
取消
选择器名称：
选择或输入选择器名称。
.form
此选择器名称将规则应用于
所有具有类"form"的 HTML 元素。
不太具体 更具体
规则定义：
选择定义规则的位置。
（仅限该文档）
帮助

图 8-2-18

（2）单击“确定”按钮，关闭对话框。这时会打开“.form 的 CSS 规则定义”对话框，在此可进行样式表的定义，如图 8-2-19 所示。

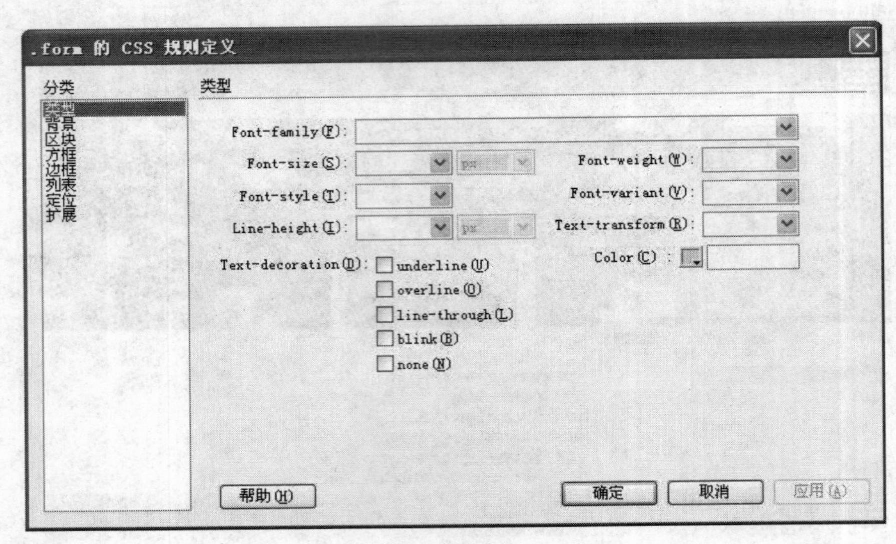

图 8-2-19

（3）从对话框左侧的“分类”列表框中选择“边框”选项，可在右侧区域设置 CSS 样式的边框格式。

（4）将 Style（样式）设置为 dashed（虚线），将 Width（宽度）设置为 1 px，Color（颜色）设置为红色（#F00），如图 8-2-20 所示。

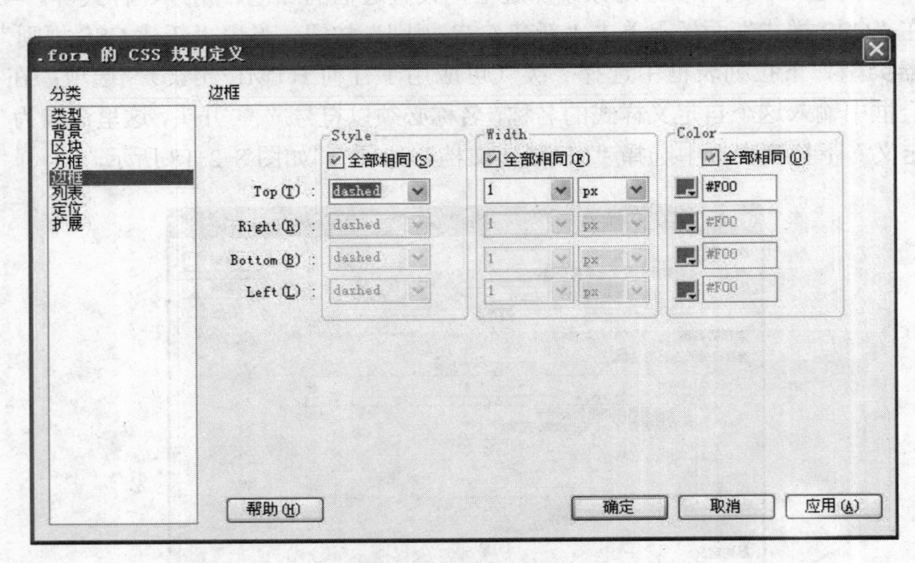

图 8-2-20

（5）单击“确定”按钮后，边框的样式就设置好了。选中页面中的表单元素，然后单击“属性”面板上“类”下拉列表框中的 form，即可应用样式如图 8-2-21 所示。

性别 男 女

曾经是否来过 有 没有

喜欢什么类型的展览 绘画

上传 浏览...

留言

提交 清除 MORE>>

友情链接 中央美术

<body><table><tr><td><form...><table><tr><td><textarea...> 100% 777 x 425 139 K / 3 秒 简体中文(GB2312)

属性

文本域 textarea 字符宽度(W) 35 类型 单行(S) 多行(M) 密码(P) 类(C) 无

行数 5 初始值(I) 无 form 重命名

禁用(D)

只读(R)

图 8-2-21

（6）按快捷键 F12 预览页面，可看到边框设置的效果，如图 8-2-22 所示。

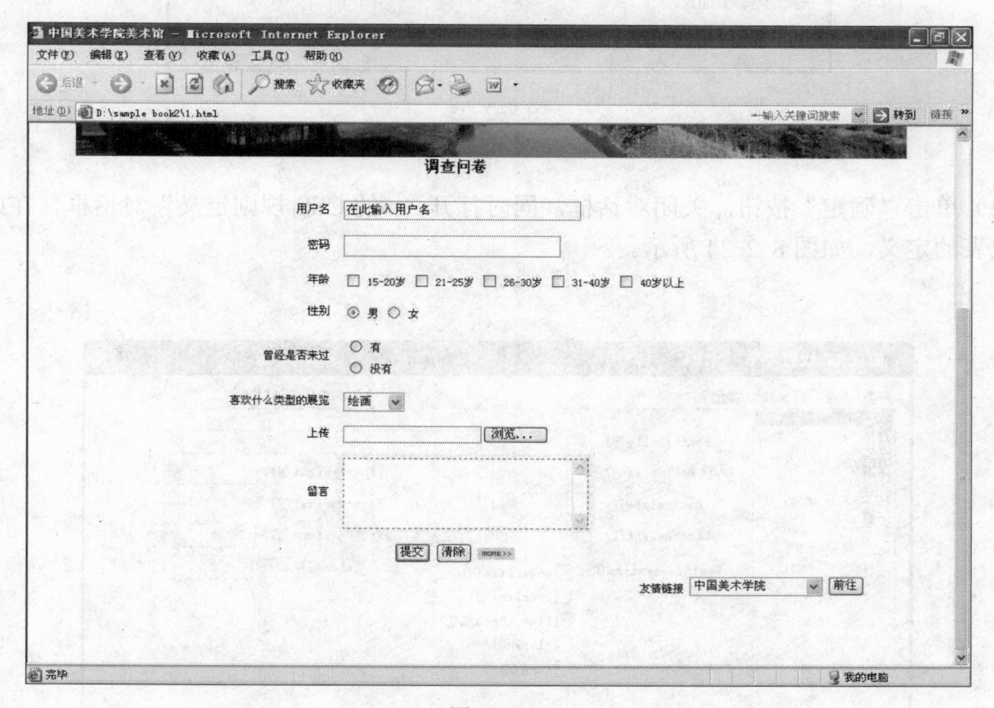

图 8-2-22

8.2.5 设置鼠标指针样式

通过 CSS 的 Cursor（指针）属性可以改变鼠标指针形状，当鼠标指针放在应用此属性的区域上时，其形状会发生变化。

（1）单击“新建 CSS 规则”按钮，在弹出的“新建 CSS 规则”对话框中，在“选择器类型”下拉列表框中选择“标签（重新定义 HTML 元素）”选项，在“选择器名称”组合框中选择标签 a，在“规则定义”下拉列表框中，选择“（仅限该文档）选项”，如图 8-2-23 所示。

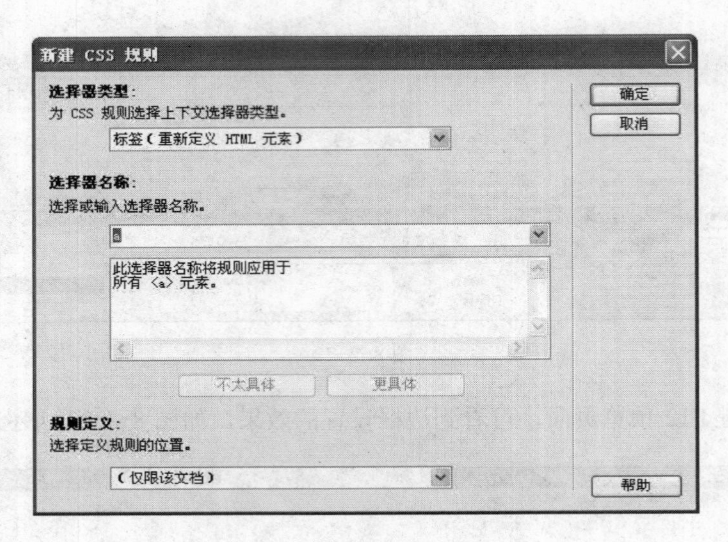

图 8-2-23

（2）单击“确定”按钮，关闭对话框，同时打开“a 的 CSS 规则定义”对话框，在此可进行样式表的定义，如图 8-2-24 所示。

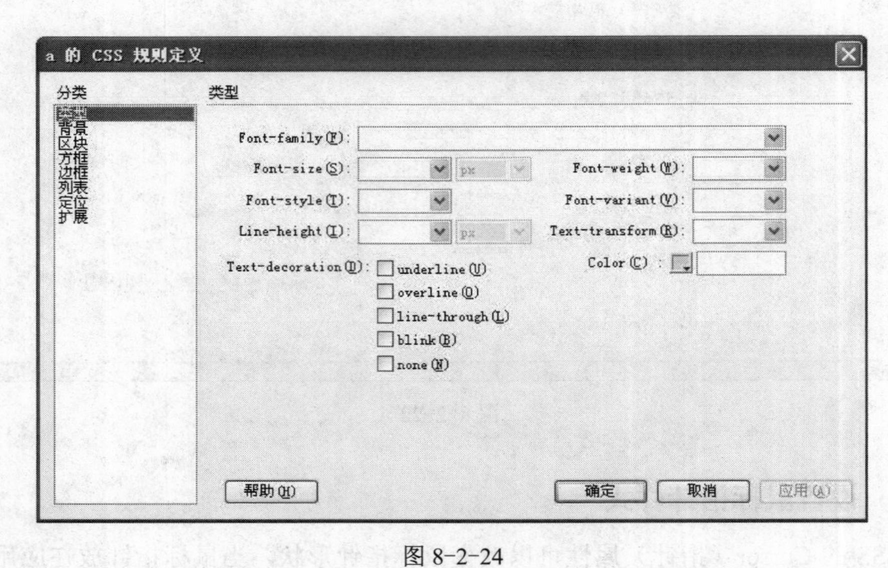

图 8-2-24

（3）从左侧的“分类”列表框中选择“扩展”选项，可在右侧区域设置 CSS 样式的扩展格式，将 Cursor 设置为 help（带问号的指针），如图 8-2-25 所示。

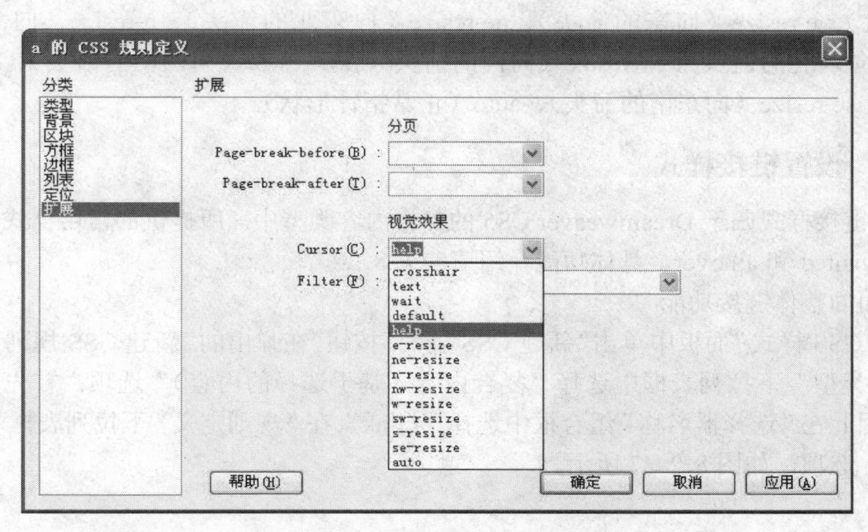

图 8-2-25

（4）单击“确定”按钮后，扩展的样式就设置好了。按快捷键 F12 预览页面，当鼠标指针放在链接文字上时，可看到鼠标指针形状发生了变化，如图 8-2-26 所示。

图 8-2-26

（5）除了help（带问号的指针），读者还可以尝试其他的指针形状，包括hand（手形）、crosshair（“十”字形）、text（文本选择符号）、wait（Windows的沙漏形状）、default（默认的指针形状）、e-resize（向东的箭头）、ne-resize（向东北的箭头）、n-resize（向北的箭头）、nw-resize（向西北的箭头）、w-resize（向西的箭头）、sw-resize（向西南的箭头）、s-resize（向南的箭头）、se-resize（向东南的箭头）、auto（正常指针形状）。

8.2.6　设置链接样式

CSS的链接样式归于Dreamweaver CS5的复合内容类型中。所提供的常用样式包括a:link、a:active、a:visited和a:hover。具体功能介绍请参见8.1.2节。

1．页面的整体链接功能

（1）在“CSS样式”面板中单击“新建CSS规则”按钮，在弹出的“新建CSS规则”对话框中，在“选择器类型”下拉列表框中选择“复合内容（基于选择的内容）”选项；首先定义链接的默认样式，因此在“选择器名称”组合框中选择“a:link”，在“规则定义”下拉列表框中选择“（仅限该文档）”选项，如图8-2-27所示。

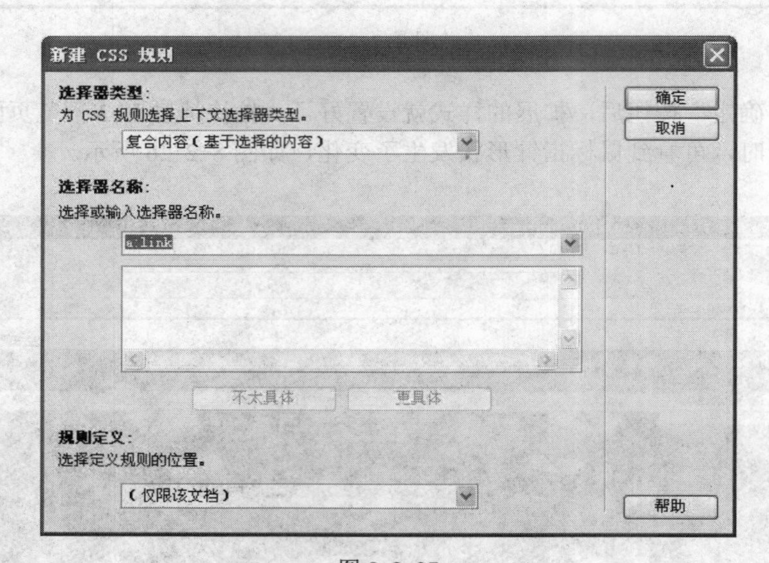

图8-2-27

（2）单击“确定”按钮，关闭对话框，同时打开“a:link的CSS规则定义”对话框，在此可进行样式表的定义。

（3）在左侧的“分类”列表框中选择“类型”选项，在Font-family（字体）下拉列表框中选择“宋体”，在Font-size（字体大小）组合框中输入“12”，单位设置为px（像素），Color（颜色）设置为#0066CC，在Text-decoration（文本修饰）选项组中选择none（无），其他选项采用默认值，如图8-2-28所示。

（4）此时，可看到链接文本的设置效果，如图8-2-29所示。

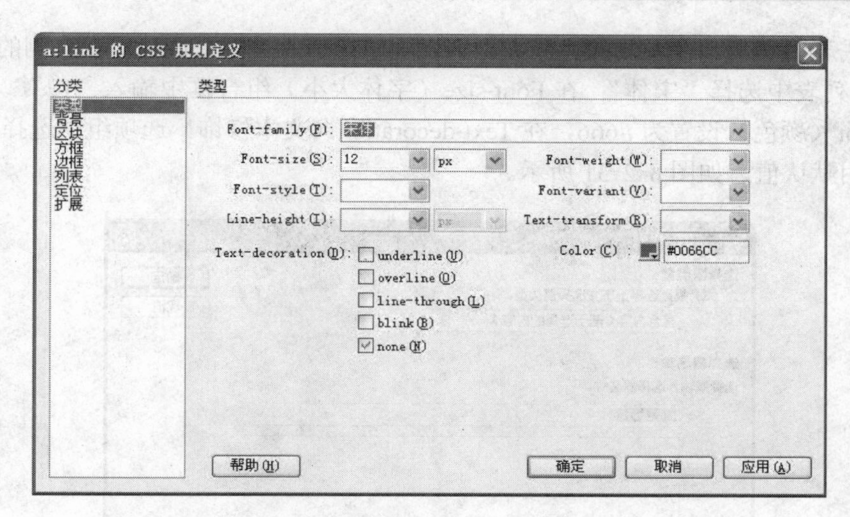

图 8-2-28

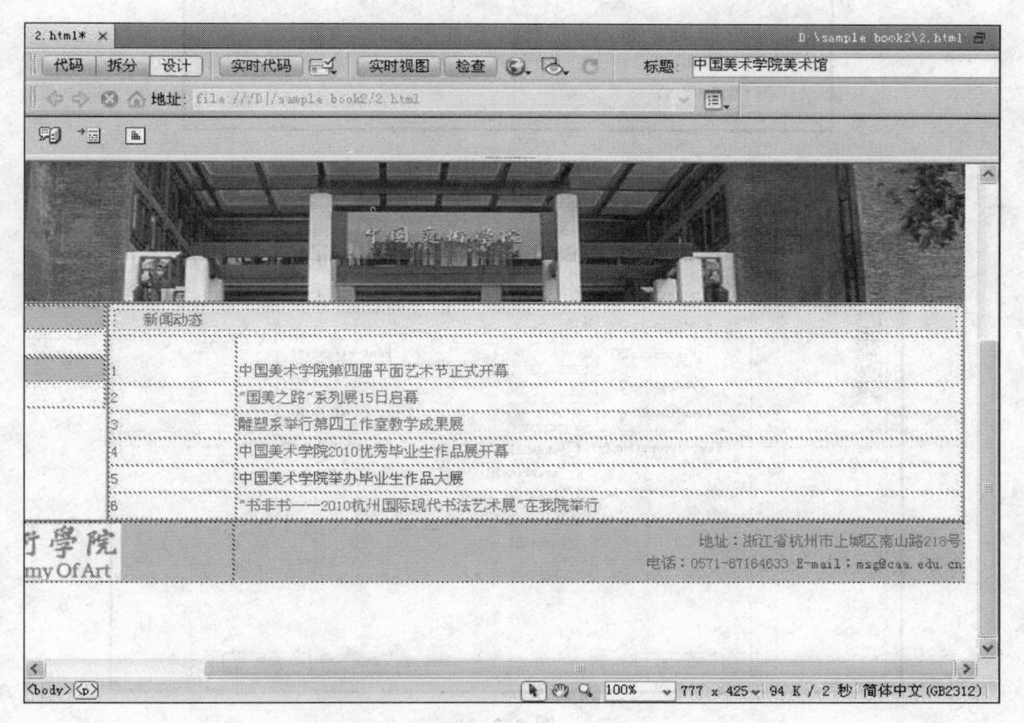

图 8-2-29

（5）在“CSS 样式”面板上单击“新建 CSS 规则”按钮，弹出“新建 CSS 规则”对话框，在“选择器类型”下拉列表框中选择“复合内容（基于选择的内容）”选项；这里要定义链接访问过后的状态，因此在“选择器名称”组合框中选择“a:visited”选项，在“规则定义”下拉列表框中选择“（仅限该文档）”选项，如图 8-2-30 所示。

（6）单击“确定”按钮，关闭对话框，同时打开“a:visited 的 CSS 规则定义”对话框，在此可进行样式表的定义。在左侧的“分类”列表框中选择“类型”选项。在右侧的 Font-family（字体）下拉列表中选择“宋体”；在 Font-size（字体大小）组合框中输入“12”，单位设为 px（像素）；Color（颜色）设置为 #666，在 Text-decoration（文本修饰）选项组中选择 none（无），其他选项采用默认值，如图 8-2-31 所示。

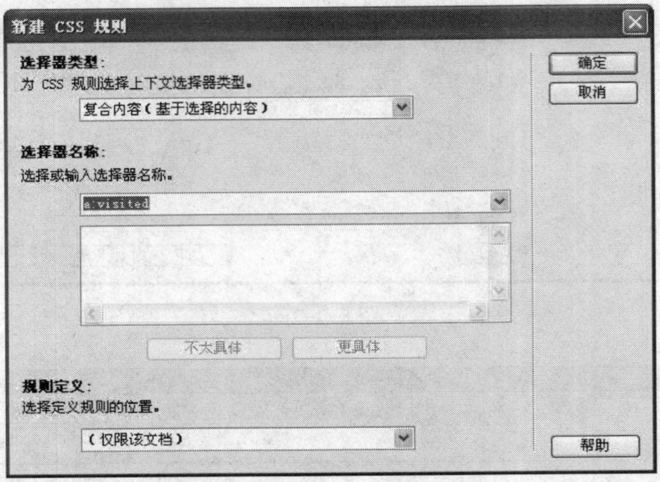

图 8-2-30

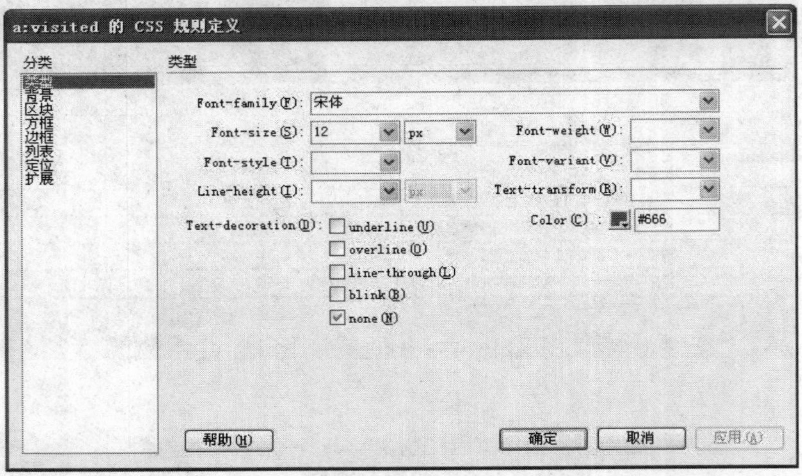

图 8-2-31

（7）设置完毕后，单击“确定”按钮，关闭对话框。按快捷键 F12 预览页面，当单击链接后，可看到链接文本设置的效果，如图 8-2-32 所示。

（8）在“CSS 样式”面板上单击“新建 CSS 规则”按钮，弹出“新建 CSS 规则”对话框。在“选择器类型”下拉列表框中选择“复合内容（基于选择的内容）”选项；这里要定义鼠标滚轮上滚的链接状态，因此在“选择器名称”下拉列表框中选择“a:hover”选项，在“规则定义”下拉列表框中选择“(仅限该文档)”选项，如图 8-2-33 所示。

图 8-2-32

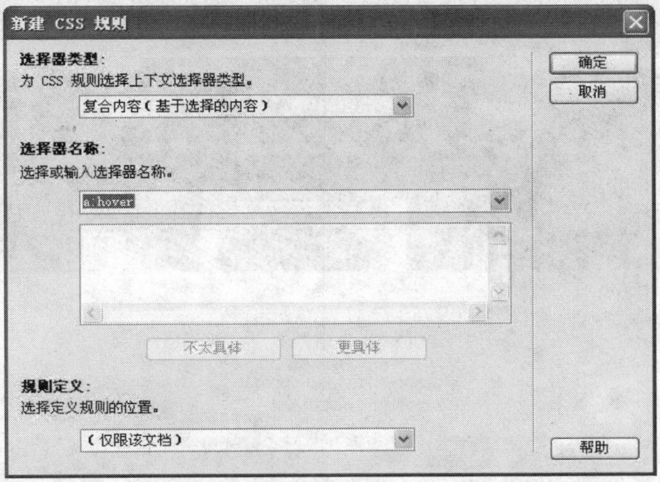

新建 CSS 规则

选择器类型：
为 CSS 规则选择上下文选择器类型。
复合内容（基于选择的内容）

选择器名称：
选择或输入选择器名称。
a:hover

不太具体 更具体

规则定义：
选择定义规则的位置。
（仅限该文档）

确定 取消 帮助

图 8-2-33

（9）单击“确定”按钮，关闭对话框，同时打开“a:hover 的 CSS 规则定义”对话框，在此可进行样式表的定义。在左侧的“分类”列表框中选择“类型”选项。在 Font-family 下拉列表框中选择“宋体”；在 Font-size 组合框中输入“12”，单位设置为 px；Color 设置为 #F00；在 Text-decoration 选项组中选择 underline（下划线），其他选项采用默认值，如图 8-2-34 所示。

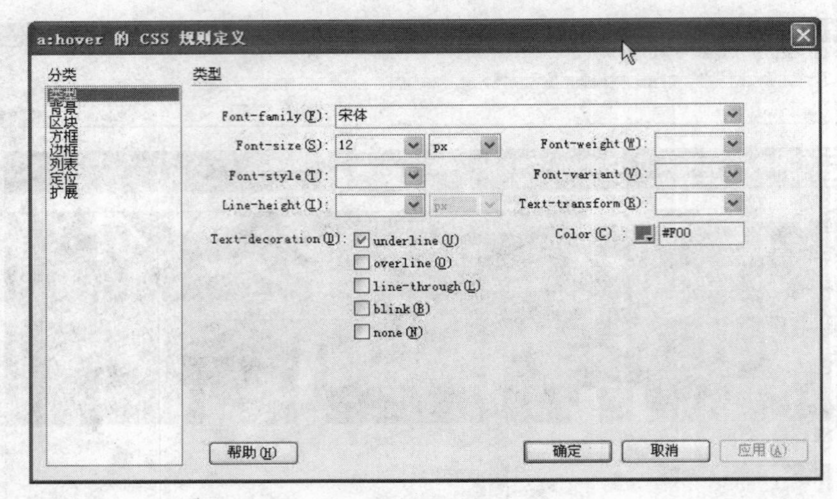

图 8-2-34

（10）设置完毕后，单击“确定”按钮，关闭对话框。按快捷键 F12 预览页面，当单击链接后，可看到链接文本设置的效果，如图 8-2-35 所示。

图 8-2-35

2. 页面的局部链接效果

在定义了样式之后，从浏览器中的预览效果可以看到，页面中的所有链接都变成了同一种效果。如果希望将页面底部的链接设计成其他样式，可以按如下步骤进行操作。

（1）在“CSS样式”面板中单击“新建CSS规则”按钮,弹出“新建CSS规则”对话框,在“选择器类型”下拉列表框中选择“复合内容（基于选择的内容）”选项；首先定义链接的默认样式，因此在 “选择器名称”组合框中选择“a:link”选项，然后将其修改成“a.box:link”，其中box为自定义的链接样式；在“规则定义”下拉列表框中选择“（仅限该文档）”，如图8-2-36所示。

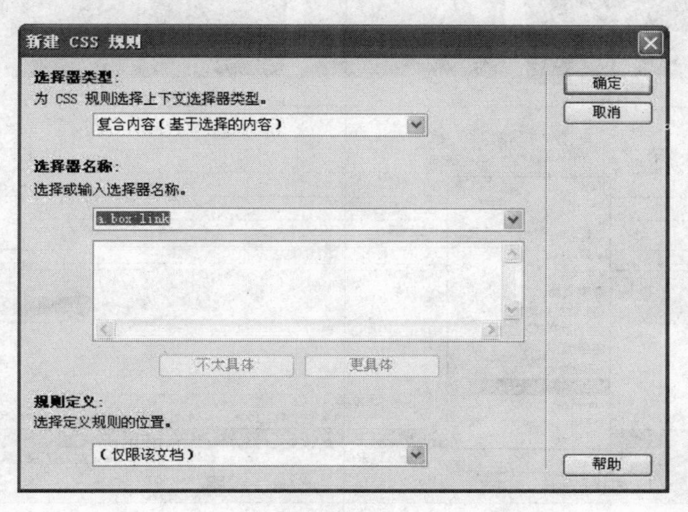

图8-2-36

（2）单击“确定”按钮，关闭对话框，同时打开“a.box:link的CSS规则定义”对话框，在此可进行样式表的定义。

（3）在左侧的“分类”列表框中选择“类型”选项。在Font-family下拉列表框中选择“宋体”；在Font-size组合框中输入“12”，单位设置为px；Color设置为#FFFFFF；在Text-decoration选项组中选择none选项，其他选项采用默认值，如图8-2-37所示。设置完毕后，单击“确定”按钮，关闭对话框。这时，在“CSS样式”面板中会出现建立好的样式。

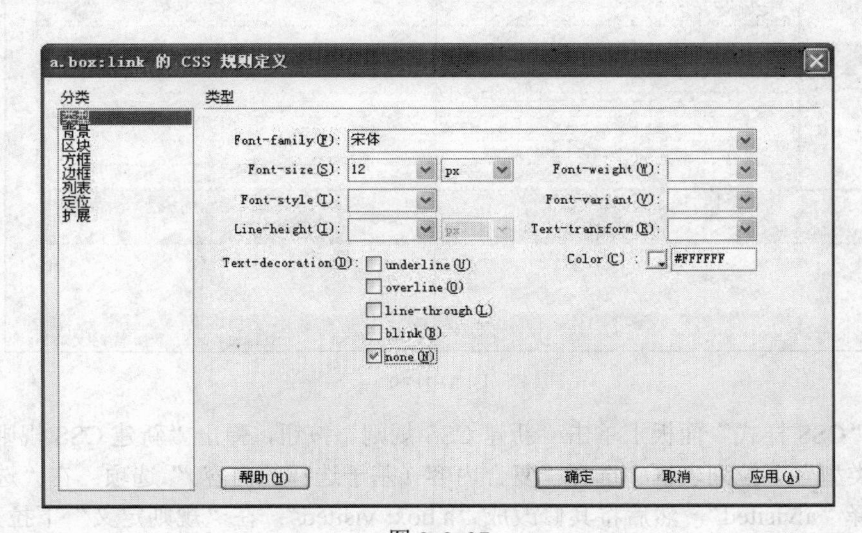

图8-2-37

（4）对于自定义的高级样式，需要单独进行样式的应用。将底部的链接文字分别选中，然后从“属性”面板上的“目标规则”下拉列表框中选择“box”，如图 8-2-38 所示。

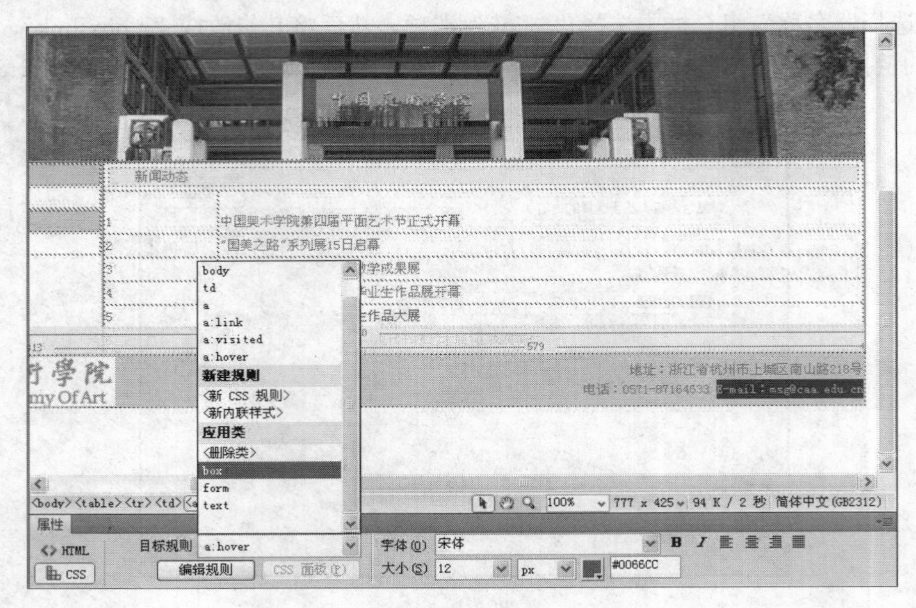

图 8-2-38

（5）这时，可看到自定义链接文本设置的效果，如图 8-2-39 所示。

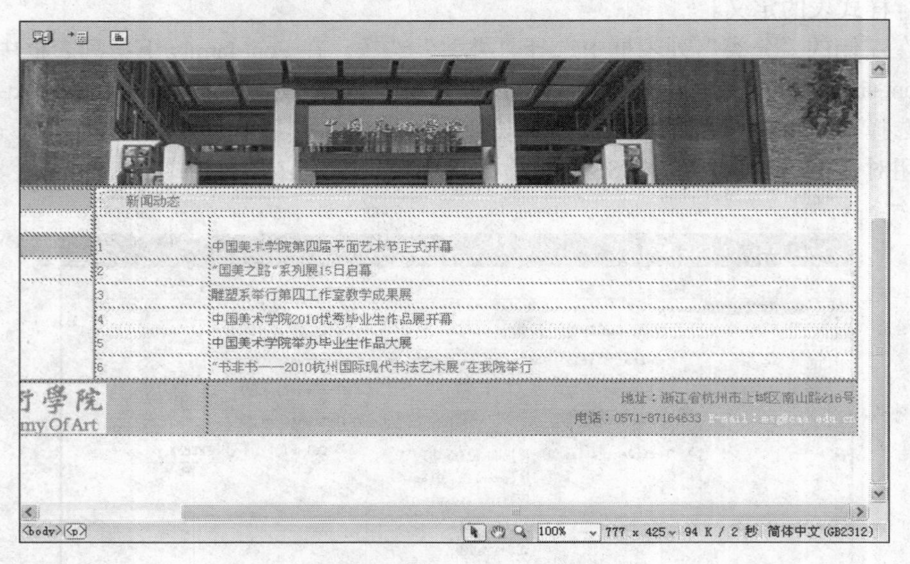

图 8-2-39

（6）在“CSS 样式”面板上单击“新建 CSS 规则”按钮，弹出“新建 CSS 规则”对话框，在“选择器类型”下拉列表框中选择“复合内容（基于选择的内容）”选项；在“选择器名称”组合框中选择“a:visited”，然后将其修改成“a.box: visited”；在“规则定义”下拉列表框中选择“（仅限该文档）”选项，如图 8-2-40 所示。

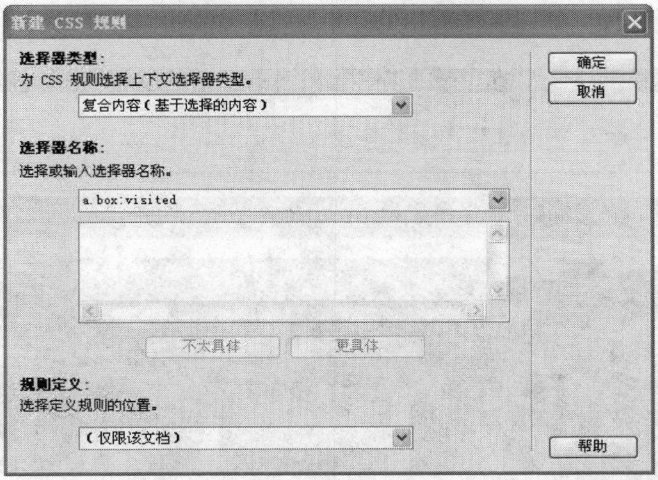

图 8-2-40

（7）单击“确定”按钮，关闭对话框，同时打开“a.box:vistied 的 CSS 规则定义”对话框，在此可进行样式表的定义。在左侧的“分类”列表框中选择“类型”选项；在 Font-family 下拉列表框中选择“宋体”；在 Font-size 组合框中输入“12”，单位设置为 px；Color 设置为 #FFFF00；在 Text-decoration 选项组中选择 none 选项，如图 8-2-41 所示。

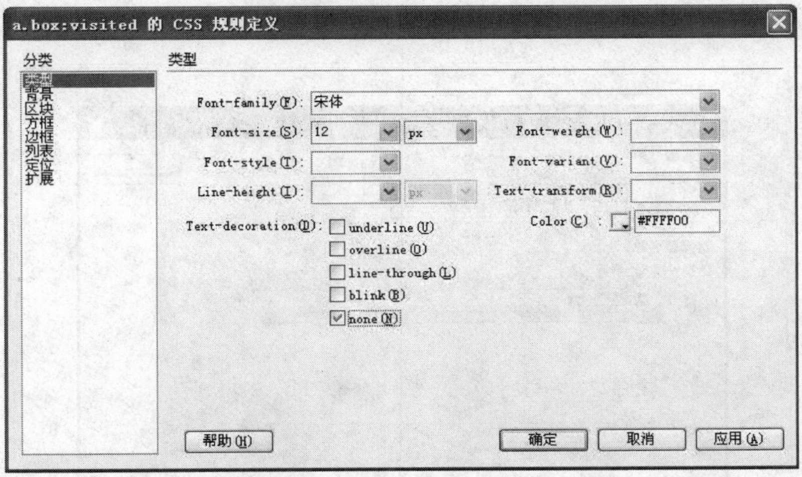

图 8-2-41

（8）其他属性采用默认值，设置完毕后，单击“确定”按钮，关闭对话框。这时，在“CSS 样式”面板中会出现建立好的样式。

（9）按快捷键 F12 预览页面，当单击链接后，可看到链接文本设置的效果，如图 8-2-42 所示。

（10）在“CSS 样式”面板上单击“新建 CSS 规则”按钮，弹出“新建 CSS 规则”对话框。在“选择器类型”下拉列表框中选择“复合内容（基于选择的内容）”选项；在“选择器名称”组合框中选择“a:hover”，然后将其修改成“a.box: hover”；在“规则定义”下拉列表框中选择“(仅限该文档)”选项，如图 8-2-43 所示。

图 8-2-42

新建 CSS 规则

选择器类型：

为 CSS 规则选择上下文选择器类型。

复合内容（基于选择的内容）

选择器名称：

选择或输入选择器名称。

a.box:hover

不太具体 更具体

规则定义：

选择定义规则的位置。

（仅限该文档）

确定 取消 帮助

图 8-2-43

（11）单击“确定”按钮，关闭对话框，同时打开“a.box:hover 的 CSS 规则定义”对话框，在此可进行样式表的定义。在左侧的“分类”列表框中选择“类型”选项；在 Font-family 下拉列表框中选择“宋体”；在 Font-size 组合框中输入“12”，单位设置为 px；Color 设置为

#000000；在 Text-decoration 选项组中选择 underline 选项，如图 8-2-44 所示。

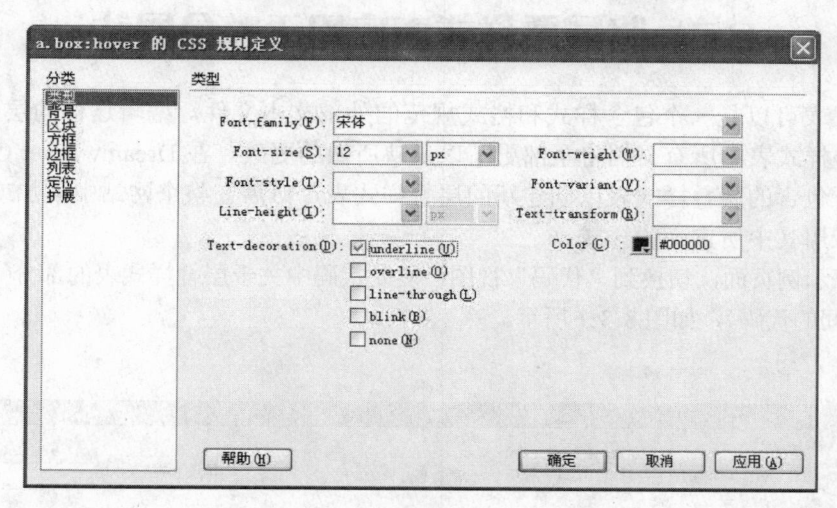

图 8-2-44

（12）其他属性采用默认值，设置完毕后，单击“确定”按钮，关闭对话框。从“CSS 样式”面板中可以看到刚才建立的 3 项样式。

（13）按快捷键 F12 预览页面，当鼠标指向链接后，可看到链接文本设置的效果，如图 8-2-45 所示。

图 8-2-45

8.3 将层叠样式表应用于整个网站

层叠样式表可以是一个包含样式和格式规范的外部文本文件，编辑这样的层叠样式表时，链接到该层叠样式表的所有文档将全部更新以反映所做的更改。在 Dreamweaver CS5 中，可以导出文档中所包含的层叠样式表以创建新的层叠样式表，然后在整个网站中附加或链接到外部样式表，以应用其中所定义的样式。

（1）打开示例页面，切换到“代码”视图，复制代码中关于层叠样式表的部分（标签 <style> 和 </style> 之间的代码），如图 8-3-1 所示。

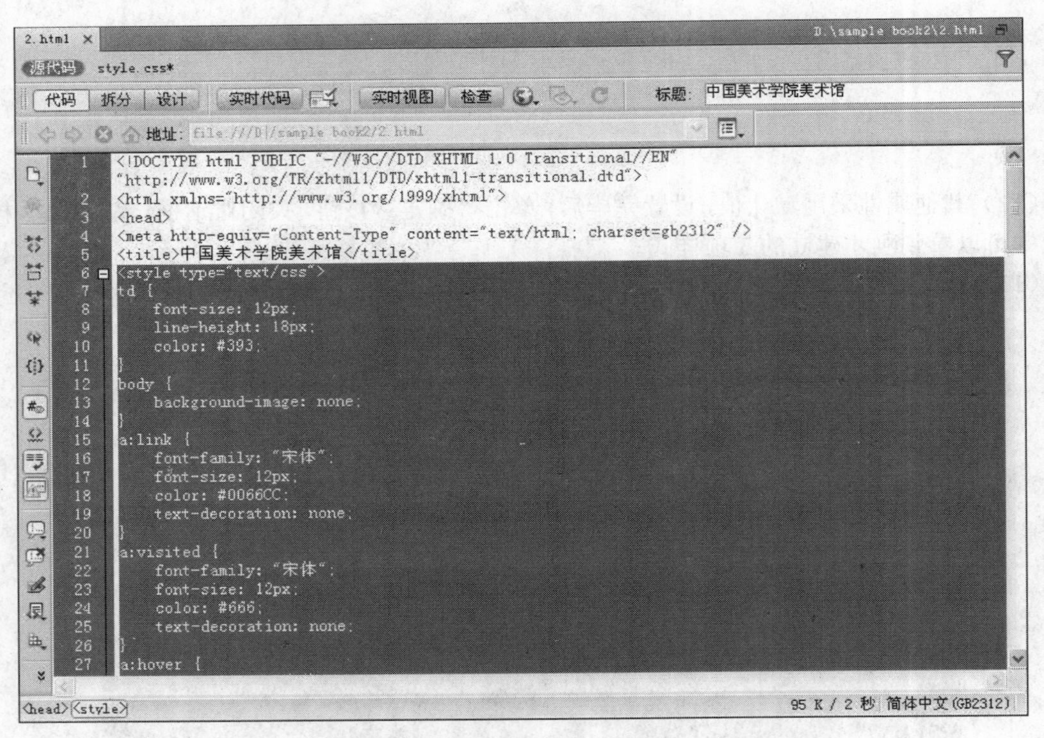

图 8-3-1

（2）在菜单栏选择“文件”→“新建”命令，在打开的“新建文档”对话框中，选择“页面类型”列表框中的 CSS 选项，单击“创建”按钮，把复制的代码粘贴到新建的 CSS 页面文件中，并保存到站点文件夹中，如图 8-3-2 所示。

（3）打开另一示例页面，单击“CSS 样式”面板右上方的扩展按钮，从下拉菜单中选择“附加样式表”命令，如图 8-3-3 所示。

（4）在弹出的“链接外部样式表”对话框中，以链接的方式将刚才导出的外部 CSS 文件导入当前页面，如图 8-3-4 所示。

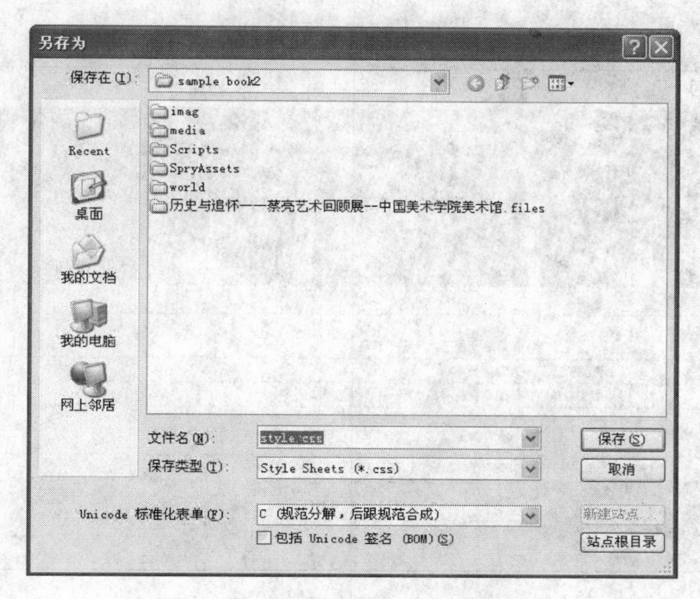

图 8-3-2

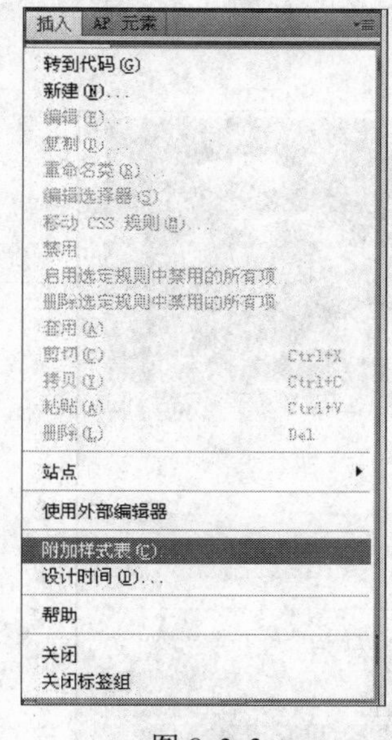

图 8-3-3

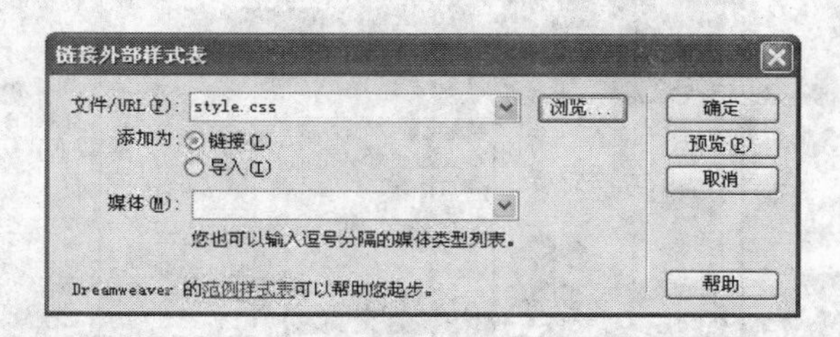

图 8-3-4

（5）单击“确定”按钮后，除了类样式外，其他样式都将应用到新页面上，省去了重新建立样式的麻烦，如图 8-3-5 所示。

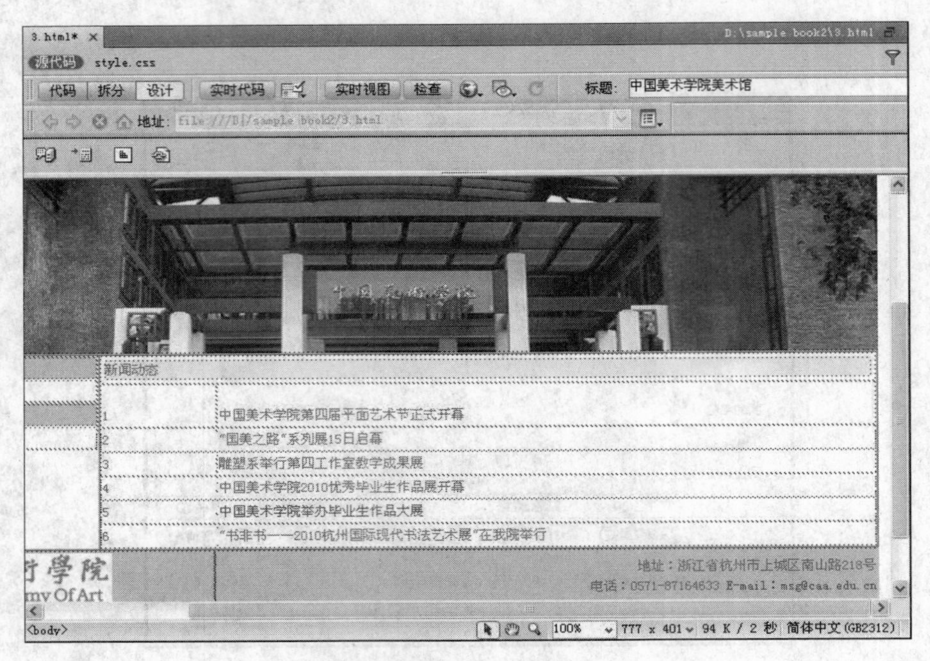

图 8-3-5

（6）将所需的类样式（如 text、box 等）分别应用于各自的对象，如图 8-3-6 所示。

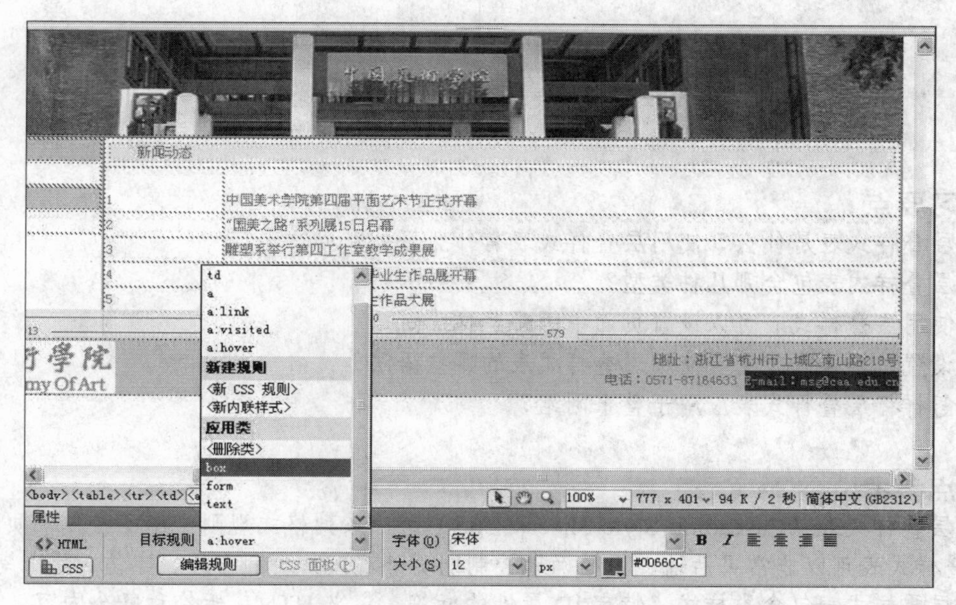

图 8-3-6

（7）按快捷键 F12 预览页面，可以看到页面美化完成的效果，如图 8-3-7 所示。

图 8-3-7

本章小结

回顾学习要点

1. 层叠样式表是什么？使用层叠样式表有什么好处？
2. 层叠样式表包含哪几种类型？
3. 使用层叠样式表可以设置页面中的哪些样式？
4. 设置链接样式时需要使用层叠样式表的哪些语法？
5. 怎样将层叠样式表应用于整个网站？

学习要点参考

1. 层叠样式表（Cascading Style Sheet，CSS）是一系列格式规则，用于控制网页的外观。使用层叠样式表可以非常灵活地、更精确地控制网页外观，如页面布局、字体、字号等。

2. 层叠样式表包含类样式、特定ID属性的标签、定义HTML标签和复合内容。

3. 使用层叠样式表可以设置页面中的文本样式、背景样式、区块样式、边框样式、鼠标指针样式等。

4. 层叠样式表的链接样式归于Dreamweaver CS5的复合内容中。常用的样式包括a:link、a:active、a:visited和a:hover。其中，a:link用于设置正常状态下链接文字的样式，a:active用于设置鼠标单击时链接文字的外观，a:visited用于设置访问过的链接文字的外观，a:hover用于设置鼠标放置在链接文字上时文字的外观。

5. 在Dreamweaver CS5中，可以导出文档中所包含的CSS样式以创建新的层叠样式表，然后在整个网站中附加或链接到外部样式表，以应用其中所包含的样式。

习题

请在一个页面中设置文本、背景、链接和鼠标指针样式，并把设置好的样式应用到另一个页面中。

使用框架布局页面

Dreamweaver CS5

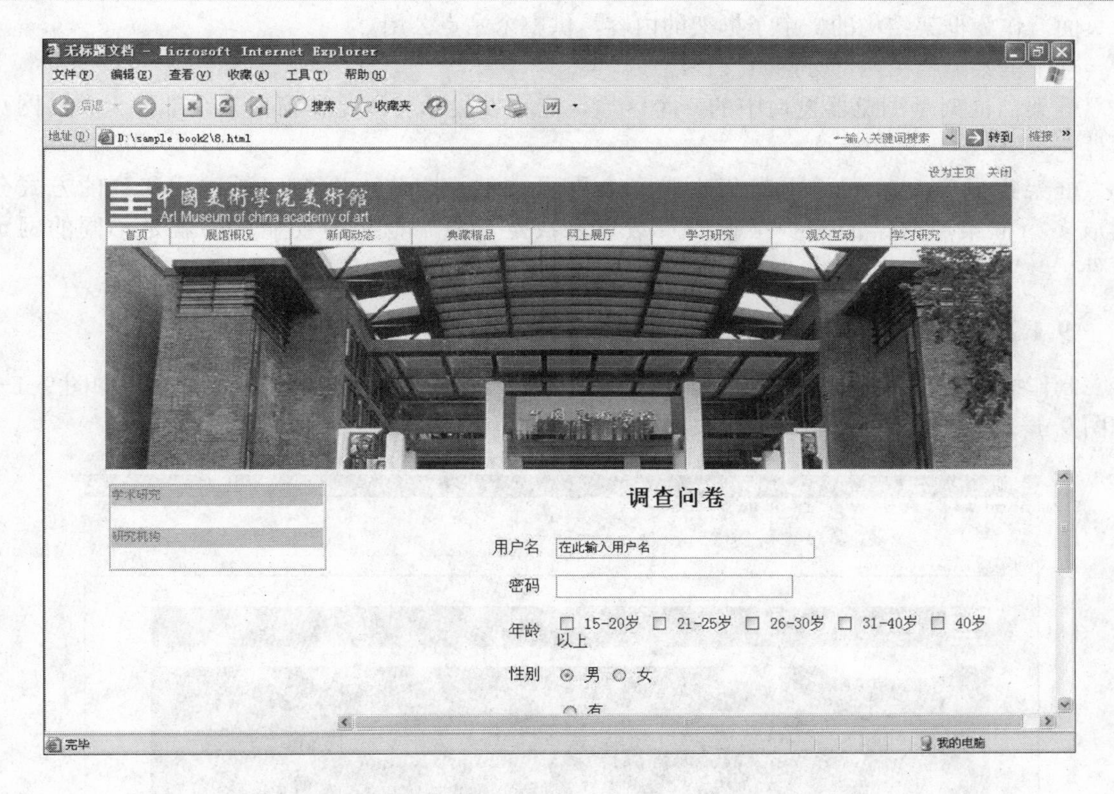

本章总览

本章将介绍在网页如何应用框架，主要包括以下内容：

- 创建普通框架页面
- 创建嵌套框架结构页面
- 创建浮动框架页面

9.1　框架的基本应用

框架（frame）是网页设计中最常用的手段之一，是指网页在一个浏览器窗口下分割成几个不同区域的形式。利用框架技术可实现在一个浏览器窗口中显示多个HTML页面。通过构建这些文档之间的相互关系，可以实现文档导航、文档浏览以及文件操作等目的。

9.1.1 关于框架

框架的作用就是把浏览器窗口划分为若干个区域，每个区域可以分别显示不同的网页。使用框架可以方便地实现导航功能。在模板出现之前，框架技术被广泛应用于页面导航。利用框架最大的特点就是可以使整个网站的风格统一。通常把一个站点中页面相同的部分单独做成一个页面，作为框架结构的一个子框架的内容，供整个站点公用。

一个框架结构由两部分网页文件组成。

框架：框架是浏览器窗口中的一个区域，它可以显示与浏览器窗口其余部分无关的网页文件。

框架集（frameset）：框架集也是一个网页文件，它将一个窗口通过行和列的方式分割成多个框架，框架的多少根据网页数量来决定，每个框架中要显示的就是不同的网页文件。

9.1.2 创建普通框架网页

制作框架站点的前提是先把所有的子框架页面制作好。现有两个子框架页面，如图 9-1-1 和图 9-1-2 所示。下面就将这两个页面整合成一个完整的框架页面。

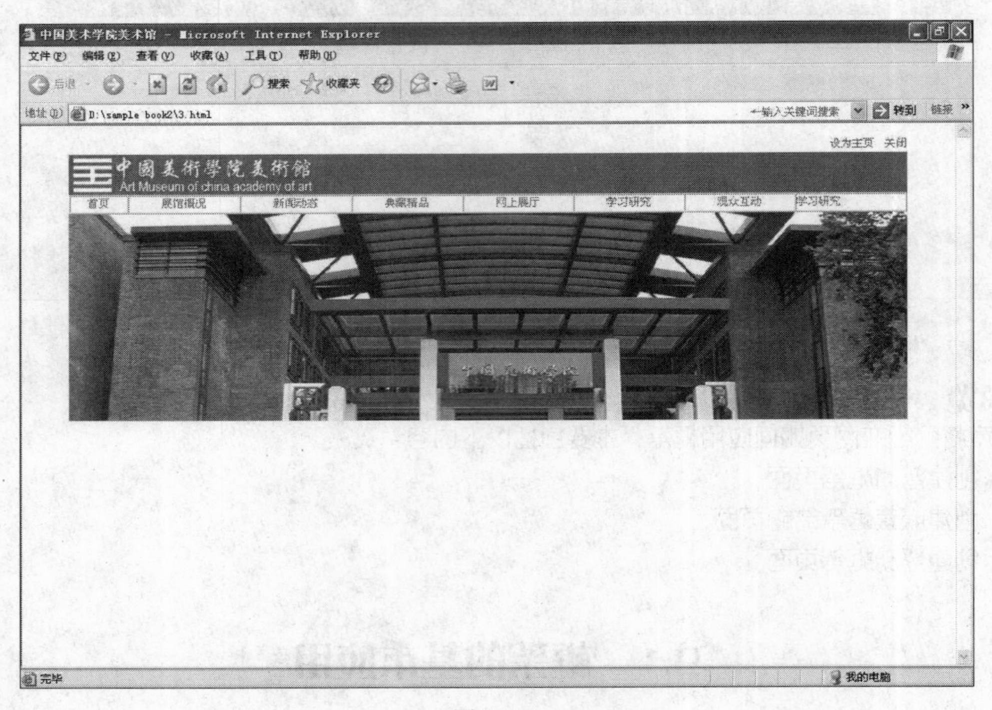

图 9-1-1

（1）在站点目录下建立一个名为 5.htm 的示例页面。通过在菜单栏选择“查看”→“可视化助理”→“框架边框”命令，使框架边框在文档窗口的“设计”视图中可见，如图 9-1-3 所示。

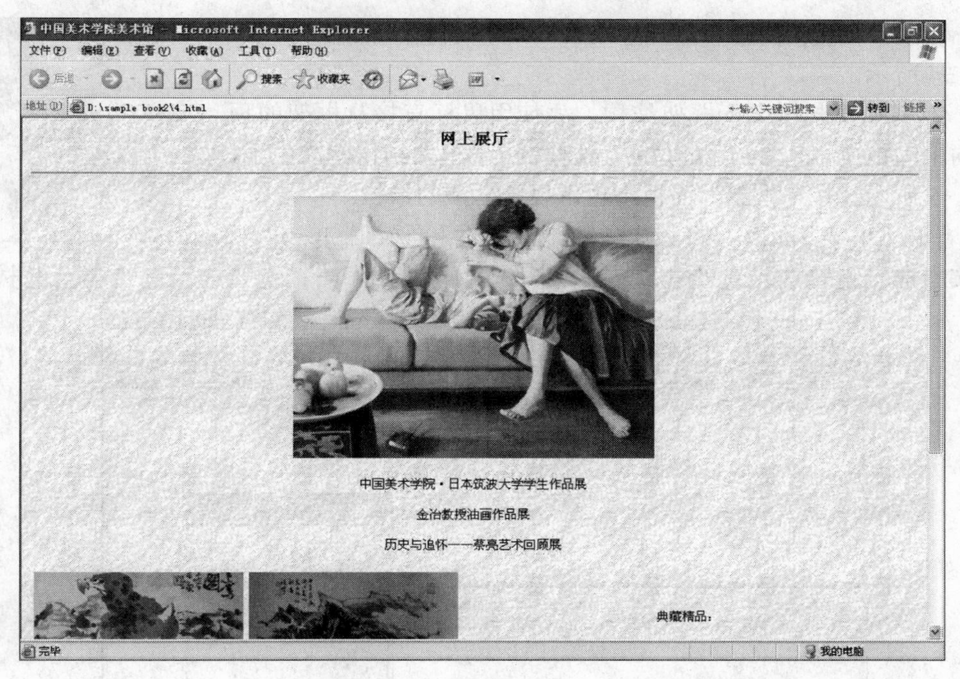
中国美术学院美术馆 - Microsoft Internet Explorer
文件(F) 编辑(E) 查看(V) 收藏(A) 工具(T) 帮助(H)
后退
搜索
收藏夹
地址(D) D:\sample book2\4.html
转到
链接
网上展厅
中国美术学院·日本筑波大学学生作品展
金治教授油画作品展
历史与追怀——蔡亮艺术回顾展
典藏精品：
完毕
我的电脑

图 9-1-2

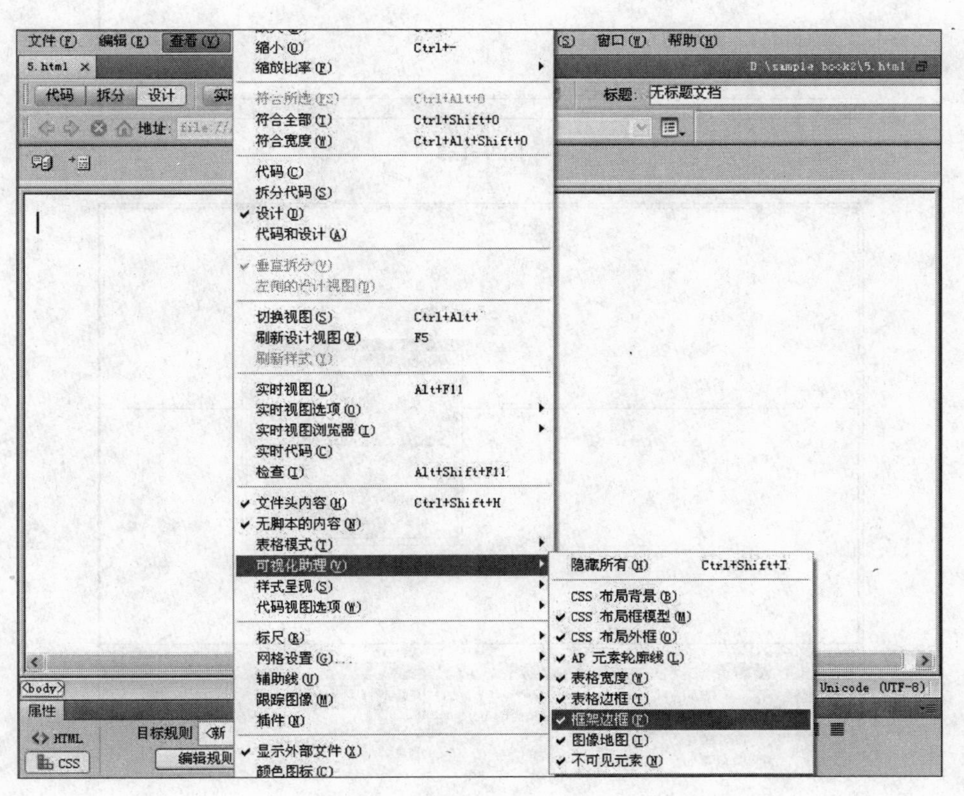
文件(F) 编辑(E) 查看(V)
窗口(W) 帮助(H)
5.html
D:\sample book2\5.html
代码 拆分 设计
标题: 无标题文档
地址:
缩小(O) Ctrl+-
缩放比率(P)
符合所选(FS) Ctrl+Alt+0
符合全部(T) Ctrl+Shift+0
符合宽度(W) Ctrl+Alt+Shift+0
代码(C)
拆分代码(S)
设计(D)
代码和设计(A)
垂直拆分(V)
左侧的设计视图(D)
切换视图(S)
刷新设计视图(R) F5
刷新样式(Y)
实时视图(L) Alt+F11
实时视图选项(O)
实时视图浏览器(I)
实时代码(C)
检查(I) Alt+Shift+F11
文件头内容(H) Ctrl+Shift+H
无脚本的内容(N)
表格模式(T)
可视化助理(V)
样式呈现(S)
代码视图选项(W)
标尺(R)
网格设置(G)...
辅助线(U)
跟踪图像(M)
插件(N)
显示外部文件(X)
颜色图标(C)
隐藏所有(H) Ctrl+Shift+I
CSS 布局背景(B)
CSS 布局框模型(M)
CSS 布局外框(O)
AP 元素轮廓线(L)
表格宽度(W)
表格边框(T)
框架边框(F)
图像地图(I)
不可见元素(N)
<body>
属性
HTML
CSS
目标规则
编辑规则
Unicode (UTF-8)

图 9-1-3

（2）在菜单栏选择“窗口”→“框架”命令，打开“框架”面板，如图 9-1-4 所示。

图 9-1-4

（3）本例中要制作上下框架结构，故使用鼠标直接从框架的顶部边缘向中间拖曳，直至合适的位置，这样，上下框架结构就产生了，如图 9-1-5 所示。在“框架”面板上也出现了框架的结构。

（4）单击“框架”面板上的上方框架，在“属性”面板上，单击“源文件”文本框右侧的“浏览文件”按钮，如图 9-1-6 所示。

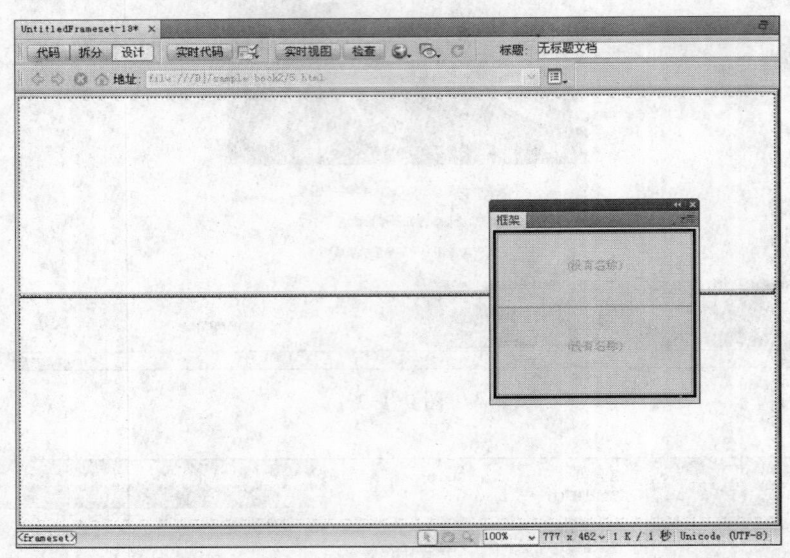

图 9-1-5

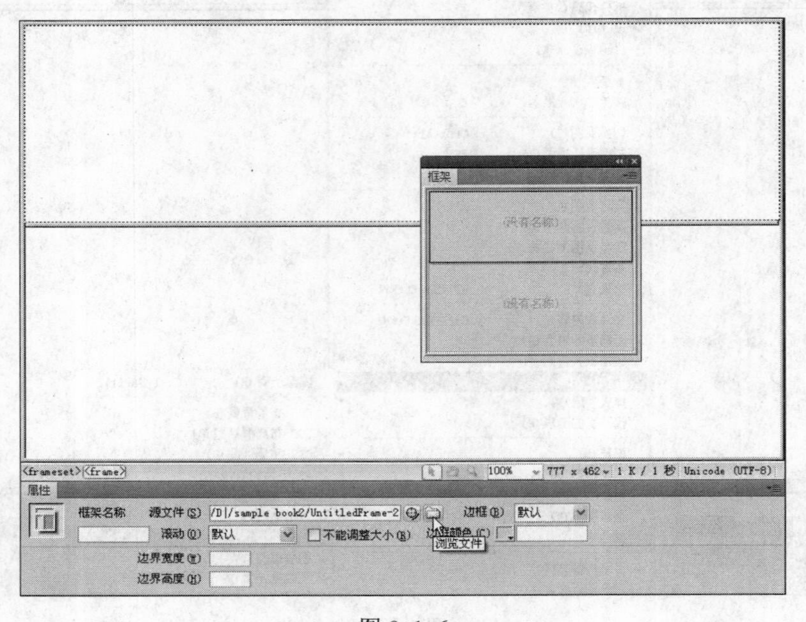

图 9-1-6

（5）在弹出的“选择 HTML 文件”对话框中，选择要在上方框架中显示的页面，如图 9-1-7 所示。

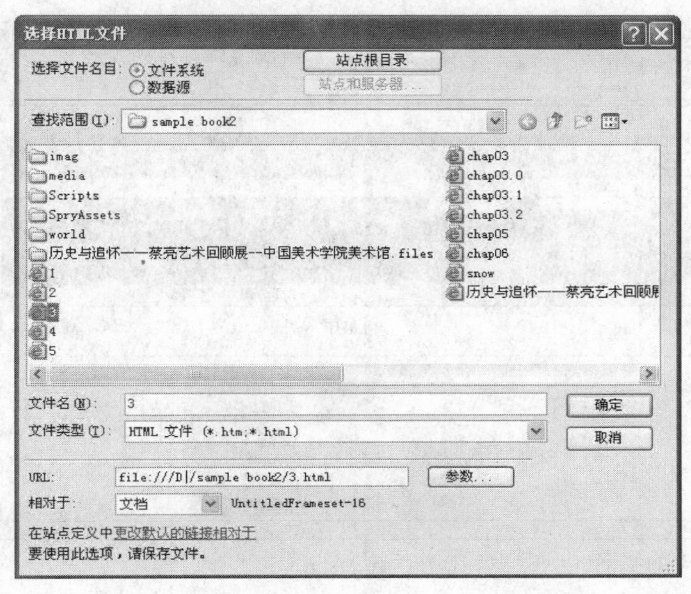

图 9-1-7

（6）单击“确定”按钮后，上方框架中会显示指定的页面，如图 9-1-8 所示。

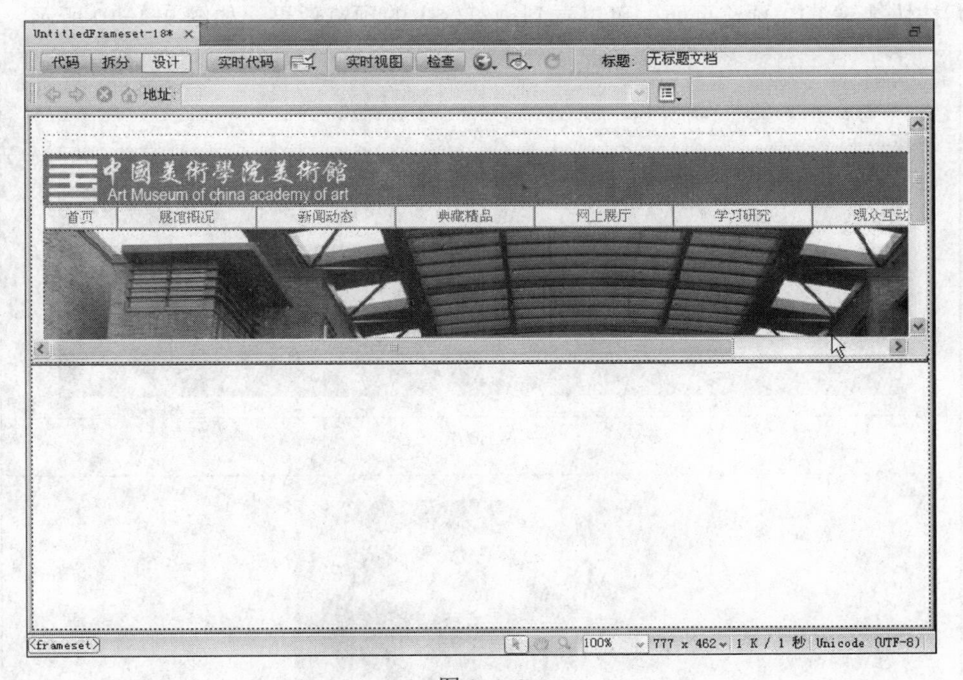

图 9-1-8

（7）同理，单击“框架”面板上的下方框架，单击“属性”面板上“源文件”文本框右侧的“浏览文件”按钮，在弹出的对话框中选择要在下方框架中显示的页面。这时，框架的上下两部分就可分别显示不同的页面，如图 9-1-9 所示。

图 9-1-9

（8）单击“框架”面板上的总框架集，然后从菜单栏上选择“文件”→“框架集另存为”命令，将总框架存储到本地站点目录下，这样才能够保证预览页面时显示正常。

（9）按快捷键 F12 预览页面，可以看到浏览器中的预览效果，如图 9-1-10 所示。

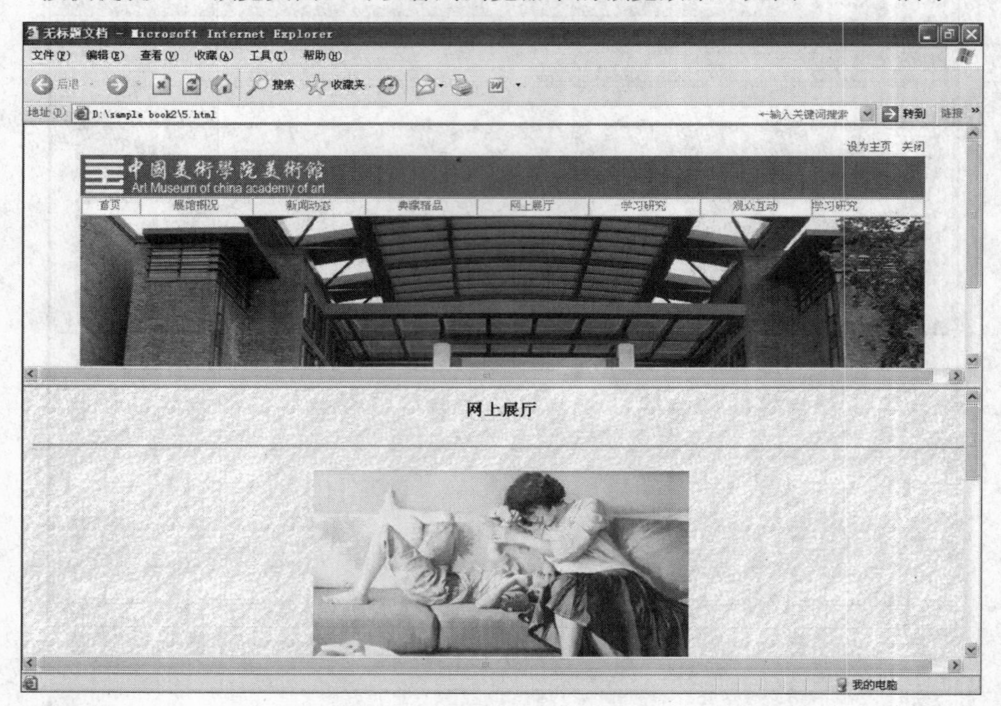

图 9-1-10

（10）单击框架的边框，选择“框架”面板上的总框架集，然后在“属性”面板上将“边框”设置为“否”，“边框宽度”设置为 0，选中“属性”面板上的上框架，将“行”高设置为 330 像素（根据上页面内容的实际高度），如图 9-1-11 所示。如果希望当浏览器缩放的时候，上方框架的大小不变，需要给框架的高或宽设置绝对值。

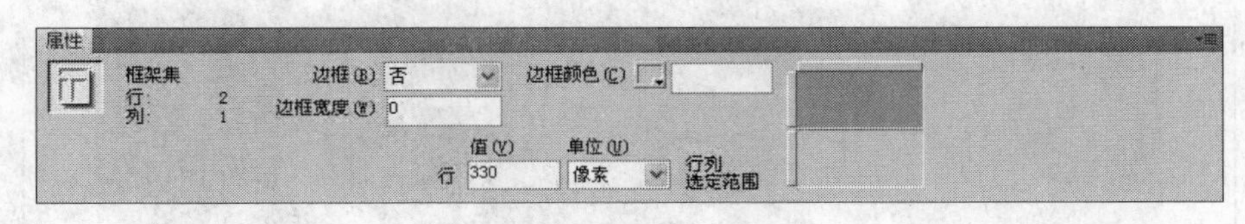

图 9-1-11

（11）网页中的各个框架不可能都设置为绝对尺寸。在给某个框架设置了以像素或百分比为单位的高和宽之后，剩余的高和宽会分配给“单位”设置为“相对”的框架。选中“属性”面板上的下方框架，将“行”的单位设置为“相对”，如图 9-1-12 所示。

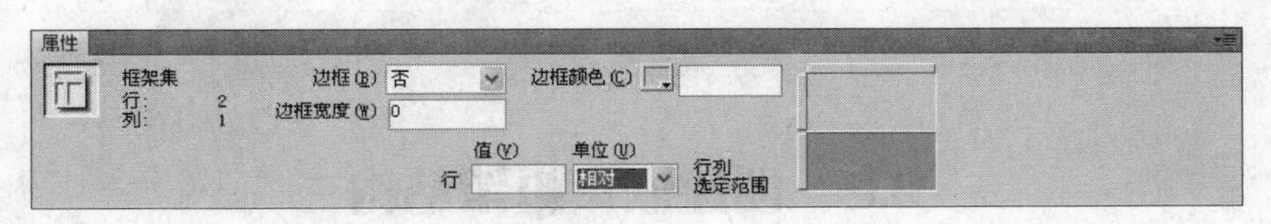

图 9-1-12

（12）选择“框架”面板上的上方框架，从最终的效果看出，该网页上半部分不需滚动条，在“属性”面板上将“滚动”设置为“否”，即隐藏滚动条。制作完毕的网页肯定不希望浏览器随意调整框架页面大小，因此选中“属性”面板上的“不能调整大小”复选框，然后将“边框”设为“否”，这样可以保证在浏览器中查看框架时隐藏当前框架的边框。属性设置如图 9-1-13 所示。

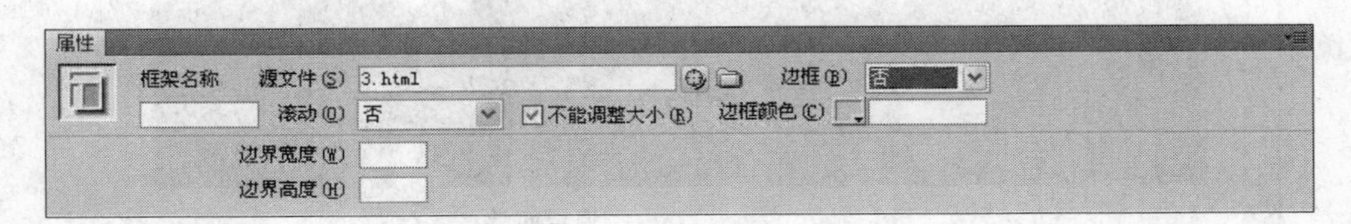

图 9-1-13

（13）下方框架的设置与上方框架唯一的不同在于“滚动”选项，因为下方的页面内容可能会很长，设置为“自动”意味着只有在浏览器窗口中没有足够的空间来显示当前框架的完整内容时，才显示滚动条。至此，“属性”面板中框架的样式定义基本完成。按快捷键 F12 预览页面，效果如图 9-1-14 所示。

图 9-1-14

9.2 创建嵌套框架结构

本节将创建一个利用嵌套的基本框架搭建的网站。从图 9-2-1 所示的页面可以看出，该网

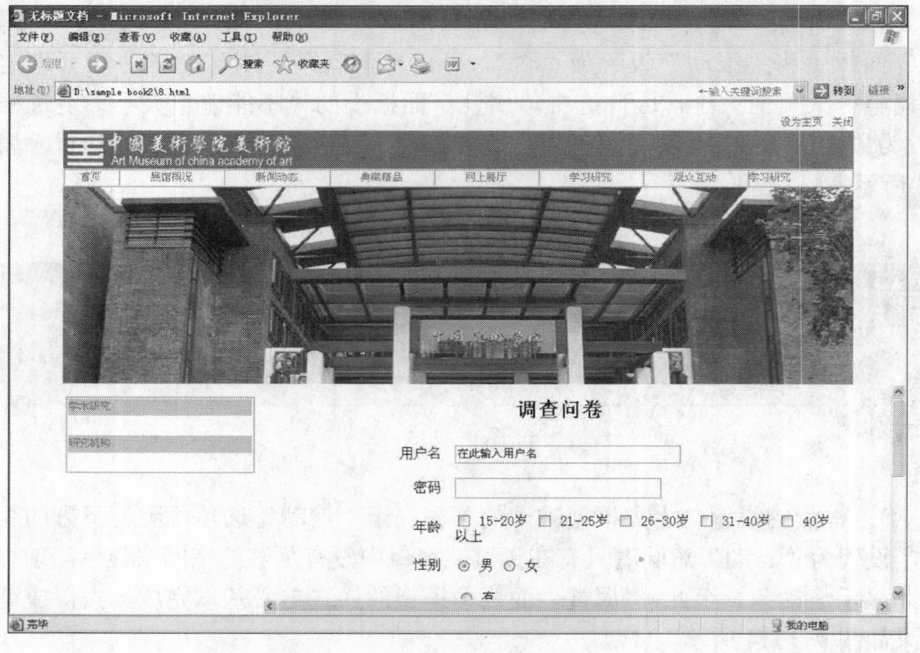

图 9-2-1

页将一个浏览器窗口分割成三个部分，分别是上、左下、右下三个框架。这种框架结构称为嵌套框架结构，也是最复杂的一种框架。一个框架集文件可以包含多个嵌套的框架。大多数使用框架的网页实际上都使用嵌套的框架，并且在 Dreamweaver 中预定义的大多数框架集也使用嵌套的框架。如果在一组框架内，不同行或不同列中有不同数目的框架，则要求使用嵌套的框架。

下面提供了 3 个页面，分别代表上、左下、右下 3 个框架页面，如图 9-2-2。

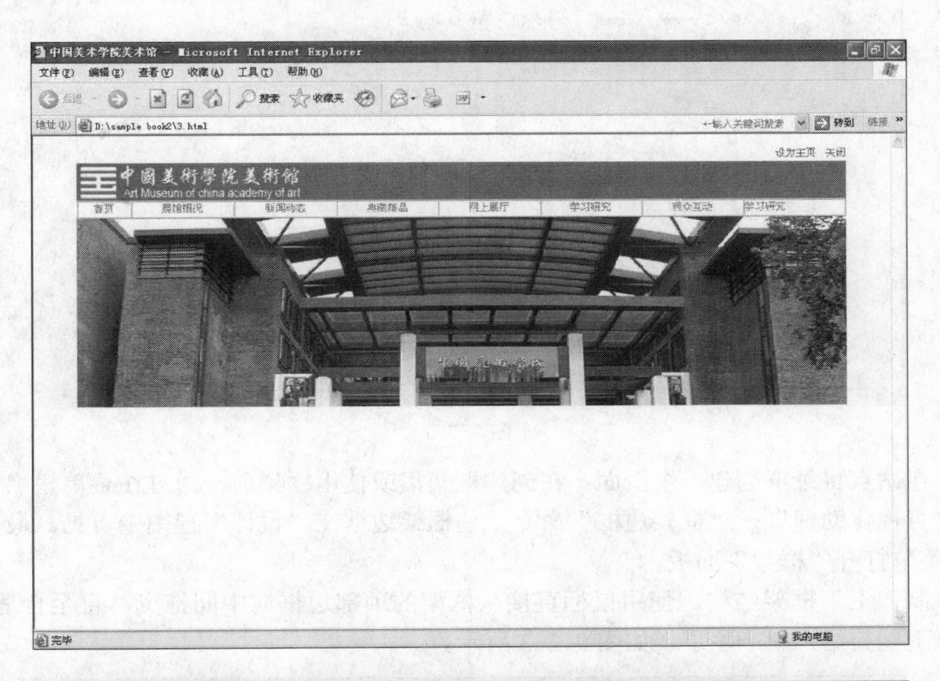

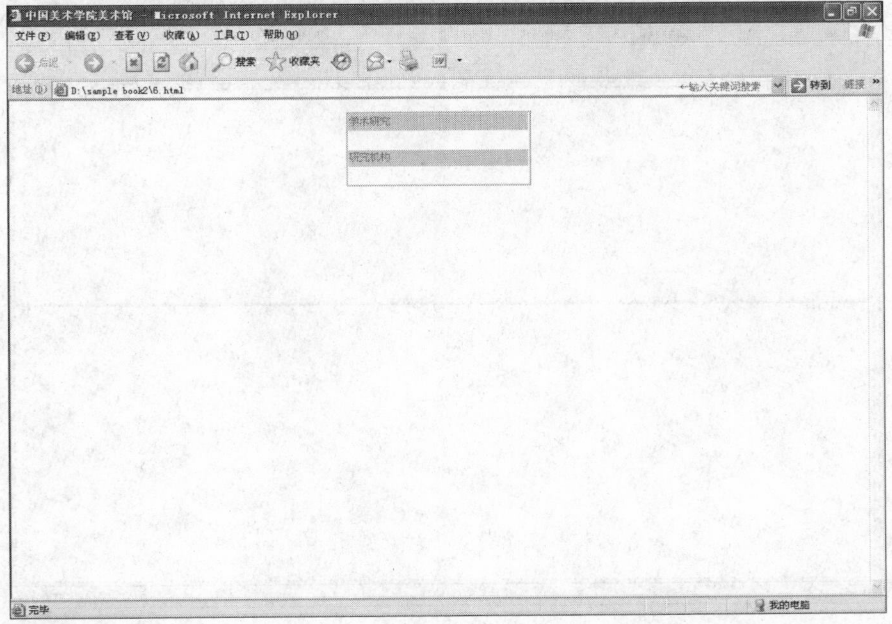

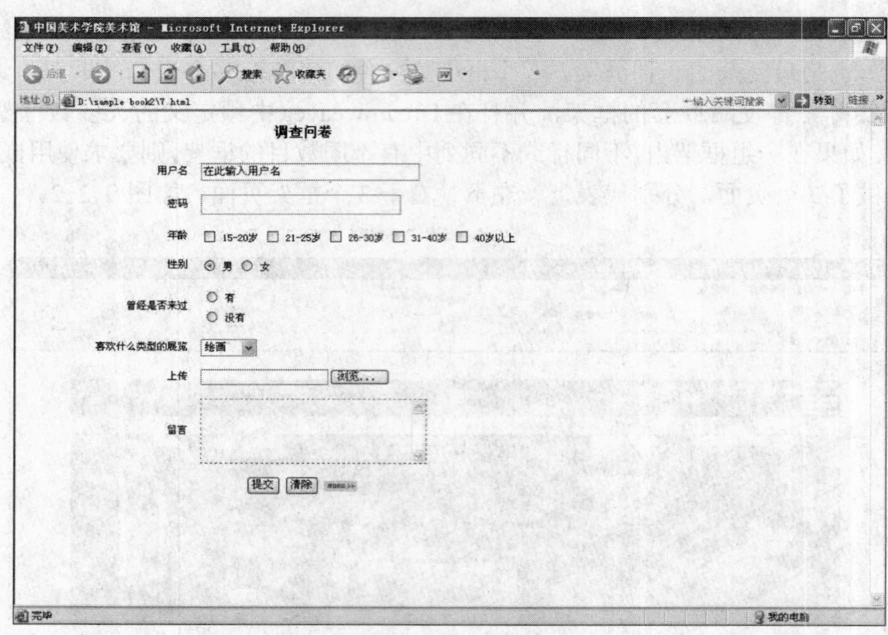

图 9-2-2

（1）在站点目录下创建一个页面；在创建框架集或使用框架前，通过在菜单栏上选择“查看”→“可视化助理”→“框架边框”命令，使框架边框在“设计”视图中可见。最后，通过“窗口”菜单打开“框架”面板。

（2）制作上下框架结构。使用鼠标直接从框架的顶部边框向中间拖曳，直至合适的位置，这样，上下框架结构就产生了，如图 9-2-3 所示。

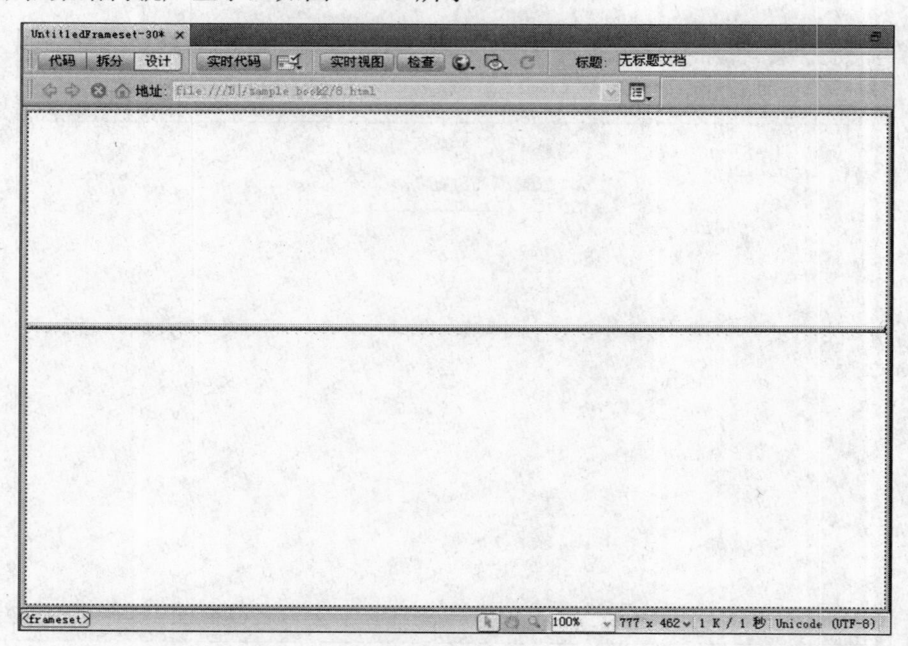

图 9-2-3

（3）在刚才创建好的上下框架结构的基础上，单击“框架”面板中下方的框架，然后再将框架左边框向右拖曳，产生嵌套框架，如图 9-2-4 所示。

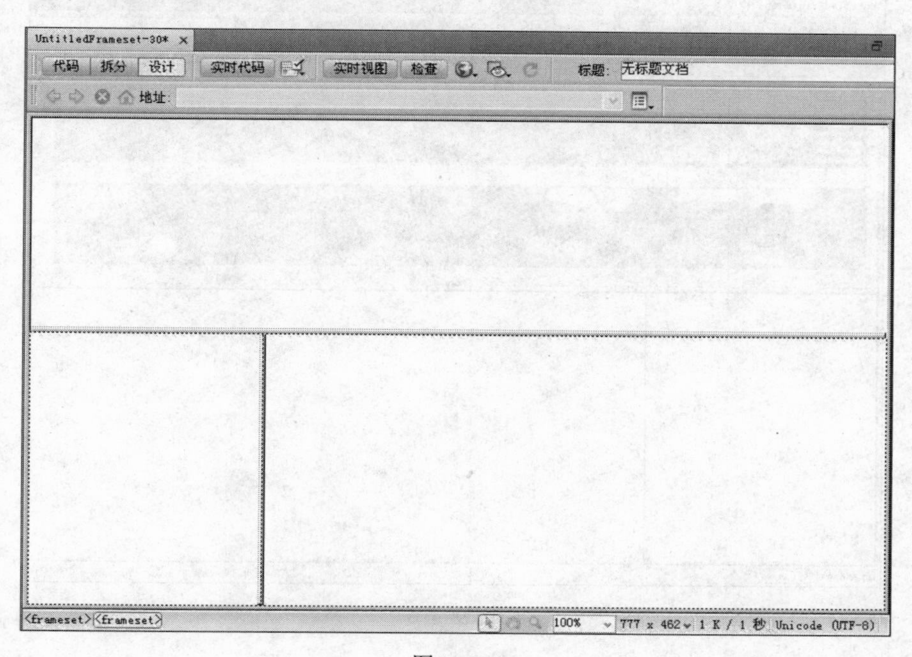

图 9-2-4

（4）单击“框架”面板中的上方框架，单击“属性”面板中“源文件”文本框右侧的“浏览文件”按钮，在弹出的对话框中选择要在上方框架中显示的页面，如图 9-2-5 所示。

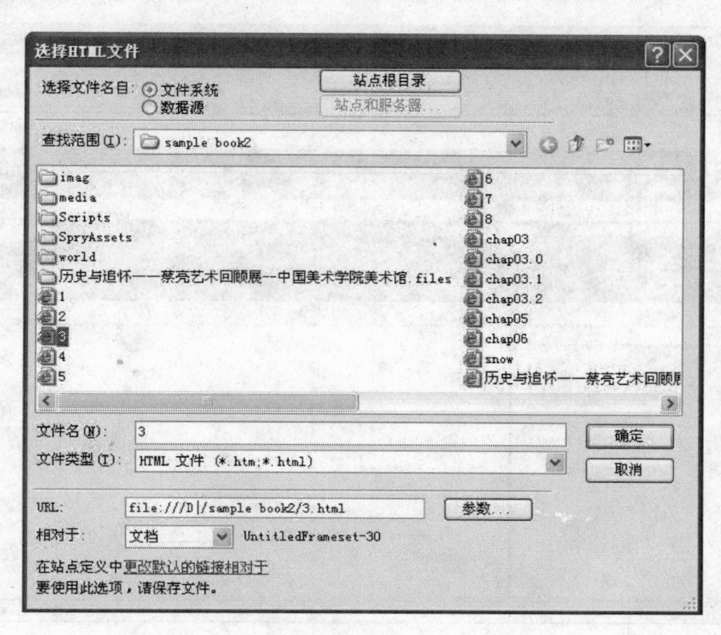

图 9-2-5

（5）单击“确定”按钮后，上方框架中会显示指定的页面，如图 9-2-6 所示。

图 9-2-6

（6）单击“框架”面板中左下方的框架，单击“属性”面板中“源文件”文本框右侧的“浏览文件”按钮，在弹出的对话框中选择要在左下方框架中显示的页面，单击“确定”按钮后，左下方框架中会显示指定的页面，如图 9-2-7 所示。

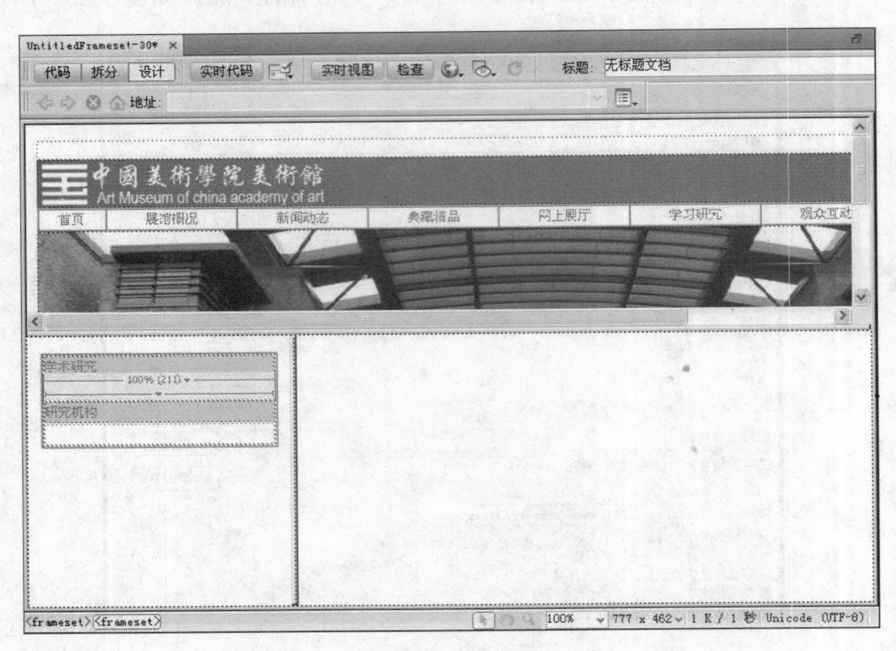

图 9-2-7

（7）同样，选择“框架”面板中的右下方框架，单击“属性”面板中“源文件”文本框右侧的“浏览文件”按钮，在弹出的对话框中选择要在右下方框架中显示的页面，单击“确定”按钮后，右下方框架中会显示指定的页面，如图 9-2-8 所示。

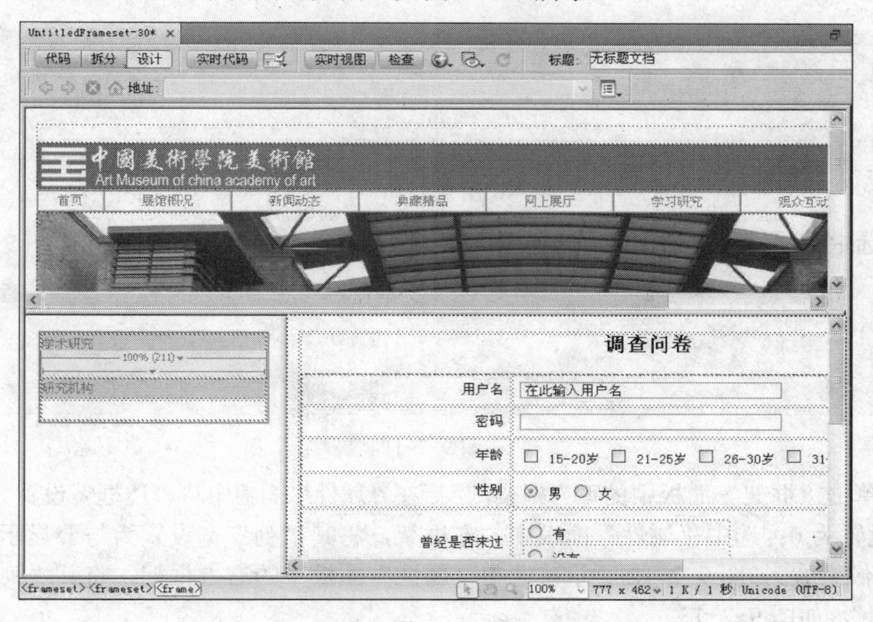

图 9-2-8

（8）单击“框架”面板中的总框架集，然后从菜单中选择“文件框架集另存为”命令，将总框架集存储到本地站点目录下，这样才能够保证预览页面时显示正常。

（9）按快捷键 F12 预览页面，可以看到浏览器中的页面设计效果，如图 9-2-9 所示。

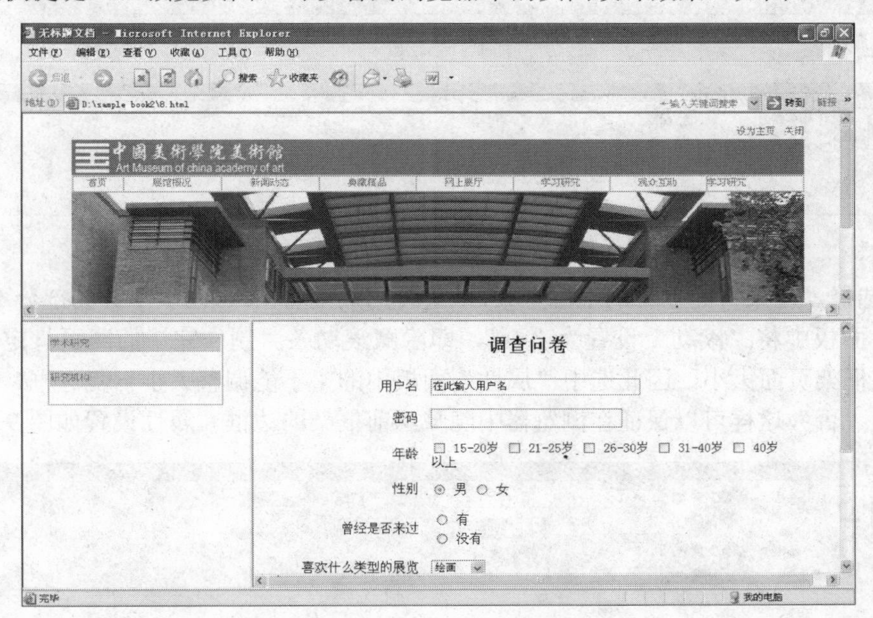

图 9-2-9

（10）在“框架”面板中，单击框架的边框，选择总框架集，在“属性”面板中将“边框”设置为“否”，“边框宽度”设置为0，选中“属性”面板中的上方框架，将其“行”高设置为330像素（根据上页面内容的实际高度），如图9-2-10所示。

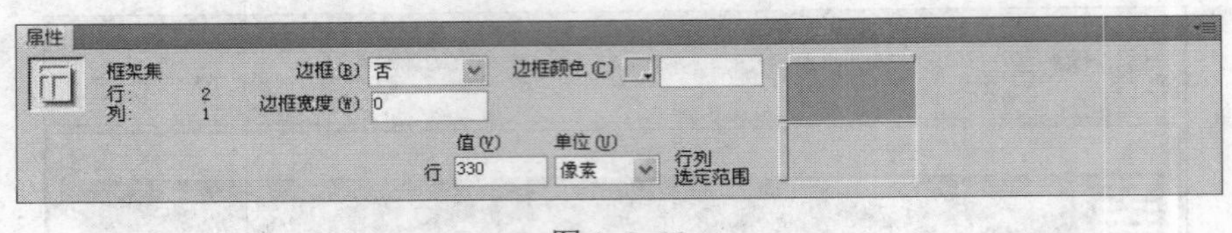

图 9-2-10

（11）选中“属性”面板中的下方框架，将“行”的单位设置为“相对”，如图9-2-11所示。

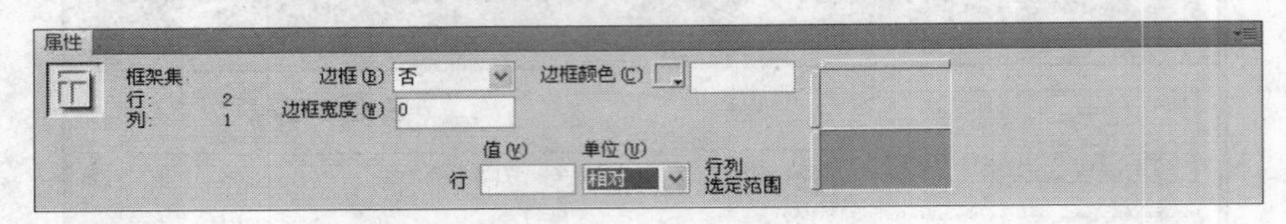

图 9-2-11

（12）单击“框架”面板中的下方框架，然后在“属性”面板中将“边框”设置为“否”，“边框宽度”设置为0；选中“属性”面板中的左框架，将其“列”宽设置为与要显示页面的宽度相同（216像素），如图9-2-12所示；选中“属性”面板中的右方框架，将其“列”的单位设置为“相对”，如图9-2-13。

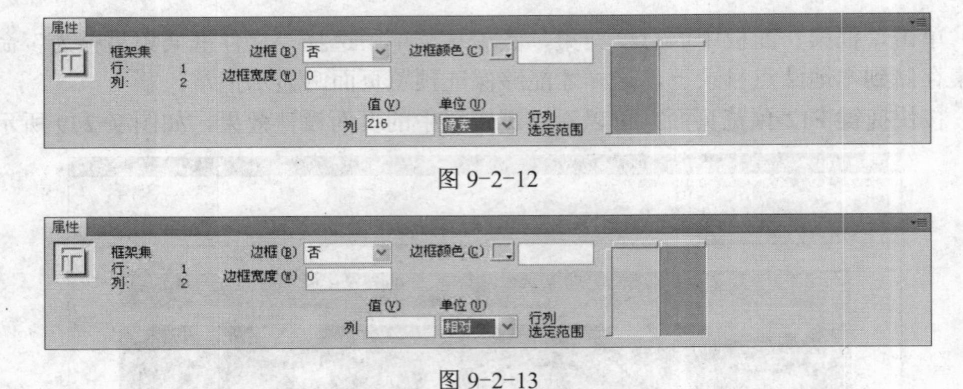

图 9-2-12

图 9-2-13

（13）选择“框架”面板中的上方框架，从最终的效果看出，该网页上边的部分不需滚动条，在“属性”面板中将“滚动”设置为“否”，即隐藏滚动条。制作完毕的网页肯定不希望浏览器随意调整框架页面大小，因此选中“属性”面板中的“不能调整大小”复选框，然后将“边框”设置为“否”，这样可以保证在浏览器中隐藏当前框架的边框。属性设置如图9-1-14所示。

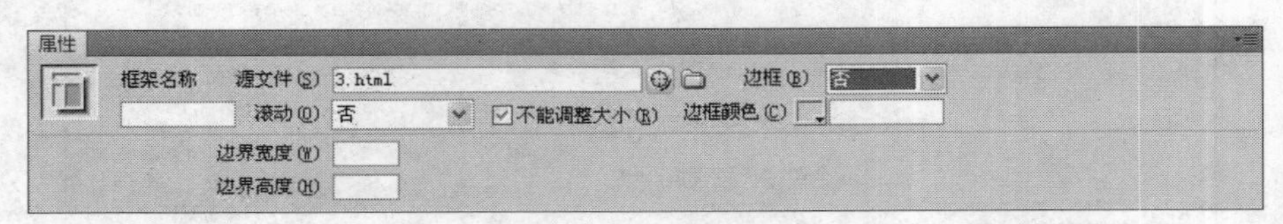

图 9-2-14

（14）选择“框架”面板的左下方框架，和上方框架进行同样的设置。

（15）右下方框架的设置与左下方框架唯一的不同在于“滚动”，因为右下方框架中的页面内容可能会很长，选择“自动”意味着只有在浏览器窗口中没有足够空间来显示当前框架的完整内容时，才显示滚动条。

（16）至此，“属性”面板中框架的样式定义基本完成，按快捷键 F12 预览页面，可以在浏览器中看到其效果，如图 9-2-15 所示。

图 9-2-15

9.3 创建浮动框架页面

浮动框架是一种特殊的框架技术，利用浮动框架，可以比普通框架更简易地控制网站的导航。在页面中使用浮动框架的好处在于，除了其具有框架的基本特性外，制作浮动框架的时候，整个页面并不需要拆分框架，这样就便于用户使用表格布局整个页面，省却了设置框架样式的麻烦。

（1）使用表格布局完成图 9-3-1 所示的导航页面，并准备好图 9-3-2 所示的页面（02.htm）。

（2）将光标放在 02.htm 页面的顶部空单元格内，然后切换到“拆分”视图，如图 9-3-3 所示。在 <td> 和 </td> 标签内输入如下代码：

```
<iframe src="01.html"frameborder="0"height="100"scrolling="no"width="910"></iframe>
```

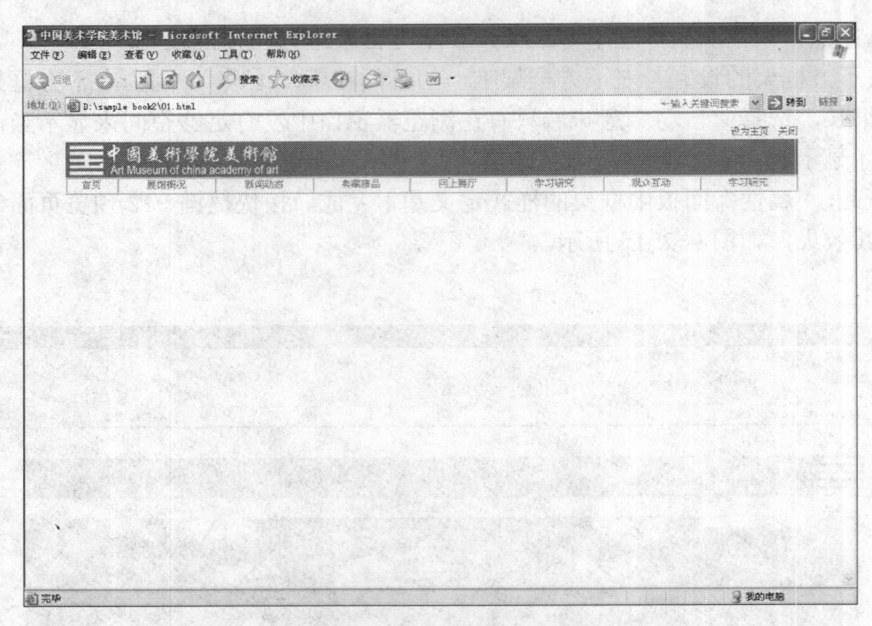

图 9-3-1

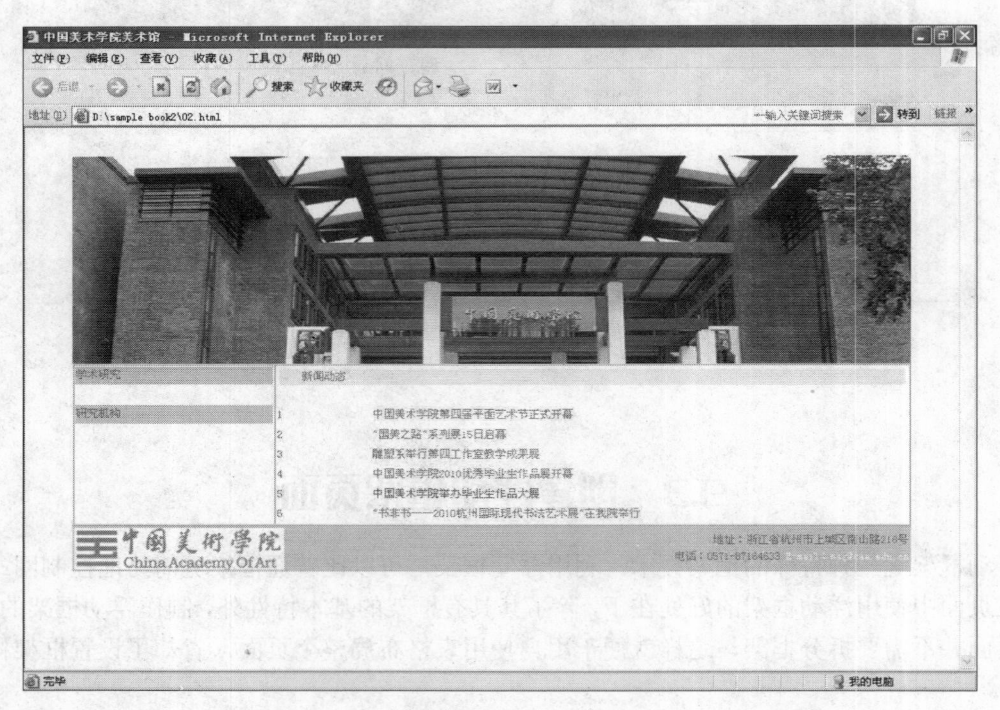

图 9-3-2

其中，<iframe>标签为浮动框架的标签，src 属性代表在这个浮动框架中显示的页面，width 属性为浮动框架的宽度，height 属性为浮动框架的高度，scrolling 属性为浮动框架滚动条是否显示，frameborder 属性决定浮动框架的边框是否显示（0 表示不显示，1 表示显示）。

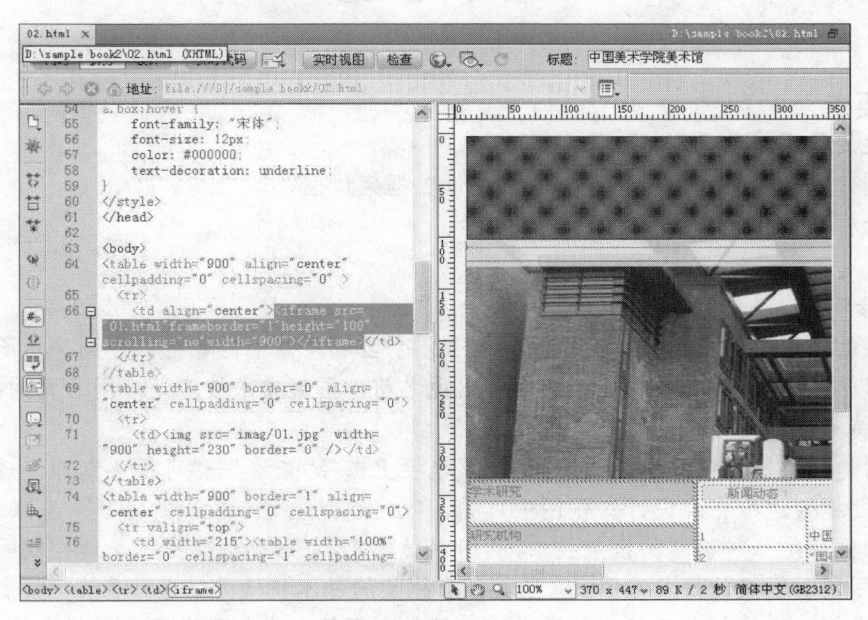

图 9-3-3

（3）这样，导航页面就出现在了 02.htm 页面顶端的浮动框架内部，如图 9-3-4 所示。

图 9-3-4

本章小结

回顾学习要点

1．框架的作用是什么？

2．在创建框架集或使用框架前，应怎样设置框架边框？

3．浮动框架是什么？有什么好处？

学习要点参考

1．框架的作用就是把浏览器窗口划分为若干个区域，每个区域可以分别显示不同的网页。使用框架可以方便地实现导航功能。在模板出现之前，框架技术被广泛应用于页面导航。利用框架最大的特点就是使整个网站风格统一。

2．在创建框架集或使用框架前，通过在菜单栏上选择“查看”→“可视化助理”→“框架边框”命令，可以使框架边框在“设计”视图中可见。

3．浮动框架是一种特殊的框架技术，利用浮动框架，可以比框架更容易地控制网站的导航。在页面中使用浮动框架的好处在于，除了其具有框架的基本特性外，使用浮动框架制作页面时，不需要拆分框架，这样就方便用户使用表格布局整个页面，省却了设置框架样式的麻烦。

习题

请制作一个由上、中、下框架结构构成的页面。

在页面中添加动态效果

Dreamweaver CS5 第10章

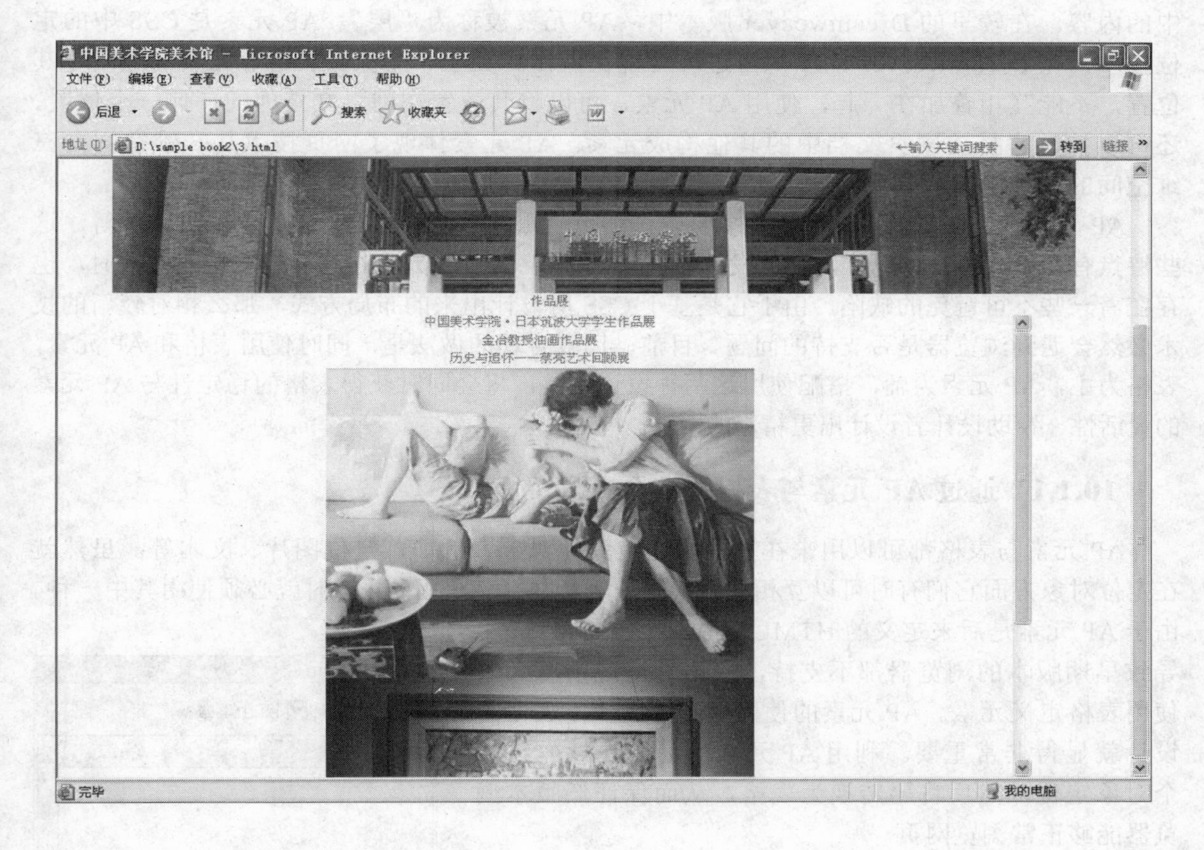

本章总览

本章将介绍如何使用 Dreamweaver CS5 在网页中添加动态效果，主要包括以下内容：

- 利用层和表格的配合布局页面
- 利用层溢出属性布局页面
- 使用各种行为制作页面中的动态效果
- 制作显示 / 隐藏层的特效
- 制作显示层文本的特效
- 制作拖动层的特效
- 改变层的属性

10.1 使用AP元素布局页面

AP元素（绝对定位元素）是分配有绝对位置的HTML页面元素，具体而言，就是div标签或其他任何标签。AP元素可以包含文本、图像或其他任何可放置到HTML文档正文中的内容。在较早的Dreamweaver版本中，AP元素被称为“层”。AP元素是CSS中的定位技术，在Dreamweaver CS5中可进行可视化操作。文本、图像、表格等元素只能固定其位置，不能互相叠加在一起，使用AP元素，可以将其放置在网页文档内的任何一个位置，还可以按顺序排放网页文档中的其他构成元素。AP元素体现了网页技术从二维空间向三维空间的一种延伸。

AP元素具有表格所不具备的很多特点，如可以重叠，便于移动，可设为隐藏，等等。这些特点有助于开拓设计思维，充分发挥设计者的想像力。AP元素在具有这些优点的同时，也存在着一些不可避免的缺陷，由于它是基于CSS所设计出来的布局方式，那么相对较新的技术必然会遇到浏览器是否支持的问题。目前，比较合理的做法是，同时使用表格和AP元素，表格为主，AP元素为辅，搭配使用这两种设计工具，将会同时获得表格的稳定性与AP元素的灵活性，帮助设计者设计出更精彩的网页。

10.1.1 通过AP元素与表格的配合布局页面

AP元素与表格都可以用来在页面中定位其他对象，例如，定位图片、文本等。虽然就在定位对象方面它们有时可以互相取代，但是两者并不完全相同，有时就必须使用其中一种。由于AP元素是后来定义的HTML元素，并且标准不一，导致早期版本的浏览器都不支持，在这种情况下就必须使用表格定义元素。AP元素的使用受到了限制，表格的设计就显得非常重要。利用AP元素的易操作性先将各个对象定位，然后将层转换为表格，从而保证低版本浏览器能够正常浏览网页。

（1）在菜单栏上选择“窗口”→“AP元素”命令，打开“AP元素”面板，然后选中“AP元素”面板上的“防止重叠”复选框，这样再绘制AP元素时就不会出现叠加和嵌套的现象，如图10-1-1所示。

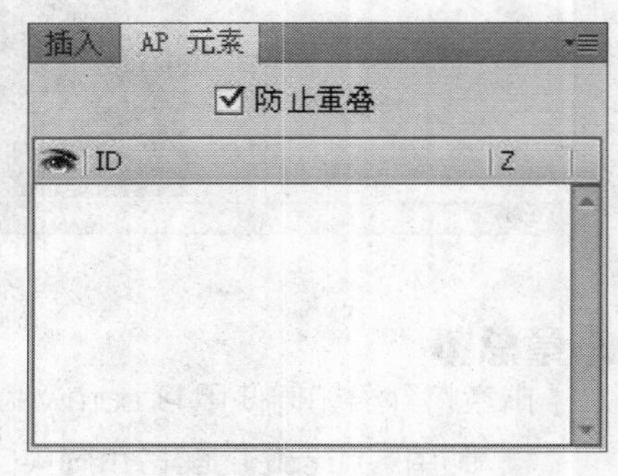

图10-1-1

（2）在菜单栏上选择“插入”→“布局对象”→“AP Div”命令，在“设计”视图左侧的位置即会出现一个AP元素，如图10-1-2所示。

（3）选中AP元素，将光标放到AP元素的边缘处，鼠标指针会变成十字箭头形的或双向箭头形的手柄，这时拖动鼠标可改变AP元素的位置或大小。

（4）在AP元素中插入一幅图片，如图10-1-3所示。

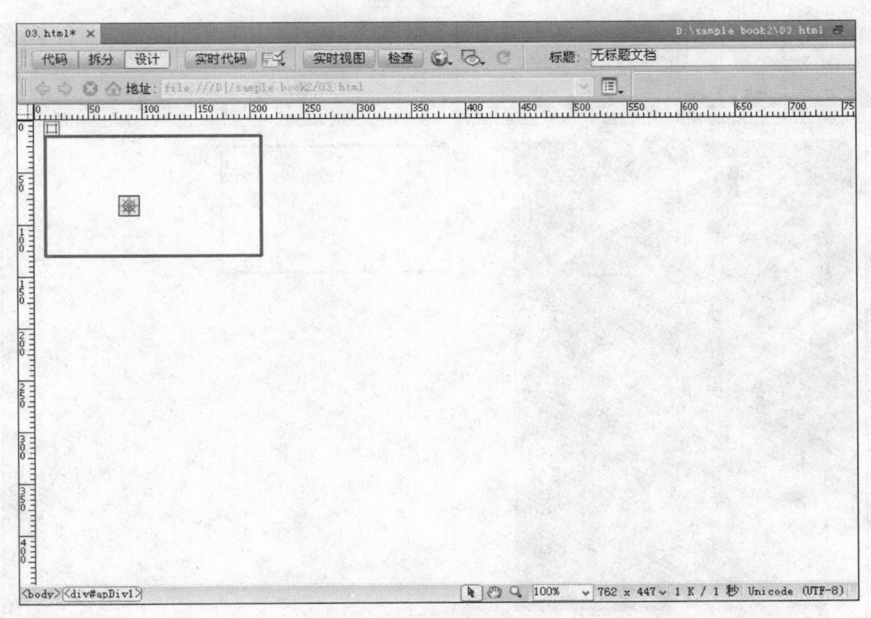

图 10-1-2

图 10-1-3

（5）再次选择“插入”→“布局对象”→“AP Div”命令，在图片右侧插入一个 AP 元素，如图 10-1-4 所示。

图 10-1-4

（6）在 AP 元素中插入另一幅图片，如图 10-1-5 所示。

图 10-1-5

（7）按快捷键 F12 预览页面，此时的 AP 元素已经能够正常显示在浏览器中了，如图 10-1-6 所示。

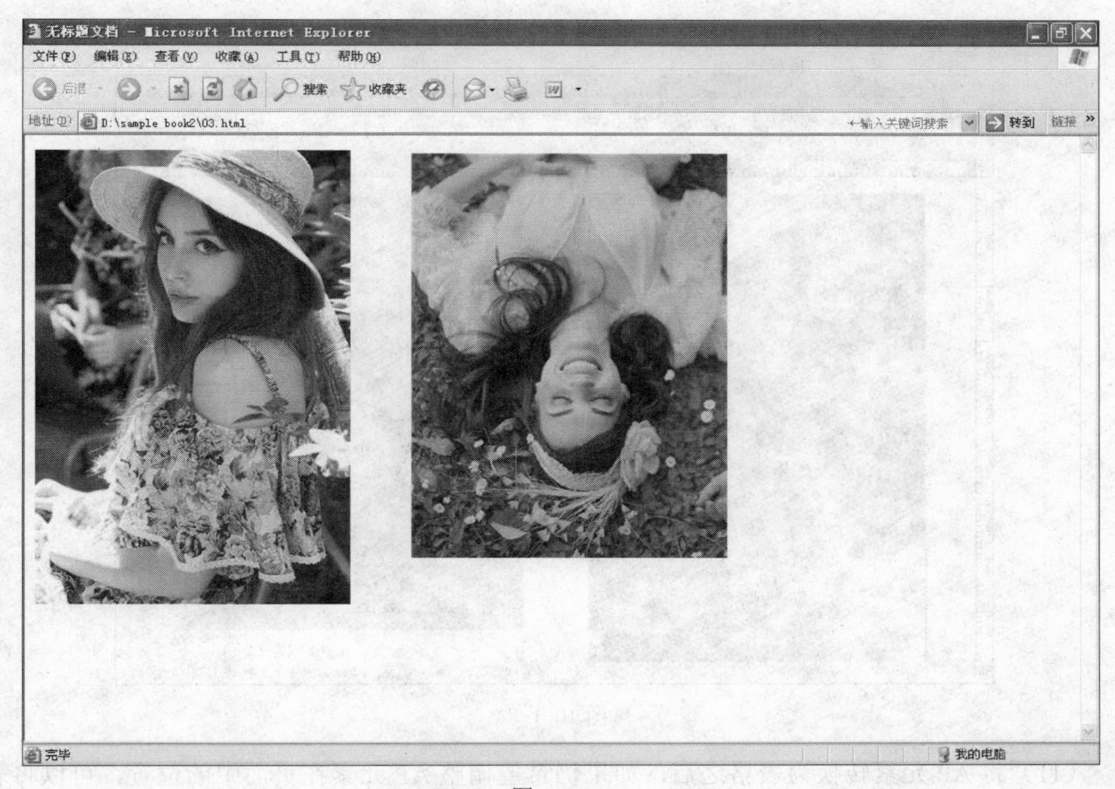

图 10-1-6

（8）使用 AP 元素进行布局结束后，要将 AP 元素布局转换为表格，可在菜单栏上选择“修改”→“转换”→“将 AP Div 转换到表格”命令，弹出如图 10-1-7 所示的对话框。

将 AP Div 转换为表格

表格布局：◉最精确(M)
○最小：合并空白单元(S)
小于：4 像素宽度
☑使用透明 GIFs(T)
☑置于页面中央(C)

布局工具：☐防止重叠(P)
☐显示 AP 元素面板(A)
☐显示网格(G)
☐靠齐到网格(N)

确定
取消
帮助

图 10-1-7

（9）选择“表格布局”选项组中的“最精确”单选按钮，会严格按照 AP 元素的布局生成表格，但表格结构会很复杂；选择“最小”单选按钮可以设置删除宽度小于一定像素宽度的单元格，具体宽度可在“小于”文本框中设置。这里选择“最精确”单选按钮。选中“使用透明 GIFs”复选框，在表格中插入透明图像起到支撑作用；选中“置于页面中央”复选框，可使表格在页面上居中。

（10）单击“确定”按钮，即可将AP元素转换为表格，如图10-1-8所示。

图 10-1-8

（11）将AP元素转换为表格之后，如果仍希望调整AP元素在页面中的位置，可以将表格选中，然后在菜单栏上选择“修改”→“转换”→“将表格转换为AP Div”命令，打开如图10-1-9所示的对话框，选择转换过程中要显示的辅助布局工具，单击“确定”按钮，表格即可被转换回AP元素。

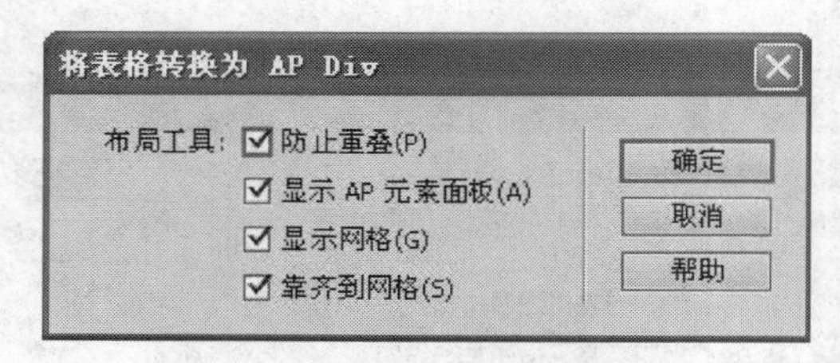

图 10-1-9

提示：

这种方法只适合于并不复杂的页面布局，如欢迎页面。对于复杂的图文混排页面，最好还是采用传统的页面布局方法进行设计。

10.1.2 利用AP元素的溢出属性布局页面

当AP元素的内容超出AP元素的范围时，AP元素的溢出属性可以控制如何在浏览器中显示AP元素。AP元素的溢出属性设置为“自动”时，可以实现内嵌滚动条的布局效果。

（1）打开如图10-1-10所示的页面，页面的布局已经完成，下面要为这个页面添加AP元素自动溢出的效果。

图 10-1-10

（2）在菜单栏上选择“插入”→“布局对象”→“AP Div”命令，在网页的“设计”视图中左侧的位置，拖曳鼠标即可绘制出所需的 AP 元素，如图 10-1-11 所示。

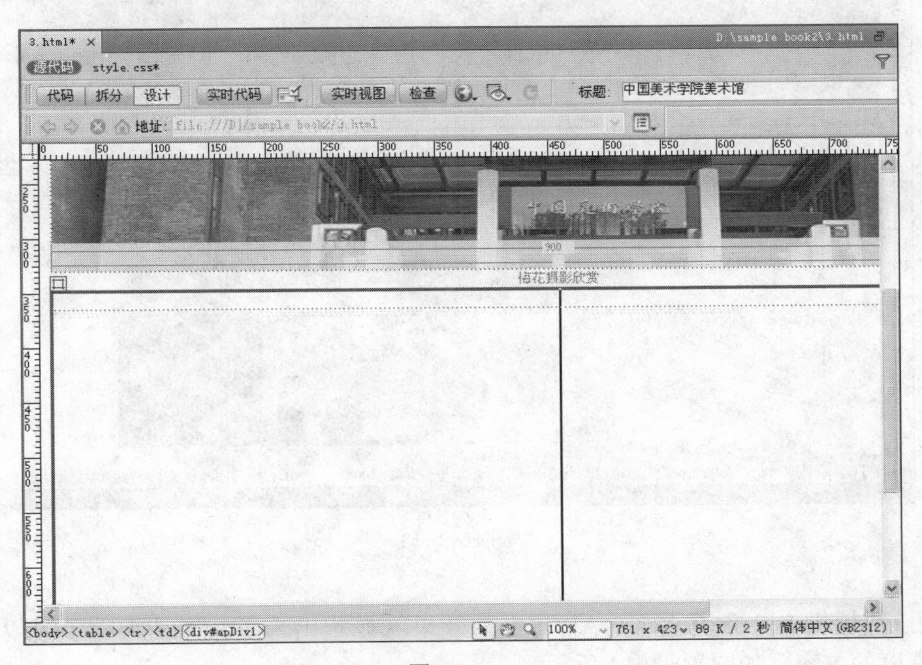

图 10-1-11

（3）在 AP 元素的“属性”面板中，将 AP 元素的左边距设置为 10 px，上边距设置为 350 px，AP 元素的宽度设置为 900 px，高度设置为 450 px，然后将“溢出”属性设置为“auto”。“auto”使浏览器仅在需要时（即当 AP 元素的内容超过边界时）才显示 AP 元素的滚动条；“visible”指定在 AP 元素中显示额外的内容，实际上，该 AP 元素会通过延伸来容纳额外的内容；“hidden”指定不在浏览器中显示额外的内容；“scroll”指定浏览器在 AP 元素上添加滚动条，而不管是否需要滚动条，如图 10-1-12 所示。

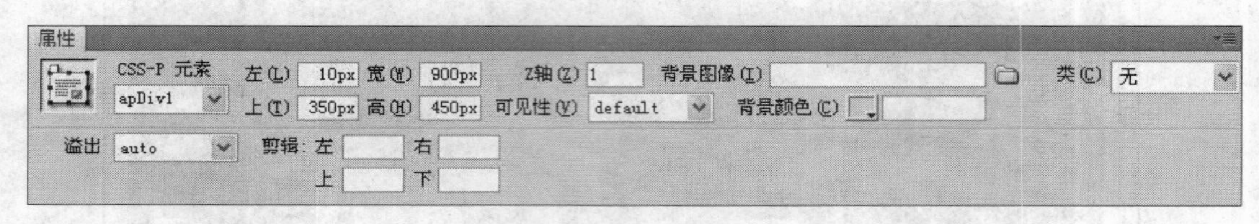

图 10-1-12

（4）在 AP 元素中使用表格进行布局，制作出如图 10-1-13 所示的效果。

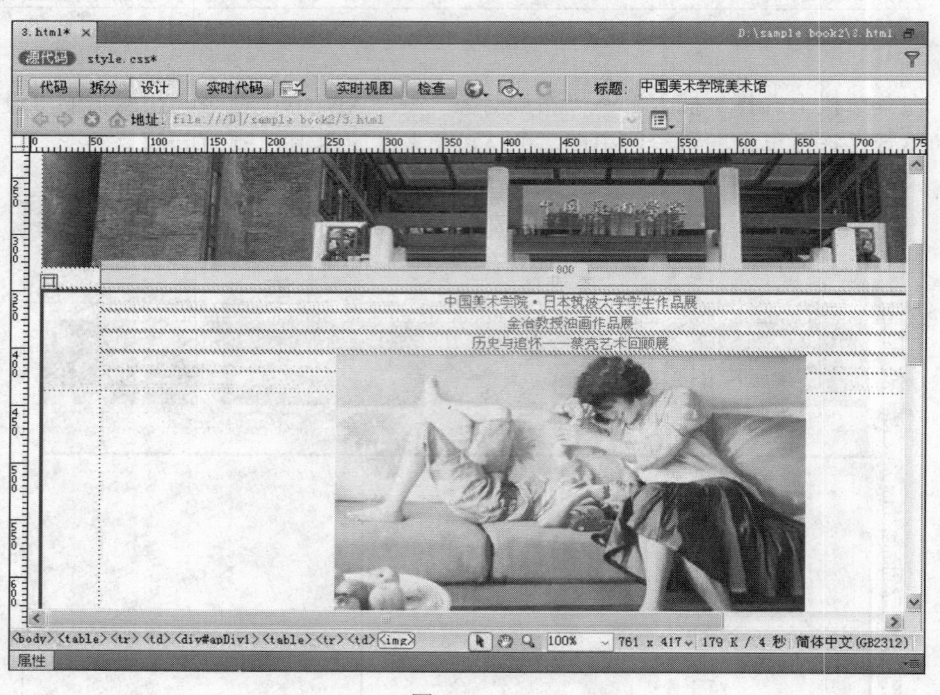

图 10-1-13

（5）按快捷键 F12 预览页面，AP 元素的效果就显示出来了。拖动滚动条可以看到超出 AP 元素高度的内容，如图 10-1-14 所示。

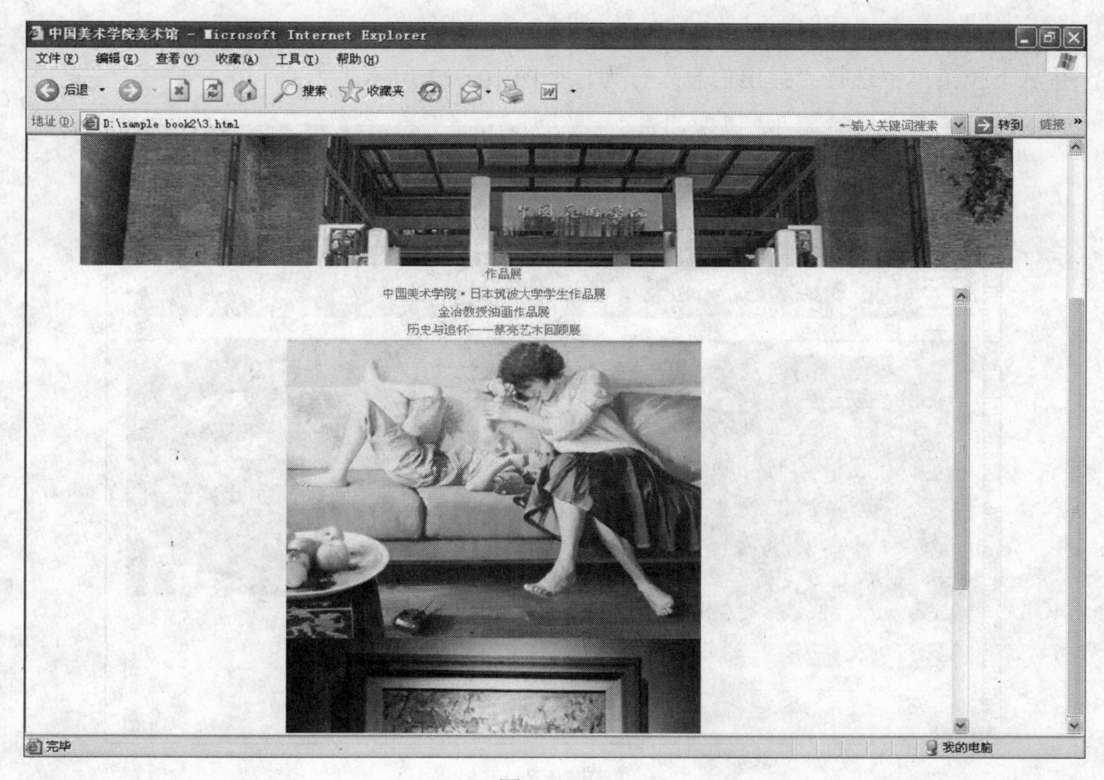

图 10-1-14

10.2 利用行为制作动态效果

许多网页只包含文本和图像，没有任何交互式元素。在 Dreamweaver CS5 中使用 JavaScript 行为所提供的交互功能和动画能给访问者带来更丰富的信息。行为是指能够简单运用制作动态网页的 JavaScript 的功能，它提高了网站的可交互性。行为是由动作和事件组成的。例如，鼠标指向一张图片，图片发生轮替，此时鼠标移动称为事件，图片发生的变化称为动作。一般的动作是由事件来触发的。事实上，动作由预先写好的能够执行某种任务的 JavaScript 代码组成。这些代码执行特定的任务，如播放声音或停止影片、打开浏览器窗口等。Dreamweaver CS5 提供的动作是由 Dreamweaver 设计者精心编写的，以提供最大的跨浏览器兼容性。事件与用户的操作相关，如鼠标的单击或滚动等。

10.2.1 弹出信息

浏览网页时，经常会看到这样一种效果：在页面打开的同时，弹出一个消息提示框。实际上这是一个带有指定消息的 JavaScript 警告。这通过 Dreamweaver 的“弹出消息”行为来实现。

（1）打开如图 10-2-1 所示的页面，在页面左下角标签选择器中选择 <body> 标签，如图 10-2-2 所示。

（2）在菜单栏上选择“窗口”→“行为”命令，打开“行为”面板，单击“添加行为”按钮，并从下拉菜单中选择“弹出信息”行为，如图 10-2-3 所示。

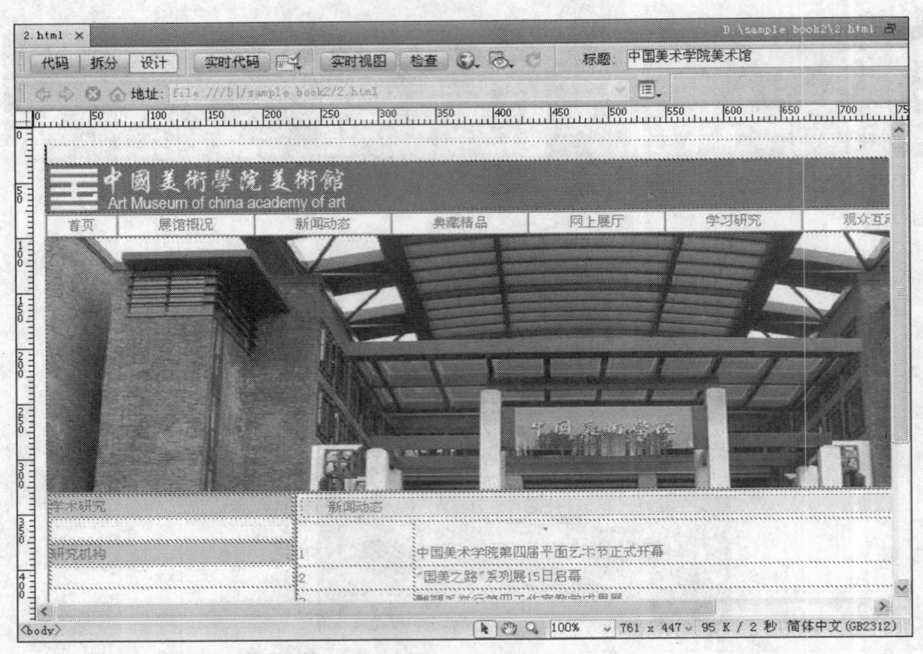

图 10-2-1

图 10-2-2

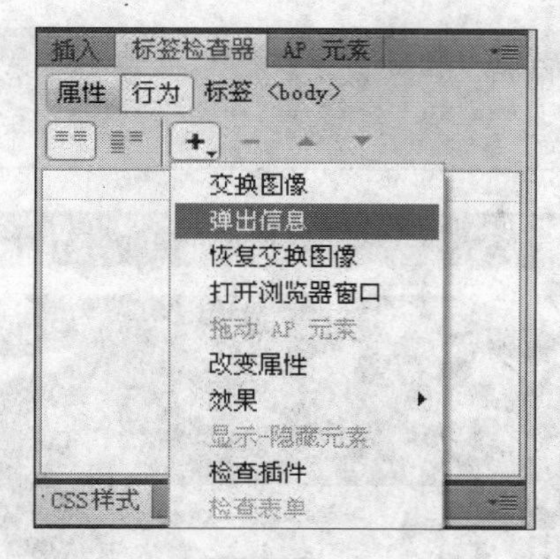

图 10-2-3

（3）弹出如图 10-2-4 所示的“弹出消息”对话框，在“消息”文本框中输入自定义的消息，然后单击“确定”按钮。

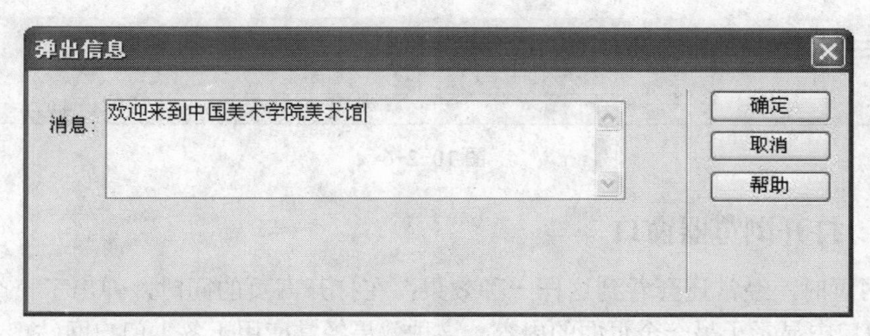

图 10-2-4

（4）观察此刻的“行为”面板，如图 10-2-5 所示。从事件下拉列表框中选择事件 onLoad，其作用是载入页面。

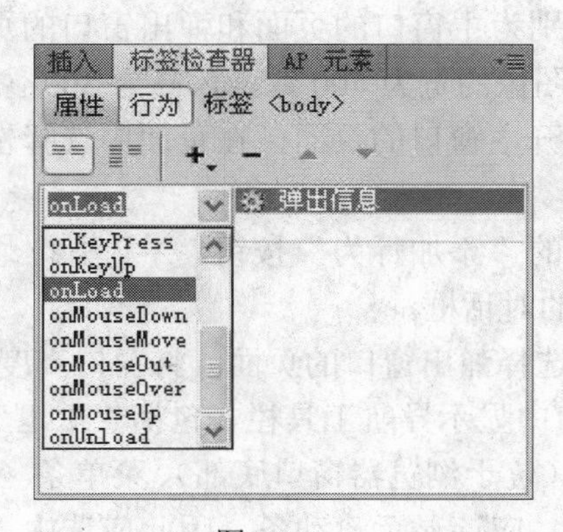

图 10-2-5

（5）按快捷键 F12 预览页面，可以看到弹出的消息框，如图 10-2-6 所示。

图 10-2-6

10.2.2 打开浏览器窗口

在浏览网页时，经常还会看到这样一种效果：在打开网页的同时，弹出了一个小型的浏览器窗口，在窗口中显示了另一个页面的内容。这种效果经常应用于各大门户网站，主窗口显示内容，小窗口显示广告。这是使用“打开浏览器窗口”行为实现的，且可以指定新窗口的属性（包括其大小）、特性（它是否可以调整大小、是否具有菜单条等）和名称等。例如，可以使用此动作在访问者单击缩略图时，在一个单独的窗口中打开一个较大的图像，且可以使新窗口与该图像一样大。

（1）准备好两个页面，分别为主窗口的页面和弹出窗口的页面，如图 10-2-7 和图 10-2-8 所示。其中，弹出窗口页面中图像的宽为 400 像素，高为 300 像素。

（2）在“设计”视图中打开主窗口的页面，在页面中选择左下角标签选择器中的 <body> 标签，如图 10-2-9 所示。

（3）单击“行为”面板中的“添加行为”按钮，并从下拉菜单中选择“打开浏览器窗口”动作，弹出如图 10-2-10 所示的对话框。

（4）单击“浏览”按钮，选择弹出窗口的页面。将窗口高度和宽度分别设置为 300 像素和 400 像素；选择是否在弹出窗口中显示导航工具栏（包括“后退”、“前进”、“主页”和“刷新”等按钮）、地址工具栏、状态栏（位于浏览器窗口底部）、菜单条（浏览器窗口显示菜单的区域）。另外，如果内容超出可视区域，应该显示滚动条，因此应选中“需要时使用滚动条”复选框。若选中“调整大小手柄”复选框，则用户可以调整窗口的大小。在“窗口名称”文本框中可以指定新窗口的名称。本例中按图 10-2-11 所示进行设置。

中国美术学院美术馆 - Microsoft Internet Explorer
文件(F) 编辑(E) 查看(V) 收藏(A) 工具(T) 帮助(H)
后退 搜索 收藏夹
地址(D) D:\sample book2\2.html
输入关键词搜索 转到 链接
设为主页 关闭
中國美術學院美術館
Art Museum of china academy of art
首页 展馆概况 新闻动态 典藏精品 网上展厅 学习研究 观众互动 学习研究
学术研究
研究机构
新闻动态
1 中国美术学院第四届平面艺术节正式开幕
2 "国美之路"系列展15日启幕
3 雕塑系举行第四工作室教学成果展
4 中国美术学院2010优秀毕业生作品展开幕
5 中国美术学院举办毕业生作品大展
6 "书非书——2010杭州国际现代书法艺术展"在我院举行
中國美術學院
China Academy Of Art
地址：浙江省杭州市上城区南山路218号
电话：0571-87164833
完毕
我的电脑

图 10-2-7

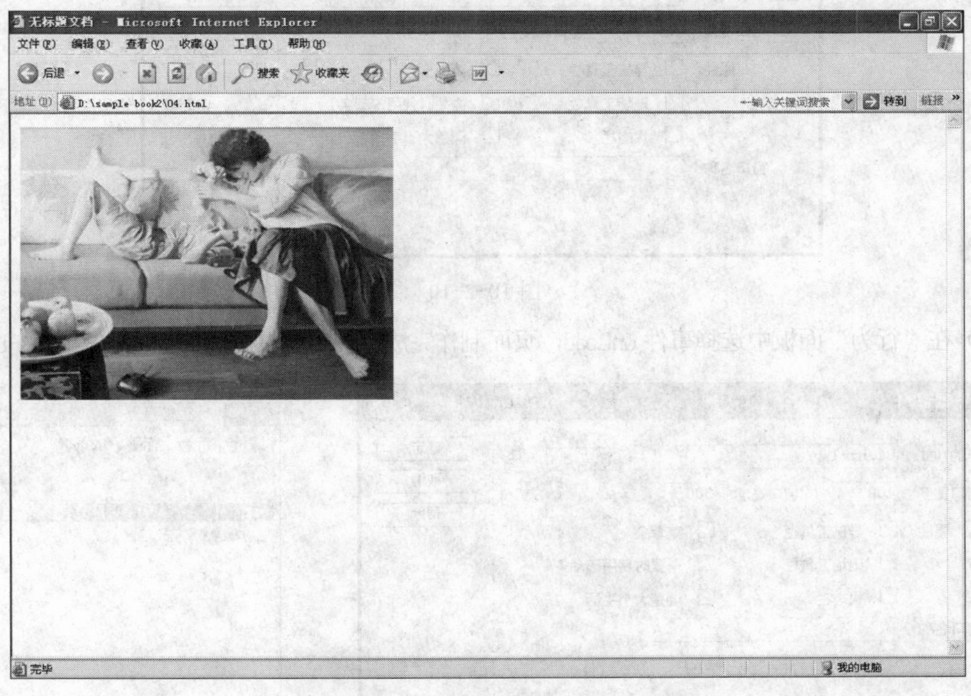
无标题文档 - Microsoft Internet Explorer
文件(F) 编辑(E) 查看(V) 收藏(A) 工具(T) 帮助(H)
后退 搜索 收藏夹
地址(D) D:\sample book2\04.html
输入关键词搜索 转到 链接
完毕
我的电脑

图 10-2-8

图 10-2-9

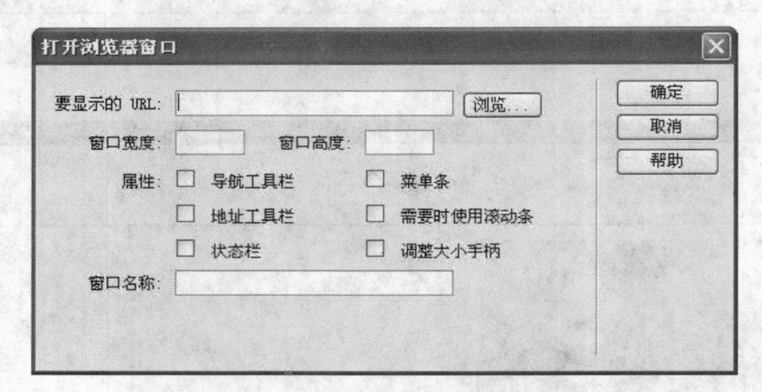

图 10-2-10

(5) 在“行为”面板中选择事件 onLoad，页面制作完成。此时的“行为”面板如图 10-2-12 所示。

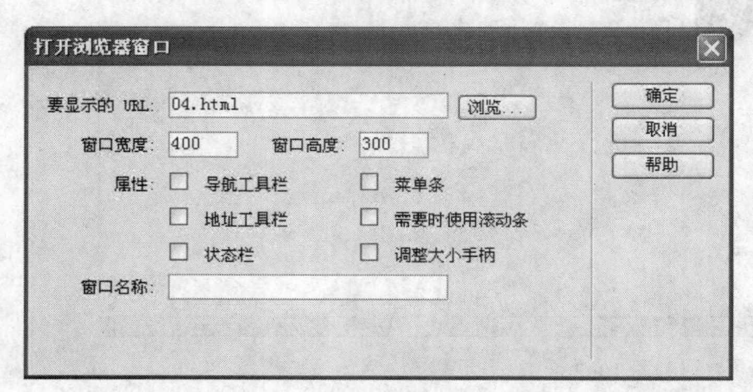

图 10-2-11

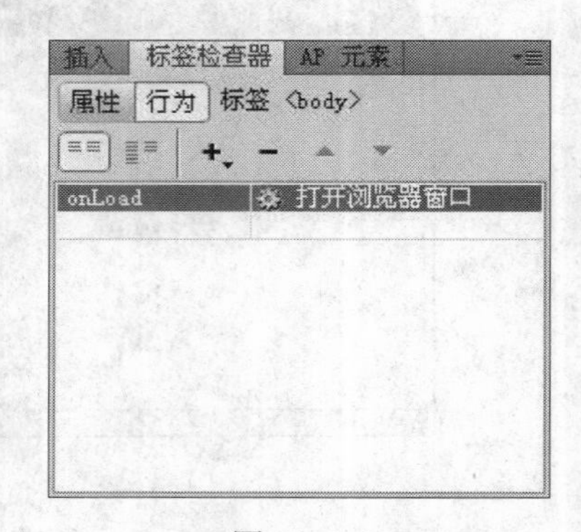

图 10-2-12

（6）按快捷键 F12 预览页面，可以看到打开浏览器窗口的效果，如图 10-2-13 所示。

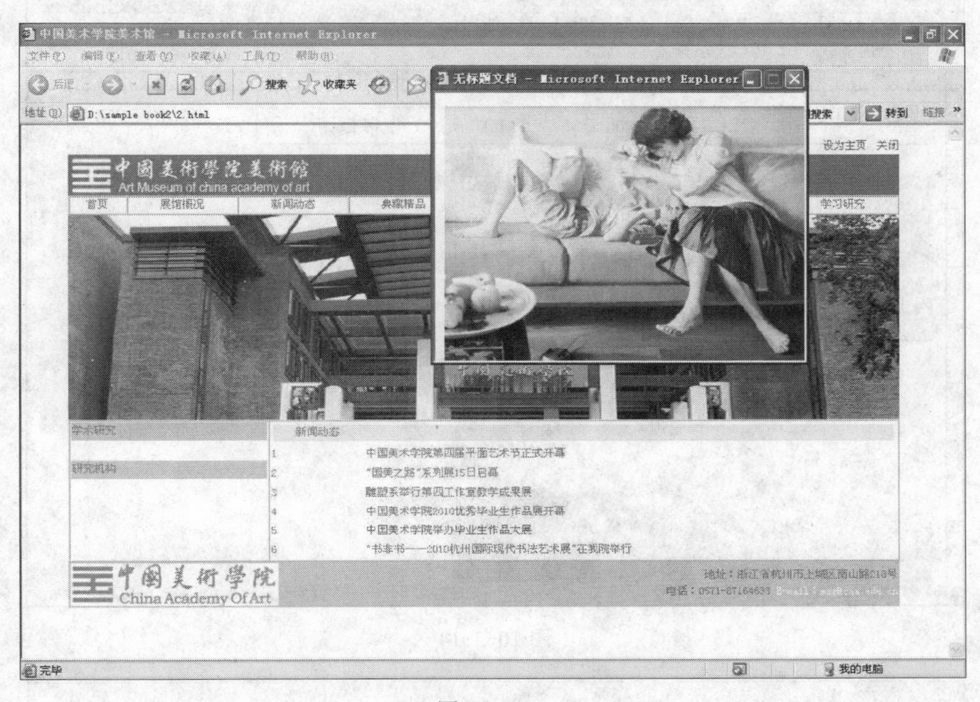

图 10-2-13

10.2.3　检查插件

利用 Flash、Shockwave 等技术制作页面的时候，如果用户的计算机中没有安装相应的插件，就没有办法达到预期的效果。利用“检查插件”行为，可自动监测浏览器是否已经安装了相应的软件，然后转到不同的页面。

（1）打开示例页面，如图 10-2-14 所示。

（2）选中页面下方的“检查链接”文字，在“属性”面板上的“链接”文本框中输入“#”，即设置一个空链接，如图 10-2-15 所示。

（3）单击“行为”面板中的“添加行为”按钮，并从下拉菜单中选择“检查插件”行为，弹出如图 10-2-16 所示的对话框。

（4）在“检查插件”对话框中，在“选择”下拉列表框中可以选择插件的类型，在“输入”文本框中可以直接输入要检查的插件类型，本例中选择 Flash。在“如果有，转到 URL”文本框中可以直接输入当检查到浏览器中安装了该插件时要跳转到的 URL 地址，也可以单击“浏览”按钮，选择目标文件。在“否则，转到 URL”文本框中可以直接输入当检查到浏览器中未安装该插件时要跳转到的 URL 地址，也可以单击“浏览”按钮，选择目标文件；若选中“如果无法检测，则始终转到第一个 URL”复选框，则当浏览器不支持该插件时，直接跳转到上面设置的第一个 URL 地址。大多数情况下，浏览器会提示下载并安装该插件。设置结果如图 10-2-17 所示。

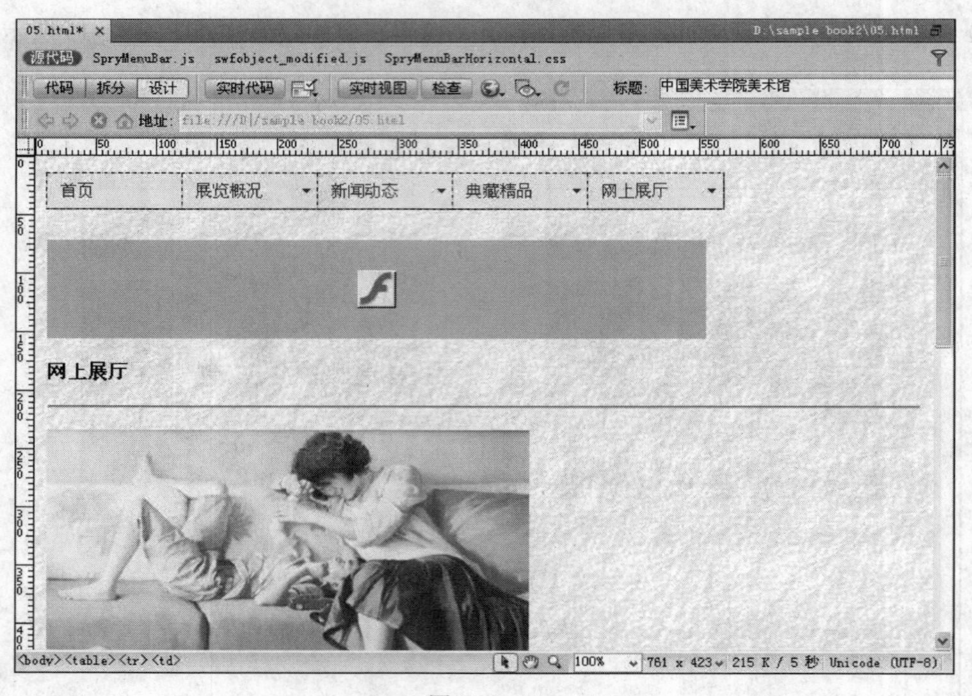

图 10-2-14

图 10-2-15

（5）单击“确定”按钮，“行为”面板就增加了“检查插件”行为，左侧的 onClick 表示是通过单击的方式来触发行为的，如图 10-2-18 所示。

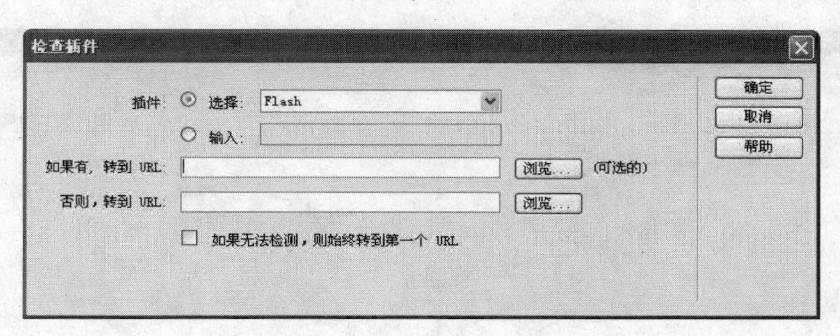

图 10-2-16

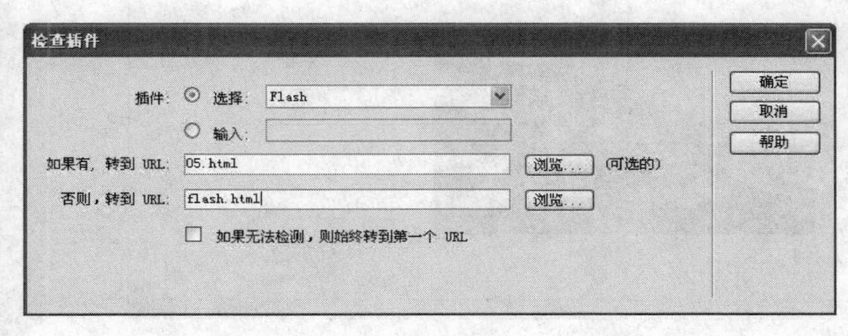

图 10-2-17

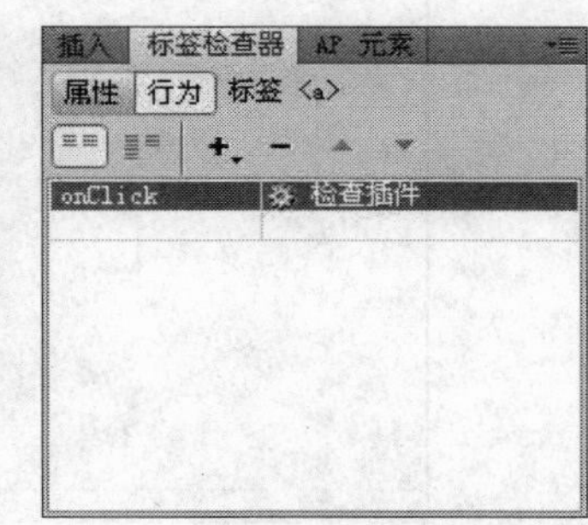

图 10-2-18

（6）保存网页，按快捷键 F12 预览页面，单击“检查插件”链接后，页面跳转到指定的页面，表示检测到了 Flash 插件，如图 10-2-19 所示。

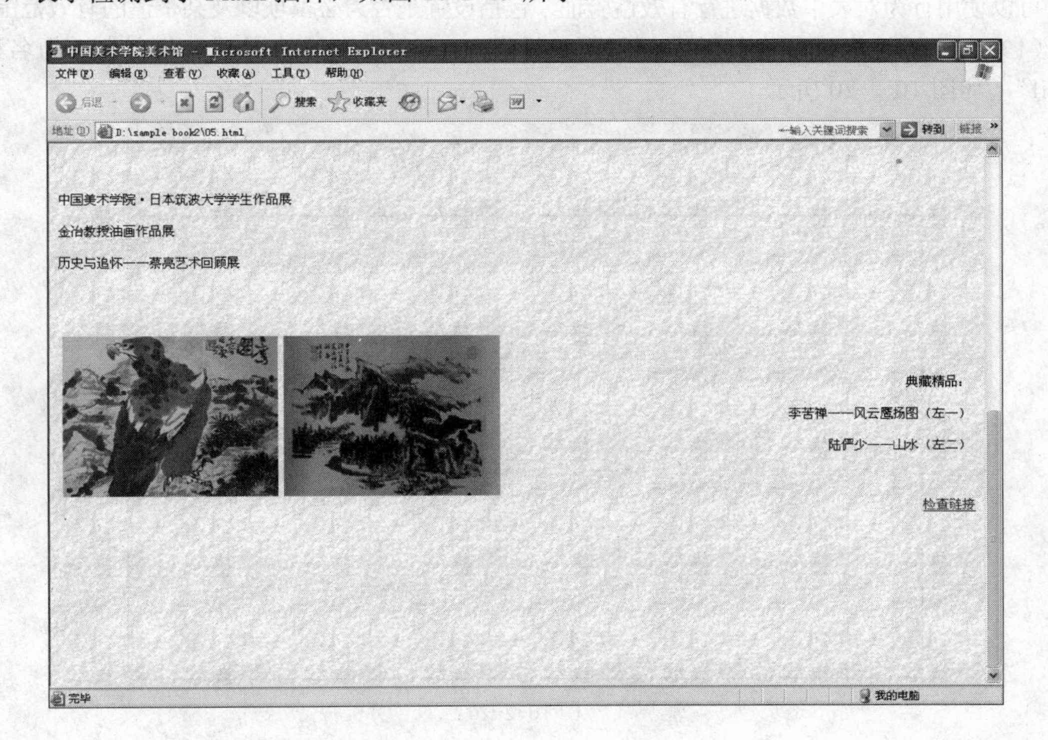

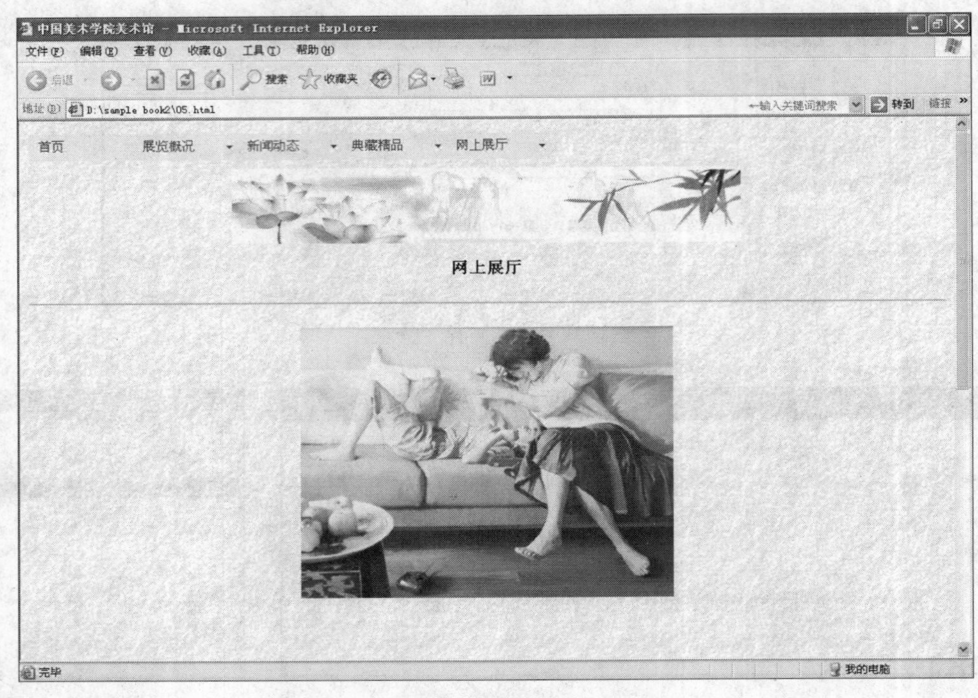

图 10-2-19

10.2.4 检查表单

可以使用行为对表单数据进行有效性验证，包括设置是否为必填项以及某个值的有效范围等。

（1）在“设计”视图中打开示例页面，设置 E-mail 文本域的属性，此文本域的名称为“mail”，如图 10-2-20 所示。

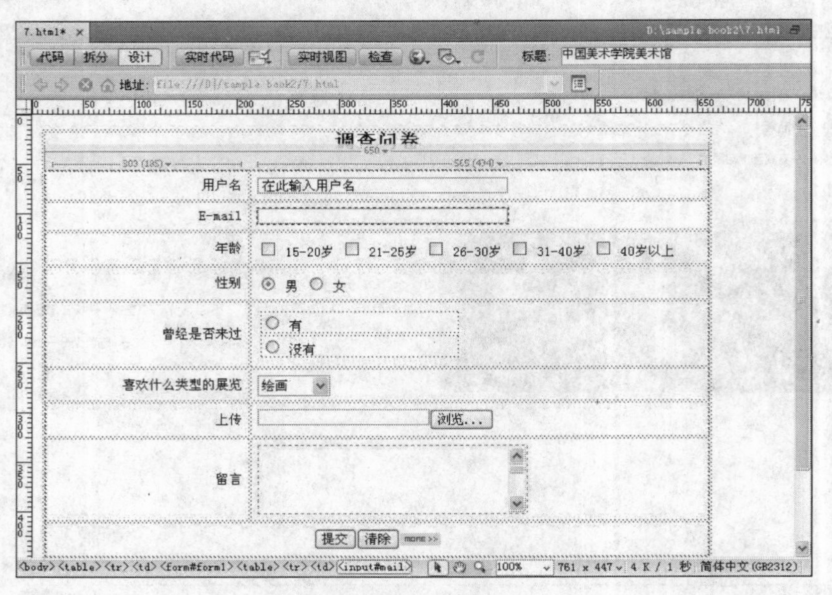

图 10-2-20

（2）在窗口底部选中 <from#form1>，如图 10-2-21 所示。“检查表单”行为主要是针对 <form> 标签添加的。

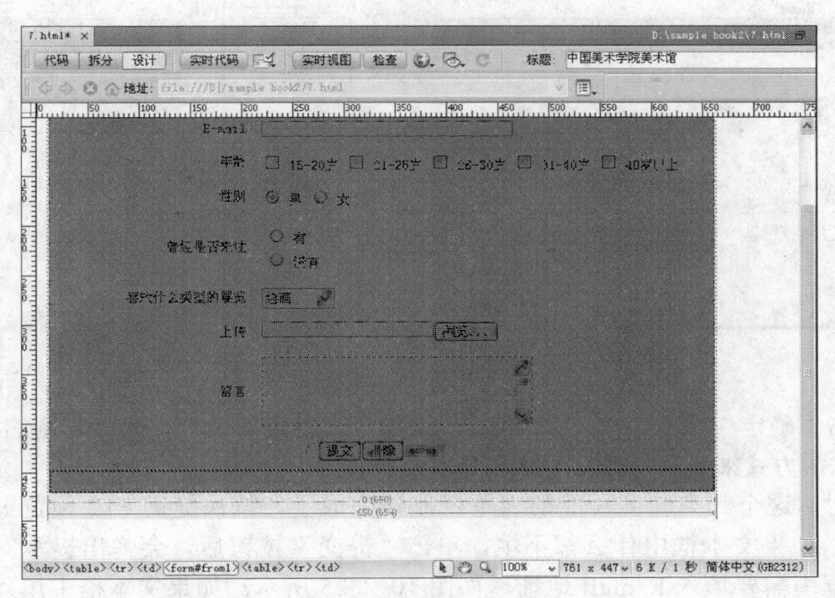

图 10-2-21

（3）选中页面中的“提交”按钮，打开“行为”面板，单击“添加行为”按钮，从下拉菜单中选择“检查表单”行为，如图 10-2-22 所示。

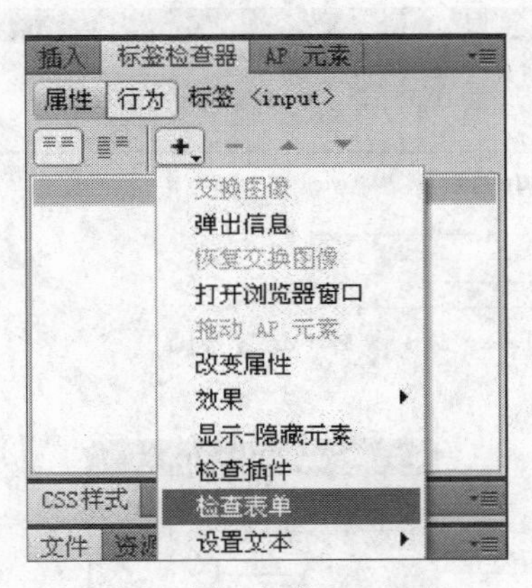

图 10-2-22

（4）弹出“检查表单”对话框，如图 10-2-23 所示。在“域”列表框中选择需要检查的文本域。在“值”选项中选择是否必须填写此项，选中“必需的”复选框，则设置此选项为必填项目。在“可接受”选项组中设置用户填写内容的要求，选中“电子邮件地址”单选按钮，浏览器会检查用户填写的内容中是否有“@”符号。选中“任何东西”单选按钮，则对用户填写的内容不进行限制。选中“数字”单选按钮，则要求用户填写的内容只能为数字。选中“数字从…到…”单选按钮，可对用户填写的数字范围进行规定。

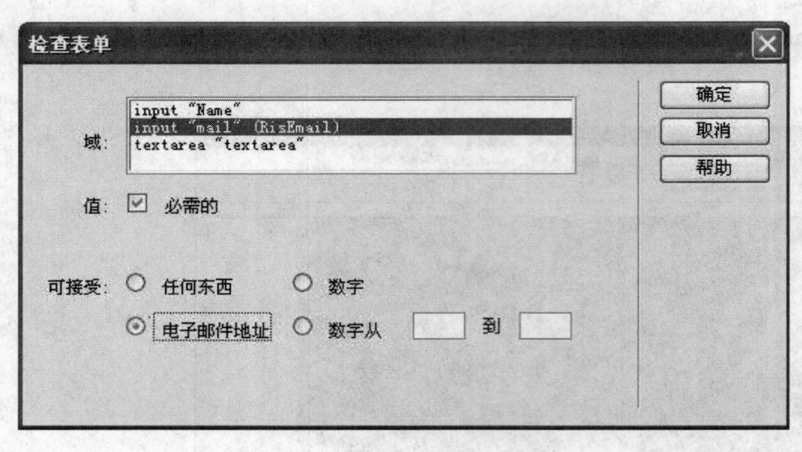

图 10-2-23

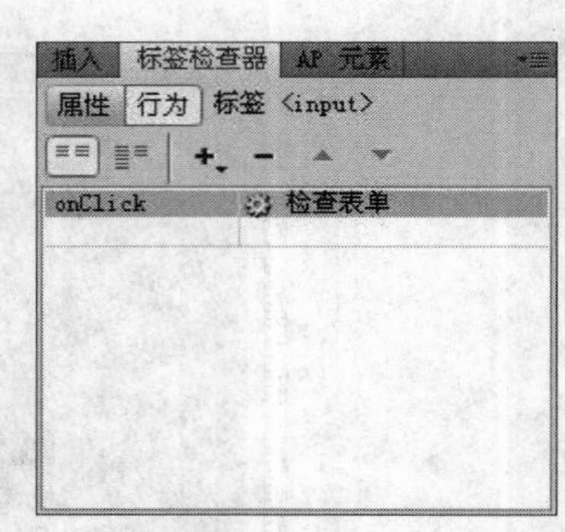

图 10-2-24

（5）单击“确定”按钮，“行为”面板就增加了“检查表单”行为，左侧的 onClick 事件表示通过单击的方式来触发此行为，如图 10-2-24 所示。

（6）至此，这个具有验证功能的表单就制作完成了。按快捷键 F12 预览页面。用户可以验证一下，如果文本框中什么都不填，单击“提交”按钮后，会弹出提示对话框，告诉用户该文本框中需要填入 E-mail 地址，如图 10-2-25 所示。如果文本框中填入了内容，但是没有符号“@”，单击“提交”按钮，也会弹出提示对话框，告诉用户该文本框中的内容不是 E-mail 地址的格式，需要重填，如图 10-2-26 所示。

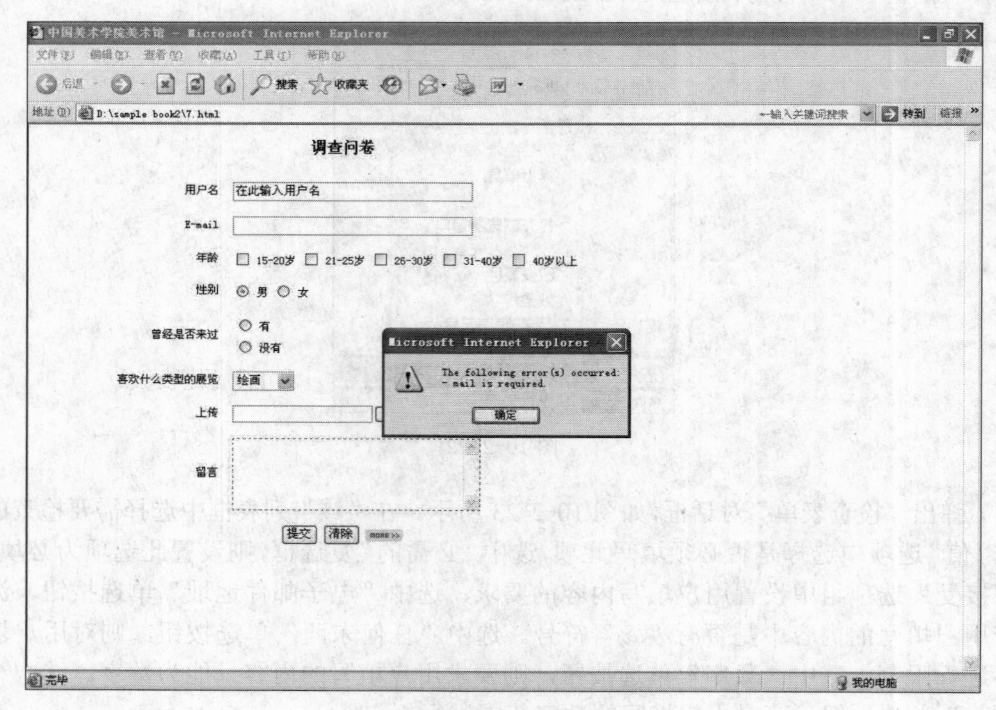

图 10-2-25

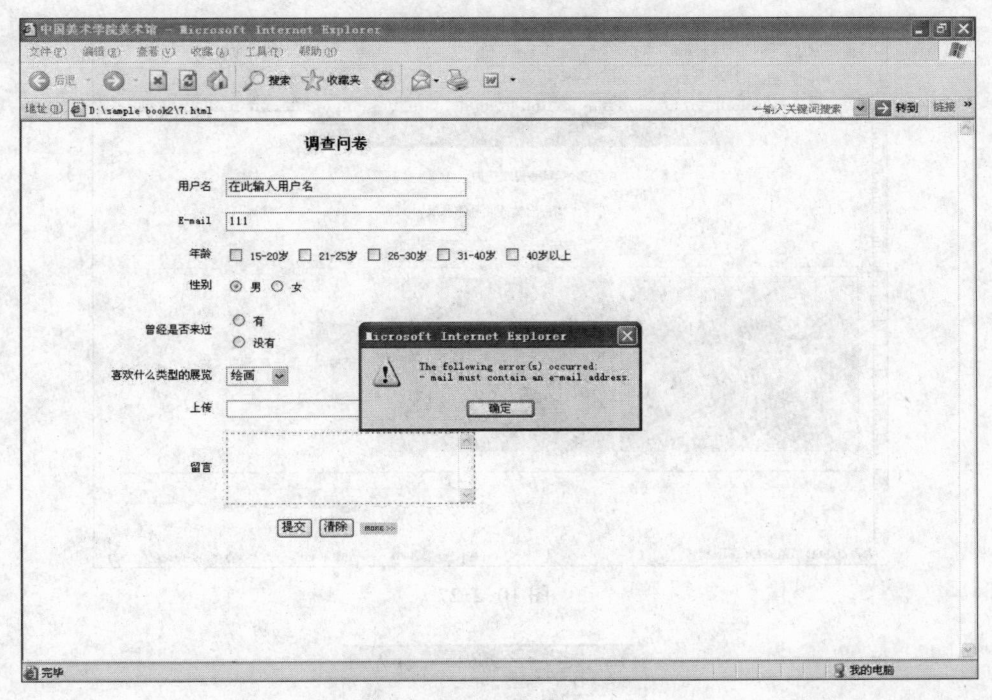

图 10-2-26

10.2.5 转到 URL

“转到 URL”行为可以丰富打开链接的事件及效果。通常，网页上的链接只有单击才能够打开，使用转到 URL 命令后，可以使用不同的事件打开链接。同时该行为还可以实现一些特殊的打开链接的方式。例如，在页面中一次打开多个链接，当鼠标指针滚到对象上方时打开链接，等等。

例如，在图 10-2-27 所示的页面中，希望鼠标指向左侧的鹰图时打开链接页面，具体的操作步骤如下。

（1）单击“行为”面板中的“添加行为”按钮，从下拉菜单中选择“转到 URL”行为，如图 10-2-28 所示。

（2）弹出如图 10-2-29 所示的对话框。在“打开在”列表框中，选择打开链接的窗口，这里使用默认设置；在“URL”文本框输入链接的地址，也可以单击“浏览”按钮，在本地磁盘找到链接的文件。

（3）设置完毕后，单击“确定”按钮，在“行为”面板上可以看到所添加的行为。单击“行为”面板中的“onLoad”下拉列表框，从下拉列表中选择“onMouseOver”，表示当鼠标指向链接时转到指定 URL，如图 10-2-30 所示。

（4）按快捷键 F12 预览页面，当在浏览器中把鼠标放到鹰图上方时，就可以打开相关的页面，如图 10-2-31 所示。

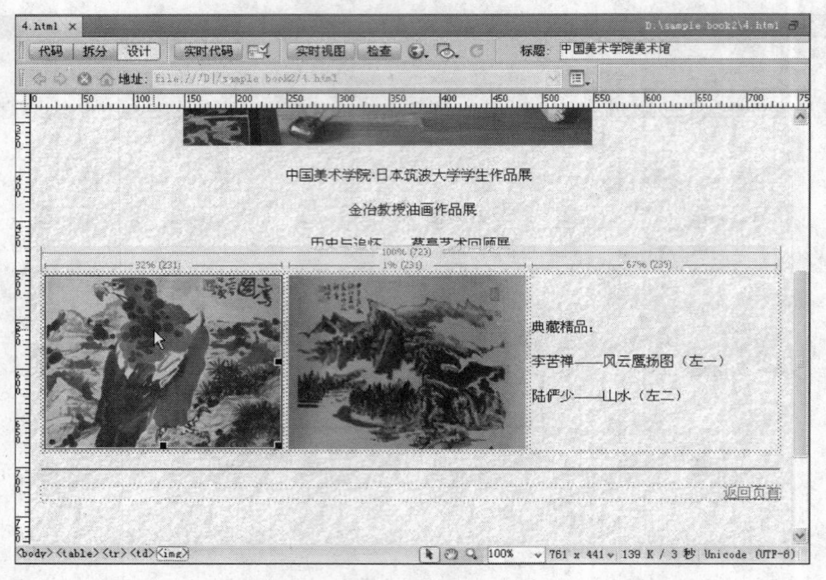

图 10-2-27

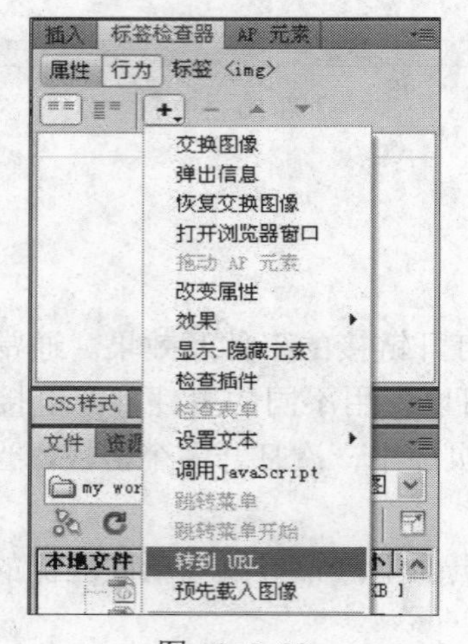

图 10-2-28

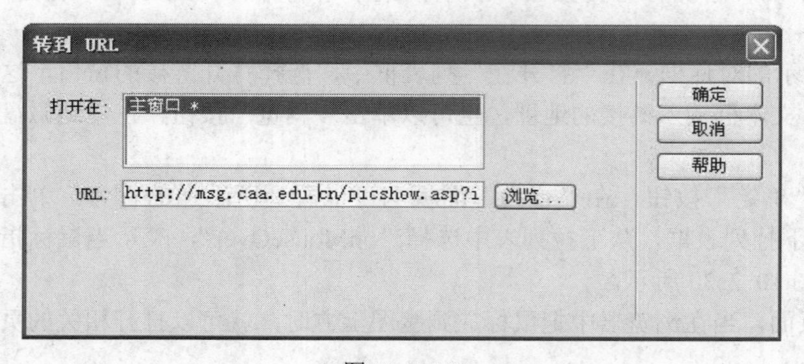

图 10-2-29

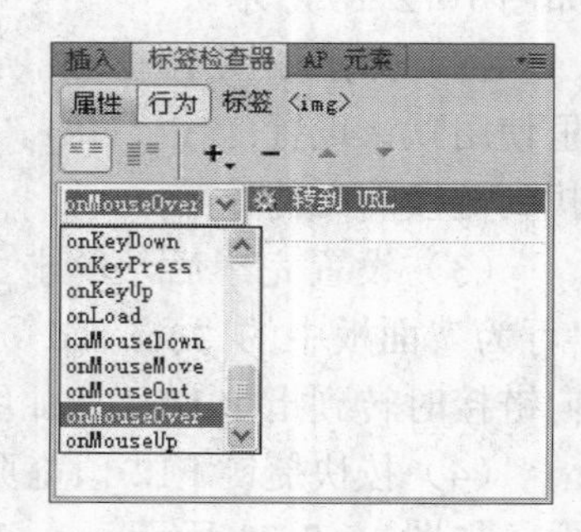

图 10-2-30

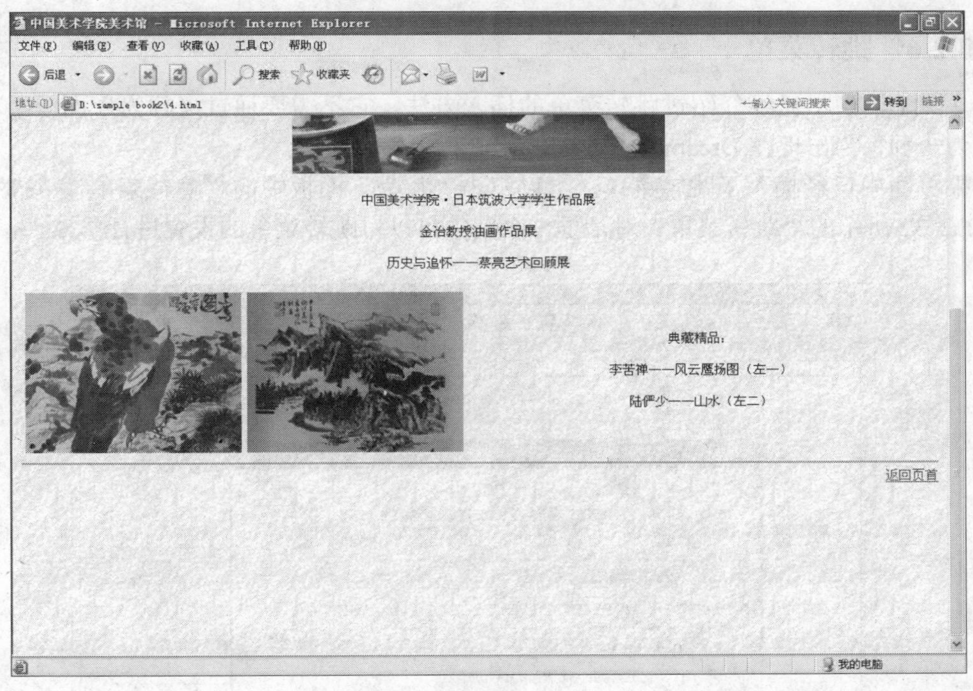

（a）原始页面

（b）打开的链接页面

图 10-2-31

10.2.6 跳转菜单

在 7.2.11 节中，已经介绍过跳转菜单的插入方法，它不需要通过“行为”面板手动添加，而是作为一种行为出现在 Dreamweaver CS5 的“行为”面板中。

如果页面中已经插入了跳转菜单，可以双击“行为”面板中的“跳转菜单”，这时会弹出如图 10-2-32 所示的“跳转菜单”对话框，在其中可以对跳转菜单的设置进行修改。

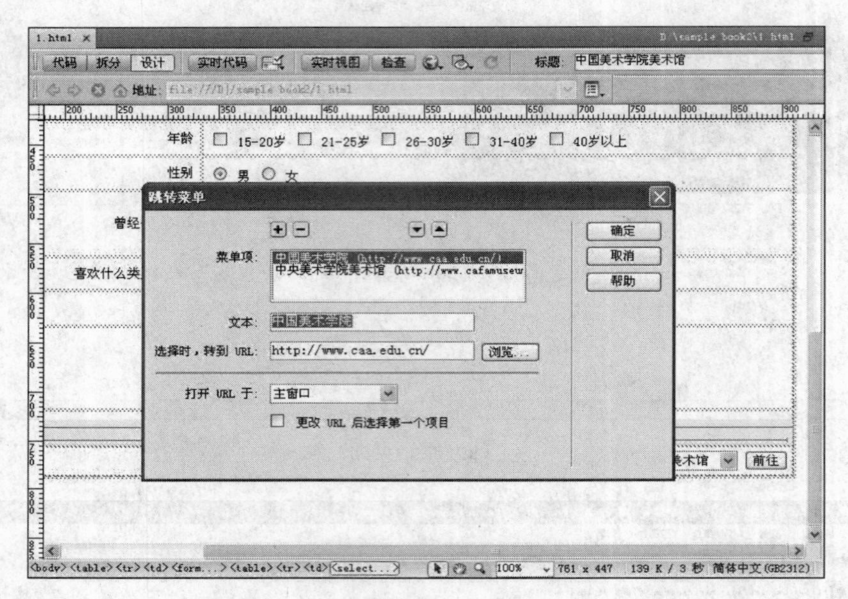

图 10-2-32

10.2.7 调用 JavaScript

当某个鼠标事件发生的时候，可以指定调用某个 JavaScript 函数。

（1）选择一个对象，然后单击“行为”面板中的“添加行为”按钮，从中选择“调用 JavaScript”行为，弹出“调用 JavaScript”对话框，如图 10-2-33 所示。

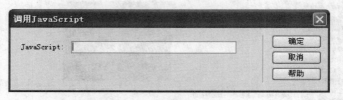

图 10-2-33

（2）在“调用 JavaScript”对话框中的“JavaScript”文本框中输入将要执行的 JavaScript 或者要调用的函数名称，单击“确定”按钮后，在“行为”面板上就出现了所添加的“调用 JavaScript”行为，这时可根据用户的需要，更改触发该行为的事件。

10.2.8 设置文本域文字

（1）选择如图 10-2-34 所示的页面的文本域，然后单击“行为”面板中的“添加行为”按钮，从下拉列表中选择“设置文本”→“设置文本域文字”行为。

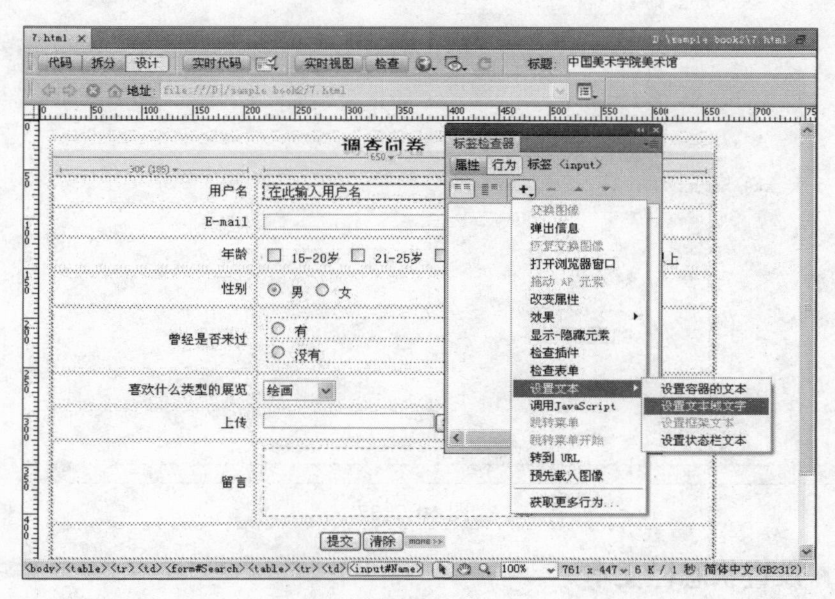

图 10-2-34

（2）弹出如图 10-2-35 所示的对话框。在“文本域”下拉列表框中选择刚才插入的文本域，然后在“新建文本”文本框中填入“用户名”。

（3）单击“确定”按钮后，在“行为”面板中就会出现一组行为，将鼠标事件改为“onFocus”，如图 10-2-36 所示。

（4）保存页面，在浏览器中浏览时，如果单击“用户名”文本域，则文本域中立刻会出现“用户名”字样，如图 10-2-37 所示。

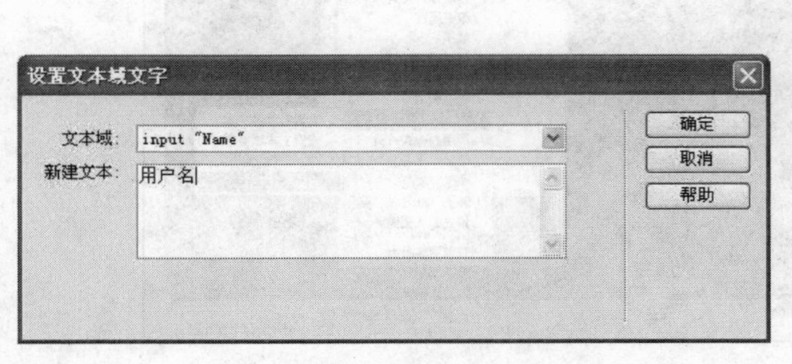

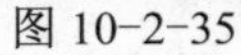
图 10-2-35

图 10-2-36

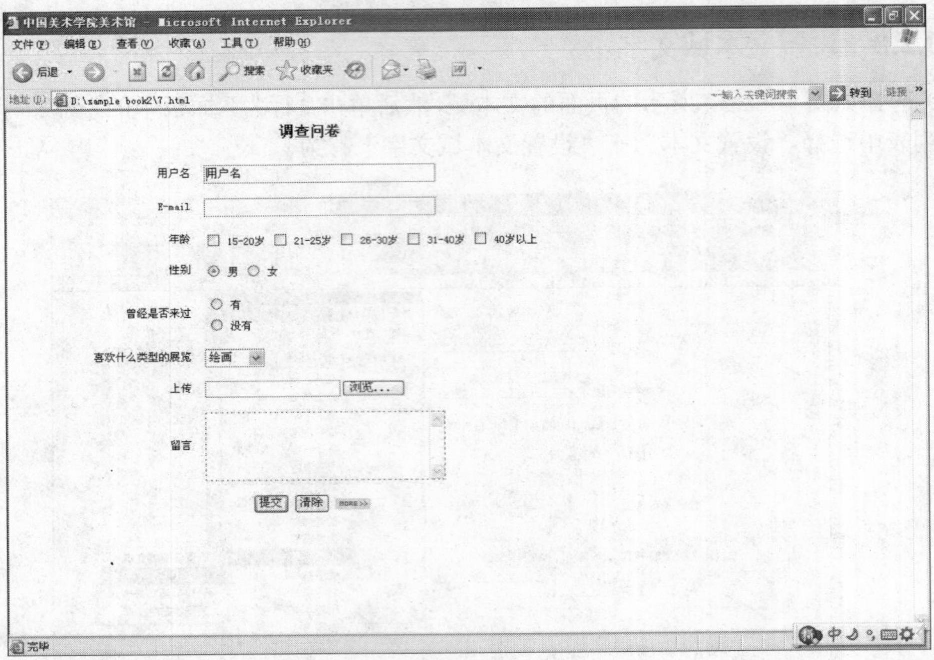

图 10-2-37

10.2.9 设置状态栏文本

“设置状态栏文本”动作使页面在浏览器左下方的状态栏上显示一些信息。像一般的提示链接内容、显示欢迎信息等经典技巧，都可以通过这个动作的设置来实现。

（1）选择如图 10-2-38 所示页面的 <body> 标签，然后单击“行为”面板中的“添加行为”按钮，从下拉列表中选择“设置文本”→“设置状态栏文本”选项。

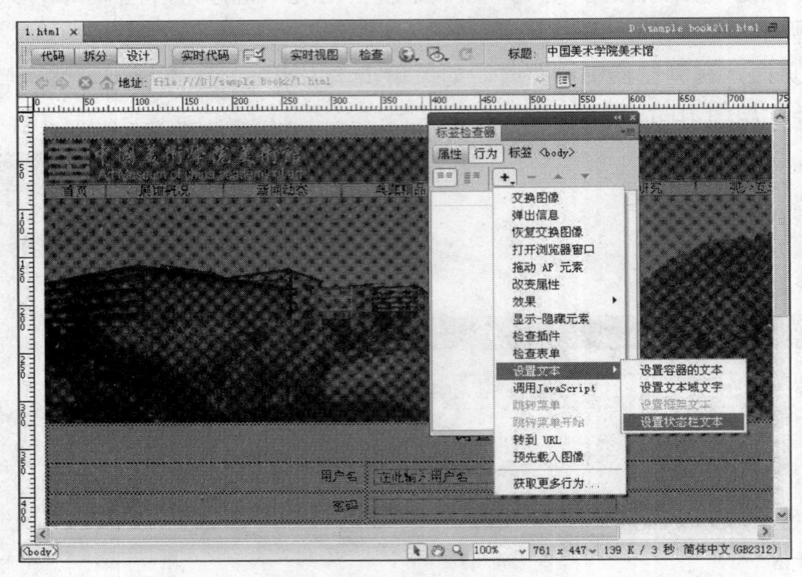

图 10-2-38

（2）弹出如图 10-2-39 所示的对话框。在“消息”文本框中输入要在状态栏显示的信息，本例中输入“欢迎来到美术馆”。

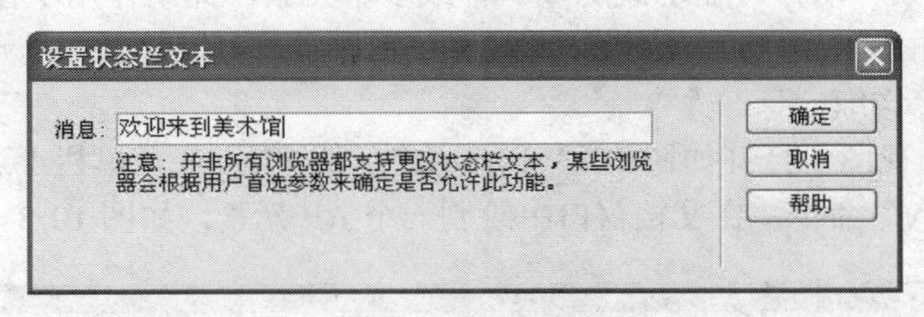

图 10-2-39

（3）单击“确定”按钮，结束设置。在“行为”面板上确认激活该行为的事件是否正确。如果不正确，单击下拉列表框，在下拉列表中选择正确的事件。本例中选择“onLoad”事件。

（4）图 10-2-40 所示就是当页面载入时状态栏中显示文字的效果。

图 10-2-40

10.3 通过 AP 元素与行为的配合制作特效

创建 AP 元素的时候，可以发现 AP 元素可以在网页上随意改变位置；在设定 AP 元素的“属性”面板时，可以知道 AP 元素有显示或隐藏的功能。通过这两个特点配合行为可以实现很多令人激动的网页动态效果。另外，将 AP 元素和行为配合起来也可以制作动画效果。

10.3.1 显示/隐藏元素

“显示–隐藏元素”动作可显示或隐藏一个或多个元素。此动作用于在用户与网页进行交互时显示信息。例如，当用户将鼠标指针滑过栏目图像时，可以显示一个元素，以提供有关该栏目的说明、内容等详细信息。

（1）在“设计”视图中打开如图10-3-1所示的示例页面，在菜单栏上选择“插入”→“布局对象”→“AP Div”命令，在文档窗口中绘制一个AP元素，如图10-3-2所示。

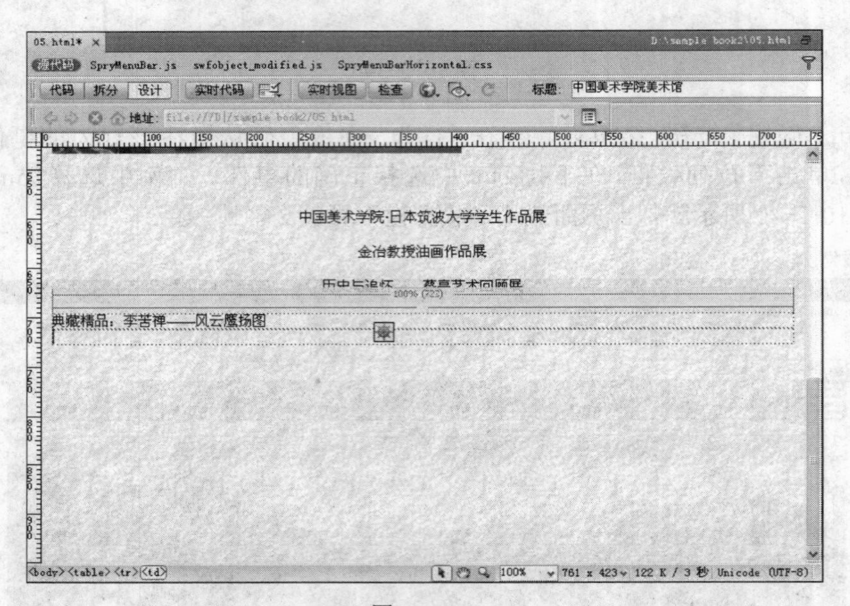

图10-3-1

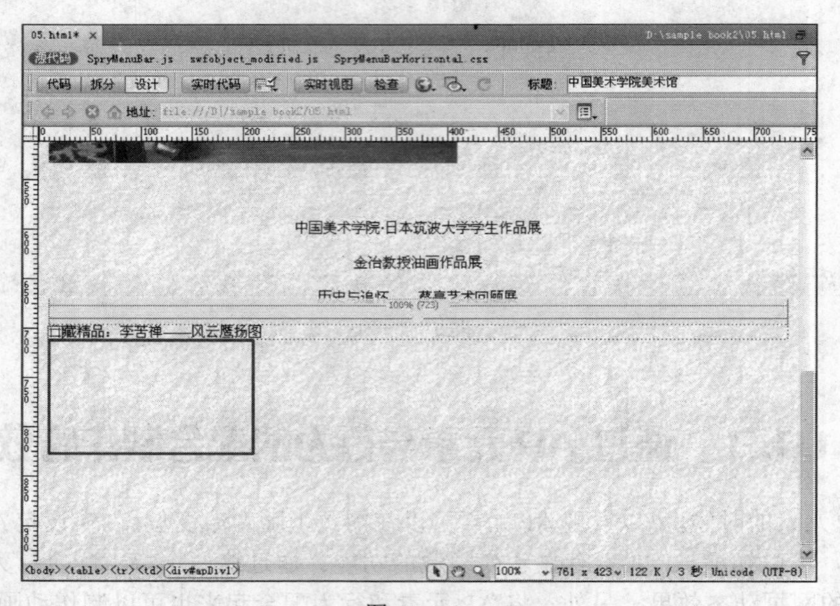

图10-3-2

（2）在 AP 元素中放置一幅图像，如图 10-3-3 所示。

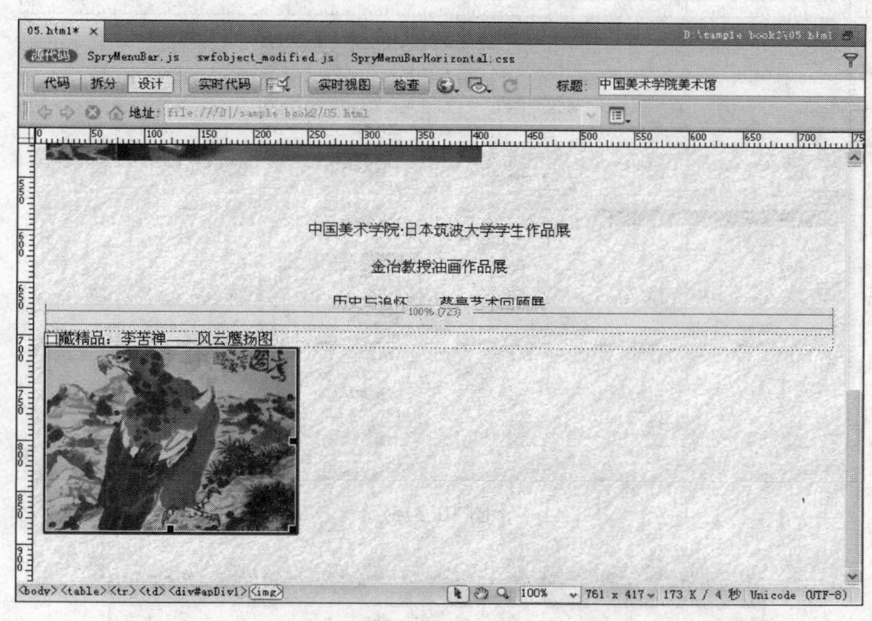

图 10-3-3

（3）在“AP 元素”面板中单击 AP 元素前面的眼睛图标，将 AP 元素的属性设为隐藏，如图 10-3-4 所示。

（4）选中示例页面中的文字“典藏精品：李苦禅——风云鹰扬图”，添加“#”空链接后，打开“行为”面板，单击“添加行为”按钮并从下拉菜单中选择“显示 - 隐藏元素”选项，如图 10-3-5 所示。

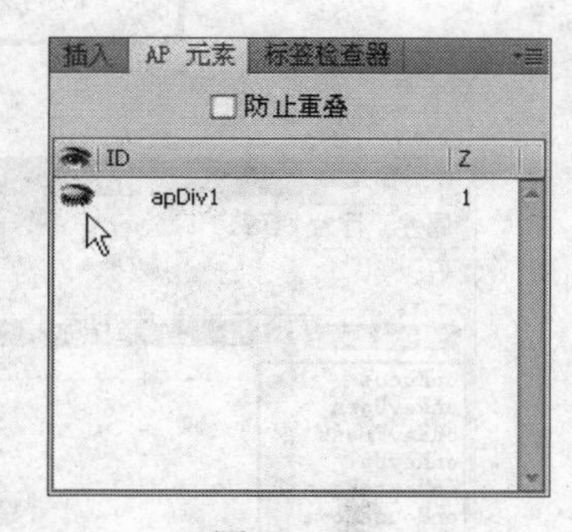

图 10-3-4

（5）在如图 10-3-6 所示的对话框中，在“元素”列表框中选择要更改其可见性的层，这里选择“div apDiv1”，单击“显示”按钮以显示该 AP 元素。

（6）单击“确定”按钮后，将显示 AP 元素的鼠标事件设定为“onMouseOver”，意为当鼠标指针移到文字上时显示该 AP 元素，如图 10-3-7 所示。

（7）再次选择文字“典藏精品：李苦禅——风云鹰扬图”，单击“行为”面板中的“添加行为”按钮，从下拉菜单中选择“显示 - 隐藏元素”选项。

（8）在“显示 - 隐藏元素”对话框中，单击“隐藏”按钮以隐藏该层，如图 10-3-8 所示。

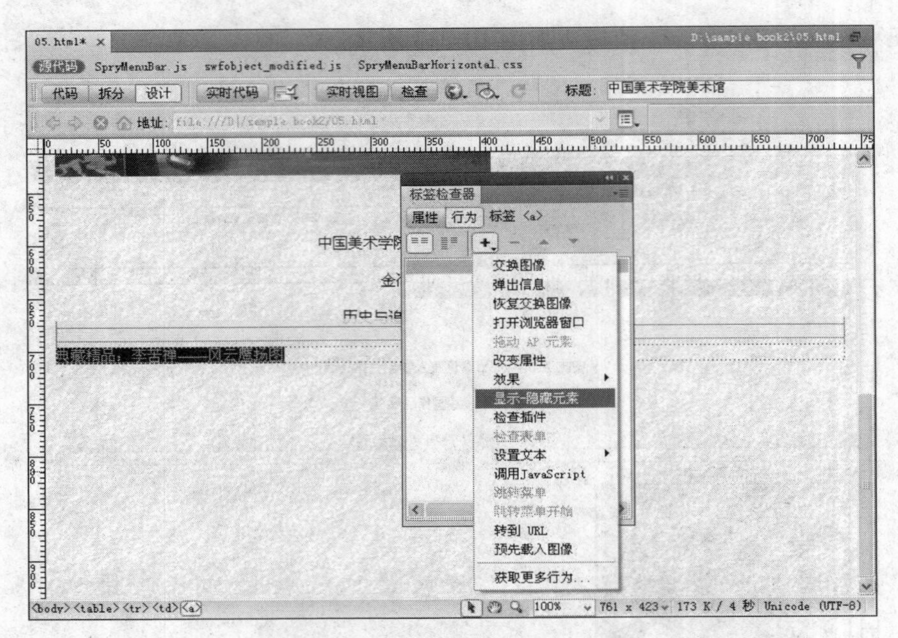

图 10-3-5

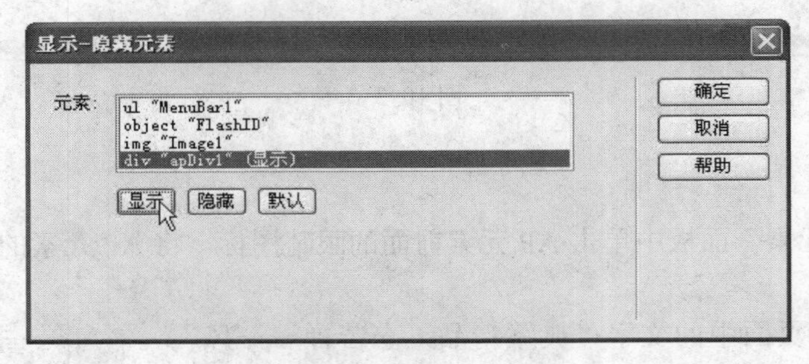

图 10-3-6

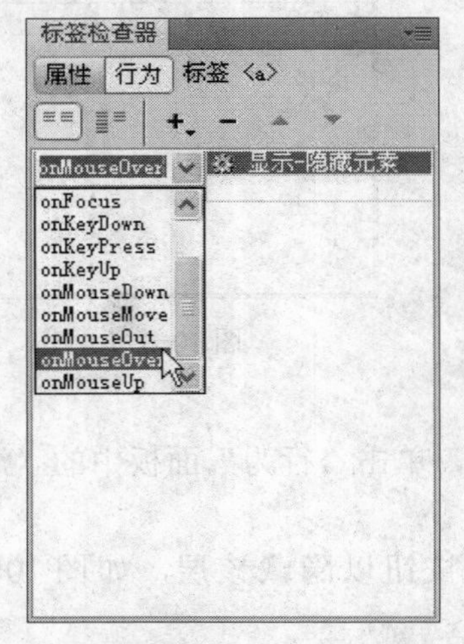

图 10-3-7

图 10-3-8

（9）单击“确定”按钮后，将隐藏 AP 元素的鼠标事件设置为“onMouseOut”，意为当鼠标指针从图片上挪开时，隐藏该 AP 元素，如图 10-3-9 所示。

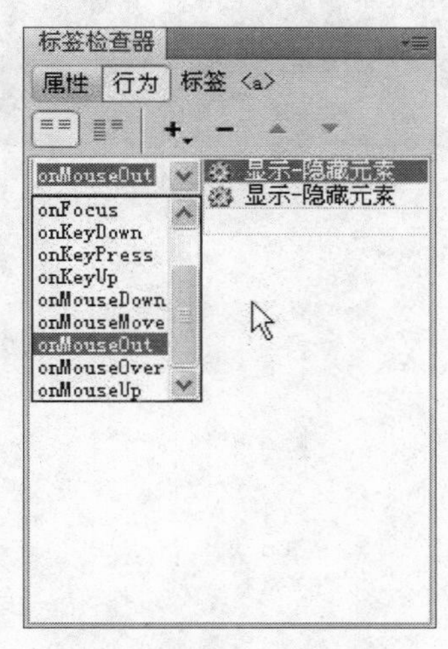

图 10-3-9

（10）至此，特效已添加完毕。保存文档并在浏览器中预览网页，可看到显示 - 隐藏元素的效果，如图 10-3-10 所示。

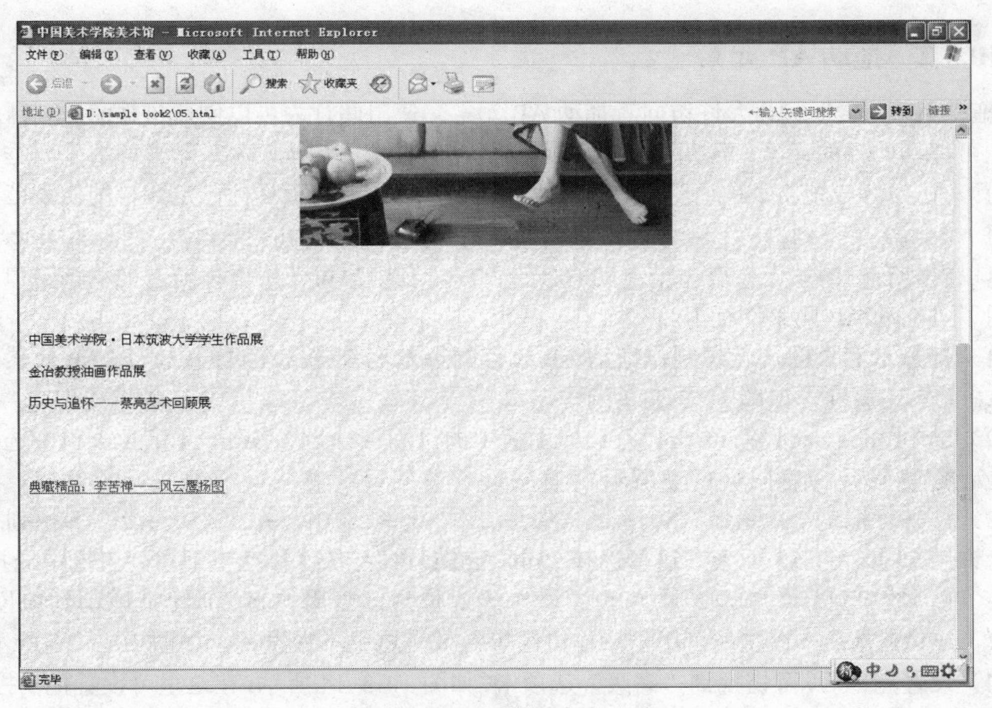

（a）鼠标未指向链接时

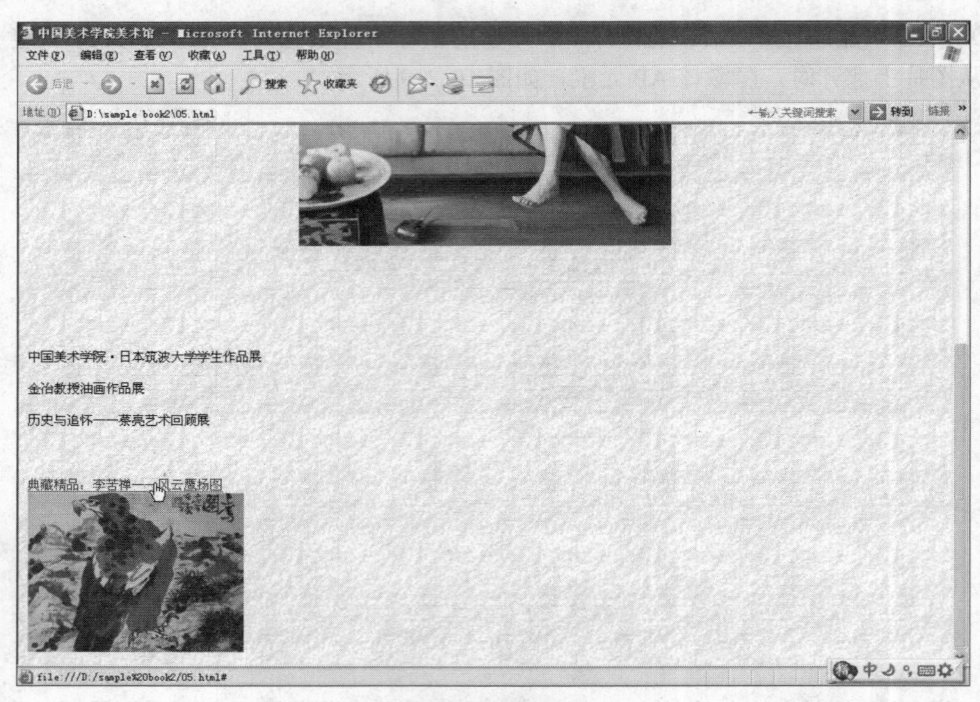

（b）鼠标指向链接时

图 10-3-10

10.3.2 拖动 AP 元素

“拖动 AP 元素”行为允许访问者拖动 AP 元素。使用此行为可以创建拼板游戏、滑块控件和其他可移动的界面元素；还可以指定访问者可以向哪个方向拖动 AP 元素（水平、垂直或任意方向），访问者应该将 AP 元素拖动到的目标，当 AP 元素在距目标一定数目的像素范围内时是否将 AP 元素靠齐到目标，当 AP 元素接触到目标时应该执行的操作，等等。在 Internet 上，经常可以看到有的网站上会有一个浮动的公告窗口，且用户可使用鼠标随意拖动该窗口。这就是使用了“拖动 AP 元素”行为。

（1）打开示例页面，若想制作拖动 AP 元素的特效，首先应在页面中添加 AP 元素，然后设置 AP 元素的属性，如图 10-3-11 所示。

（2）选中 <body> 标签，单击“行为”面板中的“添加行为”按钮，从下拉菜单中选择“拖动 AP 元素”行为，如图 10-3-12 所示。

（3）打开“拖动 AP 元素”对话框，在“基本”选项卡中，在“AP 元素”下拉列表框中选择允许用户拖动的 AP 元素，这里选择“div "apDiv1"”；从“移动”下拉列表框中选择 “不限制”；在“放下目标”选项组中可设置一个绝对位置，当用户将 AP 元素拖动到该位置时，自动放下该 AP 元素，该功能可用于制作拼图等特效，这里不做设置，如图 10-3-13 所示。

（4）设置完毕后，可切换到“高级”选项卡，如图 10-3-14 所示，在这里可设置拖动控制点、呼叫 JavaScript 程序等。本例中采用默认值。

图 10-3-11

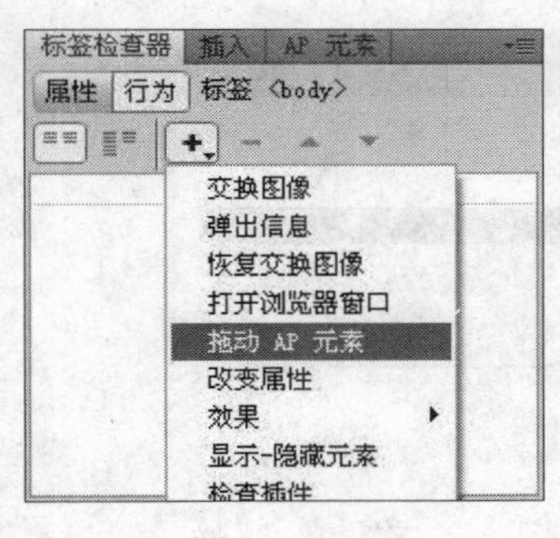

图 10-3-12

图 10-3-13

（5）单击“确定”按钮后，在“行为”面板中将事件设置为“onLoad”，如图 10-3-15 所示。

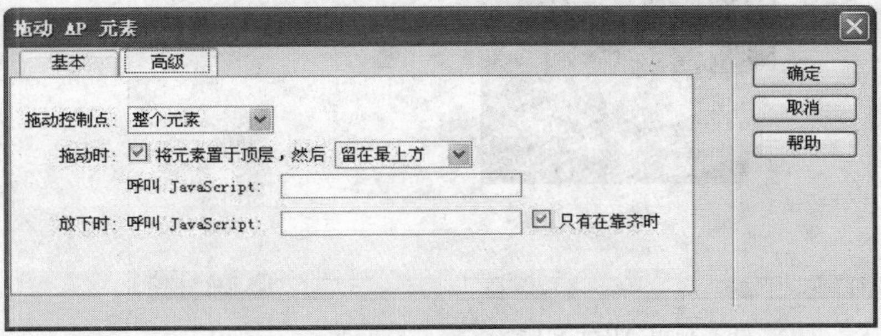

图 10-3-14

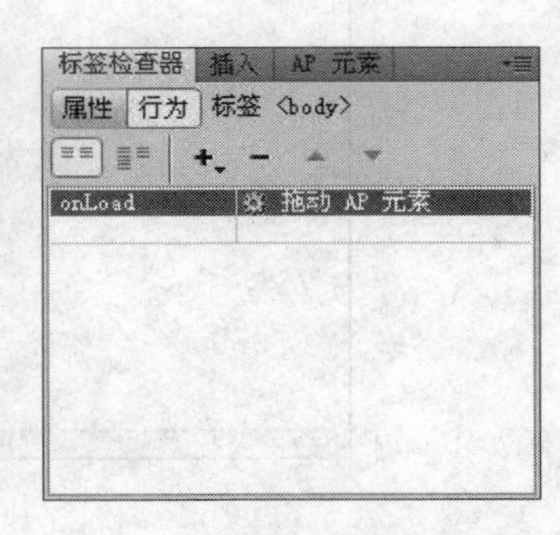

图 10-3-15

（6）按快捷键 F12 预览页面，即可看到 AP 元素出现在浏览器中。用鼠标拖曳 AP 元素，可随意对其进行移动。图 10-3-16 所示为预览时拖曳 AP 元素前后的效果。

（a）拖曳 AP 元素前

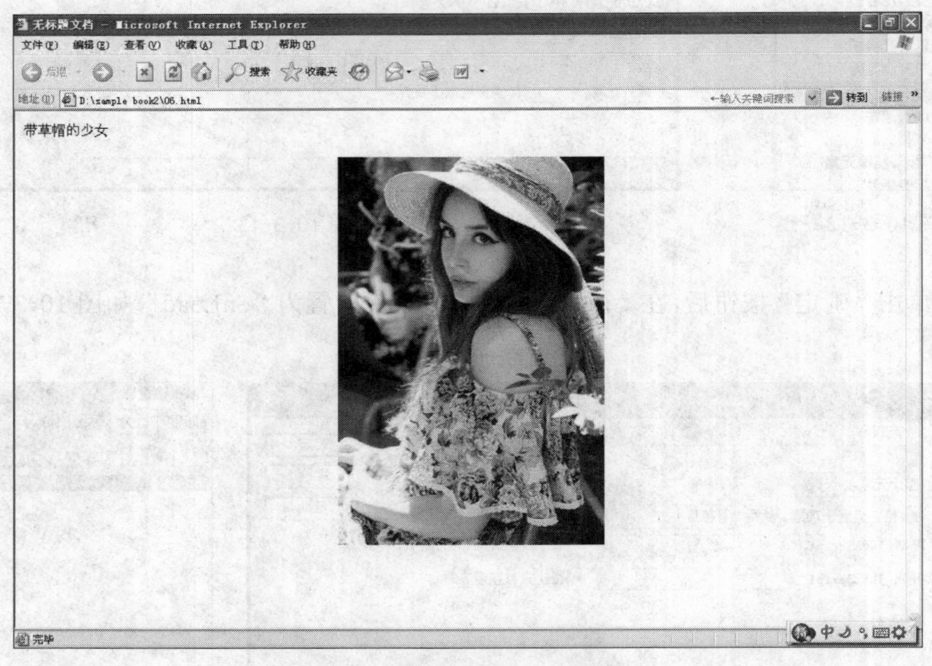

（b）拖曳 AP 元素后

图 10-3-16

10.3.3　设置容器的文本

“设置容器的文本”行为用来将网页上现有 AP 元素的内容替换为指定的内容，该内容可以包括任何有效的 HTML 源代码。

（1）打开如图 10-3-17 所示的示例页面，在页面中选中文本，并为其设置空链接。

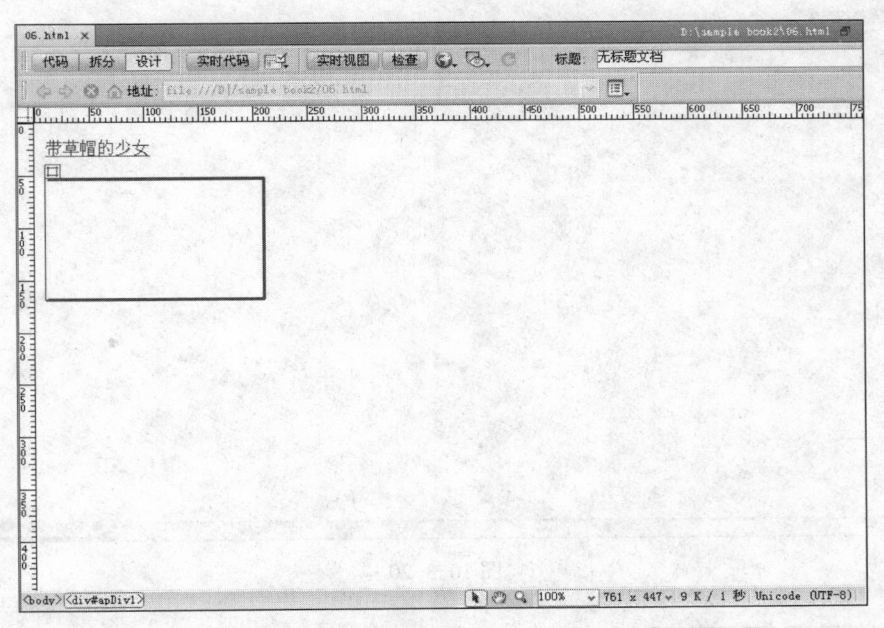

图 10-3-17

（2）选中链接文本，单击“行为”面板中的“添加行为”按钮，从下拉菜单中选择“设置文本”→“设置容器的文本”行为，弹出“设置容器的文本”对话框，如图 10-3-18 所示。

（3）在“容器”下拉列表框中列出了页面中所有的 AP 元素，从中选择要进行操作的 AP 元素，本例中选择“div "apDiv1"”。在“新建 HTML”文本框中输入要替换内容的 HTML 代码，本例中要替换为一张图片，因此在此文本框中输入图片的 HTML 代码：

<img src="imag/get.jpg"width="300 "height="449">

（4）单击“确定”按钮后，在“行为”面板中将事件设置为“onMouseOver”，如图 10-3-19 所示。

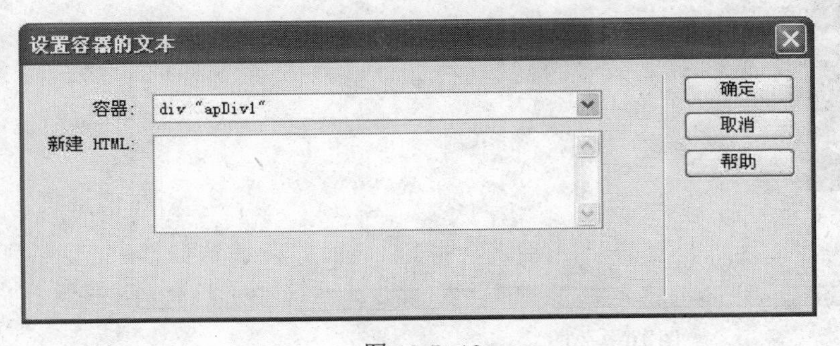

图 10-3-18

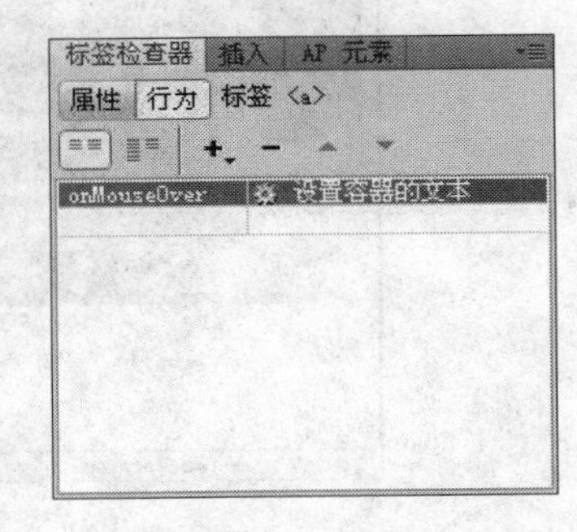

图 10-3-19

（5）保存网页并预览，浏览器中的效果如图 10-3-20 所示；鼠标指针放在链接文本上时，下边的位置将显示图片内容，如图 10-3-21 所示。

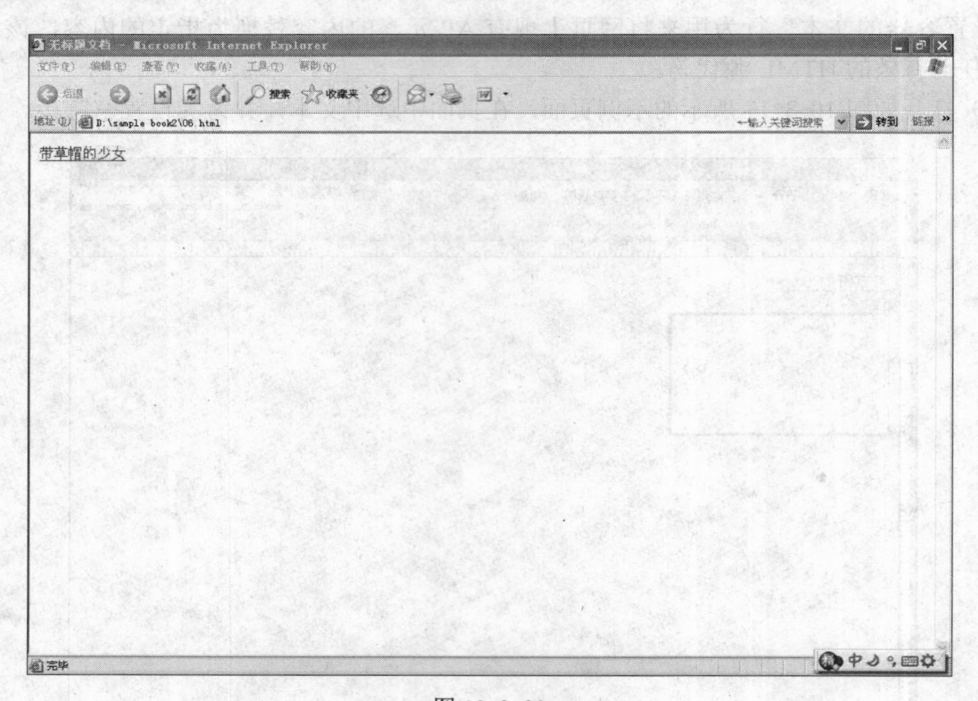

图 10-3-20

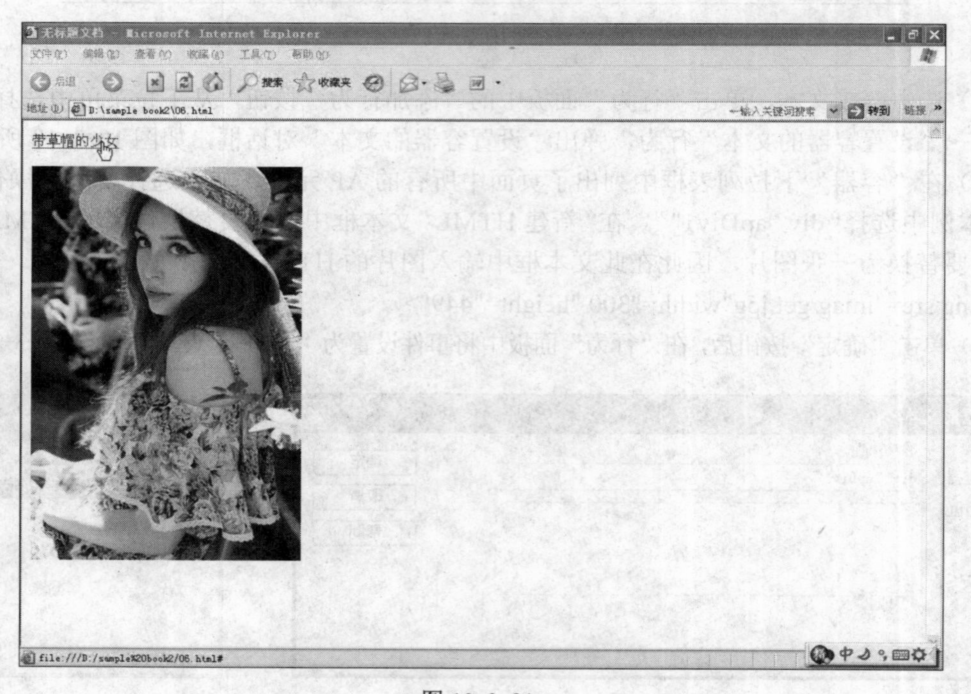

图 10-3-21

10.3.4 改变属性

使用“改变属性”行为可以改变对象的属性值。例如，当某个鼠标事件发生之后，通过这个行为，可以改变表格背景等属性，以获得相对动态的页面。

（1）新建一个页面，在页面中添加一个 AP 元素，如图 10-3-22；选中刚添加的 AP 元素，在“属性”面板上对其宽、高、上下边距进行设置，如图 10-3-23 所示。

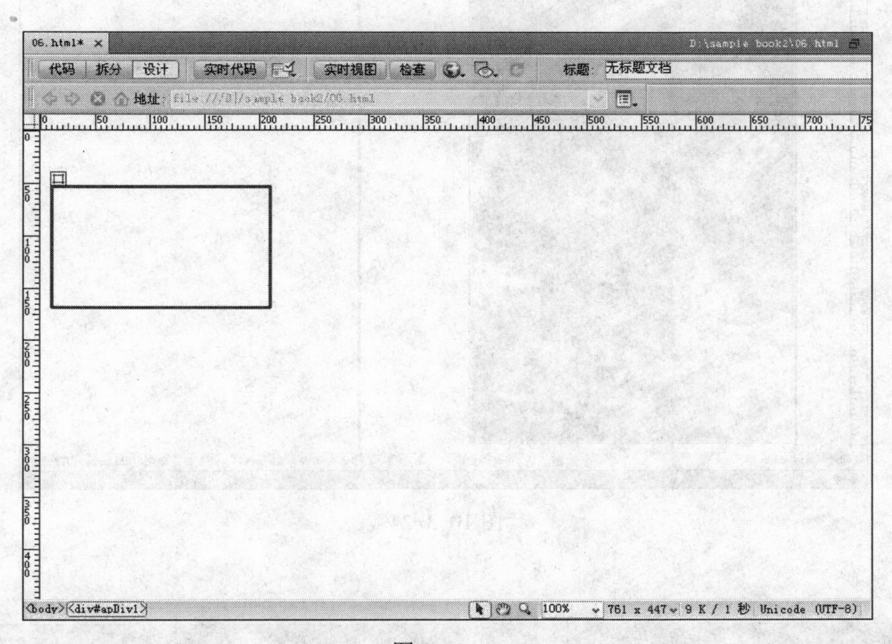

图 10-3-22

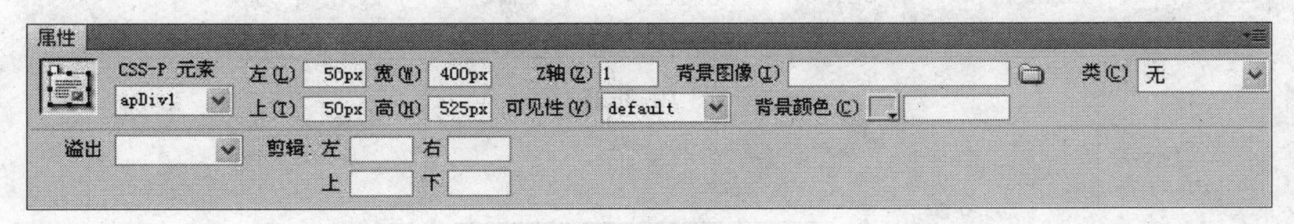

图 10-3-23

（2）选中 AP 元素，插入一幅图像，如图 10-3-24 所示。选中刚刚插入的图像，在“属性”面板上对其在 AP 元素中的垂直边距和水平边距进行设置，如图 10-3-25 所示。

（3）完成图像的属性设置后，保持图像的选中状态，单击“行为”面板中的“添加行为”按钮，从下拉菜单中选择“改变属性”行为，如图 10-3-26 所示。

（4）弹出“改变属性”对话框，如图 10-3-27 所示。在“元素类型”下拉列表框中选择需要修改的元素的类型，本例中选择“DIV”。“元素 ID”下拉列表框中列出了网页中所有该类元素的名称。“属性”选项组用来改变元素的属性，可以直接在“选择”下拉列表框中选择元素的属性；如果需要更改的属性没有出现在下拉列表框中，可以在“输入”文本框中手工输入属性名称。在“新的值”文本框中可以为选择的属性赋予新的值。

图 10-3-24

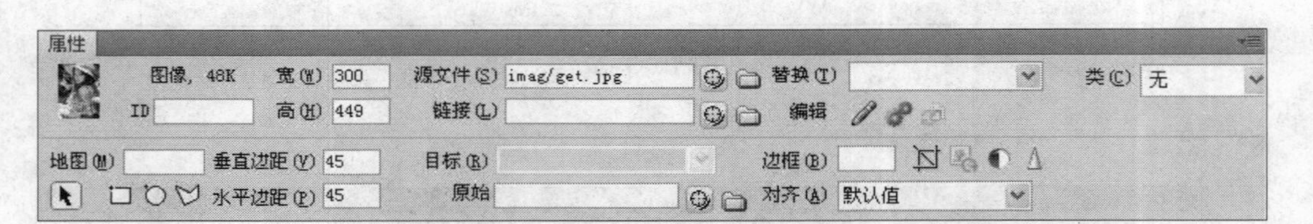

图 10-3-25

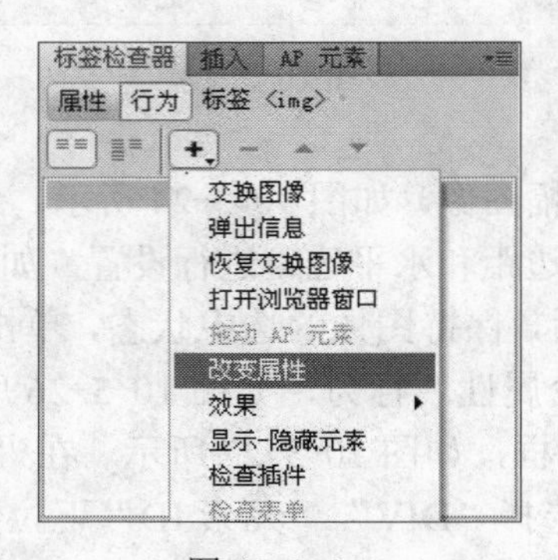

图 10-3-26

（5）单击“确定”按钮后，在“行为”面板中可以看到刚刚添加的“改变属性”行为，设置激活该行为的事件为“onMouseOver”，如图 10-3-28 所示。

图 10-3-27

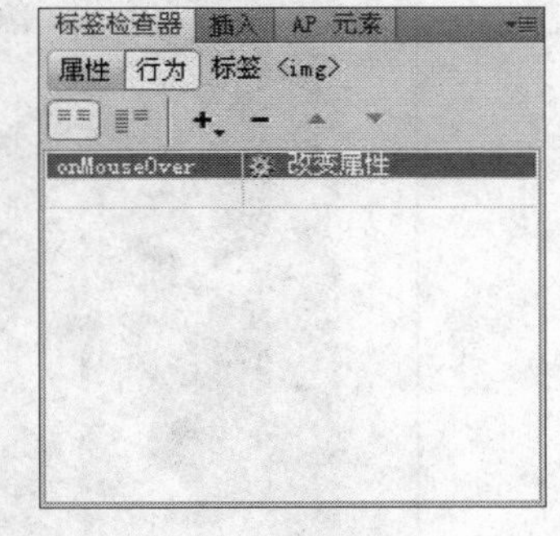

图 10-3-28

（6）按快捷键 F12 预览页面，鼠标指针经过图像时，可以看到 AP 元素属性变化的效果，如图 10-3-29 所示。

（a）属性改变前

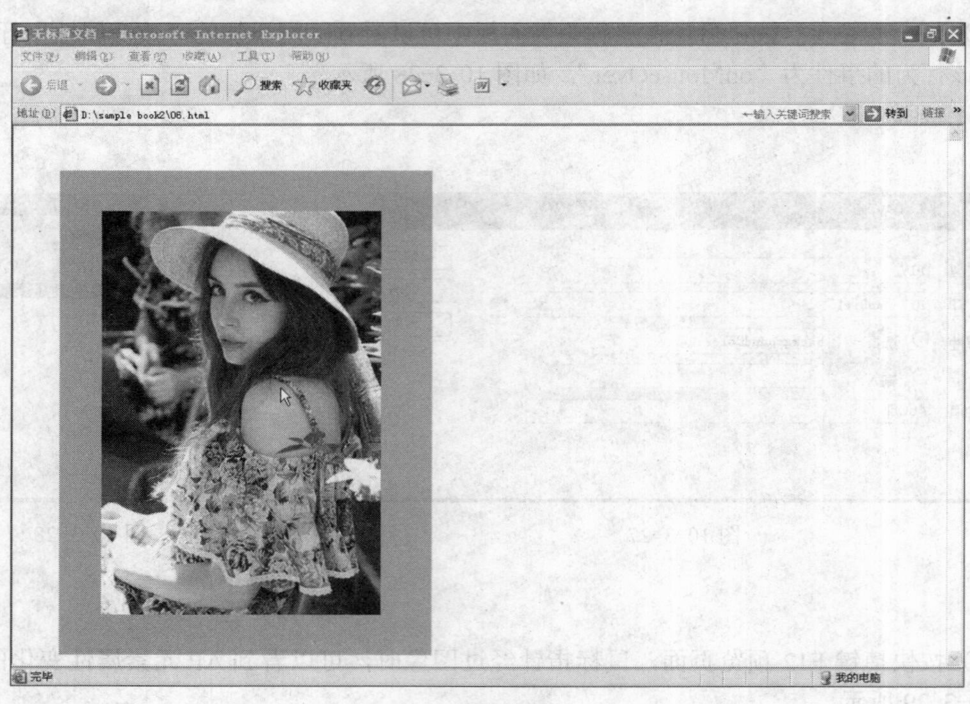

（b）属性改变后

图 10-3-29

本章小结

回顾学习要点

1．如何通过 AP 元素和表格的配合布局页面？

2．将 AP 元素的溢出设置为 auto 代表什么？

3．什么是行为、动作和事件？

4．“显示－隐藏元素”行为有什么用处？

学习要点参考

1．利用 AP 元素的易操作性先将各个对象定位，然后将 AP 元素转换为表格，从而保证低版本浏览器正常浏览网页。

2．“auto”使浏览器仅在需要时（即当 AP 元素的内容超过其边界时）才显示 AP 元素的滚动条。

3．行为由动作和事件组成。一般的动作是由事件来触发的。事实上，动作是由预先写好的能够执行某种任务的 JavaScript 代码组成，而事件是与用户的操作相关的，如鼠标的滚动等。

4.“显示－隐藏元素”行为可显示、隐藏或恢复一个或多个页面元素的默认可见性。此行为用于在用户与网页进行交互时显示信息。

习题

试制作一个使用 AP 元素的溢出属性进行布局的页面。

使用模板和库设计页面

Dreamweaver CS5 第11章

本章总览

本章将介绍在 Dreamweaver CS5 中如何使用模板和库来设计页面，主要包括以下内容：

- 使用模板和库设计页面的好处
- 建立、使用并更新模板
- 在页面中使用库

11.1 使用模板

利用 Dreamweaver 中的模板和库可以使站点中不同页面的设计风格保持一致，使站点的维护变得轻松。实际上库与模板都与服务器端包含对象相似，并且都源于 XML 技术。通过简单的描述，将一个固定的内容插入到不同的页面中，在需要更新时，只要改变一个文件就可以使整个站点的相关页面同时得到更新。对于大型站点，特别是需要风格统一的大型站点，使用模板与库可以大大提高设计与维护工作的效率。

为了体现站点的专业性，使站点中的页面具有统一风格是非常重要的。利用常规的网页设计手段，要在多个页面中包含相同的内容，则不得不在每个页面中重复进行输入和编辑，这是很麻烦的。如果利用模板功能，可以批量生成具有固定格式的页面，大大提高开发效率。

11.1.1 建立模板

在 Dreamweaver 中，可以用两种方法创建模板。一种方法是将现有的网页文件另存为模板，然后根据需要再进行修改；另外一种方法是直接新建一个空白模板，再在其中插入需要显示的文档内容。模板实际上也是一种文档，它的扩展名为“.dwt”，存放在根目录下的 Templates 文件夹中。如果该 Templates 文件夹在站点中尚不存在，Dreamweaver 将在保存新建模板时自动创建该文件夹。

（1）打开示例页面，在菜单栏上选择“文件”→“另存为模板”命令，将页面另存为模板，如图 11-1-1 所示。

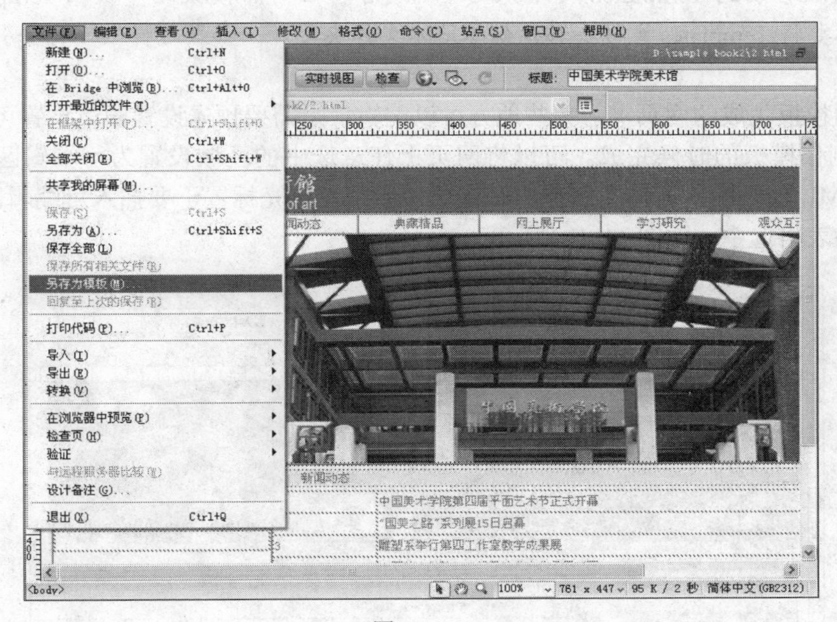

图 11-1-1

（2）弹出如图 11-1-2 所示的“另存模板”对话框，在“站点”下拉列表框中选择用来保存模板的站点；“现存的模板”列表框中显示当前站点中的所有模板；“另存为”文本框用来输入模板的名称，这里输入“index”。

（3）单击“保存”按钮，将把当前网页转换为模板，并另存到选择的站点中。创建的模板文件保存在 Templates 文件夹中，如图 11-1-3 所示。窗口的左上角会出现模板的名称。

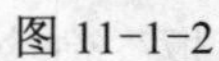

图 11-1-2

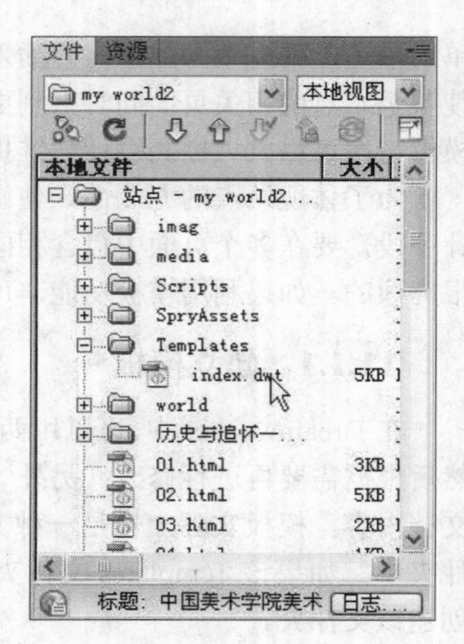

图 11-1-3

提示：

不要将模板移动到 Templates 文件夹之外，或者将任何非模板文件放在 Templates 文件夹中。此外，不要将 Templates 文件夹移动到本地根文件夹之外。如果这样做，将会引起模板路径错误。

（4）在由模板生成的网页上，哪些地方可以编辑，是需要预先设置的。设置可编辑区域的工作需要在制作模板的时候完成。可以将网页上任意选中的区域设置为可编辑区域，但是最好是基于 HTML 代码的，这样在制作的时候更加清楚。将光标置于要插入可编辑区域的位置，将正文所在的表格选中，如图 11-1-4 所示。

图 11-1-4

（5）在菜单栏上选择“插入”→“模板对象”→“可编辑区域”命令，如图 11-1-5 所示。

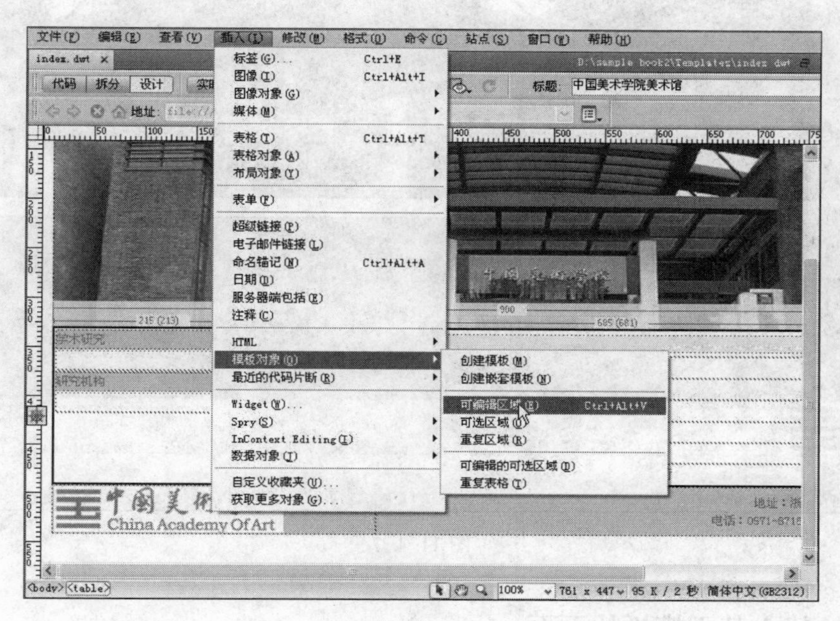

图 11-1-5

（6）弹出如图 11-1-6 所示的“新建可编辑区域”对话框，给该可编辑区域命名，本例中，在“名称”文本框中输入“content”，单击“确定”按钮。

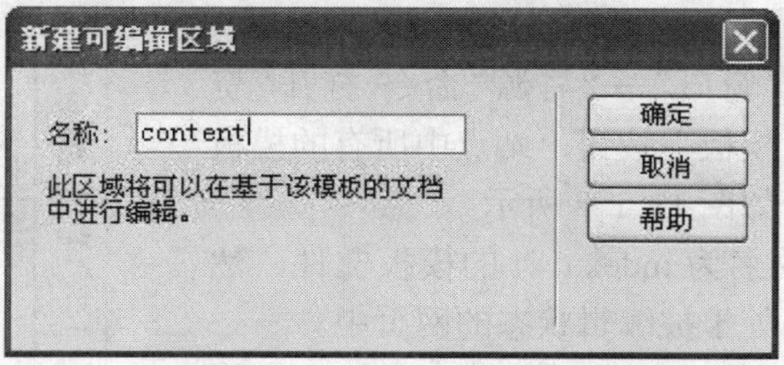

新建可编辑区域
名称: content
此区域将可以在基于该模板的文档中进行编辑。
确定
取消
帮助

图 11-1-6

（7）新添加的可编辑区域有蓝色标签，标签上是可编辑区域的名称，如图 11-1-7 所示。

提示：

若想删除可编辑区域，可以将光标置于要删除的可编辑区域内，选择“修改”→“模板”→“删除模板标记”命令，光标所在的可编辑区域即被删除。

图 11-1-7

11.1.2 建立基于模板的页面

在创建模板之后，就可以在空白文档中应用模板了。创建基于模板的新文件有很多种方法，如可以使用“资源”面板，或者在菜单栏上选择“文件”→“新建”命令。在这里主要介绍使用“资源”面板的方法，其他方法也大同小异，读者可以自行尝试。

（1）首先通过“文件”面板新建一个网页文件，然后双击该文件，使之在网页编辑窗口中处于被编辑的状态。

（2）在菜单栏上选择“窗口”→“资源”命令，打开“资源”面板，单击其中的“模板”按钮，站点中所有的模板文件将会显示在列表中，如图 11-1-8 所示。

图 11-1-8

（3）选中之前创建的名为 index.dwt 的模板文件，然后将其拖至网页编辑窗口处于被编辑状态的网页中。

（4）这样，网页就套用了已有的模板。在基于模板的网页中，可编辑区域在 Dreamweaver CS5 主窗口中被套上蓝色的边框，只有可编辑区域的内容能够被编辑，可编辑区域之外的内容被锁定，无法编辑。整个页面被套上黄色的边框，右上角的位置有一个黄色的标签，其中说明了该页面是一个基于模板的页面，并且后面还列出了基于的模板名称，如图 11-1-9 所示。

图 11-1-9

11.1.3 更新模板

（1）如果对模板进行了修改，保存这个模板后，将弹出“更新模板文件”对话框，如图 11-1-10 所示。“更新模板文件”对话框中列出了所有基于这个模板的网页。单击“更新模板文件”对话框中的“更新”按钮，将根据模板的改动，自动更新这些网页。

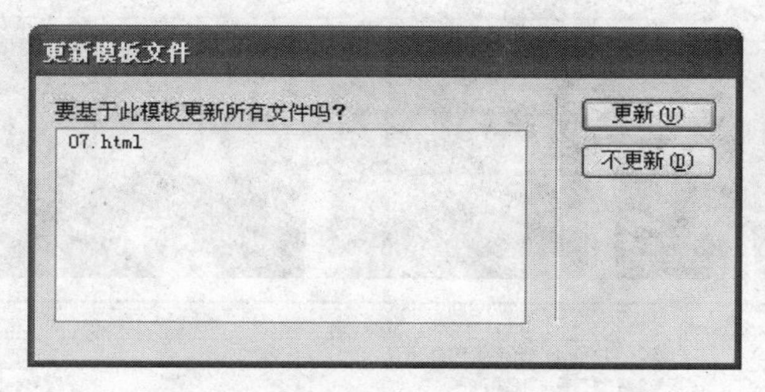

图 11-1-10

（2）更新完毕后，将弹出“更新页面”对话框，显示更新的结果，如图 11-1-11 所示。在“查看”下拉列表框中，如果选择“整个站点”选项，则要确认是更新哪个站点的网页；如果选择“文件使用…”选项，则要选择更新使用哪个模板生成的网页。在“更新”选项组中选择“模板”复选框。若选中“显示记录”复选框，则会在更新之后显示更新记录。更新完毕后，单击“关闭”按钮，结束操作。

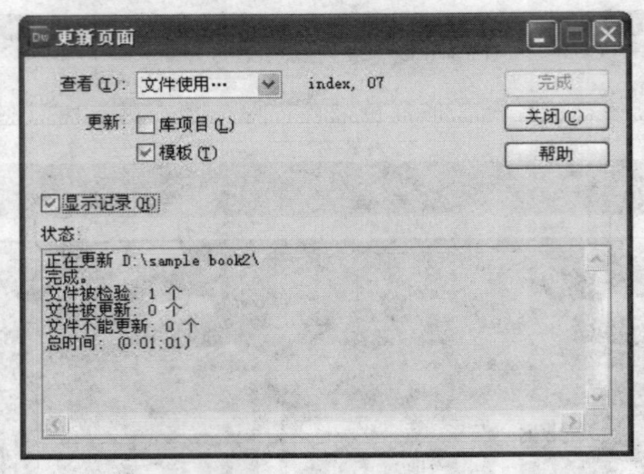

图 11-1-11

11.2 使 用 库

除了模板之外，还可以利用库项目在文档中快速应用具有相同格式和内容的文档元素。所谓库项目，实际上就是文档元素的任意组合，这些元素包括文本、表单、表格、插件、图像等。可以将文档中的任意元素存储为库项目，以便在其他地方重复使用。将网页的某一部分内容变为库中的元素，使用时只需简单地插入网页中即可。

（1）在网页编辑区中选择需要保存为库项目的内容，本例中为 E-mail 地址，如图 11-2-1 所示。

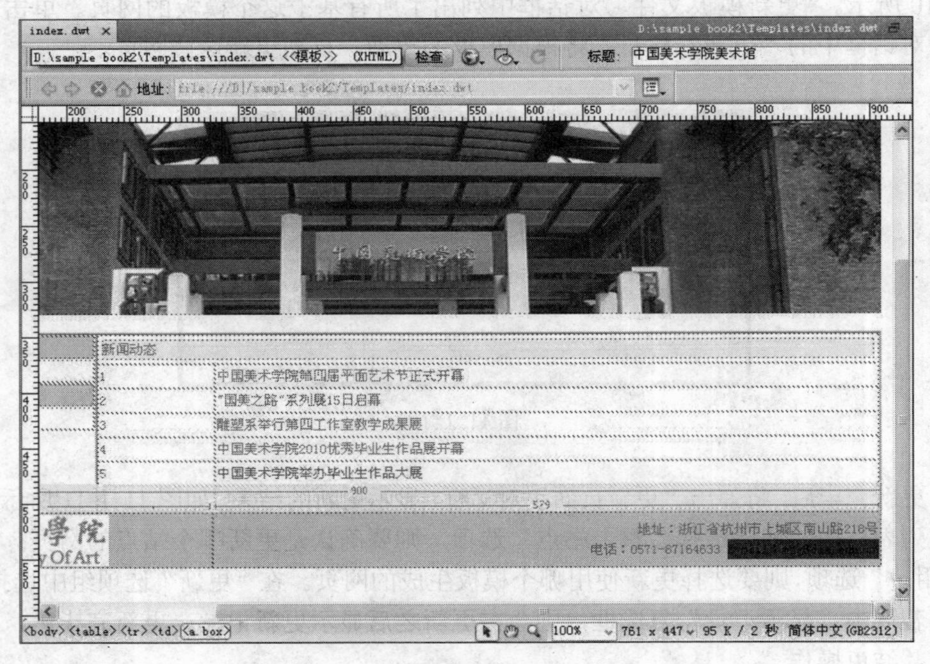

图 11-2-1

（2）单击“资源”面板上“库”类别中右下角的“新建库项目”按钮，一个新的库项目出现在“资源”面板“库”分类的列表中，如图 11-2-2 所示；用户还可以为该项目输入新名称，如“email”，如图 11-2-3 所示。

图 11-2-2

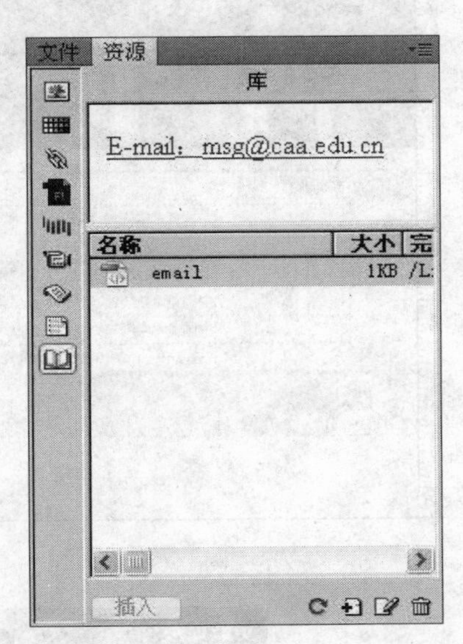

图 11-2-3

（3）这样，一个库项目就建立好了。用户可以发现，其中的文字仍然保持了之前的链接属性；并且，在“文件”面板中打开站点根目录下的 Library 文件夹，其中出现了新建的库项目文件，如图 11-2-4 所示。

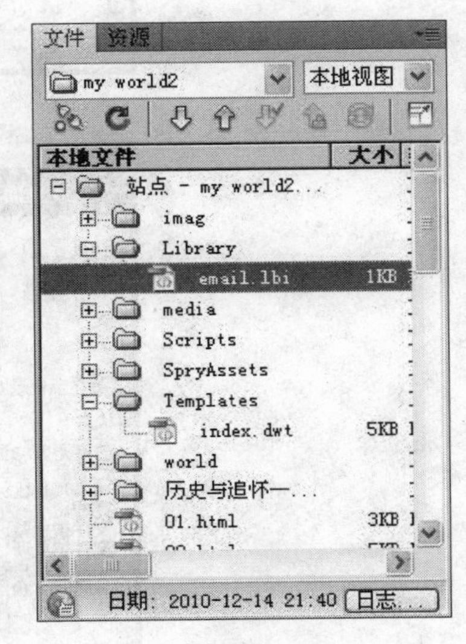

图 11-2-4

（4）刚刚创建好库文件后，对于转换成库文件的内容，已经拥有了这个库文件，即背景会显示为淡黄色，不可编辑，如图 11-2-5 所示。

（5）如果希望在网页中插入库文件，首先将光标放置在网页中要插入库文件的位置，然后在“资源”面板中选择“库”类别，再选择需要插入的库项目，直接拖曳至光标所在位置即可。

（6）如果修改了库文件，选择“文件”→“保存”命令，这时会弹出如图 11-2-6 所示的对话框，询问是否更新网站中使用了该库文件的网页。

（7）单击“更新”按钮，将更新网站中使用了该库文件的网页，如图 11-2-7 所示。

图 11-2-5

图 11-2-6

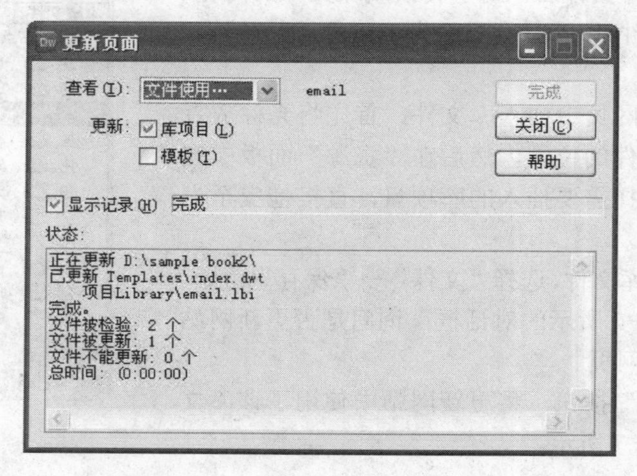

图 11-2-7

本章小结

回顾学习要点

1．使用模板和库建设网站有什么好处？

2．怎样建立模板文件？

3．什么是库项目？

学习要点参考

1．利用模板和库可以使网站的设计风格保持一致，使网站维护变得轻松。在需要更新时，只要改变一个文件就可以使整个站点的相关页面同时得到更新。对于大型站点，特别是需要风格统一的大型站点，使用模板与库可以大大提高设计与维护工作的效率。

2．有两种方法可以创建模板。一种方法是将现有的网页文件另存为模板，然后根据需要再进行修改；另外一种方法是直接新建一个空白模板，再在其中插入需要显示的文档内容。模板实际上也是一种文档，它的扩展名为“.dwt”，存放在根目录下的 Templates 文件夹中。

3．所谓库项目，实际上就是文档元素的任意组合，这些元素包括文本、表单、表格、插件、图像等。可以将文档中的任意元素存储为库项目，以便在其他地方重复使用。

习题

试将一个页面制作成模板，并将其中的联系方式建成库项目。

使用插件丰富页面效果

Dreamweaver CS5

第12章

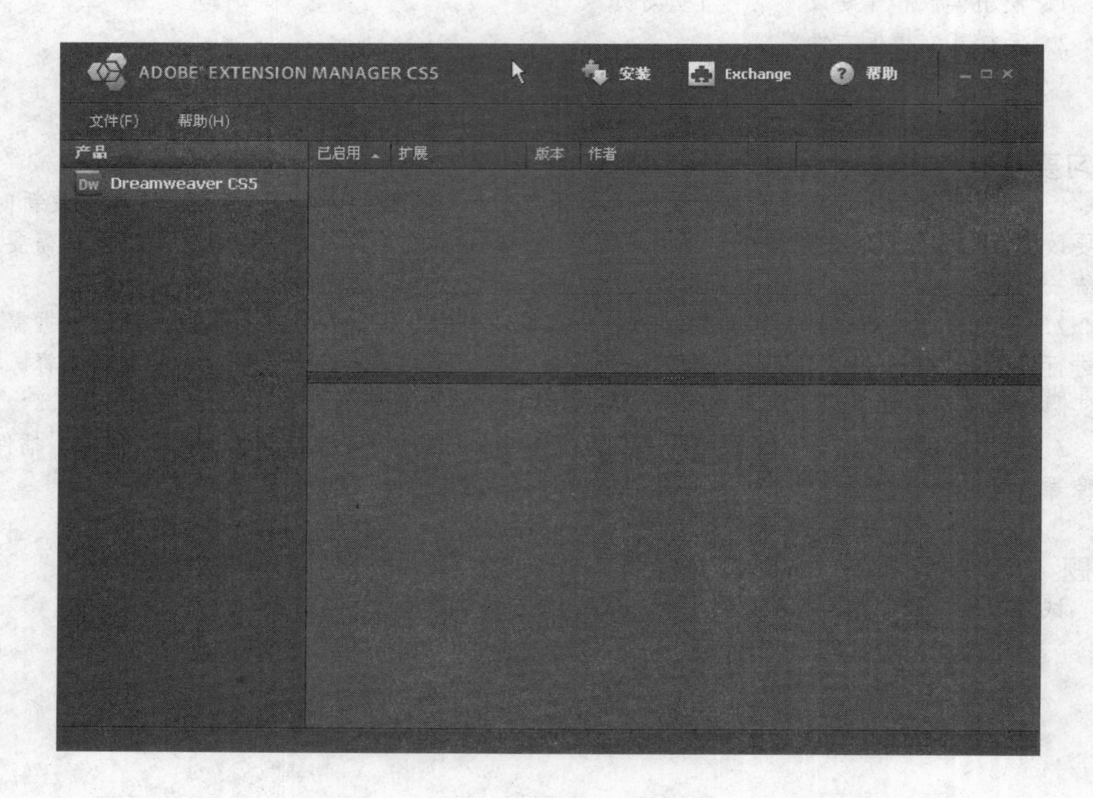

本章总览

本章将介绍 Dreamweaver CS5 中插件的使用方法，主要包括以下内容：

- 在页面中使用插件的方法
- 使用行为插件
- 使用命令插件
- 使用对象插件

12.1　使用插件的基本方法

Dreamweaver 之所以能成为专业的网页设计与制作软件，一个关键的原因是其强大的扩展功能。最新的扩展管理器成为独立的管理 Dreamweaver 扩展的软件，而且其完全的可视化操作，使其在网页中实现 JavaScript 特效等功能时易如反掌。

安装 Dreamweaver CS5 的同时也下载安装扩展管理器（Extension Manager），利用这一程序就可以很轻松地安装并管理插件。如果想在 Dreamweaver 中安装外部插件，应先退出 Dreamweaver，再用扩展管理器来安装。

（1）单击“开始”→“所有程序”→“Adobe Dreamweaver CS5”→“Adobe Extension Manager CS5”选项，运行扩展管理器，如图 12-1-1 所示。

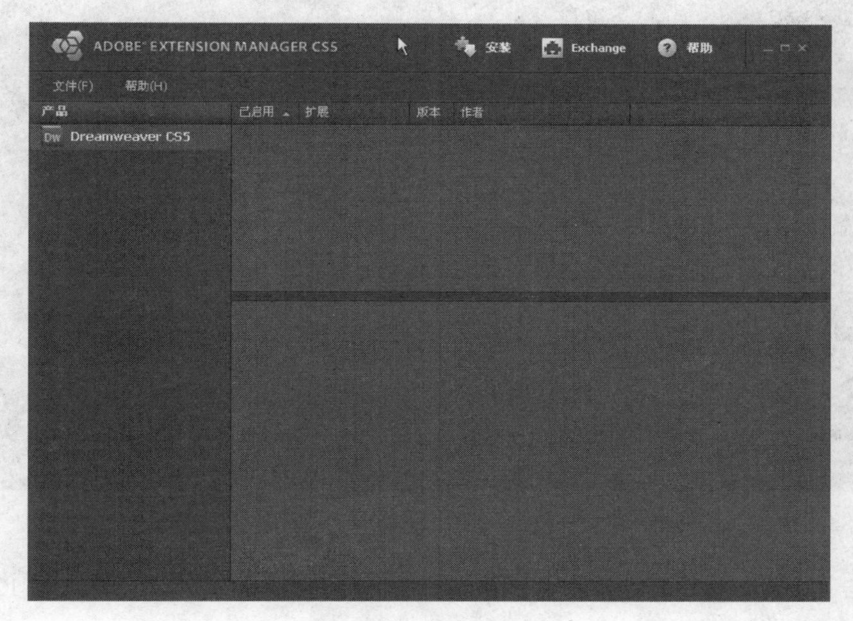

图 12-1-1

（2）单击“安装”按钮，打开“选取要安装的扩展”对话框，从相关文件夹中选择一个“*.mxp”文件，然后单击“打开”按钮，如图 12-1-2 所示。

图 12-1-2

（3）此时会弹出有关插件的版权和注意事项的对话框，如图 12-1-3 所示。

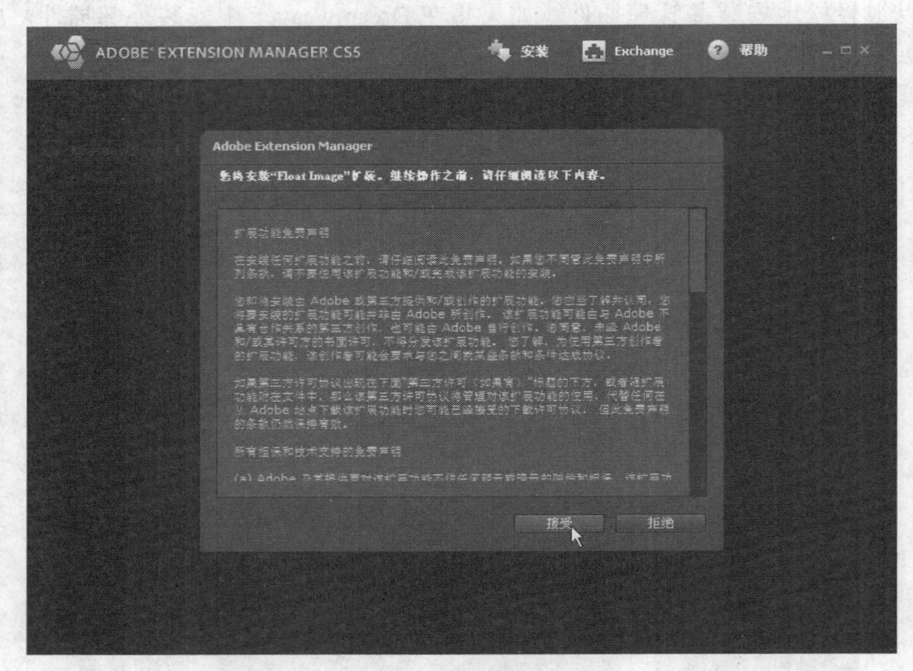

图 12-1-3

（4）单击“接受”按钮，这样就可以看到新插件出现在扩展管理器中，如图 12-1-4 所示。

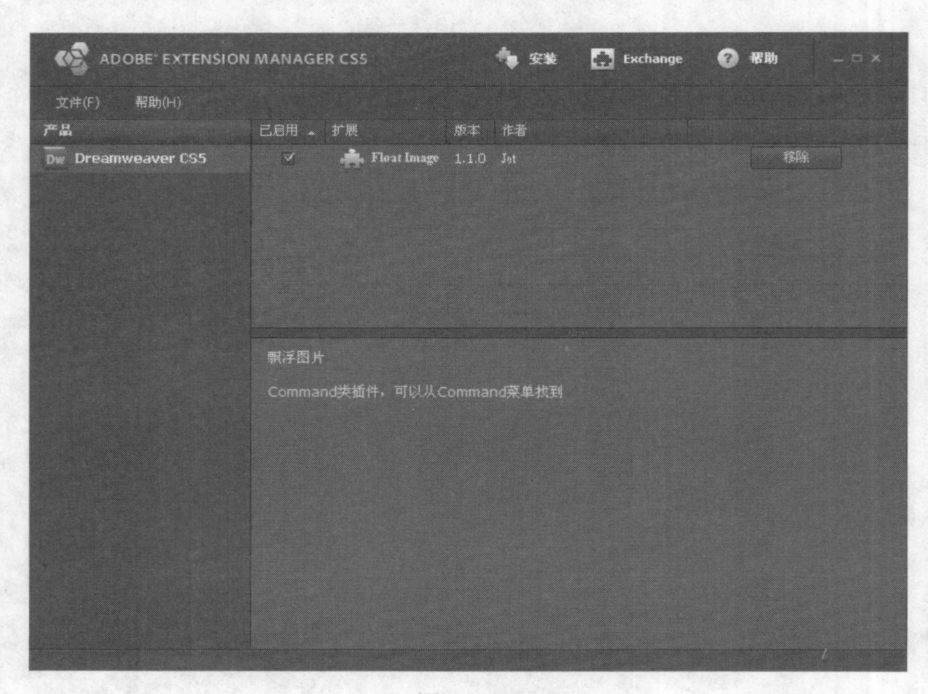

图 12-1-4

12.2 使用行为插件

利用 Dreamweaver CS5 附加的第三方插件，可以把网页制作得更加美观，而且还可以制作动态的页面。第三方插件可以根据其功能和保存的位置进行分类。在 Dreamweaver CS5 中使用的第三方插件大体上可以分为行为、命令、对象三种类型。

行为插件安装在“行为”面板中。下面介绍有关制作层动画的一款插件。该插件可为插入在层内的对象赋予各种显示或消失的效果，以制作出动态的网页。需要注意的是，发生动画的内容必须插入在层内，而且必须将行为的事件指定为 onLoad，这样才能在下载文档的同时播放动画。

（1）利用 Extension Manager 安装 Layer Transitions 的扩展文件。启动 Extension Manager，在窗口中选择要安装的扩展文件，单击“安装”按钮。扩展类型是行为。安装完毕后，需重启 Dreamweaver CS5 以更新行为面板，如图 12-2-1 所示。

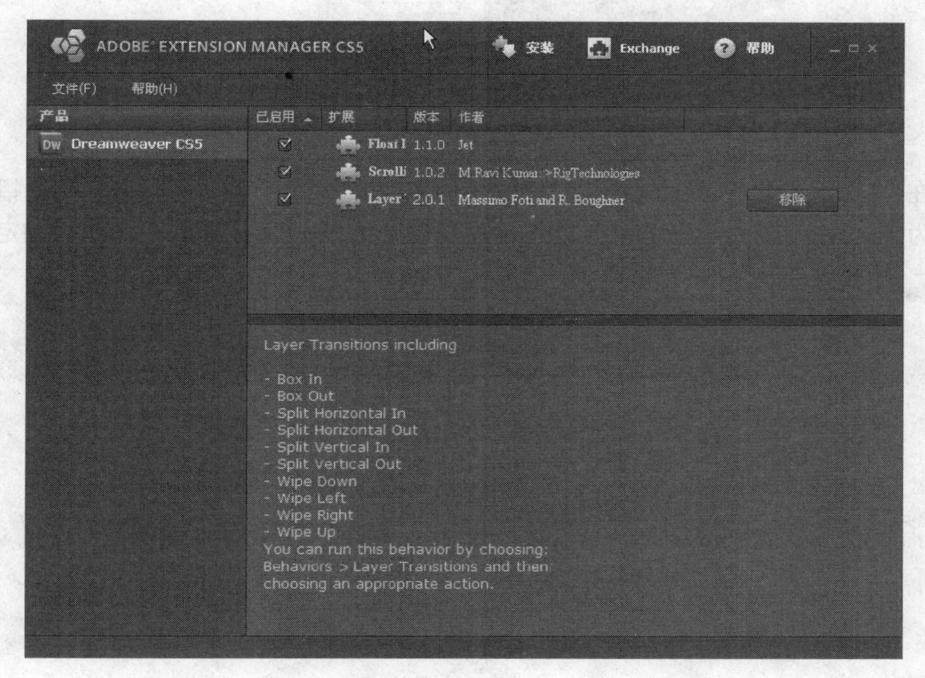

图 12-2-1

（2）打开如图 12-2-2 所示的页面，在标签选择器中单击 <body>，并在“行为”面板中单击“添加行为”按钮，从下拉菜单中选择“Layer Transitions”→“Layer Split Vertical Out”命令。

图 12-2-2

（3）在“Layer Split Vertical Out”对话框中的“Duration”文本框中输入动画的播放时间，这里设置为 5 s。在“Layer”下拉列表框中设置要产生动态效果的层，然后单击“确定”按钮，如图 12-2-3 所示。

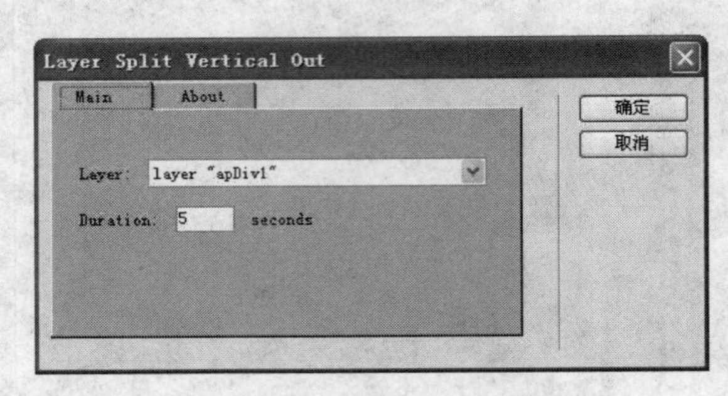

图 12-2-3

（4）在“行为”面板中将添加的行为的事件设置为“onLoad”，表示在下载文档的同时触发行为。

（5）按快捷键 F12 预览页面，可以看到从中央向两边扩散显示插入在层内的内容，如图 12-2-4 所示。

（a）原始页面

（b）逐渐显示图像的其余部分

图 12-2-4

12.3　使用命令插件

命令插件用扩展管理器安装之后，会添加到菜单栏上的“命令”菜单中。下面介绍一款命令插件的使用方法。

（1）不少网站的页面中都会有一个飘来飘去的小图片，它们通常起到广告宣传的作用。准备好具有制作飘浮图像功能的扩展文件，该文件的名称为 floating.mxp。安装好插件后，在 Dreamweaver CS5 中打开要加入飘浮广告的网页，然后选择“命令”菜单，会发现菜单底部多出了一个名为“Floating Image”的选项，如图 12-3-1 所示。

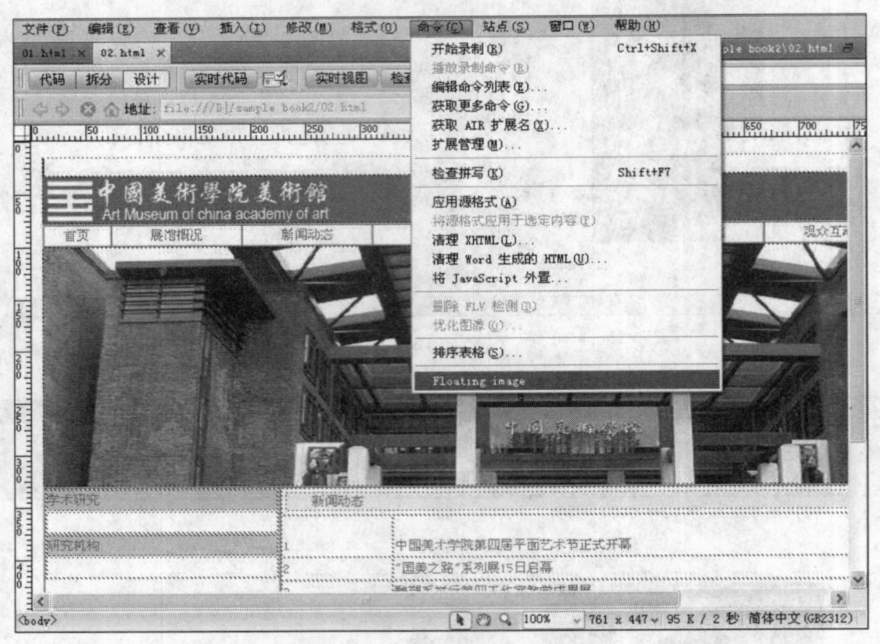

图 12-3-1

（2）单击“Floating Image” 选项，随即弹出如图 12-3-2 所示的对话框。“max step”、“min step”和“area”选项用来设置飘浮图像的速度和区域，使用默认值即可。在“image”文本框中，输入飘浮图像的路径；或单击文本框后的“浏览”按钮，打开“选择文件”对话框，选择一幅作为在页面中飘浮的图像。还可以为该图像设置链接：单击“href”文本框后的“浏览”按钮，同样打开“选择文件”对话框，如果要做内部链接，直接选择根目录下要链接的网页即可；如果要做外部链接，那么只需在“URL”文本框中输入网址即可，这里不进行设置。

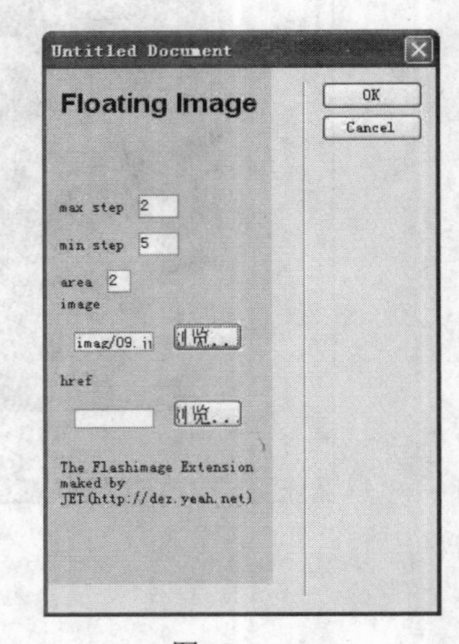

图 12-3-2

（3）单击“OK”按钮，完成插入飘浮图像的操作。保存网页，按快捷键 F12 进行预览，即可看到飘浮图像的效果，如图 12-3-3 所示。

（a）飘浮图像（1）

（b）飘浮图像（2）

图 12-3-3

12.4 使用对象插件

对象插件安装之后，将以图标形式添加到 Dreamweaver CS5 的“插入”菜单中。下面介绍一款有关状态栏的插件。这个插件实现的效果是浏览器的状态栏会滚动出现多组字幕。

（1）安装 Scroll Status Bar.mxp 插件后，在扩展管理器中可以发现，该插件属于对象，要在“插入”菜单中寻找。

（2）在 Dreamweaver 中打开示例网页，选择“插入”→“Rig Technologies”→“Rig Technologies”命令，弹出“Scrolling_Status_Bar”对话框，如图 12-4-1 所示。

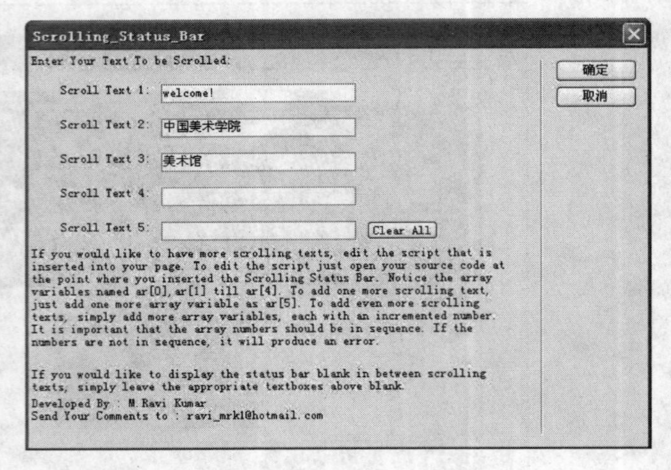

图 12-4-1

（3）在对话框中依次填写滚动字幕的内容。

（4）设置完毕后，单击“确定”按钮关闭对话框。按快捷键 F12 预览网页，即可看到状态栏滚动字幕的效果，如图 12-4-2 所示。

（a）滚动字幕（1）

（b）滚动字幕（2）

图 12-4-2

本章小结

回顾学习要点

1．如何安装第三方插件？

2．插件共有哪几种类型？

学习要点参考

1．如果想在 Dreamweaver 中安装外部插件，应先退出 Dreamweaver，再用扩展管理器来安装。

2．在 Dreamweaver CS5 中使用的第三方插件大体上可以分为行为、命令、对象三种类型。

习题

试利用插件在页面中制作改变滚动条颜色的效果。

网站的测试与上传

Dreamweaver CS5

第13章

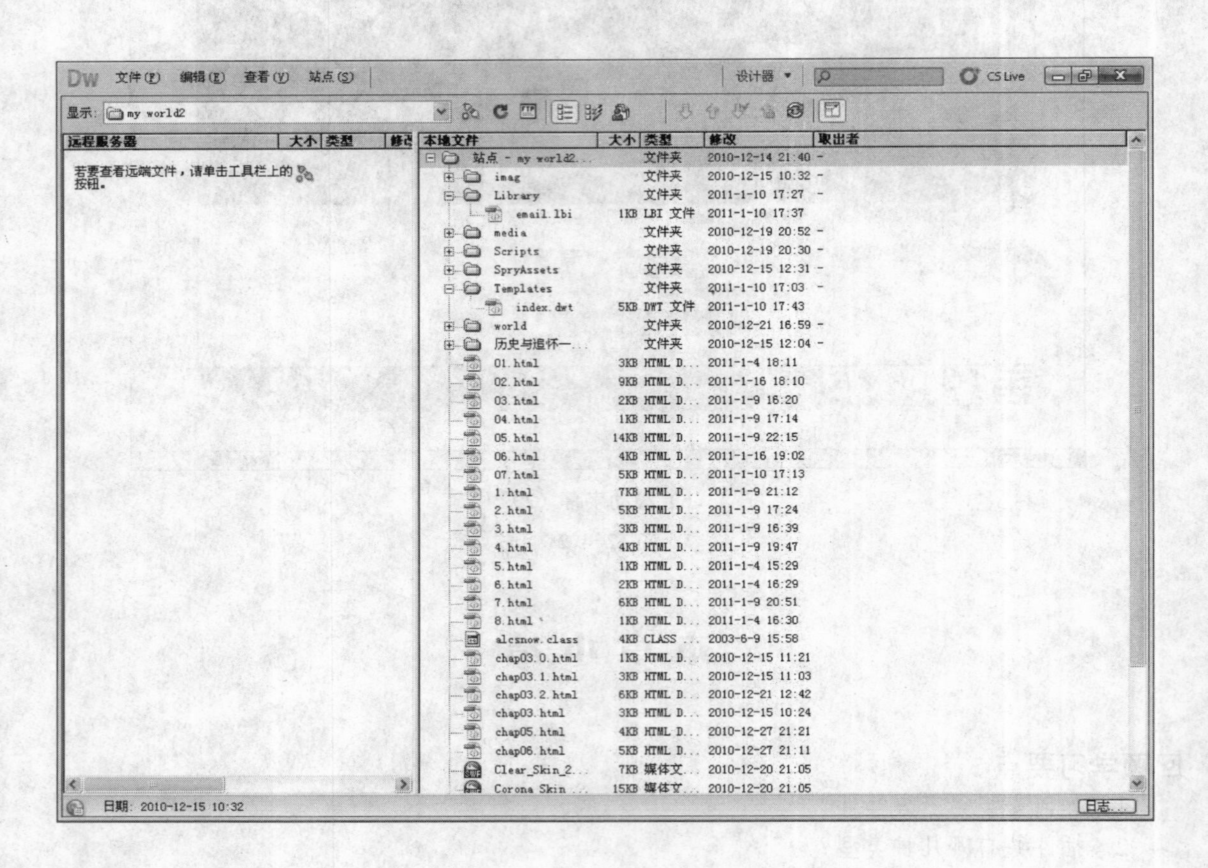

本章总览

本章将介绍在 Dreamweaver CS5 中如何对网站进行测试和上传，主要包括以下内容：

- 检查浏览器的兼容性
- 创建站点报告
- 连接 FTP 服务器
- 上传网站页面

13.1 测试网站

在完成了本地站点中网页的设计工作之后，就可以将之上传到 Internet 服务器上，形成真正的网站，以供世界各地的用户浏览，这就是站点的上传。利用 Dreamweaver 就可以轻松完成站点的上传操作。然而，无论是编程还是制作站点，测试工作都是不可或缺的步骤。在很多情况下用户需要测试站点的性能。例如，不同浏览器能否浏览网站，不同分辨率的显示器能否显示网站，站点中有没有断开的链接，等等。本节将讲述有关站点测试的问题。

13.1.1 检查目标浏览器兼容性

经常上网的用户应该了解，不同浏览器在浏览同一网页时所显示的效果可能并不相同。所以在制作站点的过程中要时刻注意网页的兼容性。如果站点有很多用户浏览，而根本无法保证这些用户都使用同一版本的浏览器，这时需要设计者针对一两种主要的浏览器进行站点的开发，这样虽然会使其他浏览器在浏览网页时产生错误的情况不可避免，但可以使其尽可能少地发生错误。

有时候，要使网页在这几个版本的浏览器中都能够正常显示，也许是不可能的，所能做到的就是找一个平衡点。不过，还有另外一种解决问题的方法，在浏览器加载页面之前首先判断是哪种版本的浏览器，对于不同版本的浏览器调入不同的页面。但是这种方法也存在一个缺点，就是工作量要提高将近一倍，相当于制作了两个或多个站点。

在 Dreamweaver 中制作的图像、文本等元素，在不同浏览器中可能不存在太大的问题，而像样式、AP 元素、行为等元素在不同浏览器中就会有很大的差异，所以对这些元素要特别注意。

针对以上原因，Dreamweaver 提供网页检测功能，可以检测出在不同浏览器中网页的显示情况。

（1）在菜单栏上选择“文件”→“检查页”→“浏览器兼容性”命令，弹出如图 13-1-1 所示的“浏览器兼容性”面板。

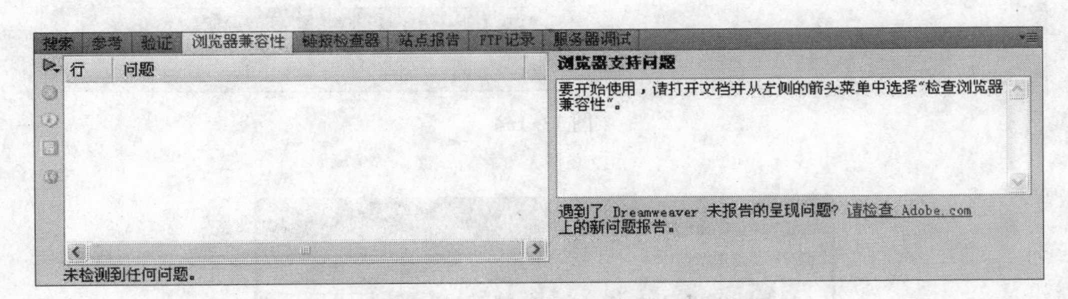

图 13-1-1

（2）单击“浏览器兼容性”面板左上方的三角形按钮，弹出如图 13-1-2 所示的下拉菜单。

（3）选择“检查浏览器兼容性”命令，Dreamweaver CS5 会自动针对当前页面进行目标浏览器兼容性检查，并在面板左侧显示检查结果。面板右侧的“浏览器支持问题”文本框中将显示该问题的详细解释，如图 13-1-3 所示。

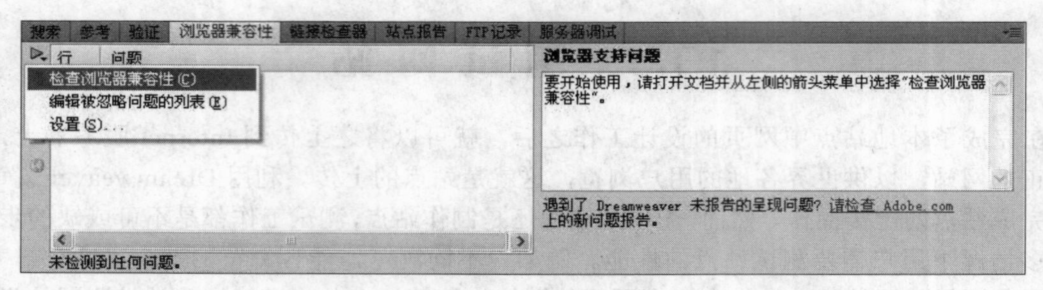

图 13-1-2

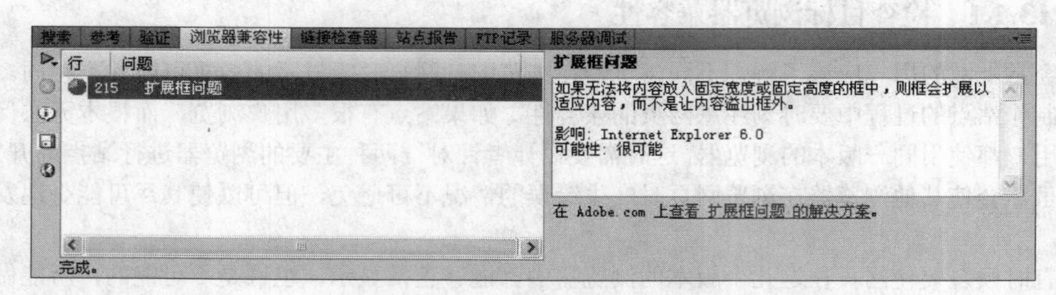

图 13-1-3

（4）单击“浏览器兼容性”面板左上方的三角形按钮，在弹出的下拉菜单中选择“设置”命令，如图 13-1-4 所示。弹出“目标浏览器”对话框，用来选择不同的浏览器版本，如图 13-1-5 所示。

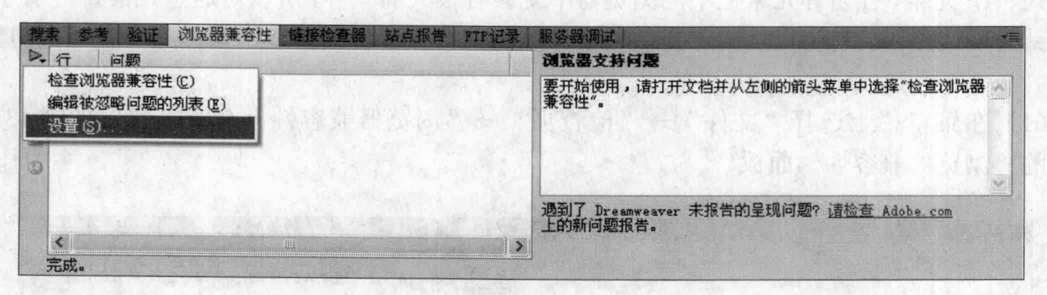

图 13-1-4

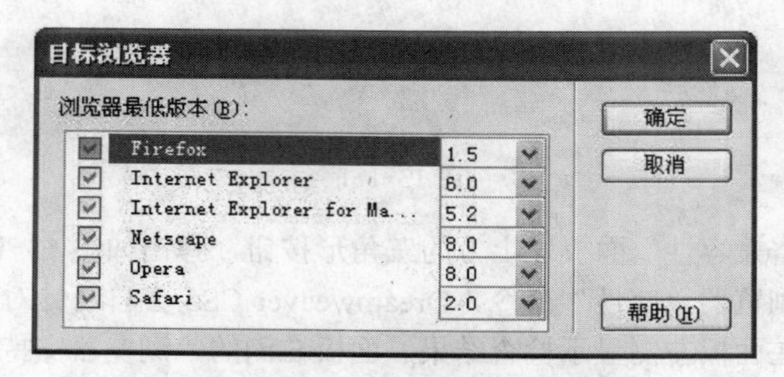

图 13-1-5

提示：

还可以在计算机中安装几种主流的浏览器，如 Internet Explorer、Firefox、Opera 等，然后分别在不同的浏览器中预览所制作的页面，查看效果。

13.1.2 创建站点报告

Dreamweaver 能够自动检测网站内部的网页文件，生成关于文件信息、HTML 代码信息的报告，便于网站设计者对网页文件进行修改。

（1）在菜单栏上选择“站点”→“报告”命令，弹出“报告”对话框，如图 13-1-6 所示。

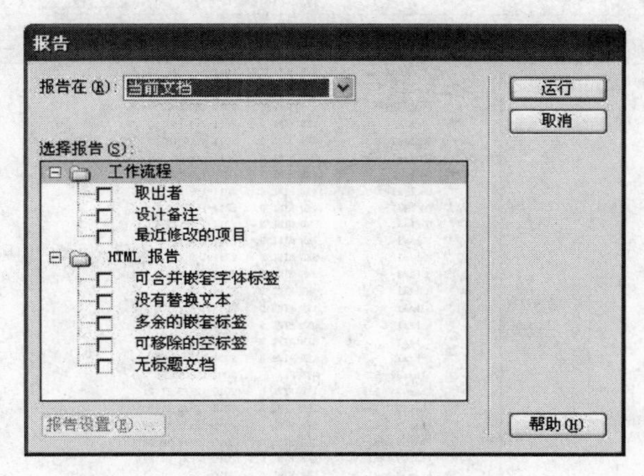

图 13-1-6

（2）在“报告在”下拉列表框中选择生成站点报告的范围，可以是“当前文档”、“整个当前本地站点”、“站点中的已选文件”或“文件夹”。在“选择报告”列表框中，若选中“取出者”复选框，将报告当前站点的网页正在被取出的情况；若选中“设计备注”复选框，将报告设置范围内网页的设计备注的信息；若选中“可合并嵌套字体标签”复选框，将报告可以合并的文字修饰符；若选中“没有替换文本”复选框，将报告没有添加图像对象的可替换文字；若选中“多余的嵌套标签”复选框，将报告网页中多余的嵌套符号；若选中“可移除的空标签”复选框，将报告网页中可以删除的空标签；若选中“无标题文档”复选框，将报告没有设置标题的网页。

（3）设置完毕后，单击“运行”按钮生成站点报告，“站点报告”面板如图 13-1-7 所示。

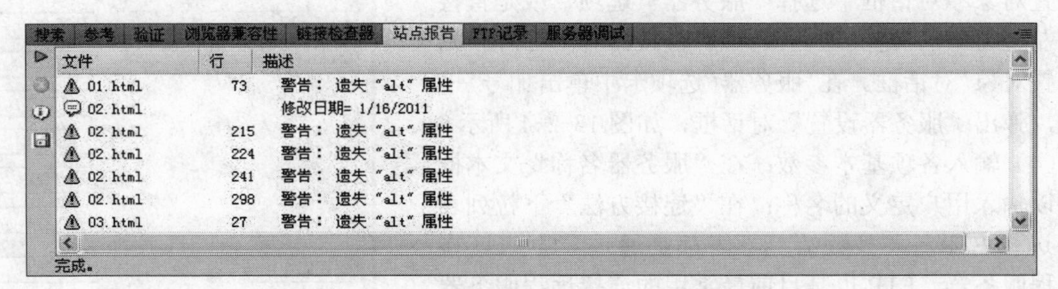

图 13-1-7

13.2 上传网站

网站的页面制作完毕，相关的信息也检查完毕并且连接到远程服务器后，就可以开始上传站点。

在这里，可以选择将整个站点上传到服务器上，或是只将部分内容上传到服务器上。一般来说，第一次上传时需要将整个站点上传，然后在更新站点时，只需要上传被更新的文件就可以了。

（1）打开 Dreamweaver CS5 的站点管理窗口，方法是单击“文件”面板上的“展开以显示本地和远程站点”按钮，此时的站点管理窗口如图 13-2-1 所示。

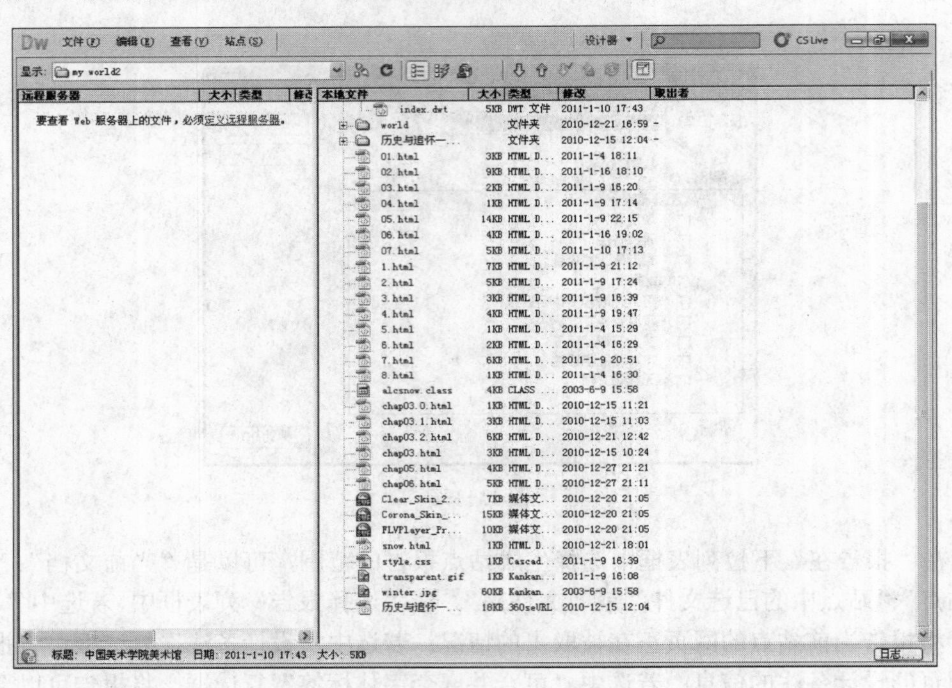

图 13-2-1

（2）在菜单栏选择“站点”→“管理站点”命令，弹出如图 13-2-2 所示的“管理站点”对话框，选择需要管理的站点。

（3）单击“编辑”按钮，然后在如图 13-2-3 所示的“站点设置对象”对话框中选择“服务器”选项，或是直接单击左边窗口的“定义远程服务器”链接，同样会弹出“站点设置对象”对话框。在“服务器”选项卡中单击加号“+”按钮，弹出“服务器设置”对话框，如图 13-2-4 所示。

图 13-2-2

（4）输入各项基本参数：在“服务器名称”文本框中可以输入用户定义的名称；在“连接方法”下拉列表框中选择 FTP，大多数情况下，都是通过 FTP 来连接到远程服务器，FTP 也是目前最常用的连接远程服务器的方式；在“FTP 地址”文本框中输入远程主机的 IP

地址；在“用户名”和“密码”文本框中输入服务器管理员提供的用户名和密码，若选中“保存”复选框可以保存密码，下次用户连接服务器时可不必输入密码；在“根目录”文本框中输入远程服务器上用于存储站点文件的目录；在“Web URL”文本框中可以输入 Web 站点的 URL 地址，Dreamweaver CS5 使用 Web URL 创建站点根目录相对链接。

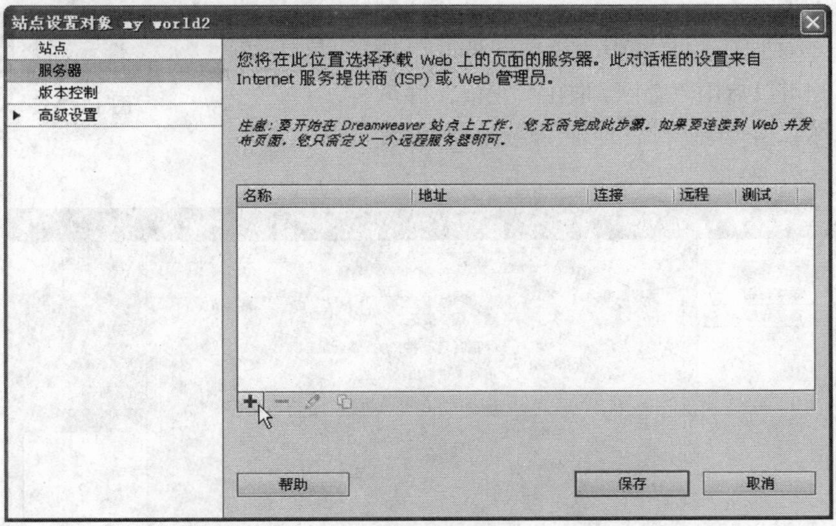

图 13-2-3

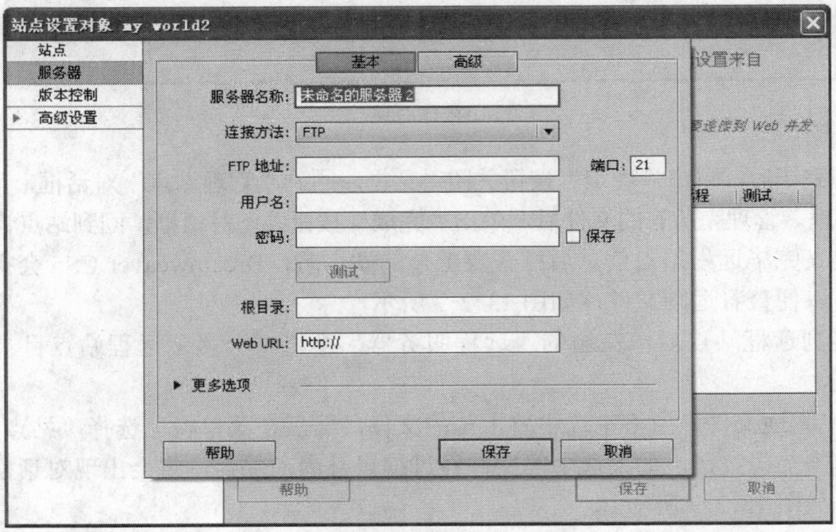

图 13-2-4

（5）设置完毕后，单击“保存”按钮，然后单击“测试”按钮，可测试与服务器的连接。如果连接成功，则会出现如图 13-2-5 所示的提示对话框。

（6）无论选择哪种连接方式连接远程服务器，在其相关的设置对话框中都有一个“高级”选项卡，并且选项卡中的选项都是相同的，如图13-2-6所示。如果希望自动同步本地站点和远程服务器上的文件，可以选中“维护同步信息”复选框。选中“保存时自动将文件上传到服务器”复选框时，则在本地保存文件时，Dreamweaver CS5 自动将该文件上传到远程服务器中。若选中“启用文件取出功能”复选框，则可以启用“存回/取出”功能，并可以对“取出名称”和“电子邮件地址”选项进行设置。

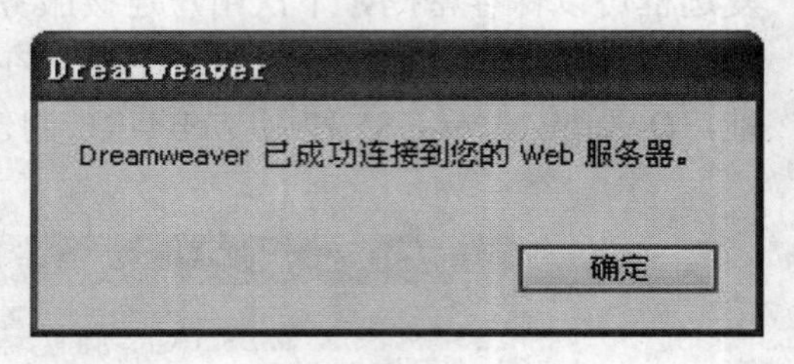

图 13-2-5

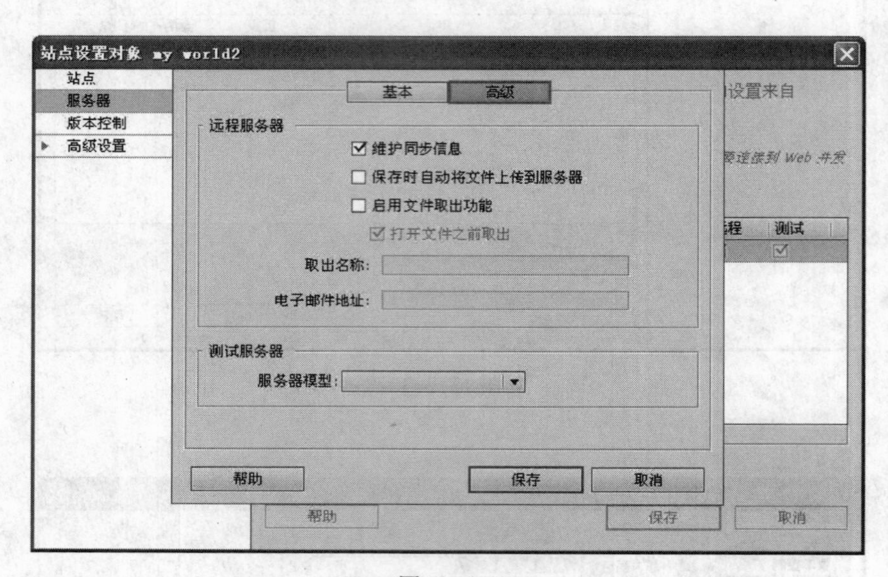

图 13-2-6

（7）设置完毕后，单击“确定”按钮关闭对话框，回到“管理站点”对话框，可继续选择其他站点进行管理。管理完所有的文件后，单击“完成”按钮关闭对话框，回到站点管理窗口。

（8）当定义完毕远程站点信息后打开要上传的站点时，Dreamweaver CS5 会提示用户连接到远程站点，以便查看远端文件，如图 13-2-7 所示。

（9）连接到远程站点后，左边的“远程服务器”窗格中会显示远程站点目录的状态，如图 13-2-8 所示。

（10）从“本地文件”窗格中选中要上传的文件，然后在菜单栏上选择“站点”→“上传”命令，或是单击上传按钮，如果选中的文件经过编辑且尚未保存，将会出现对话框提示用户是否保存文件，如图 13-2-9 所示。

（11）如果选中的文件中引用了其他位置的内容，会出现提示对话框，提示选择是否要将这些引用内容也上传，如图 13-2-10 所示。单击“是”按钮，则同时上传那些引用的文件。如果以后所有的文件均采用此次的设置，可以选中“不要再显示该消息”复选框。

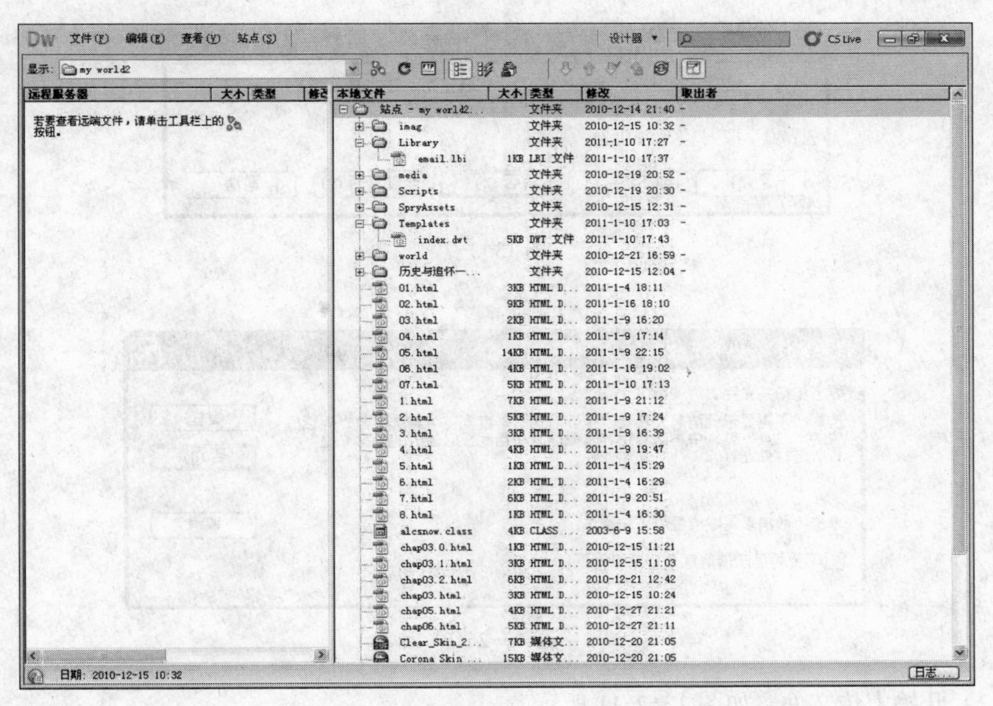
文件(F) 编辑(E) 查看(V) 站点(S)
设计器
CS Live
显示: my world2
远程服务器 大小 类型 修改
若要查看远端文件，请单击工具栏上的 按钮。
本地文件 大小 类型 修改 取出者
站点 - my world2... 文件夹 2010-12-14 21:40
imag 文件夹 2010-12-15 10:32
Library 文件夹 2011-1-10 17:27
email.lbi 1KB LBI 文件 2011-1-10 17:37
media 文件夹 2010-12-19 20:52
Scripts 文件夹 2010-12-19 20:30
SpryAssets 文件夹 2010-12-15 12:31
Templates 文件夹 2011-1-10 17:03
index.dwt 5KB DWT 文件 2011-1-10 17:43
world 文件夹 2010-12-21 16:59
历史与追怀一... 文件夹 2010-12-15 12:04
01.html 3KB HTML D... 2011-1-4 18:11
02.html 9KB HTML D... 2011-1-16 18:10
03.html 2KB HTML D... 2011-1-9 16:20
04.html 1KB HTML D... 2011-1-9 17:14
05.html 14KB HTML D... 2011-1-9 22:15
06.html 4KB HTML D... 2011-1-16 19:02
07.html 5KB HTML D... 2011-1-10 17:13
1.html 7KB HTML D... 2011-1-9 21:12
2.html 5KB HTML D... 2011-1-9 17:24
3.html 3KB HTML D... 2011-1-9 16:39
4.html 4KB HTML D... 2011-1-9 19:47
5.html 1KB HTML D... 2011-1-4 15:29
6.html 2KB HTML D... 2011-1-4 16:29
7.html 6KB HTML D... 2011-1-9 20:51
8.html 1KB HTML D... 2011-1-4 16:30
alcsnow.class 4KB CLASS ... 2003-6-9 15:58
chap03.0.html 1KB HTML D... 2010-12-15 11:21
chap03.1.html 3KB HTML D... 2010-12-15 11:03
chap03.2.html 6KB HTML D... 2010-12-21 12:42
chap03.html 3KB HTML D... 2010-12-15 10:24
chap05.html 4KB HTML D... 2010-12-27 21:21
chap06.html 5KB HTML D... 2010-12-27 21:11
Clear_Skin_2... 7KB 媒体文... 2010-12-20 21:05
Corona Skin ... 15KB 媒体文... 2010-12-20 21:05
日期: 2010-12-15 10:32
日志...

图 13-2-7

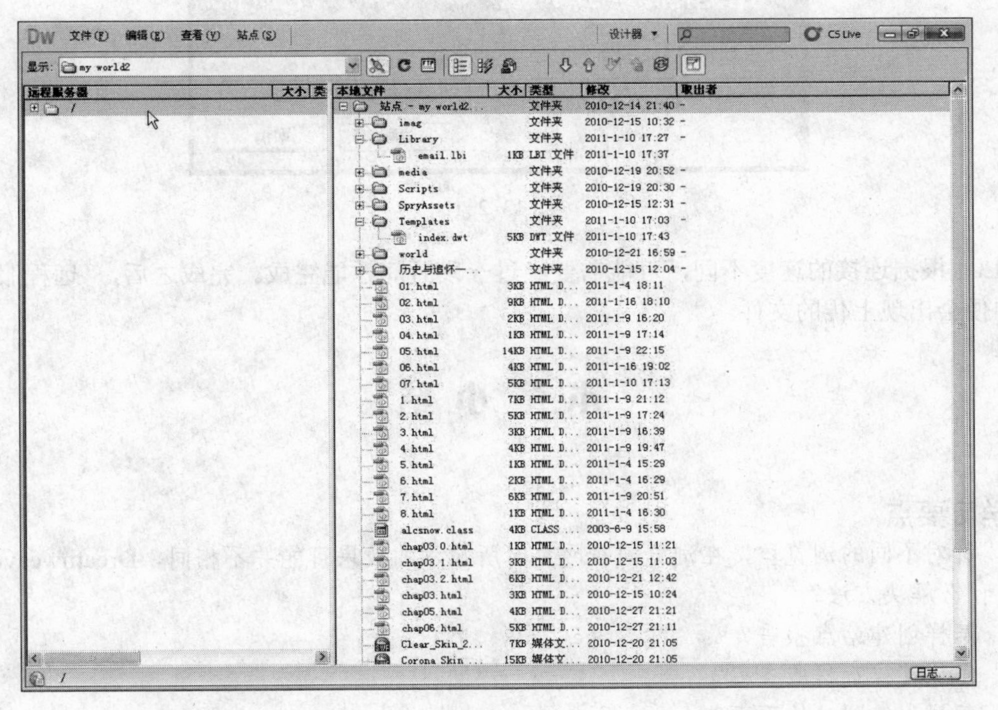
文件(F) 编辑(E) 查看(V) 站点(S)
设计器
CS Live
显示: my world2
远程服务器 大小 类
/
本地文件 大小 类型 修改 取出者
站点 - my world2... 文件夹 2010-12-14 21:40
imag 文件夹 2010-12-15 10:32
Library 文件夹 2011-1-10 17:27
email.lbi 1KB LBI 文件 2011-1-10 17:37
media 文件夹 2010-12-19 20:52
Scripts 文件夹 2010-12-19 20:30
SpryAssets 文件夹 2010-12-15 12:31
Templates 文件夹 2011-1-10 17:03
index.dwt 5KB DWT 文件 2011-1-10 17:43
world 文件夹 2010-12-21 16:59
历史与追怀一... 文件夹 2010-12-15 12:04
01.html 3KB HTML D... 2011-1-4 18:11
02.html 9KB HTML D... 2011-1-16 18:10
03.html 2KB HTML D... 2011-1-9 16:20
04.html 1KB HTML D... 2011-1-9 17:14
05.html 14KB HTML D... 2011-1-9 22:15
06.html 4KB HTML D... 2011-1-16 19:02
07.html 5KB HTML D... 2011-1-10 17:13
1.html 7KB HTML D... 2011-1-9 21:12
2.html 5KB HTML D... 2011-1-9 17:24
3.html 3KB HTML D... 2011-1-9 16:39
4.html 4KB HTML D... 2011-1-9 19:47
5.html 1KB HTML D... 2011-1-4 15:29
6.html 2KB HTML D... 2011-1-4 16:29
7.html 6KB HTML D... 2011-1-9 20:51
8.html 1KB HTML D... 2011-1-4 16:30
alcsnow.class 4KB CLASS ... 2003-6-9 15:58
chap03.0.html 1KB HTML D... 2010-12-15 11:21
chap03.1.html 3KB HTML D... 2010-12-15 11:03
chap03.2.html 6KB HTML D... 2010-12-21 12:42
chap03.html 3KB HTML D... 2010-12-15 10:24
chap05.html 4KB HTML D... 2010-12-27 21:21
chap06.html 5KB HTML D... 2010-12-27 21:11
Clear_Skin_2... 7KB 媒体文... 2010-12-20 21:05
Corona Skin ... 15KB 媒体文... 2010-12-20 21:05
/
日志...

图 13-2-8

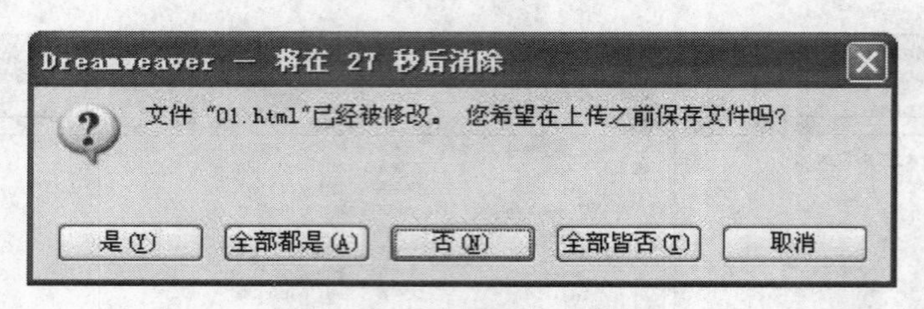

图 13-2-9

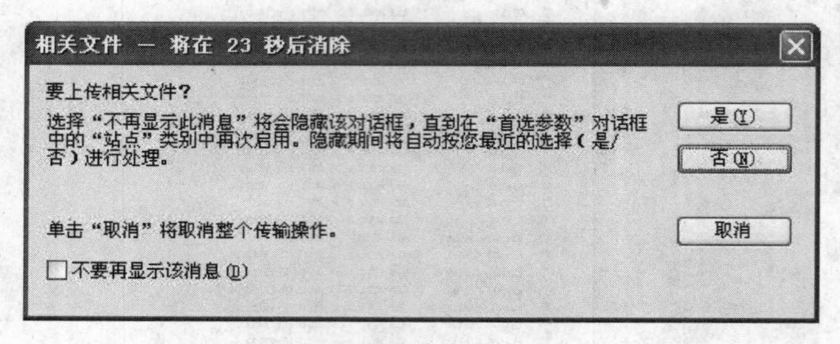

图 13-2-10

（12）开始上传文件，如图 13-2-11 所示。

图 13-2-11

（13）根据连接的速度不同，可能需要经过一段时间才能完成。完成之后，"远程服务器"窗格中便会出现上传的文件。

本章小结

回顾学习要点

1. 针对不同的浏览器，在浏览同一网页时所显示的效果可能并不相同，Dreamweaver CS5 提供了什么解决方法？

2. 怎样创建站点报告？

3. 怎样连接远程服务器？

4. 怎样上传网站的页面？

学习要点参考

1. Dreamweaver 提供网页浏览器兼容性检查功能，可以检测出在不同浏览器中网页的显示情况。

2. 在菜单栏上选择“站点”→“报告”命令，运行后可以显示报告结果。

3. 在“FTP 地址”文本框中输入远程主机的域名或 IP 地址，在“根目录”文本框中输入远程服务器上用于存储站点文件的目录，然后就可以连接到远程服务器了。

4. 从“本地文件”窗格中选中要上传的文件，然后执行“站点”→“上传”命令，或者单击“上传”按钮。

习题

试对曾经制作过的网页进行测试，然后上传到远程服务器上。

学习卡账号使用说明：

本书所附防伪标兼有学习卡功能，登录“http://sve.hep.com.cn”或“http://sv.hep.com.cn”进入高等教育出版社中职网站，可了解中职教学动态、教材信息等；按如下方法注册后，可进行网上学习及教学资源下载：

（1）在中职网站首页选择相关专业课程教学资源网，点击后进入。

（2）在专业课程教学资源网页面上“我的学习中心”中，使用个人邮箱注册账号，并完成注册验证。

（3）注册成功后，邮箱地址即为登录账号。

学生：登录后点击“学生充值”，用本书封底上的防伪明码和密码进行充值，可在一定时间内获得相应课程学习权限与积分。学生可上网学习、下载资源和提问等。

中职教师：通过收集5个防伪明码和密码，登录后点击“申请教师”→“升级成为中职计算机课程教师”，填写相关信息，升级成为教师会员，可在一定时间内获得相关教学资源。

使用本学习卡账号如有任何问题，请发邮件至：“4a_admin_zz@pub.hep.cn”。